全固体リチウム電池の開発動向と応用展望

Recent Developments and Prospective Applications of All-Solid-State Lithium Batteries

監修：辰巳砂昌弘，林　晃敏

Supervisor：Masahiro Tatsumisago, Akitoshi Hayashi

JN212482

シーエムシー出版

はじめに

　平成の時代は，地震や台風などによる大規模な自然災害が日本各地で相次いで生じ，停電の影響で電源の確保に窮する場面が多く見られた。スマートフォンなどのモバイルデバイスを中心とした連絡手段が当たり前となったことから，非常時対策としての蓄電池の重要性が強く認識された時代でもあった。令和の時代となった現在，近未来の低炭素社会実現に向けて，環境にも配慮したエネルギーマネジメントがより一層，重要視されている。家庭において，太陽光や燃料電池で発電したクリーンな電力を，使いたい時に，使いたい量だけ"地産地消"するためには，家庭用の大型蓄電池の開発と普及が急務となっている。二酸化炭素排出の約2割を占める運輸部門において，移動体用途としてのガソリン車を，蓄電池を主な駆動源とする電動車両へと転換していくことも，二酸化炭素排出量を抑制するためには必要不可欠である。電気自動車を各家庭で利用する大型蓄電池と見なし，スマートハウスやスマートシティの構成要素として組み入れる動きも加速している。

　現在，移動体用途や定置用途の大型蓄電池としては，リチウムイオン電池が用いられている。この電池は極めて優れた蓄電池であるが，一方でその安全性に対する懸念が完全には払拭できていない。近年では，リチウム電池を搭載したスマートフォンや電気自動車の発火事故に関するニュースも珍しくない。車載用駆動電源や定置用分散電源として，電池のより一層の大型化，高エネルギー密度化が進むにつれて，電池の安全性の担保が課題となっている。有機電解液を無機固体電解質に置き換えた全固体電池は安全性や長寿命を本質的に改善できることに加えて，セルの積層化や冷却装置などの補機の削減による省スペース化が期待できる。さらに，有機電解液よりもリチウムイオン伝導性の高い固体電解質が開発され，それを用いた全固体電池の高出力化の可能性が示されたことを契機に，企業も含めた研究開発が活発化している。

　本書は，固体電解質とデバイス技術の2編から構成されている。平成の時代から研究開発が進められてきた全固体電池の開発動向について，それぞれの研究分野において第一線で活躍されている産学官の方々にご執筆いただいた。本書が，全固体電池の研究開発に携われている方はもちろん，これから研究を始めようとされている方々の一助となれば，この上ない喜びである。

　2019年6月

辰巳砂昌弘，林　晃敏

────── 執筆者一覧（執筆順）──────

辰巳砂 昌弘　大阪府立大学　学長

林　晃敏　大阪府立大学　大学院工学研究科　物質・化学系専攻　応用化学分野　教授

鈴木 耕太　東京工業大学　物質理工学院　助教

菅野 了次　東京工業大学　科学技術創成研究院　教授

宇都野 太　出光興産㈱　次世代技術研究所　固体電池材料研究室

稲熊 宜之　学習院大学　理学部　化学科　教授

濱本 孝一　産業技術総合研究所　無機機能材料研究部門　機能集積化技術グループ　主任研究員

浜尾 尚樹　産業技術総合研究所　無機機能材料研究部門　機能集積化技術グループ　研究員

藤代 芳伸　産業技術総合研究所　無機機能材料研究部門　副部門長

忠永 清治　北海道大学　大学院工学研究院　応用化学部門　教授

ナタリーカロリーナ ロゼロナバロ　北海道大学　大学院工学研究院　応用化学部門　助教

印田 靖　㈱オハラ　特殊品事業部　LB-BU LB 課　課長補佐

金 相侖　東北大学　金属材料研究所　助教

折茂 慎一　東北大学　材料科学高等研究所／金属材料研究所　教授

桑原 彰秀　(一財)ファインセラミックスセンター　ナノ構造研究所　電池材料解析グループ　主任研究員／グループ長

森分 博紀　(一財)ファインセラミックスセンター　ナノ構造研究所　計算材料グループ　主席研究員／グループ長

館山 佳尚　物質・材料研究機構　エネルギー・環境材料研究拠点　グループリーダー

米村 雅雄　高エネルギー加速器研究機構　物質構造科学研究所　中性子科学研究系　特別准教授

尾原 幸治　(公財)高輝度光科学研究センター　利用研究促進部門　回折・散乱Ⅱグループ　主幹研究員

塩谷 真也　トヨタ自動車㈱　電池材料技術・研究部　電池先行開発室　主任

作田 敦　大阪府立大学　大学院工学研究科　物質・化学系専攻　応用化学分野　助教

町田 信也　甲南大学　理工学部　機能分子化学科　教授

平山 雅章　東京工業大学　物質理工学院　准教授

太田 鳴海　物質・材料研究機構　エネルギー・環境材料研究拠点　二次電池材料グループ　主任研究員

本山 宗主　名古屋大学　大学院工学研究科　材料デザイン工学専攻　講師

入山 恭寿　名古屋大学　大学院工学研究科　材料デザイン工学専攻　教授

幸　琢　寛　技術研究組合 リチウムイオン電池材料評価研究センター（LIBTEC）
　　　　　外部連携室　室長／第2研究部　主幹研究員／委託事業推進室　主幹研究員
山　本　健太郎　京都大学　大学院人間・環境学研究科　相関環境学専攻　特定助教
内　本　喜　晴　京都大学　大学院人間・環境学研究科　相関環境学専攻　教授
松　田　厚　範　豊橋技術科学大学　大学院工学研究科　電気・電子情報工学系　教授
仲　村　英　也　大阪府立大学　大学院工学研究科　物質・化学系専攻　化学工学分野
　　　　　准教授
綿　野　　哲　大阪府立大学　大学院工学研究科　物質・化学系専攻　化学工学分野
　　　　　教授
櫻　井　芳　昭　（地独）大阪産業技術研究所　研究管理監
長谷川　泰　則　（地独）大阪産業技術研究所　応用材料化学研究部　主任研究員
園　村　浩　介　（地独）大阪産業技術研究所　応用材料化学研究部　研究員
佐　藤　和　郎　（地独）大阪産業技術研究所　電子・機械システム研究部　主幹研究員
村　上　修　一　（地独）大阪産業技術研究所　電子・機械システム研究部　主幹研究員
金　村　聖　志　首都大学東京　大学院都市環境科学研究科　都市環境科学専攻
　　　　　環境応用化学域　教授
奥　村　豊　旗　産業技術総合研究所　エネルギー・環境領域　電池技術研究部門
　　　　　主任研究員
竹　内　友　成　産業技術総合研究所　エネルギー・環境領域　電池技術研究部門
　　　　　主任研究員
是　津　信　行　信州大学　先鋭領域融合研究群　環境・エネルギー材料科学研究所／
　　　　　工学部　物質化学科　教授
手　嶋　勝　弥　信州大学　先鋭領域融合研究群　環境・エネルギー材料科学研究所／
　　　　　工学部　物質化学科　教授
猪　石　　篤　九州大学　先導物質化学研究所　助教
岡　田　重　人　九州大学　先導物質化学研究所　教授
伊　藤　大　悟　太陽誘電㈱　開発研究所　材料開発部
川　村　知　栄　太陽誘電㈱　開発研究所　材料開発部　主任研究員
秋　本　順　二　産業技術総合研究所　先進コーティング技術研究センター
　　　　　エネルギー応用材料研究チーム　研究チーム長
片　岡　邦　光　産業技術総合研究所　先進コーティング技術研究センター
　　　　　エネルギー応用材料研究チーム　主任研究員
西　尾　和　記　東京工業大学　物質理工学院　特任助教
一　杉　太　郎　東京工業大学　物質理工学院　教授
佐々木　俊　介　㈱アルバック　半導体電子技術研究所　第2研究部　第1研究室　主事

目　　次

＜解析・設計＞

＜プロセス技術＞

第 I 編

固体電解質

＜固体電解質材料＞

第1章　結晶性硫化物系固体電解質

鈴木耕太[*1], 菅野了次[*2]

1　固体電解質

　固体内をイオンが高速で拡散する物質はイオン導電体と呼ばれる。固体内で正もしくは負の電荷を帯びた原子が拡散するため，外部回路に相当量の電子を流すことができる。そのため，さまざまな電気化学デバイスへ応用されている。この物質群にはイオンの拡散（イオン伝導）だけでなく，電子もしくは正孔も拡散し電子伝導性を示す材料が存在する。これらは，混合導電体と呼ばれ，デバイスの電極材料に用いることができる。一方で，イオンのみが拡散し，その拡散速度（量）が十分に大きい材料は超イオン導電体と呼ばれ，固体電解質としての機能を発現する。一例として，図1に全固体型リチウム電池の模式図を示す。この中では正極の $LiCoO_2$ および負極のグラファイトがイオン・電子混合導電体であり，エネルギーの貯蔵と放出の機能を担う。充電によって $LiCoO_2$ の構造内からリチウムイオンが脱離し，負極方向へと拡散する。これと同時に

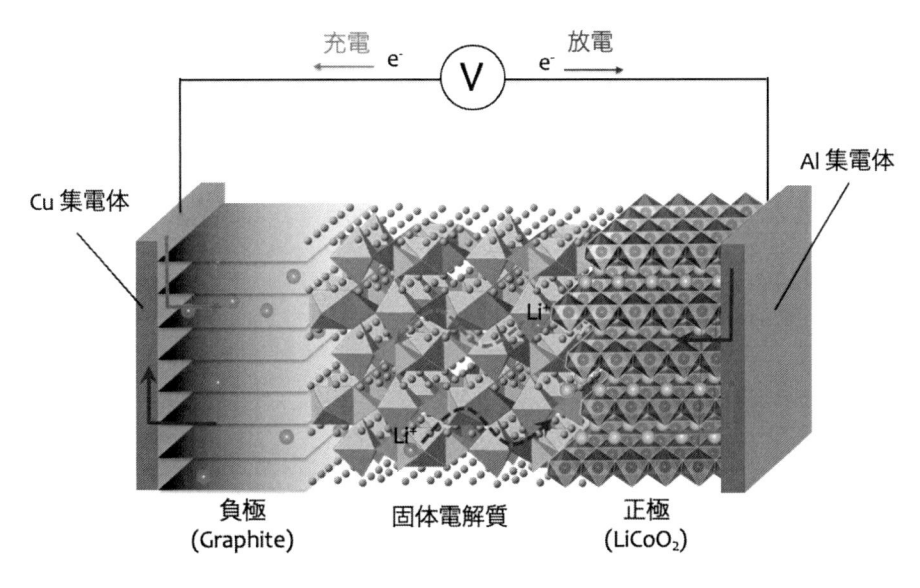

図1　全固体型リチウム電池の模式図

＊1　Kota Suzuki　東京工業大学　物質理工学院　助教

＊2　Ryoji Kanno　東京工業大学　科学技術創成研究院　教授

外部回路を通じて電子も負極側へと移動する。負極のグラファイトでは逆の反応が起こり，充電ではリチウムイオンが挿入され外部回路から電子を受け取る。放電においては両極でこれらの逆反応が進行することで，二次電池としての機能を果たす。このように，リチウム電池において電極材料は混合導電性を示す材料が使われることが多い。

　一方で固体電解質は正・負極間のイオンの輸送を担う。イオンの拡散方向は先に記述した通りであり，充電によって正極から脱離したリチウムイオンは固体電解質を通じて負極へと移動する。この反応を可能にするためには，固体電解質は電子絶縁性を有する必要があり，そうでない場合には電池内部に電流が通じてしまい，電池の短絡が起こる。このように，固体内を電子は流さず，イオンのみが高速で拡散できる固体電解質が全固体電池の開発には必要不可欠である。

2　全固体電池

2.1　全固体電池の特徴

　固体電解質により全固体型の電池が実現可能となる。ここでは，全固体電池の特徴を簡単にまとめる。現在のリチウム電池（図2）に用いられている電解液を固体電解質に置き換えることで，漏液，発火などの問題が低減されることがその大きな特徴の一つである。これによって，安全性，信頼性が大幅に向上した電池システムとなる。また，バイポーラ型の電池設計が可能になることでエネルギー密度を大幅に向上させることも期待できる[1]。エネルギー密度向上の例として，ペレット型の全固体電池において正極複合体の厚みを $600\ \mu m$ まで増大させた場合においても電池作動することが実証された。この例では，面積あたりの電気化学容量は $15.7\ \mathrm{mA\,h\,cm^{-2}}$

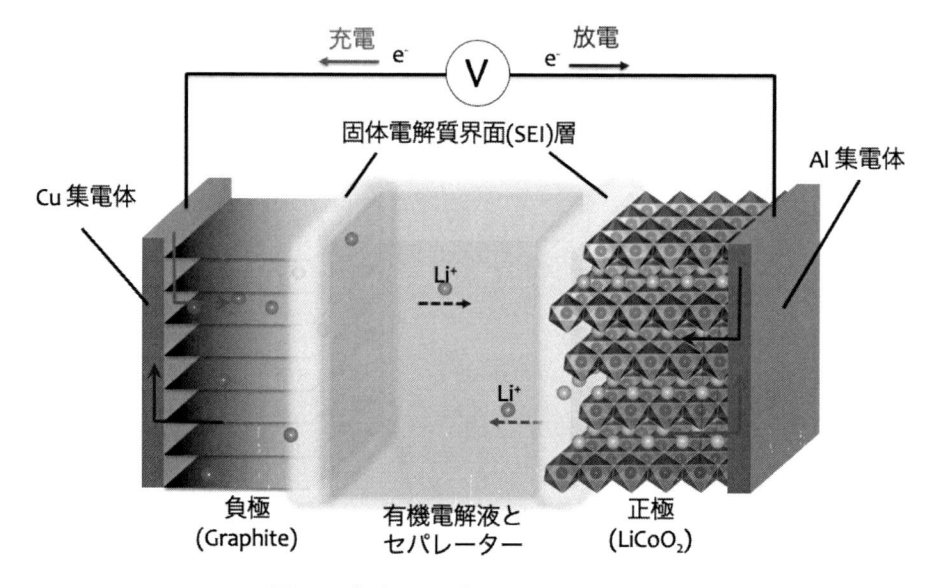

図2　一般的なリチウム二次電池の模式図

に達する[2]。一般的な液系電池の電極厚さが $50 \sim 100$ μm，容量は＜ 3.5 mAh cm^{-2} であるため[3]，バルク型の全固体電池は高エネルギー密度が達成可能な電池形態であると考えられる。一方で固体電解質を用いた電池は，固体－固体界面の制御が課題となっている。酸化物正極と硫化物固体電解質の界面では高抵抗な界面相が形成するため，電池性能が大きく低下することが知られている[4,5]。また，酸化物固体電解質は材料自身の固さにより，良好な接触界面が形成せず粒界抵抗が大きくなるといった問題がある[6,7]。このように，全固体電池の実現には各材料の設計はもちろん，活物質や電解質材料の組み合わせ，界面制御，複合化プロセスといった課題が残されている。

2.2　さまざまな全固体電池

　全固体型の電池システムは，電解液を用いたデバイスに比べてさまざまな利点があるため，上述したリチウム系以外にも広く検討がされている。これまでに報告がある代表的な全固体電池の固体電解質と，そのイオン導電特性，電池電圧，電極活物質を表 1 に示す[8~13]。可動イオン（固体電解質の組成）を中心に考えると，できあがる全固体電池の特徴をおおよそ掴むことができる。

　イオン導電率が最も高い電解質は銀，銅系であり（＞ 200 mS cm^{-1}），優れた出力性能が期待できる。実際に，バルク型の全固体銅電池は $150 \sim 750$ μA cm^{-2} の大電流密度条件においても室温で作動することが報告されている[8]。しかし，キャリアイオンが重く（Ag：107.9 g mol^{-1}，Cu：63.55 g mol^{-1}），さらに組成中の他の元素も比較的重いため（Rb：85.47 g mol^{-1}，I：126.90 g mol^{-1}），固体電解質の密度が大きい（＞ 4 g cm^{-3}）。また，電池起電力が低い（＜ 1.0 V）こともあり，電池としてのエネルギー密度が小さい。そのため，これまで広く普及するまで

表 1　代表的な全固体電池の固体電解質の組成，イオン導電率，密度およびそれらを用いた全固体電池の起電力と電極材料の組み合わせ

可動イオン	固体電解質			セル電圧 (V)	電極材料
	組成	イオン導電率 (mS cm^{-1}@r.t.)	密度 (g cm^{-3})		
Li$^+$	Li$_{10}$GeP$_2$S$_{12}$	~ 12	~ 2.1	~ 3.3	LiCoO$_2$ and Li-In LiCoO$_2$ and Li$_4$Ti$_5$O$_{12}$
Cu$^+$	Rb$_4$Cu$_{16}$I$_7$Cl$_{13}$	~ 350	~ 4.1	~ 0.6	Cu$_{0.2}$Mo$_6$S$_{7.8}$ and Cu$_{3.8}$Mo$_6$S$_{7.8}$
Ag$^+$	RbAg$_4$I$_5$	~ 200	~ 5.4	~ 0.7	(CH$_3$)$_4$NI$_5$ and Ag
Na$^+$	c-Na$_3$PS$_4$	~ 0.2	~ 2.2	~ 1.5	TiS$_2$ and Na
F$^-$	La$_{0.9}$Ba$_{0.1}$F$_{2.9}$	~ 0.2 (@50℃)	~ 5.8	~ 2.5 (150℃)	CuF$_2$ and Ce
H$^-$	o-La$_2$LiHO$_3$	$\sim 5.0 \times 10^{-3}$ (@300℃)	~ 6.4	~ 0.1 (300℃)	TiH$_2$ and Ti

には至っていない。特に現在注目されている用途の一つである，自動車電源として考えると，起電力が既存のニッケル水素電池より低く，エネルギー密度も小さいということが大きな課題である。しかし，それ以外の特徴として銀イオン電池では20年間の保存後にも90％の容量が維持されることが報告されており，液系電池と比べて耐久性に優れることが固体電池の本質的な特性の一つとなっている[9, 14]。これ以外にもナトリウム，フッ素，ヒドリド系の固体電池が報告されている。しかし，室温のイオン導電率が比較的低いため，実用的な出力を稼ぐためには，現状では作動温度を高く設定する必要がある。しかし，可動イオンが銀や銅に比べてはるかに軽量である。フッ素系，ヒドリド系においては，アルカリ土類金属やランタノイドによって構成されるため，現状では電解質密度が高い（$> 5.5 \, \mathrm{g \, cm^{-3}}$）が，新材料の発見によって軽量化が達成できる可能性も十分に残されている。そのため，今後の固体電解質イオン導電率の増大による本質的な電池性能の向上，もしくは定置用などさまざまな用途を考慮すれば応用の可能性がある。特に，Naイオン導電体は，ナトリウムの資源量が多い，密度が小さい（$\sim 2 \, \mathrm{g \, cm^{-3}}$），室温付近で超イオン導電特性を示す新物質の報告も多い[10, 15〜17]，ことなどを考えると，電極活物質や電極−電解質界面の問題が解決されれば低コストな全固体電池の誕生が期待できる。

3　リチウム系固体電解質材料

　リチウム導電性固体電解質は，酸化物系，硫化物系が主であり，その他にはハロゲン化物，窒化物などが知られている[18, 19]。最近では水素化物系の新規材料報告も相次いでいる[20〜22]。化学的安定性からは酸化物系の材料が魅力的な候補となっており，Perovskite型，NASICON型，LISICON型，Garnet型の材料を中心に結晶性材料の開発が進められている。また，新たにパイロクロア型の材料や[23]，$LiTa_2PO_8$組成の新物質も報告され，新規な構造や組成の材料も期待されている[24]。しかし，ほとんどの材料系において粒界抵抗が大きいことが課題である。そのためLi_3BO_3，Li_2CO_3，Li_2SO_4などの低融点ガラス材料（T_{mp}：700〜900℃）も注目を集めている[25〜27]。これらの材料は，熱処理や加圧加熱処理によって緻密化や活物質との良好な接触界面を形成させることが可能であり，界面抵抗を下げる有用な手段となっている。単一組成での利用や複数組成をさまざまな比率で組み合わせる場合，さらには他の結晶性材料と組み合わせて粒界を埋める役割を担わせることがある。また，薄膜型全固体電池ではLi_3PO_4，窒素を導入したLiPON系の非晶質も用いられる[28, 29]。

　一方で，硫化物系材料は化学的安定性に優れないが，酸化物系（$10^{-6} \sim 10^{-3} \, \mathrm{S \, cm^{-1}}$）と比べて高いイオン導電率（$10^{-4} \sim 10^{-2} \, \mathrm{S \, cm^{-1}}$）を示す材料が多いことが特徴である。物質群としては結晶性のthio-LISICON型，$Li_{10}GeP_2S_{12}$型，Argyrodite型，$Li_7P_3S_{11}$型，またLi_2S-P_2S_5に代表されるガラス，ガラスセラミックス系が報告されている。これらの材料の一般的な欠点として，大気中での安定性の低さが挙げられる。そのため，材料の取り扱いや合成は，不活性雰囲気や真空下で行うことが基本であるが，組成の制御，構成元素の選択により大気中でのH_2Sガス

発生量の抑制や，結晶構造の安定性向上が可能であることが報告されており，硫化物系材料の欠点克服に向けた研究が展開されている[30, 31]。また硫化物系材料は固体の出発物質を混合，焼成することで合成するのが一般的であるが，液相法による合成[32]も注目が集まっており，粒子形態の制御[33]，正極活物質への被覆など[34]，その多様性が広がりつつある。

3.1　硫化物系固体電解質

3.1.1　ガラス，ガラスセラミックス材料

　ガラスおよびガラスセラミックス材料は Li_2S-P_2S_5 系を中心に広い組成範囲において高いイオン導電率（$> 10^{-3}\,S\,cm^{-1}$）を示すことが特徴である。一般にガラス材料は高温の溶融状態から急冷することで得られる。ガラスは過冷却液体の乱れた構造を維持しているため，材料内部の原子配列は大きく乱れ，自由体積を有し，長距離にわたる周期構造が存在しないことが特徴である。このように原子の配列は結晶材料が示す規則的な細密充填とは大きく異なるため，その相対体積（vol/mol）が大きい。これによりキャリアイオンの拡散が円滑に進行するという性質が現れる。他の合成経路として機械混合法による非晶質化が挙げられる。遊星型ボールミルや振動ミル装置により，高エネルギーで長時間処理することで非晶質材料を得る。この組成に Li-X（X = I，N，O など）や，M-S（M = Ge，Si など）を加え，組成を制御することで，イオン導電率や電気化学的安定性，化学的安定性を変化させることが比較的簡便に行えることが魅力である。

　もう一つ大きな特徴は，その柔らかさである。当然組成によってその度合いは変化するが，例えば Li_3PS_4 ガラスは室温で圧力を加えるだけで焼結体に近い 90 ％以上の密度を達成する[6]。これにより電池内部のエネルギー密度や，イオン導電に寄与しない空隙率を下げることができるため，電極複合体を作製する上で大きな利点となっている。一方で，熱力学的には準安定な状態であるため，ガラス材料を加熱していくと結晶化が進みイオン導電率は大きく変化する。ガラス転移点（T_g）まで加熱すると過冷却液体へと相転移し，さらに温度を上昇させると安定な結晶相が析出する。析出する結晶相は，結晶構造として最適化されていない場合，イオン導電率は大きく低下する。一方で，特殊な組成においては結晶化過程で準安定相が形成し，超イオン導電特性を示す材料が得られる。その好例が Li_2S と P_2S_5 を 7 対 3 の比率で混合しガラス化，昇温することで得られる $Li_7P_3S_{11}$ ガラスセラミックス材料である。この材料は室温で $1.7 \times 10^{-2}\,S\,cm^{-1}$ の超イオン導電特性を示す，超イオン導電体である[35]。

3.1.2　結晶性材料

　結晶性の固体電解質は thio-LISION に代表される物質群が広く知られている[36, 37]。酸化物系の LISICON の酸素を硫黄に置き換えた類縁構造を有し，骨格を形成するカチオンには Si，P，Ge，Ga などが存在し，多様な組成が存在する。$Li_xM'S_y$，$Li_xM''S_y$ といった異種の組成，構造を連続的に固溶させることで，両端組成の有する結晶構造とは全く異なる構造が中間組成において出現することがあるため，構造の多様性も大きい。さらに，同一組成においても焼成温度や冷

却速度により多系が出現するため，合成プロセスの検討により多くの材料創出が可能となる[38, 39]。目的通りの結晶性材料を得ることはガラス系材料に比べて合成難度が高いが，得られた材料の結晶構造解析により，格子定数，結合長・角度，リチウムイオンの分布などの詳細な情報が得られるため，構造情報を基にした新規材料の設計指針を打ち立てることが比較的容易である。こうした緻密な組成，構造制御により得られた材料が$Li_{10}GeP_2S_{12}$であり，LiS_6，PS_4，$(Ge/P)S_4$の多面体が作り出す三次元骨格中を高速でリチウムが拡散することで，1.2×10^{-2} $S\,cm^{-1}$のイオン導電率が発現する。

3. 1. 3 結晶性材料の設計指針

結晶材料の場合，一般的にどういった構造や組成が高いイオン導電率にもとめられるのかについて簡単にまとめる。

① 目的とする可動イオンの占有位置およびそのイオンが占有できる空の位置が多い
② イオン拡散経路を有する
③ イオン拡散経路の大きさが可動イオンに適した大きさである
④ 占有位置と空の位置のポテンシャルエネルギー差が小さい
⑤ 可動イオンもしくは陰イオン副格子が大きな分極率を有する

①，②は言い換えると，キャリア濃度が高く，かつ移動に必要な空の位置があり，それらが構造中に連なって存在することを指している。もちろん，三次元的な骨格構造であることが望ましい。③は①，②によって形成する拡散経路の最適な大きさは可動イオンによって変わるため，拡散経路が存在するだけでは不十分であることを意味する。④は占有位置と空の位置の移動に必要な活性化エネルギーが低い方が望ましく，かつ特定の位置だけ極端に不安定もしくは安定であると，連続的なイオンの移動が進まないことをいっている。その結果として，可動イオンが拡散経路中に平均的に分布することになり，連続的なイオン分布として観測される。分極率はイオンの変形のしやすさの指標として考えることができ，その値が大きくなるとイオン拡散の際に可動イオンもしくは副格子が変形することができるため，理想的なイオン結晶と比べて拡散に有利であることを示唆する。

3. 1. 4 結晶性超イオン導電体 $Li_{10}GeP_2S_{12}$

ここで，リチウム系の具体例として，超イオン導電体$Li_{10}GeP_2S_{12}$を紹介する（図3）。$Li_{10}GeP_2S_{12}$はリチウム超イオン導電体チオリシコン材料[37]であるLi_4GeS_4-Li_3PS_4擬似二成分相図を作製する過程で発見された[12]。組成式は$Li_{4-x}Ge_{1-x}P_xS_4$であり，出発物質の処理条件や，合成温度の最適化により，$x = 0.67$において，既存物質とは全く異なる結晶構造を有する新規な$Li_{10}GeP_2S_{12}$型相が見出された。図3に示すように，LGPSは既存の固体電解質を大きく上回り，電解液に匹敵する極めて高いイオン導電率を示す（12.3 mS cm^{-1}@27℃）。またイオン伝導の活性化エネルギーも 24 kJ mol^{-1} と小さく，－100 から100℃の温度範囲において高いイオン導電率を示す。

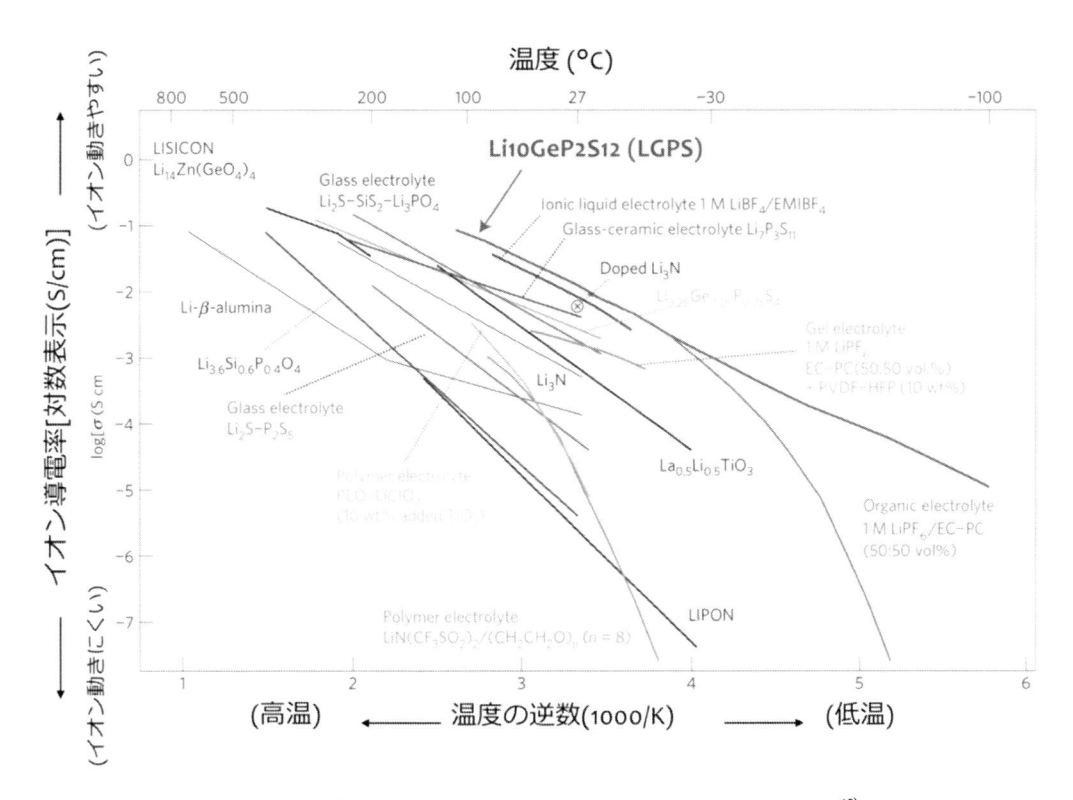

図 3　さまざまなリチウムイオン伝導体のイオン導電率の温度依存[12]

3. 1. 5　結晶性超イオン導電体 $Li_{10}GeP_2S_{12}$ の構造とイオン拡散

　次に $Li_{10}GeP_2S_{12}$ の結晶構造について説明する（図 4）。リチウムイオン拡散経路を内包する骨格構造は，$(Ge/P)_4$ 四面体と LiS_6 八面体が稜を領有した一次元鎖とそれらをつなぐ PS_4 四面体の組み合わせから形成される。拡散に寄与するリチウムイオンは三次元骨格中に存在し，分極率の大きな硫化物イオンが各多面体を形成する。この骨格内では，c 軸方向に沿って稜共有した LiS_4 四面体が一次元的に連なって存在する（-Li3-Li1-Li1-Li3-）。そして，ab 面内では LiS_4 四面体と LiS_6 八面体が稜を共有してつながる（-Li4-Li1-Li4-Li1-）。この c 軸および ab 面内の結合によって，リチウムイオンは三次元的に骨格構造内を拡散する。拡散に寄与するリチウム位置は Li1，Li3，Li4 の 3 種類であり，それぞれの占有率は組成にもよるが 0.45，0.75，0.77 程度である[40]。そして，稜共有したリチウム位置同士の間には四面体の空のサイトが存在する。例えば c 軸方向のリチウム拡散経路では各リチウム位置のポテンシャルエネルギー差は小さく，活性化障壁が小さいことも理論計算によって明らかにされている[41]。このように，$Li_{10}GeP_2S_{12}$ はリチウムイオン拡散に適した構成元素，構造的特徴を全て有しているため，高いイオン導電率と低い活性化エネルギーを示すと考えられる。またこの材料は，高温（750 K）中性子回折データを使った最大エントロピー法によってリチウムの核密度分布が可視化され，三次元的なイオン

9

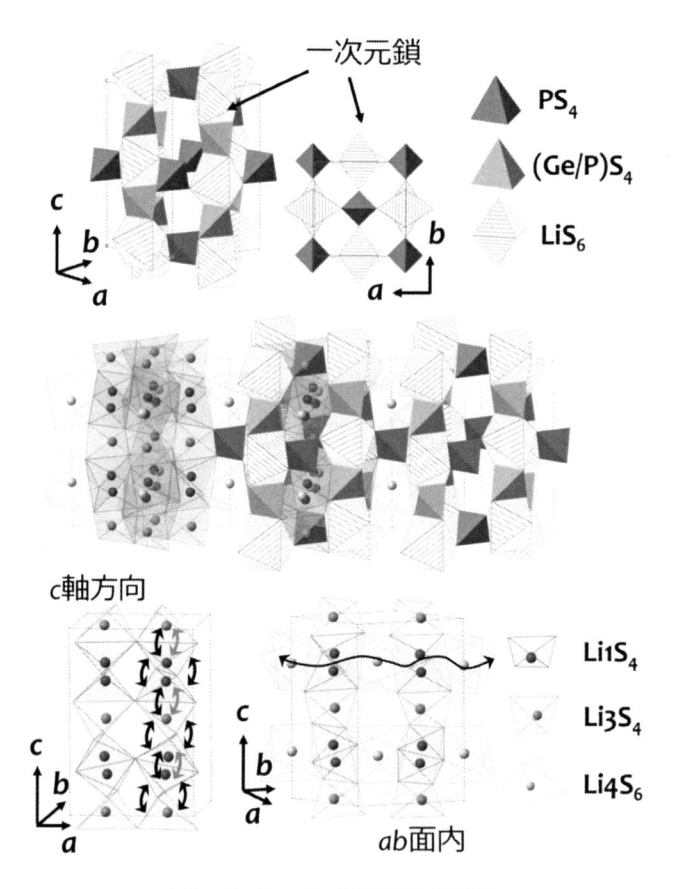

図4 Li$_{10}$GeP$_2$S$_{12}$ の結晶構造モデル

骨格構造（上段），骨格構造とリチウム占有位置（中段），リチウム占有位置（下段）。

拡散によって超イオン導電特性が発現することが実験的に確認された[40]。その中でも特にイオン導電率が高い，Li$_{9.54}$Si$_{1.74}$P$_{1.44}$S$_{11.7}$Cl$_{0.3}$（25 mS cm^{-1}）では，室温付近においても三次元的なリチウムの核密度分布を示すことが明らかになった[42]。Li1 と Li3 を介した c 軸方向，Li1 と Li4 を介した ab 面内のリチウムの核密度は骨格構造内で三次元的につながっており，構造中に広がりをもって分布している様子が分かる。

3. 1. 6　結晶性構造を利用した材料開発

結晶性の固体電解質の特徴として，結晶構造解析に基づいた材料設計が可能であるという点が上げられる。一例として Li$_4$M^{4+}O$_4$ に対して，M^{4+} → M'$^{3+}$ + Li$^+$ という元素置換を考える。これにより構造内に過剰なリチウムイオンを導入することができるため，キャリア濃度増加によるイオン導電率の向上が期待できる。逆に，M^{4+} + Li$^+$ → M''$^{5+}$ とすれば，リチウム空孔が増大するため，イオン拡散に利用できる空の位置を増やすことができる。さらに，骨格を形成する金属カチオン（M^{n+}）や，副格子を形成するアニオンのイオン半径が変わると，リチウムイオンの拡散経路サイズを調整することができる。また，同一構造の多種にわたる組成材料を合成すること

で，イオン導電率と格子定数，原子座標，原子占有率，結合長（角）などの結晶構造パラメーターの因果関係を明らかにすることができるため，イオン導電率向上に向けた具体的な材料設計の指針を得ることもできる。こういった利点があるため，イオン導電特性を示す有望な結晶構造が報告されると，その構造を中心とした材料探索が開始される。

次に，$Li_{10}GeP_2S_{12}$ 系材料における材料探索について紹介する。チオリシコン群（Li-M-S：M = Si，Ge，Sn，P）の中間組成を中心に，さまざまな組成において陽イオン置換材料の探索が行われ，多様な物質群（Li-M-M'-S）が存在することが明らかになった。さらには，陰イオンを置き換えた材料系も存在することも報告され，極めて幅広い固溶域を有することが分かった[12, 35, 39, 40, 42]。代表的な $Li_{10}GeP_2S_{12}$ 系物質群を表 2 にまとめる。その中でも特徴的な組成は Li-Si-P-S-O 系，Li-P-S 系材料で，これらは耐還元性に優れるため金属リチウム負極を用いた電池の動作が可能であり，電池のエネルギー密度向上に貢献する。一方で，Li-Ge-P-S 系，Li-Si-P-S-Cl 系，Li-Sn-Si-P-S 系は特にイオン導電率が高く（> 10 mS cm^{-1}），電池の出力密度向上を実現する。このように，多様な固溶体群を有する $Li_{10}GeP_2S_{12}$ 系材料は，組成に依存して物性が変化する。全固体電池のもう一つの大きな特徴は，これらの固体電解質を多種組み合わせて電池を構成することができることである。安全性，信頼性に加えて，電解質が自己拡散する液系電池では実現できなかった，多様な電解質の利用による電池性能の目的に応じた設計が可能であることが固体電池の大きな魅力となっている。また，イオン伝導の活性化エネルギーも総じて小さく（≦ 30 kJ mol^{-1}），幅広い温度範囲で高いイオン導電率を示すため，電池の作動環境の拡大（− 30〜100℃）が期待できる。

表 2　$Li_{10}GeP_2S_{12}$ 型の固体電解質と $Li_7P_3S_{11}$ ガラスセラミックスのイオン導電率，活性化エネルギー，負極 Li を用いた電池の初回充放電効率[1, 12, 35]

組成	イオン導電率 σ（S cm^{-1}）		活性化エネルギー（kJ mol^{-1}）	Li 負極を用いた電池の初回充放電効率（％）
	@25℃	@100℃		
$Li_{10}GeP_2S_{12}$（LGPS）	1.20×10^{-2}	6.94×10^{-2}	26	61
$Li_{10}GeP_2S_{11.7}O_{0.3}$	1.15×10^{-2}	3.07×10^{-2}	14.5	42
$Li_{9.54}Si_{1.74}P_{1.44}S_{11.7}Cl_{0.3}$	2.53×10^{-2}	−	23	39
$Li_7P_3S_{11}$-g.c.	1.70×10^{-2}	−	17	−
$Li_{4-x}[Sn_ySi_{1-y}]_{1-x}P_xS_4$ （Sn/Si = 2/8; $y = 0.2$, $x = 0.55$）	1.1×10^{-2}		19	
$Li_{9.42}Si_{1.02}P_{2.1}S_{9.96}O_{2.04}$	1.10×10^{-4}	8.62×10^{-4}	23	87
$Li_{9.6}P_3S_{12}$	1.20×10^{-3}	5.90×10^{-3}	25	90
$Li_{9.81}Sn_{0.81}P_{2.19}S_{12}$	5.50×10^{-3}	2.43×10^{-2}	24.5	51
$Li_{10.35}Si_{1.35}P_{1.65}S_{12}$	6.70×10^{-3}	2.80×10^{-2}	26	81
$Li_9P_3S_9O_3$	4.27×10^{-5}	5.27×10^{-4}	30	−
$Li_{10.35}Ge_{1.35}P_{1.65}S_{12}$	1.44×10^{-2}	7.20×10^{-2}	27	−
$Li_{10}(Ge_{0.5}Si_{0.5})P_2S_{12}$	4.20×10^{-3}	−	26	−
$Li_{10}(Ge_{0.5}Sn_{0.5})P_2S_{12}$	6.17×10^{-3}	−	24	−
$Li_{10}(Si_{0.5}Sn_{0.5})P_2S_{12}$	4.28×10^{-3}	−	28	−

3．1．7　Li₁₀GeP₂S₁₂系材料を使った全固体電池特性

　次に，全固体電池特有の設計例について説明する。固体電解質を用いる設計上のメリットとして，バイポーラ型電池に加えて，複数の電解質材料を単一セル内で利用することができることが挙げられる。その一例を以下に述べる。Li 負極を用いた電池の効率は各材料の低電位での安定性を示している。これら 3 種の材料を組み合わせて，（ⅰ）標準型，（ⅱ）大電流型，（ⅲ）高電圧型，の 3 種類の電池を作製した。各電池の構成は図 5 にまとめたとおりである。（ⅲ）高電圧型の電池では，セパレーター電解質層を 2 層に分け，低電圧負極（グラファイト）の作動を実現している。（ⅲ）高電圧型では負極にグラファイト電極を用いているため，3.5 V 以上の高い放電電圧を示す。一方，（ⅱ）大電流型では放電電圧は 3 V 以下となるが，放電速度に対する放電容量が増大し，大電流型の電池は 100℃ において 1,500 C（2.4 秒で放電完了）という高レートで放電させることができる。このように組成制御により固体電解質のイオン導電率，物性を変えることで，狙い通りの電池性能を発現させることが可能であることが実証されてきている。このように，固体電解質を組み合わせて目的に応じた電池設計ができることが全固体電池の特徴であり，同様の報告もすでになされている[2, 43]。

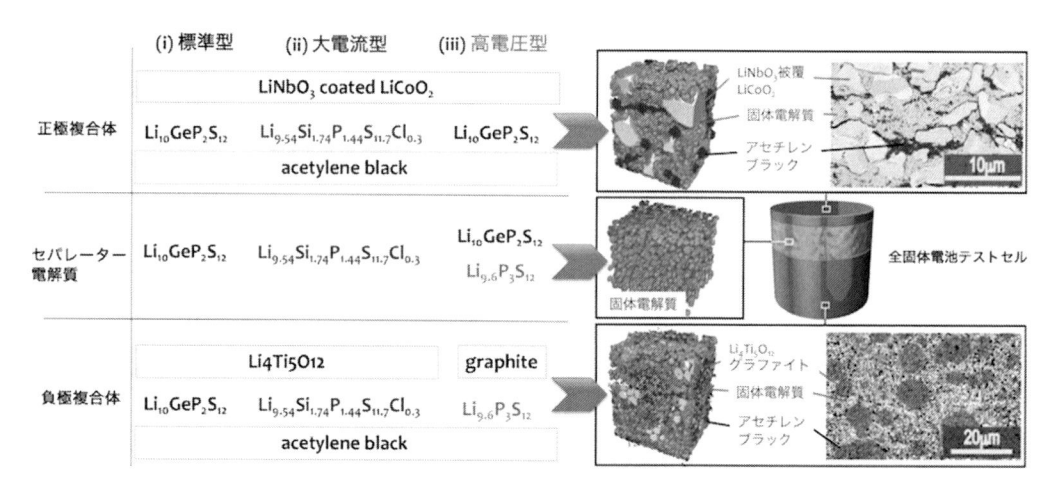

図 5　Li₁₀GeP₂S₁₂電解質を用いた全固体電池（テストセル）の構成

4　今後の展望

　硫化物系固体電解質を用いた全固体電池の実用化に期待が寄せられている。現在の状況に至ったきっかけは，高性能な Li₁₀GeP₂S₁₂系材料の発見と[12]，関連分野で大きなブレークスルーが実現されたためであり[4]，今後も結晶構造を活用した材料探索の継続が必要である。代表的な結晶材料の構造名とイオン導電率変化の推移をまとめたグラフを図 6 に示す。材料探索から開発は 1970 年代から始まり，イオン導電率は室温でほぼ絶縁体（$< 10^{-10}$ S cm^{-1}）の状態から大幅に

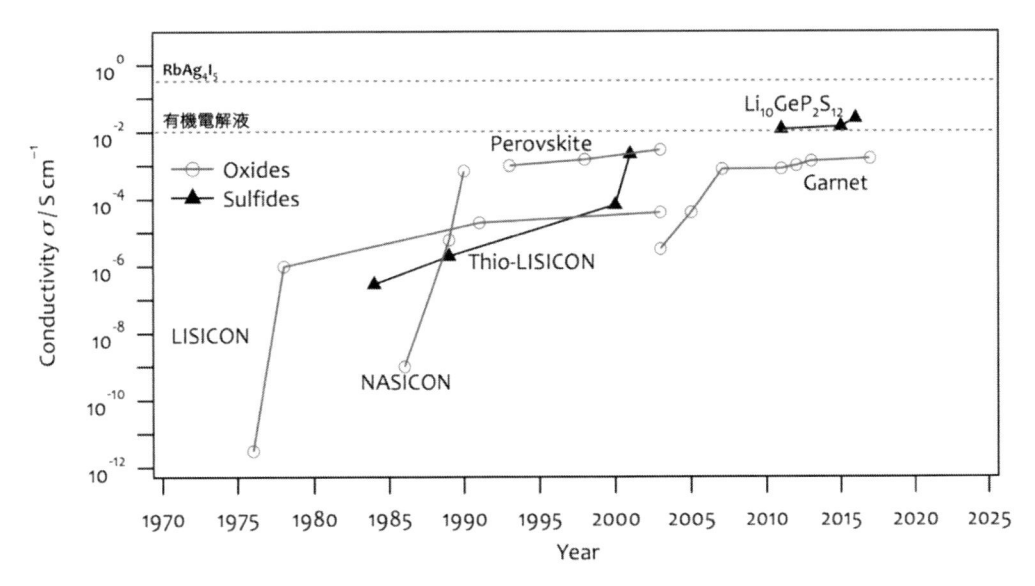

図6　結晶固体電解質の結晶構造とイオン導電率変化[12, 36, 37, 40, 42, 47〜66]

増大し，10^{-4} S cm^{-1} オーダーにまで達した。その後，NASICON 材料の発展や，ペロブスカイト材料の登場により，10^{-3} S cm^{-1} オーダーの領域に到達した。LISICON の発展と並行しながら硫化物系材料の探索が進められ，2001 年には Li-Ge-P-S 系のチオリシコン材料が見出され 2.2×10^{-3} S cm^{-1} まで向上した。その延長線の探索で $Li_{10}GeP_2S_{12}$ が見出され（2011 年），ついにイオン導電率は有機電解液並みの 10^{-2} S cm^{-1} オーダーに達した。しかしながら銀イオン導電体（$RbAg_4I_5$）の特性を眺めると，まだ一桁向上の余地はある。今後も既知結晶構造を活用した材料探索の継続が必要であると同時に，全く新しい結晶構造を有する物質の発見が望まれている。その手段として，計算化学や情報科学の手法を取り入れた探索が期待されている。例えば，高イオン導電材料のアニオン種とその配列や格子体積に相関があることを理論計算によって見出し，硫化物イオンが体心立方配列した物質を無機結晶構造データベース（ICSD）から探し出し，新物質を提案している[44, 45]。同様に 1 万件以上のリチウム含有組成を構造とイオン導電率によってスクリーニングし，機械学習によって有望な候補物質を提案した報告もある[46]。いずれの例も有望な新物質発見には至っていないが，これまで研究者の知識，経験や勘によって 10 年単位で進捗してきた物質探索に大きなブレークスルーをもたらす，材料探索手法そのものの開発も行う必要がある。

文　　献

1) Y. Kato *et al.*, *Electrochemistry*, **80**, 749（2012）

2) Y. Kato *et al.*, *J. Phys. Chem. Lett.*, **9**, 607（2018）

3) H. Zheng *et al.*, *Electrochim. Acta*, **71**, 258（2012）

4) N. Ohta *et al.*, *Adv. Mater.*, **18**, 2226（2006）

5) A. Sakuda *et al.*, *Chem. Mater.*, **22**, 949（2010）

6) A. Sakuda *et al.*, *Sci. Rep.*, **3**, 2261（2013）

7) K. Park *et al.*, *Chem. Mater.*, **28**, 8051（2016）

8) R. Kanno *et al.*, *Mater. Res. Bull.*, **22**, 1283（1987）

9) B. B. Owens *et al.*, *Sol. St. Ion.*, **9-10**, 1241（1983）

10) A. Hayashi *et al.*, *Nat. Commun.*, **3**, 856（2012）

11) C. Rongeat *et al.*, *ACS Appl. Mater. Interfaces*, **6**, 2103（2014）

12) N. Kamaya *et al.*, *Nat. Mater.*, **10**, 682（2011）

13) B. B. Owens & G. R. Argue, *Science*, **157**, 308（1967）

14) B. B. Owens & J. R. Bottelberghe, *Sol. St. Ion.*, **62**, 243（1993）

15) W. S. Tang *et al.*, *Adv. Energy Mater.*, **6**, 1502237（2016）

16) Z. Zhang *et al.*, *Energy Environ. Sci.*, **11**, 87（2018）

17) S. Takeuchi *et al.*, *J. Solid State Chem.*, **265**, 353（2018）

18) C. Cao *et al.*, *Front. Energy Res.*, **2**, 25（2014）

19) P. Knauth, *Sol. St. Ion.*, **180**, 911（2009）

20) M. Matsuo *et al.*, *Appl. Phys. Lett.*, **91**, 224103（2007）

21) S. Kim *et al.*, *Nat. Commun.*, **10**, 1081（2019）

22) S. Kim *et al.*, *Chem. Mater.*, **30**, 386（2018）

23) T. Phraewphiphat *et al.*, 粉体および粉末冶金, **65**, 26（2018）

24) J. Kim *et al.*, *J. Mater. Chem. A*, **6**, 22478（2018）

25) M. Tatsumisago *et al.*, *J. Power Sources*, **270**, 603（2014）

26) S. Ohta *et al.*, *J. Power Sources*, **238**, 53（2013）

27) M. Tatsumisago *et al.*, *J. Ceram. Soc. Jpn.*, **125**, 433（2017）

28) N. J. Dudney & Y.-I. Jang, *J. Power Sources*, **119-121**, 300（2003）

29) N. Kuwata *et al.*, *J. Electrochem. Soc.*, **157**, A521（2010）

30) H. Muramatsu *et al.*, *Sol. St. Ion.*, **182**, 116（2011）

31) G. Sahu *et al.*, *Energy Environ. Sci.*, **7**, 1053（2014）

32) A. Miura *et al.*, *Na. Rev. Chem.*, **3**, 189（2019）

33) Z. Liu *et al.*, *J. Am. Chem. Soc.*, **135**, 975（2013）

34) S. Teragawa *et al.*, *J. Mater. Chem. A*, **2**, 5095（2014）

35) Y. Seino *et al.*, *Energy Environ. Sci.*, **7**, 627（2014）

36) R. Kanno *et al.*, *Sol. St. Ion.*, **130**, 97（2000）

37) R. Kanno & M. Murayama, *J. Electrochem. Soc.*, **148**, A742（2001）

38) K. Homma *et al.*, *Sol. St. Ion.*, **182**, 53（2011）

39）S. Hori *et al.*, *J. Am. Ceram. Soc.*, **98**, 3352（2015）

40）O. Kwon *et al.*, *J. Mater. Chem. A*, **3**, 438（2015）

41）X. He *et al.*, *Nat. Commun.*, **8**, 15893（2017）

42）Y. Kato *et al.*, *Nat. Energy*, **1**, 16030（2016）

43）B. R. Shin *et al.*, *Electrochim. Acta*, **146**, 395（2014）

44）Y. Wang *et al.*, *Nat. Mater.*, **14**, 1026（2015）

45）W. D. Richards *et al.*, *Energy Environ. Sci.*, **9**, 3272（2016）

46）A. D. Sendek *et al.*, *Energy Environ. Sci.*, **10**, 306（2017）

47）V. Thangadurai *et al.*, *J. Am. Ceram. Soc.*, **86**, 43（2003）

48）V. Thangadurai & W. Weppner, *Adv. Funct. Mater.*, **15**, 107（2005）

49）R. Murugan *et al.*, *Angew. Chem. Int. Ed.*, **46**, 7778（2007）

50）S. Ohta, *et al.*, *J. Power Sources*, **196**, 3342（2011）

51）Y. Li *et al.*, *J. Mater. Chem.*, **22**, 15357（2012）

52）S.-W. Baek *et al.*, *J. Power Sources*, **249**, 197（2014）

53）J. F. Wu *et al.*, *ACS Appl. Mater. Interfaces*, **9**, 1542（2017）

54）Y. Inaguma *et al.*, *Solid State Commun.*, **86**, 689（1993）

55）Y. Harada *et al.*, *Sol. St. Ion.*, **108**, 407（1998）

56）A. Morata-Orrantia *et al.*, *Chem. Mater.*, **15**, 3991（2003）

57）D. Petit *et al.*, *Mater. Res. Bull.*, **21**, 365（1986）

58）B. V. R. Chowdari *et al.*, *Mater. Res. Bull.*, **24**, 221（1989）

59）H. Aono *et al.*, *J. Electrochem. Soc.*, **137**, 1023（1990）

60）B. E. Liebert & R. A. Huggins, *Mater. Res. Bull.*, **11**, 533（1976）

61）U. V. Alpen *et al.*, *Electrochim. Acta,* **23**, 1395（1978）

62）H. Y. P. Hong, *Mater. Res. Bull.*, **13**, 117（1978）

63）C. K. Lee & A. R. West, *J. Mater. Chem.*, **1**, 149（1991）

64）E. I. Burmakin *et al.*, *J. Electrochem.*, **39**, 1124（2003）

65）M. Tachez *et al.*, *Sol. St. Ion.*, **14**, 181（1984）

66）B. T. Ahn & R. A. Huggins, *Mater. Res. Bull.*, **24**, 889（1989）

第2章　硫化物ガラス系固体電解質

辰巳砂昌弘[*1], 林　晃敏[*2]

1　はじめに

　電解質および電極活物質の微粒子から構成されるバルク型全固体リチウム電池は，安全性とエネルギー密度，出力密度を兼ね備えた蓄電池として，その実用化に向けた研究開発が活発化している。硫化物電解質は高い導電率と優れた成形性を有していることから，現在，全固体電池を実現するための最有力候補として位置づけられている。硫化物電解質はその構造に基づき，結晶とガラス（非晶質）に大別される。硫化物結晶電解質については，第1章で述べられているため，ここでは硫化物ガラス電解質の特長や開発の経緯について概説する。

2　ガラス電解質の特長

　ガラスは固体電解質として優れた特長を有している。例えば，①広い組成範囲において高いイオン伝導度の発現，②自由体積に基づく優れた機械的特性，③ガラス転移現象を利用した界面接合，④超イオン伝導性を示す準安定相の析出，などが特長として挙げられる[1,2]。①については，ガラス電解質ではリチウムイオンの濃度を高めておきさえすれば，組成変動による導電率の変化が比較的小さいのが特徴である。電極活物質との界面接合を想定した場合，界面構造のミスマッチや界面近傍のリチウム濃度変動による抵抗増大の寄与の低減が期待できる。②については，例えばガラス微粒子をプレスして成形体を得る際に，ガラスが持つ自由体積の存在により，加圧時の結合の組み替えが容易となり緻密化の促進が期待できる。ガラスの優れた成形性は，電極活物質と広く，密着した固体界面を形成する上で重要であり，第Ⅱ編第1章で詳しく述べられている。③については，ガラス転移温度以上の過冷却液体状態を利用し，液体-固体界面を形成した後に冷却することによって，活物質粒子との間に良好な固体-固体界面を形成することができる。④については，次節で詳細に述べる。

　ガラス電解質の中では，硫化物ガラスは酸化物ガラスと比べて導電率が高い。これは，ガラスを構成している硫化物アニオンの分極率が大きく，負電荷が非局在化しており，酸化物アニオン

＊1　Masahiro Tatsumisago　大阪府立大学　学長
＊2　Akitoshi Hayashi　大阪府立大学　大学院工学研究科　物質・化学系専攻
　　　　応用化学分野　教授

のようにリチウムイオンを強くトラップしないためである。同様に，分極率の大きなヨウ化物イオンをガラスへ導入すると，添加量の増大に伴って導電率が増加することが知られている。よって高い導電率を得るためには，リチウムイオンを高濃度に含む硫化物ガラスを作製すればよい。

　ガラスの合成方法としては，ガラスの原料を一旦，高温で溶融させてから，その融液を急冷してガラスを作製する融液急冷法が一般的であるが，原料組成中のリチウム量の増加につれて，融液を冷却する際に結晶化が生じやすくなる。よって，高リチウム含有ガラスを得るためには，融液を高速で急冷する必要があり，例えば双ローラー超急冷法を用いることによってガラスが作製されてきた。一方で，機械的エネルギーを用いて化学反応を進行させるメカノケミカル法を用いても，高リチウム含有組成のガラスを作製可能である。例えば，遊星型ボールミル装置を用いて，通常の融液超急冷法では合成が困難なオルト組成の Li_3PS_4[3]や Li_3AlS_3[4]ガラスが作製できる。図 1 には，Li_2S 結晶と Al_2S_3 結晶をモル比で 75：25 に仕込んだ混合物（Li_3AlS_3 組成に対応）に対してメカノケミカル処理を行った際に得られた試料の X 線回折パターンを示す。図中の数字はボールミル処理時間を示しており，処理時間の増加に伴って出発原料由来の回折パターンが徐々に消失していき，ボールミル 40 時間でハローパターンを示し，非晶質化することがわかった。この結果は，遊星型ボールミル装置の台盤回転数を 230 rpm に設定して処理した場合の結果であるが，回転数を 510 rpm に増加すると，2 時間のボールミル処理によって出発原料が消失し，Li_5AlS_4 結晶の析出することがわかっている[4]。メカノケミカル法においては，台盤回転数や容器の材質，ボールのサイズや数を選択することによって，ガラスや結晶を作り分ける

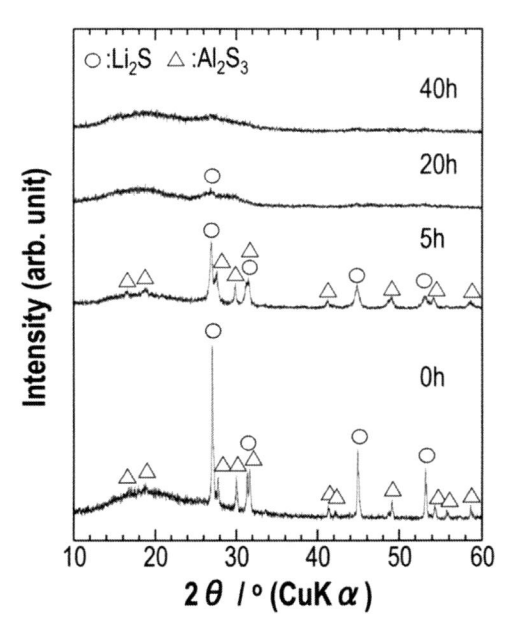

図 1　メカノケミカル法により作製した 75Li_2S・25Al_2S_3（mol%）電解質の X 線回折パターン
図中の数字は処理時間を示している。

ことも可能である。

　また活物質粒子との界面接合を想定した場合には，電解質の活物質表面へのコーティングが効果的と考えられる。気相法の一つであるパルスレーザー堆積（PLD）法を用いて，$LiCoO_2$ 正極活物質粒子上へアモルファス硫化物薄膜を形成することによって，活物質へリチウムイオン伝導パスが付与される[2]。より汎用性の高い液相法を用いた硫化物電解質の作製は，活物質への電解質コーティングプロセスを確立する上で重要である。これまでにさまざまな有機溶媒や分散媒と硫化物組成の組み合わせが探索され，室温で 10^{-4} S cm^{-1} 以上の導電率を示す硫化物電解質の液相合成手法が見出されつつある[5]。詳細は第 II 編第 8 章と最近の液相合成プロセスの進展をまとめた総説[6]を参照されたい。

3　導電率

　表 1 には，メカノケミカル法を用いて作製されたガラス電解質の室温導電率をまとめて示している[3, 4, 7〜17]。ガラスの導電率はいずれも，室温でプレス成形して得られた粉末成形体の値である。よってここに示す導電率には，粒界抵抗成分が含まれており，ガラス本来のバルク導電率と比べると低い値になっていることに留意されたい。Li_3PS_4 ガラスは Li_3AlS_3 ガラスと比べて高い導電率を持ち，10^{-4} S cm^{-1} 以上の値を示す。Li_3PS_4 を含む Li_2S-P_2S_5 系は，これまでに報告されている硫化物電解質の組成系の中では比較的安価な元素で構成されているだけでなく，イオン伝導度が高く，耐還元性に優れていることから，実用化の可能性の高いベース組成として期待されている。また Li_2S-P_2S_5 系へ LiI や $LiBH_4$ を添加することによって導電率は 1 桁増大して 10^{-3} S cm^{-1} 以上の値を示す[15, 16]。上述したが，負電荷が非局在化したアニオンを導入すること

表 1　硫化物固体電解質の室温導電率

組成	25℃の導電率 （S cm^{-1}）	分類	発表者，発表年，文献
$Li_{9.54}Si_{1.74}P_{1.44}S_{11.7}Cl_{0.3}$（LGPS）	2.5×10^{-2}	crystal	Kato, 2016, 7)
$Li_{10}GeP_2S_{12}$（LGPS）	1.2×10^{-2}	crystal	Kamaya, 2011, 8)
Li_6PS_5Cl（argyrodite）	1.3×10^{-3}	crystal	Boulineau, 2012, 9)
$70Li_2S \cdot 30P_2S_5$（$Li_7P_3S_{11}$）	1.7×10^{-2}	glass-ceramic	Seino, 2014, 10)
$63Li_2S \cdot 27P_2S_5 \cdot 10LiBr$	8.4×10^{-3}	glass-ceramic	Ujiie, 2014, 11)
$60Li_2S \cdot 25P_2S_5 \cdot 10Li_3N$	1.4×10^{-3}	glass-ceramic	Fukushima, 2017, 12)
$80Li_2S \cdot 20P_2S_5$	1.3×10^{-3}	glass-ceramic	Mizuno, 2006, 13)
$67Li_2S \cdot 33SnS_2$	1.1×10^{-4}	glass-ceramic	Kanazawa, 2018, 14)
$54Li_3PS_4 \cdot 46LiI$	1.8×10^{-3}	glass	Suyama, 2018, 15)
$50Li_2S \cdot 17P_2S_5 \cdot 33LiBH_4$	1.6×10^{-3}	glass	Yamauchi, 2013, 16)
$75Li_2S \cdot 25P_2S_5$（Li_3PS_4）	1.1×10^{-4}	glass	Hayashi, 2001, 3)
$75Li_2S \cdot 25Al_2S_3$（Li_3AlS_3）	3.4×10^{-5}	glass	Hayashi, 2004, 4)
$75Li_2S \cdot 25Sb_2S_5$（Li_3SbS_4）	1.1×10^{-6}	glass	Kimura, 2019, 17)

によって，ガラス中の導電率は増大する。表内には，現在最も高い，2.5×10^{-2} S cm^{-1} の導電率を持つ LGPS 型結晶 Li$_{9.54}$Si$_{1.74}$P$_{1.44}$S$_{11.7}$Cl$_{0.3}$[7]，ならびにガラスを結晶化させることによって導電率を増大させたガラスセラミックスについても載せている。後者のガラスセラミックス中には，通常の固相反応では得ることが困難な準安定相が析出しており，この結晶相が高い導電率を有するために導電率が増加したと考えられる。

　ガラスはガラス転移温度以上の温度領域で過冷却液体状態となり，さらに加熱していくと結晶化が生じる。高温相などの準安定相が存在する場合には，過冷却液体からまず初晶として析出し，さらに昇温すると熱力学的に安定な結晶（低温相）へと相転移する。例えば，70Li$_2$S・30P$_2$S$_5$（mol%）組成のガラスを 280℃で結晶化させると，同組成の Li$_7$P$_3$S$_{11}$ 高温相が析出し，その後室温へ冷却してもこの相は低温相に相転移せずに存在する。Li$_7$P$_3$S$_{11}$ が析出したガラスセラミックスは室温で 1.7×10^{-2} S cm^{-1} の高い導電率を示す[10]。一方で熱処理温度を 550℃にすると，Li$_7$P$_3$S$_{11}$ 相は消失して，Li$_4$P$_2$S$_6$ を含む複数の熱力学的安定相が析出して導電率は数桁低下する。よって，Li$_7$P$_3$S$_{11}$ の高い導電率によってガラスセラミックスの導電率が増加したと考えられる。ガラスセラミックス中には一部ガラス相が残存していることが，固体 NMR や TEM 観察の結果から明らかにされている[18, 19]。この残存しているガラス相が高温相である Li$_7$P$_3$S$_{11}$ の室温安定化に寄与していると考えられる。図2には，80Li$_2$S・20P$_2$S$_5$（mol%）ガラスセラミックスのX線回折パターンと高分解能 TEM 像を示す。ガラスの結晶化に伴って Li$_{10}$GeP$_2$S$_{12}$（LGPS）と同じ回折パターンを示していることから，Ge を含まない Li-P-S 系の LGPS 類似相が析出し，表1に記載したように 10^{-3} S cm^{-1} 以上の室温導電率を示す。TEM 像からは粒径約 5 nm 程度の結晶子が多数観測され，これらの周りにはアモルファス領域の存在がうかがえる[20]。ガラスセラミックスの導電率は，析出した結晶の組成だけでなく，そのサイズや連結性，結晶とガラスの分率に大きく依存することから，ガラスセラミックスのより詳細な構造解析が重要となる。またガラスセラミックス中に残存しているガラス領域の構造や導電率は明らかにされておらず，今後の研究課題である。

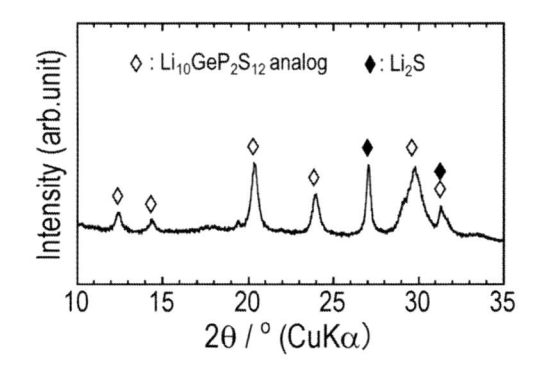
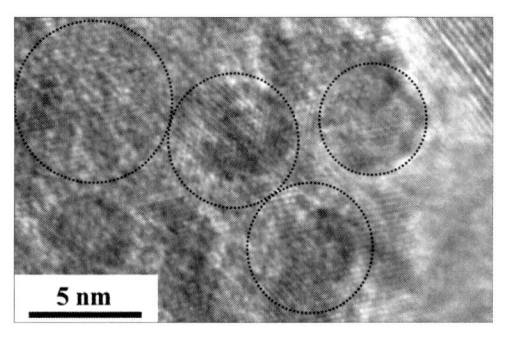

図2　80Li$_2$S・20P$_2$S$_5$（mol%）ガラスセラミックスのX線回折パターンと高分解能 TEM 像

表1には上記以外のガラスセラミックスの導電率についてもまとめている。67Li$_2$S・33SnS$_2$（mol%）ガラスを結晶化すると，六方晶 Li$_4$SnS$_4$ が準安定相として析出して導電率が増大する[14]。イオン伝導体としての新規な母構造として，今後の組成探索が期待される。また，Li$_2$S-P$_2$S$_5$系に Li$_3$N や LiBr を添加して得られたガラスセラミックスにおいても新規な結晶相の析出が確認されており，室温で 10^{-3} S cm^{-1} 以上の高い導電率を示す[11, 12]。ガラスを新規な準安定相の生成のための前駆体として捉え，ガラスの組成探索と熱処理条件を検討することによって，より一層高い導電率を示す固体電解質の開発が期待される。

4 安定性

硫化物電解質の電気化学安定性（電位窓）や化学的安定性（耐湿性）は，全固体電池への適用を想定した際に重要な因子となる。

硫化物電解質の電位窓は，作用極にステンレス鋼，対極兼参照極として金属リチウムを用いた全固体二極式セルに対してサイクリックボルタンメトリーを用いて簡易的に調べることができる。例えば，Li$_2$S-P$_2$S$_5$ 系電解質のサイクリックボルタモグラムからは 0〜5 V vs. Li の電位領域において顕著な還元・酸化反応による電流が見られない[1]。一方，電極複合体への適用を想定して，硫化物電解質と電子伝導体としてのカーボンをボールミルで混合した複合体に対して電気化学評価を行うと，酸化側 2.6 V vs. Li 付近で硫黄のレドックス反応が確認される[21, 22]。この酸化反応は，電解質とカーボンを乳鉢で混合した程度ではほとんど観測されず，ボールミルで両者の接触面積を増大させ，電子伝導経路を積極的に付与した場合に顕著に観測される現象である。

次に還元側の安定性に着目すると，例えば Li$_3$PS$_4$ ガラスへ金属リチウムを接触させると，その界面のごく近傍においてのみ硫化物電解質が還元されて Li$_2$S や Li$_3$P が形成されるが，これらが電子絶縁性の被膜として界面の安定化に寄与することがわかっている[23]。しかし，100℃の高温でリチウムの溶解・析出を繰り返すと，界面における還元分解生成物が増加してサイクル特性が低下する。一方で，54Li$_3$PS$_4$・46LiI（mol%）ガラスでは，Li$_3$PS$_4$ ガラスと比較して，リチウムの溶解・析出特性の向上することが明らかになっている[15]。LiI の添加によって導電率が増加したことに加えて，還元安定性に優れる LiI 成分を導入することによって，金属リチウムとの界面安定性が向上したと考えられる。第一原理計算によって，硫化物系電解質の熱力学的電位窓は狭いことが示されている[24]が，実際に電池へ適用した際には，電極活物質との固体界面における電解質の安定性が重要となる。よって，目的の活物質を用いた全固体電池の充放電特性を調べ，電解質の安定性を評価することが重要である。

硫化物電解質の最大の弱点は，水分に対する化学的安定性に乏しいことである。電解質のプロセスコスト低減のためにも，電解質の耐湿性を高めることが望ましい。Li$_2$S-P$_2$S$_5$ 系ガラス電解質を大気にさらした際の硫化水素発生量を測定したところ，組成によって硫化水素発生量が異なり，75Li$_2$S・25P$_2$S$_5$（mol%，Li$_3$PS$_4$）組成で硫化水素発生が最小となる[25]。この組成よりも

Li$_2$S 含量の少ない 67Li$_2$S・33P$_2$S$_5$（mol%，Li$_4$P$_2$S$_7$）組成や Li$_2$S 結晶では硫化水素が多く発生した。この原因を調査するために，大気にさらした後の Li$_4$P$_2$S$_7$ ガラスと Li$_2$S 結晶のラマンスペクトルを図 3 に示す。どちらの化合物も大気にさらすと本来の構造に由来するラマンバンドが消失し，Li-SH や Li-OH 由来のバンドが観測された。Li$_4$P$_2$S$_7$ ガラス中の架橋硫黄や Li$_2$S 中の S^{2-} は加水分解されやすく，P-SH や Li-SH を介して P-OH や Li-OH を形成しやすいことが考えられる。一方，架橋硫黄や S^{2-} を含まない PS$_4^{3-}$ 孤立アニオン構造を持つ Li$_3$PS$_4$ ガラスでは加水分解を受けにくいことがわかった。相対湿度 70% のより厳しい条件で大気にさらすと，Li$_3$PS$_4$ ガラスでも徐々に硫化水素を発生するが，Li$_3$N や Li$_2$O を用いて硫化物へ窒素や酸素を一部導入して得られた電解質では硫化水素発生を抑制できる[12, 26]。また Li$_3$N 添加した 60Li$_2$S・25P$_2$S$_5$・10Li$_3$N（mol%）ガラスセラミックスは表 1 に示したように室温で 10^{-3} S cm^{-1} 以上の高い導電率を有しており，導電率と化学安定性を兼ね備えた電解質として期待される。また窒素添加に伴って成形性も向上することから，固体界面形成の点でも有利となる。また HSAB（Hard and Soft Acids and Bases）則を考慮すると，中心元素として P に代えて Sn や Sb を用いることによって，硫化物は加水分解を受けにくくなる傾向がある。図 4 には，Li$_3$PS$_4$，Li$_4$SnS$_4$，Li$_3$SbS$_4$ を相対湿度 70% の大気にさらした際の硫化水素発生量の時間経過を示す。Li$_3$PS$_4$ と比較して，Li$_4$SnS$_4$ や Li$_3$SbS$_4$ が硫化水素を発生しにくいことがわかる。表 1 に示すように，

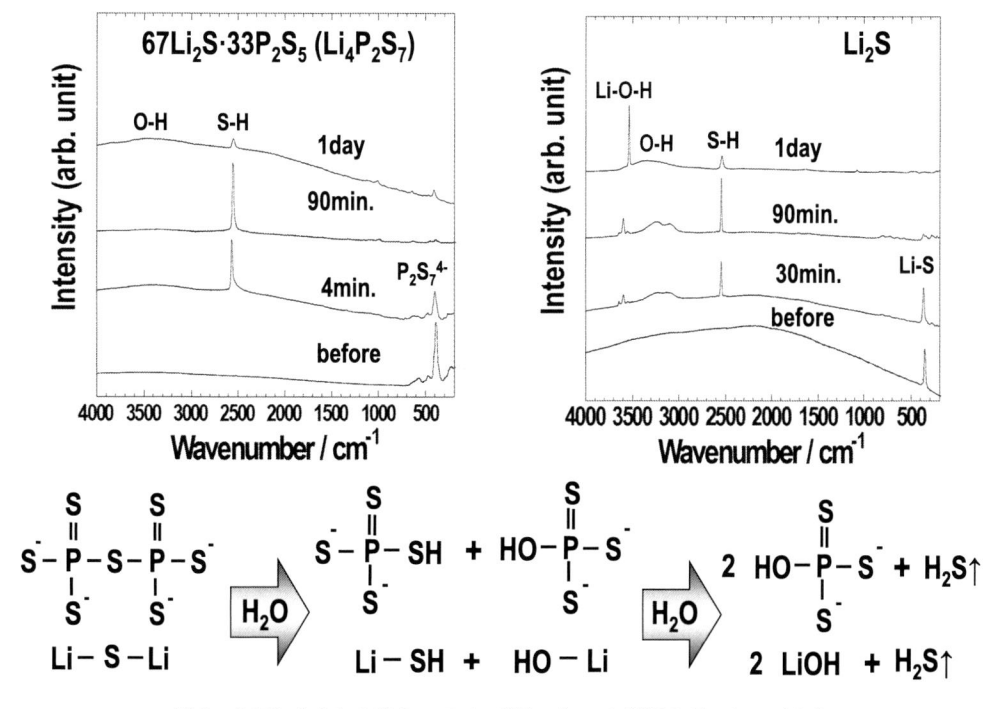

図 3　大気にさらした後の Li$_4$P$_2$S$_7$ ガラスと Li$_2$S 結晶のラマンスペクトル

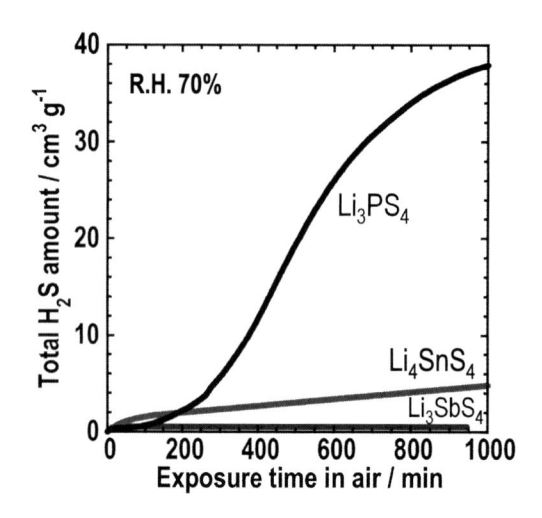

図4 Li₃PS₄，Li₄SnS₄，Li₃SbS₄電解質を相対湿度70%の大気にさらした際の
硫化水素発生量の時間経過

Li$_4$SnS$_4$ ガラスセラミックス[14)]および Li$_3$SbS$_4$ ガラス[17)]の室温導電率はそれぞれ，10^{-4} S cm^{-1} と 10^{-6} S cm^{-1} オーダーであり，導電率の増加が今後の課題である。

5　おわりに

　硫化物ガラス系固体電解質の中には，導電率，成形性，電気化学的安定性，化学的安定性，それぞれに優れる材料が見出されてきている。これらの特性をバランスよく兼ね備えた電解質について，今後も探索検討がなされるものと期待される。一方で，全ての性能に秀でなくても，正極用，負極用，セパレータ用の電解質としての要求性能を満たした電解質を適材適所で用いることも，流動性のない全固体電池においては可能である。目標とする全固体電池の性能を実現するための，電解質側の課題抽出とそれを基にしたより一層の材料開発の進展を期待している。

文　　　献

1)　M. Tatsumisago *et al.*, *J. Asian Ceram. Soc.*, **1**, 17（2013）
2)　A. Hayashi *et al.*, *Front. Energy Res.*, **4**, 25（2016）
3)　A. Hayashi *et al.*, *J. Am. Ceram. Soc.*, **84**, 477（2001）
4)　A. Hayashi *et al.*, *J. Ceram. Soc. Jpn.*, **112**, S695（2004）

5) S. Yubuchi *et al.*, *J. Mater. Chem. A*, **7**, 558（2019）

6) A. Miura *et al.*, *Nat. Rev. Chem.*, **3**, 189（2019）

7) Y. Kato *et al.*, *Nat. Energy*, **1**, 16030（2016）

8) N. Kamaya *et al.*, *Nat. Mater.*, **10**, 682（2011）

9) S. Boulineau *et al.*, *Solid State Ionics*, **221**, 1（2012）

10) Y. Seino *et al.*, *Energy Environ. Sci.*, **7**, 627（2014）

11) S. Ujiie *et al.*, *Mater. Renew. Sustain. Energy*, **3**, 18（2014）

12) A. Fukushima *et al.*, *Solid State Ionics*, **304**, 85（2017）

13) F. Mizuno *et al.*, *Solid State Ionics*, **177**, 2721（2006）

14) K. Kanazawa *et al.*, *Inorg. Chem.*, **57**, 9925（2018）

15) M. Suyama *et al.*, *Electrochim. Acta*, **286**, 158（2018）

16) A. Yamauchi *et al.*, *J. Power Sources*, **244**, 707（2013）

17) T. Kimura *et al.*, *Solid State Ionics*, **333**, 45（2019）

18) Y. Seino *et al.*, *J. Mater. Chem. A*, **3**, 2756（2015）

19) H. Tsukasaki *et al.*, *J. Power Sources*, **369**, 57（2017）

20) H. Tsukasaki *et al.*, *Sci. Rep.*, **7**, 4142（2017）

21) T. Hakari *et al.*, *J. Power Sources*, **293**, 721（2015）

22) T. Hakari *et al.*, *J. Electrochem. Soc.*, **164**, A2804（2017）

23) A. Kato *et al.*, *Solid State Ionics*, **322**, 1（2018）

24) Y. Zhu *et al.*, *ACS Appl. Mater. Interfaces*, **7**, 23685（2015）

25) H. Muramatsu *et al.*, *Solid State Ionics*, **182**, 116（2011）

26) T. Ohtomo *et al.*, *Electrochemistry*, **81**, 428（2013）

第3章　硫化物系固体電解質の特性向上

1　はじめに

リチウムイオン二次電池は，スマートフォンやモバイルパソコンなどに搭載され，今後ますます市場の拡大が予想される。電気自動車のような環境対応型の車載で大型リチウムイオン二次電池が搭載されるようになった。しかし，航続距離が短い，充電時間が長い，などの課題があり，電池の高性能化が求められている[1]。

リチウムイオン二次電池の高性能化に向け全固体化が期待されている。従来の液系電池との違いは，電池材料として固体粒子となる点であり，液系電池では電解液で固体粒子間の接触を行っているのに対し，全固体電池では固体粒子同士の接触でリチウムイオンや電子を移動させなければならない。その役割を成すのが固体電解質であり，固体粒子同士を接触するには，粒子のサイズを小さくすることや，固体粒子が変形して良好な接触面を形成させることが必要である。我々が開発している硫化物系固体電解質は，圧力をかけただけで接触が起こり，良好な粒子同士の界面が形成され，容易に固体電池化が可能である。ただし，市場への全固体電池投入には，いくつもの課題がある。

我々は硫化物系固体電解質の原料の一つである硫化リチウム（Li_2S）の高純度製造技術を有している。この技術を活かして，これまで硫化物系固体電解質およびそれを用いた全固体電池の研究開発を進めてきた。本章では，特性向上には，材料の本質的およびプロセスにおける理解が必要という観点から，我々が開発している硫化物固体電解質 $Li_7P_3S_{11}$ ガラスセラミックスを中心に特性向上に向けた開発状況について述べる。

2　硫化物固体電解質 $Li_7P_3S_{11}$（$70Li_2S$-$30P_2S_5$）ガラスセラミックスについて[2~4]

1章，2章で述べられているように無機系固体電解質には，結晶性，ガラス系がある[2~7]。固体電解質の最も重要な特性であるリチウムイオン伝導度は結晶性の方が一般的に高い。ただし，全固体電池では，上述した通り，液系電池とは異なり固体粒子間の接触状態が非常に重要な要素となる。その点において，硫化物系電解質はリチウムイオン伝導性と電池化しやすさの双方の特

＊　Futoshi Utsuno　出光興産㈱　次世代技術研究所　固体電池材料研究室

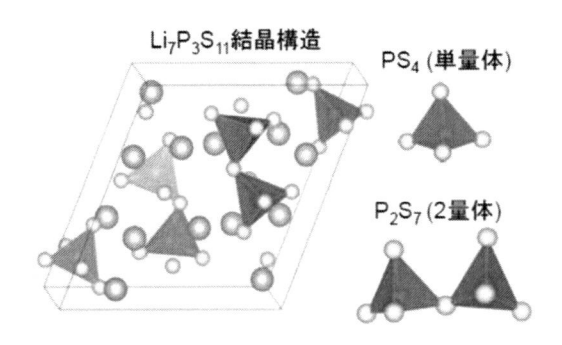

図 1　硫化物系固体電解質 Li$_7$P$_3$S$_{11}$ 結晶構造[8, 9]

単量体（PS$_4$）と 2 量体（P$_2$S$_7$）の骨格構造を形成し，その周囲に Li イオン（大きい球）が配置する。

性を有している。僅かな水分と反応し硫化水素を発生するという欠点があるが，その材料本質的な柔らかさから，電池性能重視の観点から車載電池向け固体電解質の最有力候補となっている。また，硫化物系ガラスは，結晶性固体電解質に比して，より柔軟性が高く，固体粒子間の接触を上げるのには効果的である。そのガラス材料を熱処理することにより，結晶化を行い，伝導度の高い結晶相を析出させることで，より伝導度を向上させることが可能な組成系もある。その代表例が 70Li$_2$S-30P$_2$S$_5$ ガラスセラミックスである。

　Li$_2$S-P$_2$S$_5$ 系の硫化物固体電解質の作製方法は，原料である Li$_2$S と P$_2$S$_5$ をモル比 70：30 でボールミルに入れ，硬質のボール同士の衝突の際の機械的なエネルギーにより反応させるメカニカルミリング処理（MM 法）により合成されている例が多い。この合成は，通常，室温で行っているが，ボールの衝突部分は局所的に高温になると言われている。そのため，MM 法の合成物はガラス状となり，この状態ではイオン伝導度も 0.1 mS/cm 程度と低い。このガラスを，最適な結晶化条件で加熱処理すると，組成式 Li$_7$P$_3$S$_{11}$ で示される結晶構造（図 1）を持つ高イオン伝導性結晶が析出し，2 mS/cm と一桁高いイオン伝導体となるガラスセラミックスが得られる。

3　Li$_7$P$_3$S$_{11}$ 結晶の特長

　硫化物固体電解質 Li$_7$P$_3$S$_{11}$ の高い伝導性を結晶構造と計算機シミュレーションによる Li イオン伝導メカニズムにより説明する。

　固体電解質の伝導メカニズムを調べる手法としては，計算科学の活用が有効である。室温（300 K）下の原子レベルシミュレーションにより，Li イオンの運動性や周囲イオン構造との関連性を解析するのが動的構造解析手法である。第一原理分子動力学シミュレーション（AIMD）により，Li イオンの軌跡などの空間情報から，結晶中の三次元的な伝導挙動を調べた。計算方法の詳細は引用文献を参照されたい[10]。ここでは，AIMD 得られた伝導メカニズムを解説する。

　Li$_7$P$_3$S$_{11}$ 結晶中の Li イオンは，挙動の異なる 3 つのタイプに分類でき，ここでは，移動距離

が大きい順に Li^h，Li^m，Li^c と呼ぶ。それぞれのタイプの Li イオンの空間分布を調べると，図2(a)のように3つの多面体領域 V^h，V^m，V^c に分類され，さらに，それぞれの Li イオンの軌跡と，それらの領域を合わせて図示すると，図2(b)〜(d) となる。

　移動距離が小さい Li^c は，図2(d) の Li イオンの軌跡で見られるように，2個の P_2S_7（2量体）構造ユニットで挟まれた領域 V^c に束縛されている。Li^c は，束縛される2量体間の領域内の極近隣のサイト間の移動は見られるが，他の領域への移動は起こっていない。結晶の初期座標では，領域 V^c の Li イオンは8粒子存在していたが，構造緩和された以降では，4粒子に減り，それ以降にはこの領域内に存在する Li イオン数の増減は起こらない。つまり，この Li イオンは伝導にほとんど寄与していないと考えられる。

　移動距離が大きい Li^m と Li^h イオンは2種類に大別され，一つは，拡散速度が大きく，高伝導性の起因となり，もう一方は，その領域 V^m 内では拡散がほぼ起こらないが，前者の領域 V^h 中の Li イオンと交換が起こる。

　図2(b)に示す3つに分類した領域に存在する平均の Li イオンの数は，Li^h が6粒子，Li^m が18粒子，Li^c が4粒子となっており，シミュレーション中のそれらの数はほぼ一定である。高伝導に寄与している Li イオンは28粒子中の6粒子程度であり，高伝導性を示す領域の Li イオンの数はほぼ一定であるが，同じイオンだけではなく，あるタイミングで Li^h と Li^m の交換が起こっている。V^h 領域に移動した Li イオンは高イオン伝導となり，もう一方は，V^m 領域内の近

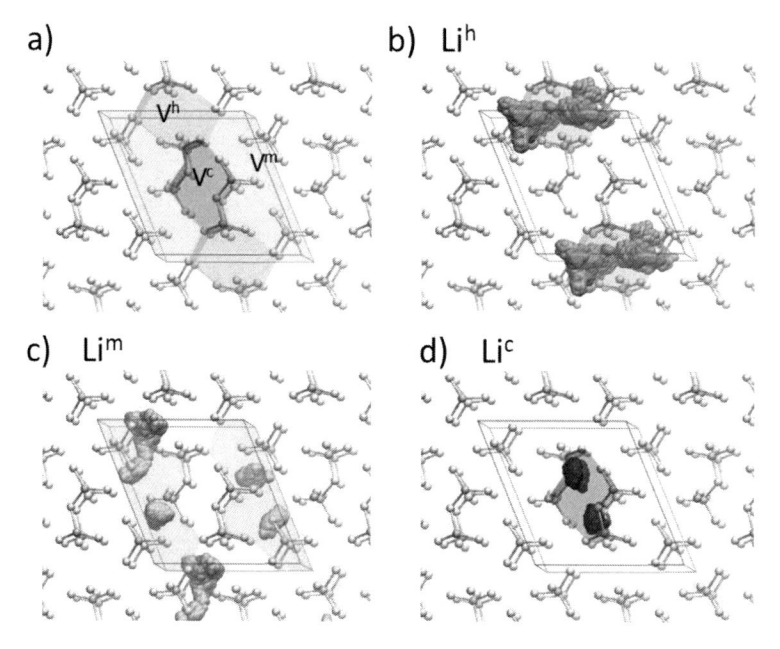

図2　第一原理 MD シミュレーションから分類した Li イオンの挙動[10]
（a）結晶系内の Li イオンの挙動を3つの領域に分類。(b)〜(d) はそれら3つタイプの Li イオンの軌跡。

隣サイト間の移動のみで伝導性に寄与するような長距離の拡散は起こらない。ただし，シミュレーションの温度を上げると，この領域にある Li イオンも拡散が起こる。このような早い拡散と遅い拡散は，NMR 測定結果でも示唆されている[11]。

　Li イオンの伝導特性の異なる領域 V^h，V^m および V^c の形成要因を調査するため，分類した多面体の頂点に存在する S イオンの運動性と分極特性をボルン有効核電荷による分極特性の評価を行った。その結果，高伝導領域を形成する多面体頂点に存在する S は，他の S と比較して大きい。これは，S イオンの高い運動性と大きい分極の異方性が，Li イオン伝導パスの柔軟性と関係付けられ，効率的な Li イオン伝導を発揮する要因と考えている。このような原子・電子の特徴は高イオン伝導性を示す材料探索の指標の一つであると考えている。

4　70Li$_2$S-30P$_2$S$_5$ ガラスの結晶化挙動

　前節で示したように硫化物固体電解質の高イオン伝導の主要因は，ガラスセラミックス中の結晶成分である。この結晶相をいかに析出させるかは，重要なプロセスである。図 3 に 70Li$_2$S-30P$_2$S$_5$ ガラスの熱特性である DTA 曲線を示す。200℃ 付近にガラス転移点を有し，250℃ 前後で結晶化する。ただし，DTA 曲線のピークのように，結晶化温度が 2 つ近接して観察される。高イオン伝導結晶である Li$_7$P$_3$S$_{11}$ 結晶相のみを析出させるプロセス条件が重要である。

　このプロセスを調べるために，放射光 XRD を用いた *in-situ* XRD 測定を行っている。最近の半導体検出の進歩により，数秒単位で XRD 測定が可能になっており，そのため，DTA 曲線に対応した構造情報が得られようになってきた。また，ガラスなどの非晶構造を調べるために全散乱 PDF（pair distribution function）解析が有効であり，結晶化前段階の構造解析も可能になってきている[12, 13]。ここでは，SPring-8 のビームライン BL19B2 で行った 70Li$_2$S-30P$_2$S$_5$ ガラスの結晶化過程の *in-situ* XRD 回折結果を示す[14]。図 4 は，XRD 解析データの一例であり，6 秒間の測定時間で，構造解析が可能である程度の高分解能な精度の XRD データが得られていることがわかる。70Li$_2$S-30P$_2$S$_5$ ガラスサンプルを，昇温する過程で，連続的に XRD データを取得し，その過程を示したものが図 5 となる。

　室温から 200℃ までは，残存する原料である Li$_2$S が見られているが，200℃ 付近で消失し，中間体相となる β-Li$_3$PS$_4$ 相の析出が見られ，その後，求める Li$_7$P$_3$S$_{11}$ 結晶相が生成する。このように実プロセスに近い状況で構造変化が観察される測定手法も開発されており，硫化物系固体電解質を適度な温度で加工すれば電池性能のさらなる向上が期待される。

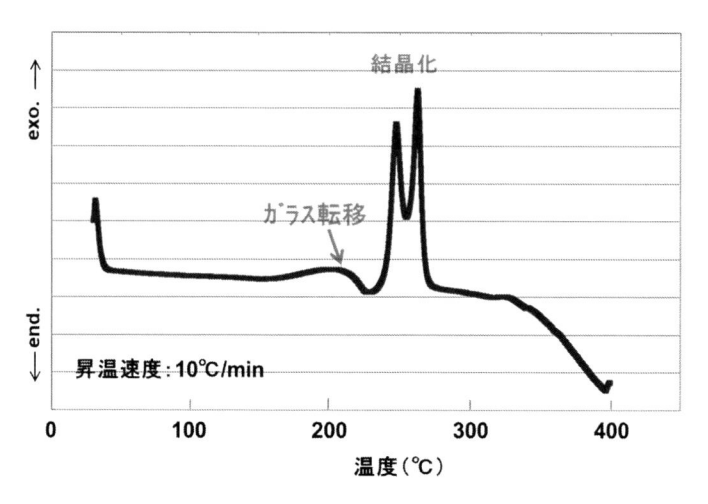

図3　70Li$_2$S-30P$_2$S$_5$ ガラスの熱的性質（DTA）

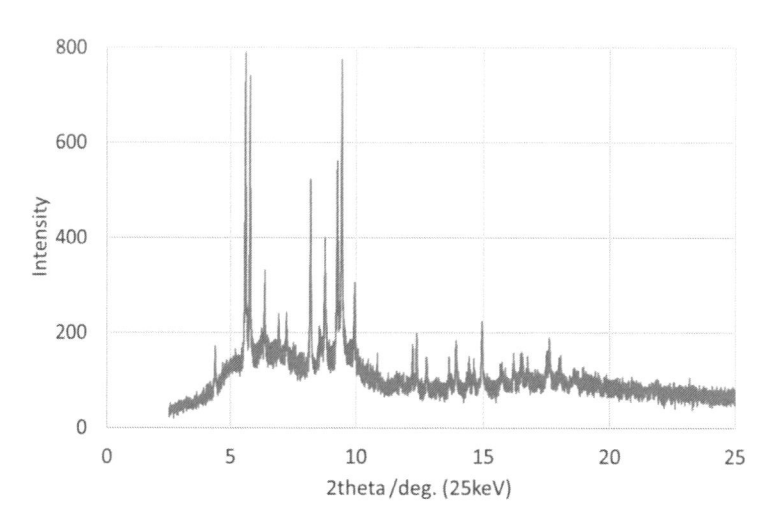

図4　70Li$_2$S-30P$_2$S$_5$ ガラスの熱処理過程の *in-situ* XRD 測定データの一例
　　　（SPring-8@BL19B2）[14)]
X 線エネルギーは 25 keV，本データは熱処理過程時の XRD 測定の 1 データである。
データの測定時間は 6 秒。

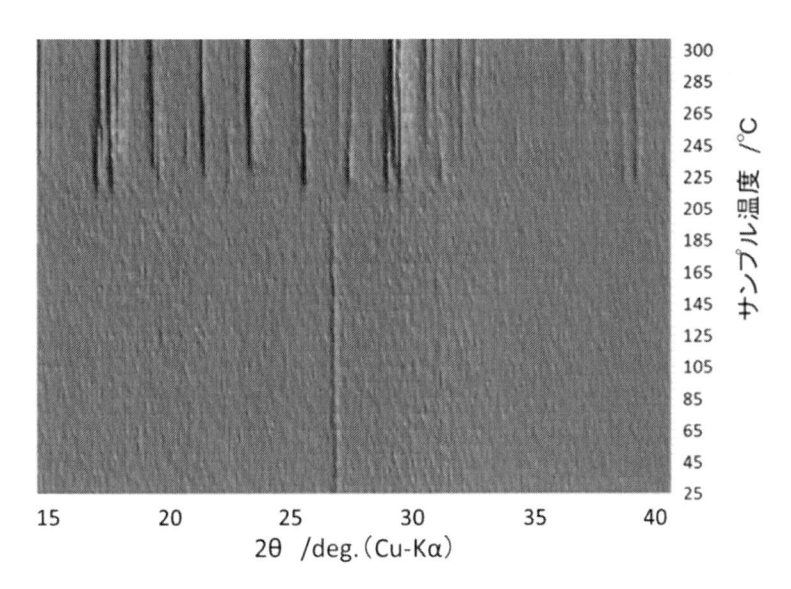

図 5　70Li₂S-30P₂S₅ ガラスの熱処理過程（昇温速度 10℃/min）の *in-situ* XRD 測定
（SPring-8@BL19B2）[14]
横軸はラボ XRD 装置で一般に使用される Cu-Kα に換算した 2θ。縦軸はサンプル温度である。
サンプル室温から 10℃/min で昇温しながら，6 秒間隔で XRD データを取得。得られたデータ群
を 3D プロット化し，XRD 強度は紙面に対して垂直方向とした。

5　70Li₂S-30P₂S₅ ガラスセラミックスの特性向上

　固体電解質において最も重要な特性の一つは Li イオンの伝導性であるが，一般に測定してい
るイオン伝導度はこの粒子の集合体としての測定値である。一般的に 0.1～10 μm サイズの粒子
の集合体であり，粒子と粒子間の界面が存在する。結晶化した硫化物固体電解質粉末は，硫化物
の本来の特徴である柔らかさとガラス相を含むことも併せ，粉末粒子であるがプレスすると良好
な粒子界面が形成されて，一般的に固い酸化物系固体電解質と比べて高イオン伝導性を示す。そ
のため現在の電池製造プロセスへの適合性が高い。

　図 6 に 70Li₂S-30P₂S₅ ガラスセラミックスの圧着性のデータを示す。成型圧力を上げると空
隙率が小さくなり，空隙率減少に対してイオン伝導度が向上する。接触面の増加と成型圧による
固体電解質粒子の界面の形成により，界面抵抗が減少しているため，粒子を圧粉しただけでも 2×10^{-3} S/cm（2 mS/cm）程度のイオン伝導度が得られる。この成型が硫化物系材料，特にガラ
スあるいはガラスセラミックス系材料の特徴である。

　ただし，圧粉体には少なからず空隙が存在するため，本来物質の持つ伝導度よりは低い値を示
す。ガラスはガラス転移温度以上で加熱処理すると，軟化する性質を持つことから，熱融着させ
ることで，良好に接触した固体-固体界面が生成することでイオン伝導度 7 mS/cm となる。こ
の性質を利用して，溶融急冷法を用いて合成した粒子界面のほとんどない 70Li₂S-30P₂S₅ ガラ

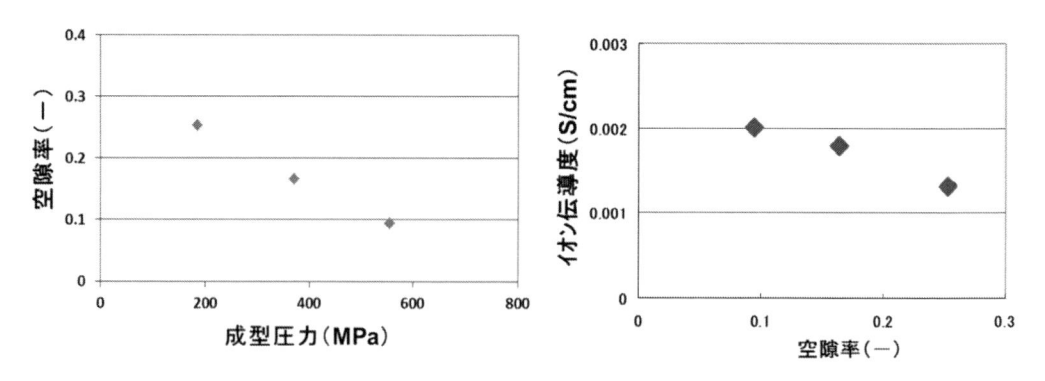

図6　70Li$_2$S-30P$_2$S$_5$ ガラスセラミックスの成型圧力，空隙率，イオン伝導度の関係

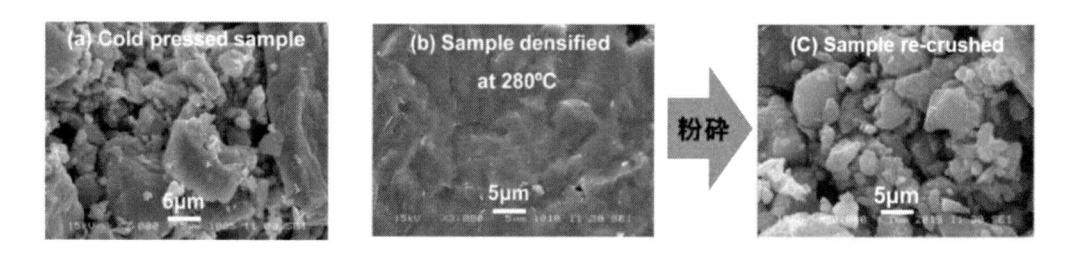

図7　硫化物系固体電解質 Li$_7$P$_3$S$_{11}$ の SEM 像

（a）圧粉成型体，（b）熱融着成型体，（c）熱融着後に粉砕した圧粉成型体。

スを熱処理して結晶化を行うと，イオン伝導度が 17 mS/cm まで飛躍的に向上する（図7）。

　一方，これら成型品の空隙率を測定したところ，圧粉成型品と熱融着品のいずれも 20% とほぼ同等であり，隙間低減が伝導度向上の要因ではないことが分かった。熱融着により，隣接する粒子が界面で融着結晶化し，トータルとして粒子間の粒界抵抗が減少したため，リチウムイオンの伝導性が向上したと考えている。

　電動車両のような大型電池用途においては，固体電解質膜は µm サイズの粒径の固体電解質を溶剤に分散後，塗布・乾燥・圧密化して製造される。熱処理後の固体電解質も µm サイズに粒径を制御する必要があるが，再粉砕し粉末化するとイオン伝導度は元の低い値に戻る（図7(c)）。粉砕により結晶が破砕され粒子間粒界抵抗が増加したためと推定される。熱融着技術を電池製造工程に組み込むには一工夫必要である。

6　おわりに

　本章では，我々が開発した硫化物固体電解質ガラスセラミックス 70Li$_2$S-30P$_2$S$_5$ の伝導メカニズムと，結晶化過程挙動，特性向上のための取り組みを解説した。硫化物系固体電解質は高いイオン伝導性を示すことが知られているが，もう一つの重要な特性として加工性の良さ，すなわ

ち，圧力に対して容易に変形するため，薄膜化や電極活物質との界面形成が容易であり，電池内部抵抗を低減させやすいという特長がある。また，電池部材および製造工程で利用可能な温度域にガラス転移点や結晶化温度を有しており，その温度付近で加工すればさらなる電池性能の向上が可能である。今後の技術開発においては，電池内で固体電解質材料のポテンシャルをいかに発揮させるか，電池構成や電池製造プロセス開発，それに適した固体電解質の材料改良がさらに重要になると考えている。

文　　　献

1) 例えば：射場英紀，「全固体電池開発の取り組みと将来展望」，平成 29 年度電池材料研究会（中性子産業利用協議会），2018 年 1 月 22 日
2) Y. Seino *et al.*, *Energy Environ. Sci.*, **7**, 627（2014）
3) Y. Seino *et al.*, *J. Power Sources*, **196**, 6488（2011）
4) Y. Seino *et al.*, *J. Mater. Chem. A*, **3**, 2756（2015）
5) A. Hayashi *et al.*, *J. Am. Ceram. Soc.*, **84**, 477（2001）
6) N. Kamaya *et al.*, *Nat. Mater.*, **10**, 682（2011）
7) Y. Kato *et al.*, *Nat. Energy*, **1**, 16030（2016）
8) H. Yamane *et al.*, *Solid State Ion.*, **178**, 1163（2007）
9) Y. Onodera *et al.*, *J. Phys. Soc. Jpn.*, **79**, 87（2010）
10) T. Takahashi *et al.*, *Chem. Phys. Lett.*, **698**, 234（2018）
11) K. Hayamizu & Y. Aihara, *Solid State Ion.*, **238**, 7（2013）
12) K. Ohara *et al.*, *J. Synchrotron Rad.*, **25**, 1627（2018）
13) S. Tominaka *et al.*, *ACS Omega*, **3**（8），8874（2018）
14) SPring-8 利用研究課題，一般課題（産業利用分野），課題番号 2018B1793

第4章 ペロブスカイト型リチウムイオン固体電解質

稲熊宜之*

1 緒言

　リチウム（Li）イオン電池の電解質として，安全性，信頼性，高エネルギー密度化の観点から，固体電解質が着目されている。その中で，酸化物系固体電解質は，硫化物系電解質に比べ，化学的に安定で，耐久性が高くかつハンドリングが容易であることが期待され，電解質として使用可能な高いイオン伝導度を示す酸化物系固体電解質が切望されている。本章では，酸化物系固体電解質の中でペロブスカイト（Pv）型 Li イオン固体電解質を取り上げる。Pv 型 Li イオン固体電解質に関する研究は，1984 年 Latie ら[1]が $Ln_{1/3-x}Li_x(Nb_{1-x}Ti_x)O_3$（$Ln$ = La, Nd）において，1987 年 Belous ら[2,3]が $La_{2/3-x}Li_{3x}TiO_3$（LLTO）において Li イオン伝導性を示すことを報告したことに端を発する。その後，1993 年に LLTO が室温で 10^{-3} S/cm という Li イオン伝導度を示すことが報告されたことを契機に再認識され[4~7]，数多くの研究が行われている。Pv 型 Li イオン固体電解質は後述するように，構成元素に由来し，一般に還元電位が高く，負極として Li 金属などの卑な（低い）電極電位（Li の標準電極電位 E° = −3.045 V vs. SHE）をもつ物質を用いることはできない。このように応用上問題があるが，構造が比較的簡単で，Li イオン伝導度が高いことから，構造とイオン伝導性の相関や電気化学的安定性の支配因子について理解を深めることにより，新たな固体電解質開発のための重要な指針が得られる。

　そこで，本章では，Pv 型 Li イオン固体電解質の結晶構造，化学結合，バルクのイオン伝導性とそれらの関係について述べた後，応用上重要である粒界におけるイオン伝導性および電気化学的安定性について述べる。前半の基礎的な部分は，拙著[8]の一部をもとにして書き直したものである。イオン伝導機構の詳細や微構造，第一原理計算などの理論計算に関する研究についてはここでは触れないので，拙著[8]やその中の参考文献を参照されたい。なお，本章で示した結晶構造は，VESTA[9]を用いて描画した。

2 ペロブスカイト型 Li イオン固体電解質の構造, 化学結合, イオン伝導性

2. 1 ペロブスカイト型化合物の結晶構造

　一般式 ABX_3 で表される Pv 型化合物は，さまざまなイオンを収容・置換できることから膨大な数の化合物が報告されており，電気伝導性，誘電性，磁性，光学特性などさまざまな機能を発

＊　Yoshiyuki Inaguma　学習院大学　理学部　化学科　教授

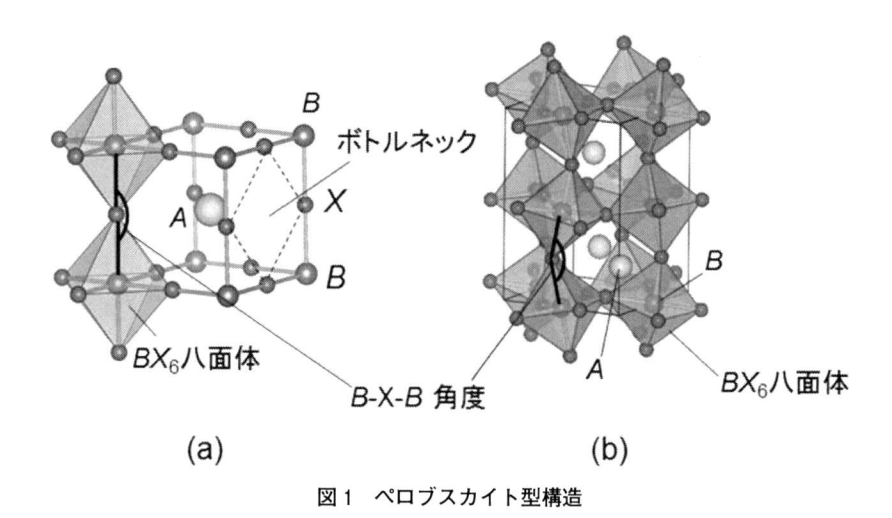

図 1　ペロブスカイト型構造

現する[10, 11]。「機能性の宝庫」とも呼ばれる Pv 型化合物の多彩な機能性は，構成イオンとともにわずかな構造の変化によってもたらされる。Pv 型構造では，図 1 に示すように BX_6 八面体が頂点共有し，その隙間に A イオンが存在する。理想的な立方晶 Pv 型化合物では，BX_6 八面体は B-X-B 角度が $180°$ になるように頂点共有し，その隙間の中心に A イオンが存在するが（図 1 (a)），ほとんどの Pv 型化合物は歪んだ構造をとり，図 1(b) のように BX_6 八面体の傾き（ティルト）や，陽イオンの変位が見られる[12, 13]。一般に，式(1)に示す Pv の許容因子 t が，理想的な立方晶 Pv 型構造を仮定したときに示す値である 1 より小さくなるとティルトが起こる。

$$t = \frac{r_A + r_X}{\sqrt{2}\,(r_B + r_X)} \tag{1}$$

ここで，r_A, r_B, r_X はそれぞれ A, B, および X イオンのイオン半径である。例えば，酸化物では，ティルトに伴い B-O-B 角度が $180°$ よりも小さくなり，酸素 2p 軌道と B イオンの d または s 軌道との重なりが変化し電気伝導性，磁性などの物性に違いが生ずる。

2. 2　A サイト欠陥をもつペロブスカイト型 Li イオン固体電解質と Li 位置

　Pv 型化合物において，多数の A, B およびアニオンサイト欠陥を許容できることが知られている。この中で A サイト欠陥をもつ $La_{2/3}TiO_3$, $La_{1/3}NbO_3$, $La_{1/3}TaO_3$ では，c 軸に沿って A サイトの占有率の異なる層が交互に並び，A サイト欠陥が規則配列している。$La_{1/3}TaO_3$ では，図 2(a) のように La が存在しない層と La が 2/3 の確率で占有する層が交互に繰り返されている[14]。これらの化合物の共通点は，B サイトに Ti^{4+}, Nb^{5+}, Ta^{5+} など d^0 電子配置をもつ d^0 イオンを含むことである。King ら[15]は，A サイト欠陥の規則配列は二次のヤーンテラー効果（Second Order Jahn-Teller（SOJT）effect または Psudo-Jahn-Teller effect）に基づくことを

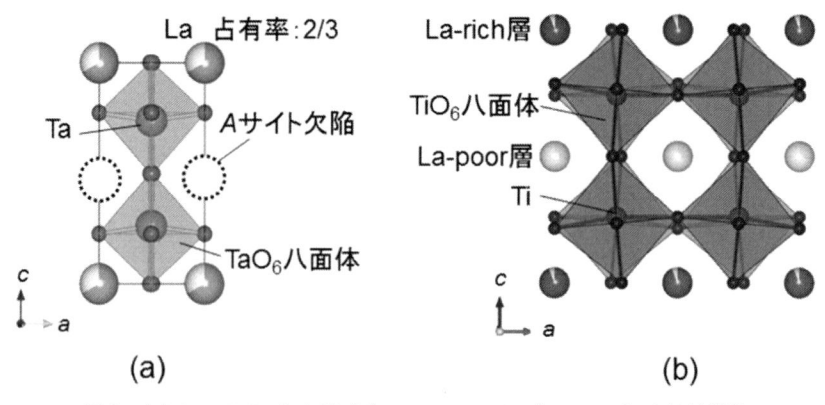

図2　(a) La$_{1/3}$TaO$_3$ および（b）La$_{2/3-x}$Li$_{3x}$TiO$_3$（$x = 0.05$）の結晶構造

指摘している。SOJT 効果は，空の dπ 軌道と酸素の 2p 軌道の相互作用において，歪みに伴い軌道の縮退が解け，エネルギーの低い結合性軌道に電子が収容されることによって歪んだ構造が安定化することに由来する[16, 17]。図 2(a)において Ta^{5+} イオンは La^{3+} イオンとの静電反発のため BO_6 酸素八面体の中心から La が存在しない層の方向にシフトし，A イオン欠陥の規則配列は SOJT 効果と協調して起こる。同様に Pv 型 Li イオン固体電解質はすべて A サイト欠陥をもち，Li イオンの拡散はこの欠陥を介して起こる。LLTO においても，La$_{1/3}$TaO$_3$ と同様に c 軸方向の A サイト欠陥の規則配列が見られる。図 2(b)に示した LLTO（$x = 0.05$）では，Ti^{4+} イオンは La^{3+} イオンとの陽イオン間反発を低減するように La の占有率の低い La-poor 層にシフトしており，SOJT 効果との協調が見られる[18]。一方，Na$_x$WO$_3$ や Pv 型 Li イオン固体電解質の一つの $(Sr_{0.5+x}Li_{0.5-2x})(Ti_{0.5}Ta_{0.5})O_3$ は A サイト欠陥 Pv 型酸化物であるが，X 線回折では A サイト欠陥の規則配列は観測されていない。このような場合でも SOJT 活性イオンが欠陥方向へ変位することにより欠陥の安定化が可能であり，欠陥生成と SOJT 効果は協調的に起こると考えられる。既知の Pv 型 Li イオン固体電解質はすべて B サイトに Ti^{4+}，Nb^{5+}，Ta^{5+}，W^{6+} など d^0 イオンを含み，空の dπ 軌道と酸素の 2p 軌道の相互作用によって生ずる SOJT 効果によって A サイト欠陥の安定化が実現している。

　Pv 型 Li イオン固体電解質中の A サイト欠陥を介して拡散する Li$^+$ イオンは，骨格をつくる La^{3+} などの A イオンとは別の位置に存在する。中性子回折によれば，4 つの酸素に囲まれる位置（図 1(a)の点線で囲まれた位置）が安定サイトである[19, 20]。実際には，Li は A サイト内の 4 つの酸素に囲まれた位置付近に存在し，隣接する格子に La または Li が存在する場合，それらとの陽イオン間反発を緩和するように A サイト付近のさまざまな位置をとると考えられる。

2. 3　ペロブスカイト型 Li イオン固体電解質におけるイオン拡散機構空孔拡散機構と パーコレーション

　Li イオンは A サイト付近に存在し，着目している Li の周りの別の Li イオンと Li 以外の A イオンの位置によってその位置が変化する。先に述べたように，Li イオンは A サイト欠陥（以下では空孔と呼ぶ）を介した空孔拡散機構に基づいて拡散するため，イオン伝導度は Li イオン濃度と空孔濃度に依存する。Li イオンがある格子から隣の格子に拡散するとき，もし隣の格子に La イオンなどの骨格イオンが存在すれば陽イオン間の静電反発のために隣の格子内には移動できない。A サイトだけを考えた格子（A サイト副格子）は単純格子であり，Li イオンの拡散は単純格子におけるパーコレーション（浸透）に基づく。Li と空孔が系全体を浸透したとき，直流イオン伝導が観測され，イオン伝導度は Li イオン濃度と空孔濃度の和に依存する。いくつかの Pv 型 Li イオン固体電解質におけるイオン伝導度の組成依存性から，その拡散機構はパーコレーションを考慮した空孔拡散機構に基づくことが示唆されている[21, 22]。LLTO の場合は，2. 2項で述べたように骨格イオン，Li イオン，空孔が 3 次元的かつ完全にランダムな配列をしていないため，単純格子のパーコレーションよりも複雑になる。

2. 4　イオン拡散における活性化状態——ボトルネックと活性化エネルギー

　Pv 型 Li イオン固体電解質において Li イオンが隣の格子に移動する際，4 つの酸素に囲まれた隙間（図 1(a)の点線で囲まれた部分）を通過する。もし隙間が狭い場合，この位置がイオン拡散のボトルネックとなり，酸素の電子反発を受けるため活性化状態となる。

　$Ln_{2/3-x}Li_{3x}TiO_3$（Ln = La, Pr, Nd, Sm）では，Ln が La, Pr, Nd, Sm の順にイオン伝導における活性化エネルギー E_a は増加し，イオン伝導度は減少する[6]。単純に考えると，格子体積が小さくなり，それに伴い隙間のサイズも減少し，イオン伝導度の減少が見られたと考えられるが，実際には，Ln が La から Pr, Nd へ変化するにつれて酸素八面体のティルトが増大し，それに伴い隙間のサイズが減少することが中性子回折実験により確認された[23]。このことは 4 つの酸素に囲まれた位置は Li イオンの拡散にとって狭いことを意味し，つまりこの隙間が拡散におけるボトルネックであり，La, Pr, Nd へ変化するにつれて E_a が大きくなることと調和的である。図 3 に Pv 型 Li イオン伝導性固体電解質の単純格子の体積の 3 乗根（Pv パラメーター）a_p と E_a の関係を示す。図 3 からわかるように B イオンの違いによっていくつかのグループに分かれる。Ti のみを含む化合物，Nb のみまたは Ta のみまたは Ti および Nb, Ta を含む化合物，$Mg_{1/2}W_{1/2}$ を含む化合物，Co を含む化合物，Zr を含む化合物は異なるグループに属する。近年になって BO_6 八面体のティルトを用いて整理すると，例外はあるものの一つの傾向に従うことが見出された[24]。このことから，BO_6 八面体のティルトによってボトルネックサイズが異なり，拡散の活性化エネルギー E_a に影響を与えると考えることができる。

　上記で述べたように実験からは，イオン拡散の活性化状態は，4 つの酸素で囲まれたボトルネックサイズに依存することが示唆されているが，LLTO に関する第一原理計算によると，イ

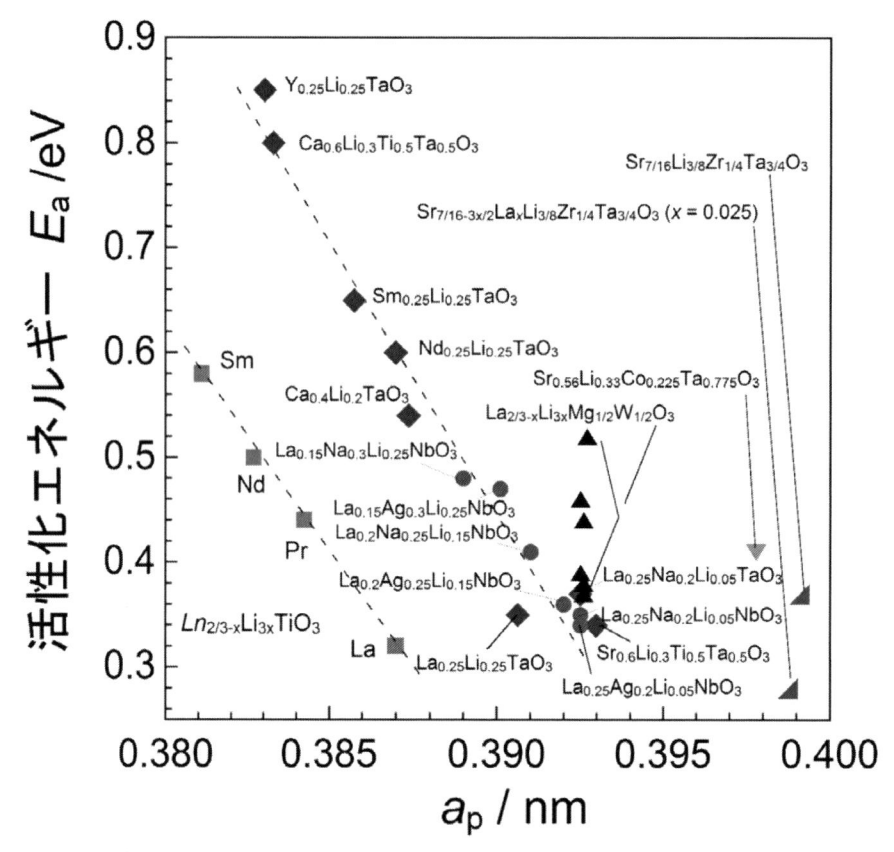

図3 ペロブスカイト型 Li イオン固体電解質の単純格子の体積の 3 乗根（ペロブスカイトパラメーター）a_p と活性化エネルギーE_a の関係

オン拡散の活性化状態にある Li イオンの位置は，4 つの酸素で囲まれたボトルネックではなく，A サイト内であるという結果が得られており，活性化エネルギーの支配因子については検討の余地を残している。

3　ペロブスカイト型 Li イオン固体電解質の粒界におけるイオン伝導と電気化学的安定性

3.1　粒界におけるイオン伝導

　上記では，主に結晶内部（バルク）に関する基礎的な事項について述べた。一方，固体電解質として応用する際，多結晶体を用いることを考えると，電池の内部抵抗の低減のためには粒界におけるイオン伝導性の向上が不可欠である（活物質との界面におけるイオン拡散も重要であるが

表 1　ペロブスカイト型 Li イオン固体電解質の室温におけるバルク（σ_{bulk}），試料全体（σ_{total}）の Li イオン伝導度および粒内抵抗に対する粒界抵抗の比 R_{gb}/R_b

化合物	σ_{bulk}/S/cm	σ_{total}/S/cm	R_{gb}/R_b	測定温度	Ref.
$La_{2/3-x}Li_{3x}TiO_3$	1×10^{-3}	7×10^{-5}	13.3	300 K	4)
$La_{2/3-x}Li_{3x}TiO_3$	1.6×10^{-3}	5.2×10^{-4}	2.1	300 K	25)
$Sr_{0.5}Li_{0.5}Ti_{0.5}Ta_{0.5}O_3$	5.5×10^{-4}	1.2×10^{-4}	3.6	300 K	21)
$Li_{3/8}Sr_{7/16}Zr_{1/4}Ta_{3/4}O_3$	2×10^{-4}	8×10^{-5}	1.5	303 K	26)
$Li_{3/8}Sr_{7/16}Zr_{1/4}Ta_{3/4}O_3$	2.8×10^{-4}	2.0×10^{-4}	0.4	300 K	27)
$Li_{3/8}Sr_{7/16-3x/2}La_xZr_{1/4}Ta_{3/4}O_3$ ($x = 0.025$)	1.3×10^{-3}	3.3×10^{-4}	2.9	303 K	28)
$Li_{3/8}Sr_{7/16}Hf_{1/4}Ta_{3/4}O_3$	3.8×10^{-4}	1.7×10^{-4}	1.2	298 K	29)

本章では言及しない）。表 1 にいくつかの Pv 型 Li イオン固体電解質の室温におけるバルクおよび試料全体の Li イオン伝導度を示す。表 1 からわかるように多くの化合物において，粒内の抵抗 R_b よりも粒界の抵抗 R_{gb} の方が高い。LLTO に関する初期の研究では，バルクのイオン伝導度が 1×10^{-3} S/cm であるのに対して，試料全体の伝導度が，10^{-5} S/cm と 1/100 程度であったが[4]，焼結温度を増加し，粒成長を促進することによって，試料全体の伝導度が，6×10^{-4} S/cm と向上することがわかった[25]。このとき，粒界抵抗は粒内抵抗と同等ではあるが，試料全体に対して粒界の占める体積を考えると，粒界の抵抗が非常に大きな寄与を与えており，まだまだ改善の余地がある。また，表を見ると LLTO に比べ，A サイトイオンとして Sr を含む方が，R_{gb}/R_b が小さい。化合物間の違いは，粒界に存在する物質に起因すると考えられるが，粒界抵抗が何に起因するかはいまだ十分に明らかにされておらず，原因解明とそれに基づいた粒界抵抗の低減が応用に向けて重要な鍵となる。

3. 2　電気化学安定性――Li 電池の固体電解質として

　固体電池の固体電解質としての応用を考える時，イオン伝導性だけでなく，活物質に対する電気化学的安定性（電位窓）が重要な因子となる。現在，報告されている Pv 型 Li イオン固体電解質は，Li 金属に対して不安定で，負極として Li 金属を使用できないという欠点をもつ。例えば，LLTO は，1.7 V vs. Li/Li$^+$ の還元電位をもち，Li によって還元を受ける（図 4(a)）。B イオンとして nd^0 の電子配置をもつ Ti^{4+}($3d^0$)，Nb^{5+}($4d^0$)，Ta^{5+}($5d^0$)，W^{6+}($5d^0$) を含む Pv 型 Li イオン固体電解質は，電子論的立場から見ると，半導体または絶縁体である。これらの化合物では，価電子帯の上端は主に酸素の非結合軌道から，また伝導帯の下端はおもに B イオンの nd 軌道と O 2p 軌道の反結合性軌道からなり，価電子帯は電子で満たされ，一方，伝導帯は空である（図 4(b)）。したがって，LUMO（Lowest unoccupied molecular orbital：最低非占有軌道）は伝導帯の下端に相当し，Li の電子エネルギー準位が LUMO よりも高い場合（Li に対する電位が正の場合），電子のエネルギーのみを考慮すると還元を受ける（図 4(a)）。上で述べたように伝導帯の下端は主に B nd 軌道と O 2p 軌道の反結合性軌道からなるため，この LUMO

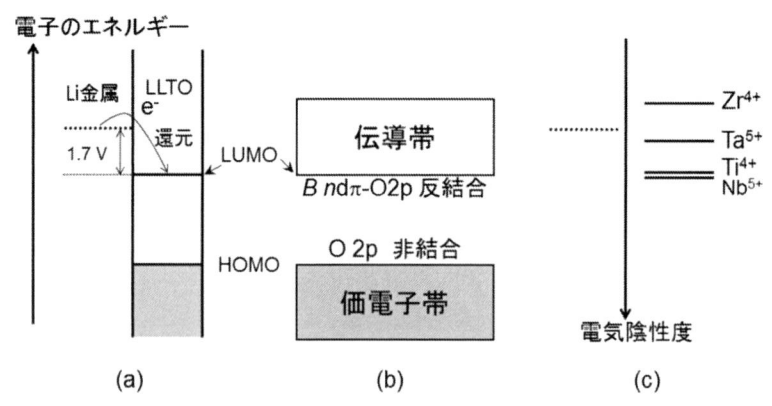

図4 ペロブスカイト型Liイオン伝導性酸化物の（a）Li金属による還元，（b）バンド構造の模式図および（c）各イオンの電気陰性度の大小関係

の準位を決定するのは，Bイオンのd軌道の準位（電気陰性度）とB-O間の軌道相互作用の大きさによって異なるバンド幅である。価電子帯は主に酸素の非結合性軌道からなることから，価電子帯の上端の準位は物質に依存しないと仮定すると，バンドギャップから伝導帯の下端の準位を予想できる。例えば，Pv型酸化物である$CaTiO_3$，$La_{2/3-x}Li_{3x}TiO_3$（$x = 0.12$），$La_{1/2}Na_{1/2}TiO_3$，$SrTiO_3$，$La_{1/3}NbO_3$，$La_{1/3}TaO_3$のバンドギャップは，それぞれ，3.56 eV，3.37 eV，3.29 eV，3.26 eV，3.22 eV，3.87 eVである。Bイオンに着目すると，伝導帯の下端の準位は，Nb < Ti < Ta の順に高くなっており，電気陰性度の順序（Nb > Ti > Ta）（図4（c））とも対応する。また，Ti系化合物を比較すると，$CaTiO_3$，$La_{2/3-x}Li_{3x}TiO_3$（$x = 0.12$），$La_{1/2}Na_{1/2}TiO_3$，$SrTiO_3$の順にバンドギャップが減少するのは，Ti-O-Ti角度が180°に近づき，B nd軌道とO 2p軌道間の相互作用が強くなりバンド幅が増加することと対応している。Pv型Liイオン固体電解質に対してこれまで報告されている還元電位を表2に示す。表2からわかるように還元電位は，Bイオンの電気陰性度が大きいほど（Nb > Ti > Ta），高くなっている。

表2 ペロブスカイト型Liイオン固体電解質の還元電位

化合物	Bイオン	電位（V vs. Li/Li$^+$）	Ref.（Remark）
$La_{2/3-x}Li_{3x}TiO_3$	Ti	1.6-1.7	30, 31）
$La_{1/3}NbO_3$	Nb	3.27	32）（Li insertion）
$Nd_{1/3}NbO_3$	Nb	3.10	32）（Li insertion）
$La_{1/3-x}Li_{3x}NbO_3$	Nb	2.0	33）
$Sr_{7/16}Li_{3/8}Zr_{1/4}Ta_{3/4}O_3$	Zr, Ta	1.0	26）
$Sr_{7/16-3x/2}La_xLi_{3/8}Zr_{1/4}Ta_{3/4}O_3$ （$x = 0.025$）	Zr, Ta	1.3	28）
$Li_{3/8}Sr_{7/16}Hf_{1/4}Ta_{3/4}O_3$	Hf, Ta	1.4	29）

また，B イオンが 2 種類以上ある場合，その還元電位は電気陰性度の大きい B イオンに依存する。したがって，より電気陰性度の小さい $Sc^{3+}(3d^0)$，$Zr^{4+}(4d^0)$，$Hf^{4+}(5d^0)$ のみを含む Pv 型 Li イオン固体電解質が得られれば，還元電位が減少し，LUMO が Li の電子エネルギー準位よりも高くなり Li 金属に対する電気化学的安定性を満たす。例えば，そのための元素選択として LLTO の Ti を Zr に置換した $La_{2/3-x}Li_{3x}ZrO_3$ が考えられるが，Pv 相は得られていない。したがって，現在のところ，Pv 型 Li イオン固体電解質を用いる場合，Li 金属以外の負極を用いた電池の開発を行う必要がある。

　これまで，負極について話を進めたが，酸化側についてはまだ不明である。しかし，酸化物であることから酸化側の電位窓は広い（酸化電位は高い）と考えられる。その場合，Li に対する還元電位の高い負極を選択したとしても，従来よりも電位が高い正極を用いることにより，その欠点を補えるエネルギー密度の高い電池の創製が可能になる。

4　まとめと展望

　本章では，ペロブスカイト型 Li イオン固体電解質の結晶構造，バルクのイオン伝導性とそれらの関係，また応用上重要である粒界におけるイオン伝導性および電気化学的安定性について述べた。紙面の関係で触れなかったが，SOJT 効果は A サイト欠陥の安定化に重要な役割を果たしているほか，イオン拡散を促進している可能性があり[8]，今後，SOJT 効果とイオン拡散の関係について理解が深まることが期待される。また，Pv 型 Li イオン固体電解質は，B イオンの電気陰性度に起因した高い還元電位を示し，電池に応用する場合，その負極として Li 金属を使用できない。これは応用上，大きな欠点となっている。耐 Li 還元の実現のためには，金属イオンの電子軌道の準位が高い位置にある，すなわち電気陰性度が低い元素を選択することが必要である。また，Li 金属以外の負極と高電位正極を用いた固体電池の開発も望まれる。

文　　　献

1)　L. Latie *et al.*, *J. Solid State Chem.*, **51**, 293（1984）
2)　A. G. Belous *et al.*, *Izv. Akad. Nauk SSSR Neorg. Mater.*, **23**, 470（1987）
3)　A. G. Belous *et al.*, *Inorg. Mater.*, **23**, 412（1987）
4)　Y. Inaguma *et al.*, *Solid State Commun.*, **86**, 689（1993）
5)　Y. Inaguma *et al.*, *Solid State Ionics*, **70-71**, 196（1994）
6)　M. Itoh *et al.*, *Solid State Ionics*, **70-71**, 203（1994）
7)　H. Kawai & J. Kuwano, *J. Electrochem. Soc.*, **141**, L78（1994）
8)　稲熊宜之，日本結晶学会誌，**58**, 62（2016）

9) K. Momma & F. Izumi, *J. Appl. Crystallogr.*, **44**, 1272 (2011)

10) R. H. Mitchell, Pervoskites: Modern and Ancient, Almaz Press (2002)

11) 日本化学会編，ペロブスカイト関連化合物：機能の宝庫，学会出版センター (1997)

12) A. Glazer, *Acta Crystallogr. A*, **31**, 756 (1975)

13) P. Woodward, *Acta Crystallogr. B*, **53**, 32 (1997)

14) P. N. Iyer & A. J. Smith, *Acta Crystallogr.*, **23**, 740 (1967)

15) G. King & P. M. Woodward, *J. Mater. Chem.*, **20**, 5785 (2010)

16) I. B. Bersuker, *Phys. Lett.*, **20**, 589 (1966)

17) M. Kunz, I. D. Brown, *J. Solid State Chem.*, **115**, 395 (1995)

18) Y. Inaguma *et al.*, *J. Solid State Chem.*, **166**, 67 (2002)

19) J. A. Alonso *et al.*, *Angew. Chem. Int. Ed.*, **39**, 619 (2000)

20) M. Yashima *et al.*, *J. Am. Chem. Soc.*, **127**, 3491 (2005)

21) Y. Inaguma *et al.*, *Solid State Ionics*, **79**, 91 (1995)

22) Y. Inaguma & M. Itoh, *Solid State Ionics*, **86–88**, 257 (1996)

23) J. Skakle *et al.*, *J. Mater. Chem.*, **5**, 1807 (1995)

24) Y. Inaguma *et al.*, *J. Phys. Soc. Jpn.*, **79**, 69 (2010)

25) Y. Inaguma & M. Nakashima, *J. Power Sources*, **228**, 250 (2013)

26) C. H. Chen *et al.*, *Solid State Ionics*, **167**, 263 (2004)

27) K. Kimura *et al.*, *Ceram. Int.*, **42**, 5546 (2016)

28) J. Lu & Y. Li, *Electrochim. Acta*, **282**, 409 (2018)

29) B. Huang *et al.*, *ACS Appl. Mater. Interfaces*, **8**, 14552 (2016)

30) Y. J. Shan *et al.*, *J. Power Sources*, **54**, 397 (1995)

31) P. Birke *et al.*, *J. Electrochem. Soc.*, **144**, L167 (1997)

32) A. Nadiri *et al.*, *J. Solid State Chem.*, **73**, 338 (1988)

33) M. Nakayama *et al.*, *J. Phys. Chem. B*, **106**, 6437 (2002)

第5章 NASICON 型固体電解質

濱本孝一[*1]，浜尾尚樹[*2]，藤代芳伸[*3]

1 NASICON 構造材料

次世代蓄電池を実現するために高性能な酸化物系の固体電解質材料が求められている。NASICON 構造の材料群は，優れた構造安定性と室温で比較的高い導電率を示す材料として注目されている。NASICON とは，1976 年に Hong および Goodenough らにより提唱された $Na_{1+x}Zr_2P_{3-X}Si_XO_{12}$（$0 \leq x \leq 3$）（NZP）が示す 300℃ 程度の温度で電解液に匹敵する高いイオン伝導性を現す Na 超イオン伝導体（Sodium（Na）Super（S）Ionic（I）Conductor：CON）に由来する[1~4]。Hong らは $Na_{1+x}Zr_2P_{3-X}Si_XO_{12}$ が高いイオン伝導性を示すことを見出しただけでなく，Na^+ を Li^+ などに置き換えることが可能であることも確認した。この NASICON ファミリーにおける組成の多様性は，全てを NASICON 材料で形成した電池[5]，ガスセンサー[6,7]，フォトルミネッセンスデバイス[8]，低または負の熱膨張係数材料[9,10]など，幅広いデバイス応用[6~9]への可能を広げた。

2 組成と構造の多様性

現在この NASICON という用語は，その導電性の大きさや可動伝導イオンの種類に関係なく，同系統の結晶構造および一般組成式 $A_xMM'(PO_4)_3$ あるいは $A_{1+2x+y+z}M^{(II)}_xM^{(III)}_yM^{(IV)}_{2-x-y}Si_zP_{3-z}O_{12}$ で表される材料群を表現するために用いられている。ここで，A は，アルカリ金属イオン（Li^+，Na^+，K^+，Rb^+，Cs^+），アルカリ土類金属イオン（Mg^{2+}，Ca^{2+}，Sr^{2+}，Ba^{2+}），H^+，H_3O^+，NH_4^+，Cu^+，Cu^{2+}，Ag^+，Pb^{2+}，Cd^{2+}，Mn^{2+}，Co^{2+}，Ni^{2+}，Zn^{2+}，Al^{3+}，Ln^{3+}（Ln＝希土類），Ge^{4+}，Zr^{4+}，Hf^{4+} または空孔が，また M は，2 価（Zn^{2+}，Cd^{2+}，Ni^{2+}，Mn^{2+}，Co^{2+}），3 価（Fe^{3+}，Sc^{3+}，Ti^{3+}，V^{3+}，Crv，Al^{3+}，In^{3+}，Ga^{3+}，Y^{3+}，Lu^{3+}），4 価（Ti^{4+}，Zr^{4+}，Hf^{4+}，Sn^{4+}，Si^{4+}，Ge^{4+}），5 価（V^{5+}，Nb^{5+}，Ta^{5+}，

＊1 Koichi Hamamoto 産業技術総合研究所 無機機能材料研究部門
機能集積化技術グループ 主任研究員

＊2 Naoki Hamao 産業技術総合研究所 無機機能材料研究部門
機能集積化技術グループ 研究員

＊3 Yoshinobu Fujishiro 産業技術総合研究所 無機機能材料研究部門 副部門長

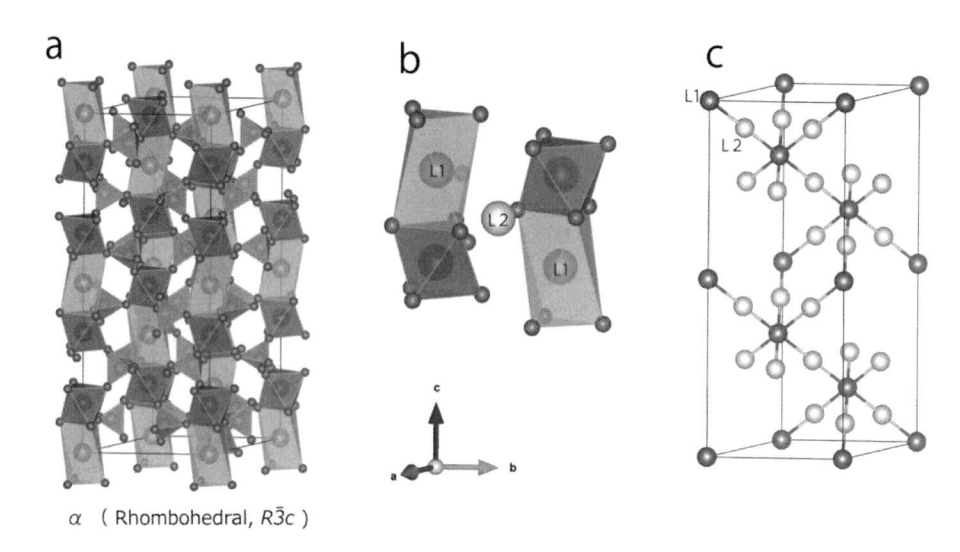

α （ Rhombohedral, $R\bar{3}c$ ）

図1　NASICON の結晶構造（菱面体晶，$R\bar{3}c$）

Sb^{5+}，As^{5+}）の遷移金属イオンが電価補償するように占有する。リンは，Si または As で部分置換することができる。

　NASICON ファミリーには，同一組成においても異なる結晶構造を取ることが可能な組成の材料が数多く存在する。結晶構造の種類としては，菱面体晶（空間群：$R\bar{3}c$），単斜晶，三斜晶，斜方晶，ラングバイナイト，ガーネット，$Sc_2(WO_4)_3$ 型構造およびコランダム構造などが確認されている．NASICON ファミリーにおける最も代表的な結晶構造は，菱面体晶構造（図 1a）である。菱面体晶構造は，反三角柱形（三方逆プリズム形）構造の AO_6 と角が共有された MO_6 八面体と PO_4 四面体によって構成された硬い基本骨格により，A サイトの可動伝導イオン（Na^+ や Li^+ など）の容易な移動を可能にする三次元的に連結されたトンネル構造を形成している[1,9]。このトンネル構造中に，一般構造式当たり 0〜5 個の可動伝導イオンを収納することが可能で，可動伝導イオンの数は M および M' ならびに P 元素などの酸化状態に依存する。図 1b のように，可動伝導イオンは主に L1 サイトを占め，わずかに L2 サイトを占めると報告[11]され，図 1c に示すような径路を伝搬する。代表的な高イオン伝導組成である $Li_{1+x}Ti_{2-x}Al_x(PO_4)_3$（LATP）のように Al^{3+} による Ti^{4+} の部分置換を行うと，電荷補償のためにより多くの Li イオンが格子間空隙を占めるように格子内へとどまる[12〜14]。さらに，Ti^{4+} の Al^{3+} による置換は，格子のサイズを変化させることで，三次元的トンネル構造のボトルネックの大きさが変化する。これらにより，各組成における可動伝導イオンの伝導性能が変化するとされている。

3　Na イオン伝導体

　Na イオン伝導性の NASICON 化合物は 1976 年に Hong らによる研究以来，固体電解質材料

として盛んに研究された。$Na_{1+x}Zr_2P_{3-x}Si_xO_{12}$（$0 \leq x \leq 3$）は，基本的に菱面体晶（$R\bar{3}c$）となるが，$1.8 \leq x \leq 2.2$ の範囲内のものを除いて単斜晶構造（C2/c 基）との混相となる。イオン伝導率は，$x = 2$ において最大となり，300℃で 2.0×10^{-1} S·cm^{-1}，室温で 6.7×10^{-4} S·cm^{-1} を示す[3]。NASICON 材料の導電率は，それらの Na 濃度，結晶構造および一般組成式 $Na_xMM'(PO_4)_3$ の中の M カチオンのサイズに強く関連しており，β-アルミナに匹敵する高導電性材料を得るためには，M カチオンの平均イオン半径を Zr のイオン半径（$r_{Zr} = 0.72$Å）に近づけ，さらに化学式単位あたり 3～3.5 mol の Na を含むことが望ましいとの考え方がある。以下に $Na_{1+x}Zr_2P_{3-x}Si_xO_{12}$ を基に元素置換した材料の導電率を例示する。Zr を Hf へ置き換えた場合，コストは $Na_{1+x}Zr_2P_{3-x}Si_xO_{12}$ と比べて非常に高価となるが，$Na_{1+x}Hf_2P_{3-x}Si_xO_{12}$ は Zr 系と同様に Si 添加により高いイオン伝導率を示す。$Na_{3.2}Hf_2Si_{2.2}P_{0.8}O_{12}$ 組成において伝導率は最大となり，250℃で 1.7×10^{-1} S·cm^{-1}，室温で 2.3×10^{-3} S·cm^{-1} を示すと報告されている[15]。Zr を Sc へ置き換えた場合，$Na_{1+x}Sc_2P_{3-x}Si_xO_{12}$（室温で $x = 0$ のとき 2.3×10^{-5} S·cm^{-1}）[16]に対しても Zr 系と同様に S 添加により高いイオン伝導率を示す。Sc 系においては $x = 0.4$ の時にイオン伝導率が最大となり，室温でトータルのイオン伝導率が 6.9×10^{-4} S·cm^{-1} を示すと報告されている[17]。x を 0.1 から 0.8 まで変化させた時，格子常数は a 軸が 8.9393Å → 9.0334Å，c 軸が 22.2735 Å → 21.9901 Å に変化するに伴って，格子体積が 1541.42Å^3 → 1554.05Å^3 まで変化するなかで，$x = 0.4$ までは 1551.85Å^3 へと急激に体積増加するが，その後は緩やかに増加し，イオン伝送率が格子常数変化の影響を大きく受けていると考えられる。また，Tillement らは，$Na_{2+x+y}Zr_{1-y}Fe_xFe_{1-x+y}(PO_4)_3$（$y = 0$，$0 \leq x \leq 1$，$x + y = 1$，$0 \leq y \leq 0.5$）合成を検討し，その最大のイオン伝導度は，300℃において 4×10^{-3} S·cm^{-1} であると報告している。ここで Fe は異なる酸化状態であるとしている[18]。Asai らは，$Na_{1+4x}M_xFe_{2x}Zr_{2-3x}(PO_4)_3$（M = Fe，Co，Ni）について検討を行い，300℃でのイオン伝導率は 7×10^{-3} S·cm^{-1} 程度と報告した[19]。Bohnke らは Zr の欠損した $Na_3Zr_{2-x/4}Si_{2-x}P_{1+x}O_{12}$（$0 < x < 2$）についてイオン伝導率を測定し，粒内のイオン伝導率は，Zr の欠損していない NASICON（$x = 0$）の 6×10^{-4} S·cm^{-1} と比較して Zr が最も不足している材料（$x = 1.667$）において 6×10^{-5} S·cm^{-1} となることを明らかとした[20]。また固体電解質の応用として，$Na_3Zr_2PSi_2O_{12}$ を固体電解質として使用した Na-S 電池を作製し，室温にて 350 mA·h·g^{-1} の容量（硫黄質量に基づく）を示す結果や，$Na_3Zr_2PSi_2O_{12}$ の耐水性を活用した水系の Na-O$_2$ 電池[21, 22]が検討されている。さらに Kim らは，正極にハードカーボン，負極に $NaFePO_4$，$Na_3Zr_2PSi_2O_{12}$ をベースとした複合材料を用いた，室温で 3.6×10^{-4} S·cm^{-1} という高いイオン伝導率を示すハイブリッド固体電解質を用いたパウチ型のフレキシブル固体電池を作製し，120 mA·h·g^{-1} の容量と 2.6 V の平均電圧を実現している[23]。しかしながら，NASICON 材料は溶融ナトリウムに対する還元耐性が低い材料も存在する。Schmid らは，$x = 2$ または 2.2 の $Na_{1+x}Zr_2P_{3-x}Si_xO_{12}$ が，高温の Na-S 電池用途において化学的な劣化を示し不安定になることを確認している[24]。

4 Li イオン伝導体

LIB の急速な発展に伴い，リチウムイオン伝導性の NASICON が大きな関心を集めている。リチウムベースの NASICON は，$Li_7La_3Zr_2O_{12}$ のようなガーネット型の電解質とは異なる高い大気安定性および耐水性[25]を有するなど，化学的な安定性などの点において他の酸化物系固体電解質と比較しても優れた性能を示す組成が多く存在する。このため，全固体電池の電解質材料としてだけでなく，Li-空気電池[26, 27]の電解質（セパレーター）材料や海水などからの Li 分離膜としての応用が検討されている。

リチウムイオン伝導性の NASICON ファミリーの中で，イオン伝導率の高さから $LiTi_2(PO_4)_3$（LTP），$LiGe_2(PO_4)_3$（LGP），$LiZr_2(PO_4)_3$（LZP）を基とする材料群について特に多くの研究がなされている。$Li_{1+x}M_{2-x}M'_x(PO_4)_3$ の，M＝Ti，Ge，Zr および Hf を M'＝In^{3+}[28~30]，Sc^{3+}[31]，Ga^{3+}[31~33]，Cr^{3+}[34, 35]，Al^{3+}[28~30, 34~36]，および Fe^{3+}[37]にて部分置換した報告がある。リチウムイオン伝導性はこのような部分置換により一般的に向上する。特に，LTP 系において高いイオン伝導率を示す材料が多く，$Li_{1+x}Ti_{2-x}Al_x(PO_4)_3$ 系では，より小さい Al^{3+} へ Ti^{4+} カチオンを置換することにより，NASICON 骨格の単位格子寸法が減少することで，イオン伝導率が約 3 桁も向上する。Aono[38~41]らは $Li_{1+x}Ti_{2-x}M_x(PO_4)_3$（M＝Al，Cr，Ga，Fe，Sc，In，Lu，Y，または La）について評価し，3 価のイオンで置換された NASICON は，$x=0.3$ 程度のときイオン伝導率が最大となり，Al または Sc の部分置換では室温で $7×10^{-4}$ S·cm^{-1} となった。イオン伝導率の向上は，焼結ペレットの緻密化[38]と粒界の活性化エネルギーの低下[39]に起因すること，$LiTi_2(PO_4)_3$ の導電性におよぼす Li_3PO_4 または Li_3BO_3 などの焼結助剤としての効果と導電性向上への影響を調べ，$LiTi_2(PO_4)_3$-$0.2Li_3BO_3$ の組成において $3×10^{-4}$ S·cm^{-1} を示すことを報告している[40, 41]。Fu は，溶融ガラスを再結晶させた $Li_{1+x}Ti_{2-x}Al_x(PO_4)_3$ において，室温で $1.3×10^{-3}$ S·cm^{-1} を示した[42]。Kotobuki らは共沈法により合成した $Li_{1.5}Al_{0.5}Ti_{1.5}(PO_4)_3$ 組成において，室温で粒内伝導率：$1.4×10^{-3}$ S·cm^{-1}，全イオン伝導率：$1.5×10^{-4}$ S·cm^{-1} を報告している[43]。Arbi らは，$Li_{1+x}Al_xTi_{2-x}(PO_4)_3$ と $Li_{1+x}Al_xGe_{2-x}(PO_4)_3$ と を 比 較 し，$Li_{1+x}Al_xTi_{2-x}(PO_4)_3$ の $x=0.2$ または 0.4 において，室温での粒内伝導率が $3.4×10^{-3}$ S·cm^{-1}，活性化エネルギーが 0.28 を報告している[44]。Liang らは，水熱合成法を利用したグラファイト基板上への $Li_{1+x}Ga_xTi_{2-x}(PO_4)_3$（$x=0.127$）を作製し，作製直後の試料で伝導率を Ga 置換により 2 桁向上し $2.1×10^{-5}$ S·cm^{-1} とした。さらに，ポストアニーリング処理により $2.3×10^{-4}$ S·cm^{-1} の最大伝導率を示している[45]。

また，$LiTi_2(PO_4)_3$（LTP）よりも，耐水性などの観点で安定性の高い材料として $LiGe_2(PO_4)_3$（LGP）系 の 材 料 も 盛 ん に 検 討 さ れ て い る。Thokchom ら[46]は，$Li_{1.5}Al_{0.5}Ge_{1.5}(PO_4)_3$ ガラスセラミックについて，27℃で $4.62×10^{-3}$ S·cm^{-1} という最高の伝導率を報告している。しかし，同じような組成にて，Fu[42]は $Li_{1.5}Al_{0.5}Ge_{1.5}(PO_4)_3$ の伝導率を 25℃において $4.0×10^{-4}$ S·cm^{-1}，Xu ら[47]は，$Li_{1.5}Al_{0.5}Ge_{1.5}(PO_4)_3$-$0.05Li_2O$ について，室温で 7.25

×10^{-4} S·cm^{-1} の伝導率と報告している。ガラスセラミックの調製はやや複雑であり，合成経路により物性に影響を与えやすいと考えられる。Zhang ら[48]は，金属アルコキシドを原料としたゾル-ゲル法で調製した粉末を用いることで，25℃で 1.3×10^{-3} S·cm^{-1} の高い伝導率をLi$_{1.4}$Al$_{0.4}$Ge$_{0.2}$Ti$_{1.4}$(PO$_4$)$_3$ 組成にて報告している。Xuefu ら[49]は，固相反応にて調製したLi$_{1.45}$Al$_{0.45}$Ge$_{0.2}$Ti$_{1.35}$(PO$_4$)$_3$ が 25℃で 1.0×10^{-3} S·cm^{-1} の伝導率を示すことを報告している。㈱オハラは，Li$_{1+x+y}$Al$_x$(Ti,Ge)$_{2-x}$Si$_y$P$_{3-y}$O$_{12}$ および Li$_{1+x+y}$Al$_x$Ti$_{2-x}$Si$_y$P$_{3-y}$O$_{12}$ の電解質基板を商品化し，Li$_{1+x+y}$Al$_x$(Ti,Ge)$_{2-x}$Si$_y$P$_{3-y}$O$_{12}$ は耐水性が高く，電気伝導度は室温で 10^{-4} S·cm^{-1} である。産業技術総合研究所中部センターでは，イオン伝導率の高い LATP 系大型薄層基板の製造や多層化技術を開発し，厚さ 20 μm 以下の自立シート（図 2）や波形の電解質基板を実現している（図 3）。

図 2　産総研で開発された厚さ 20 μm の LATP 固体電解質シート

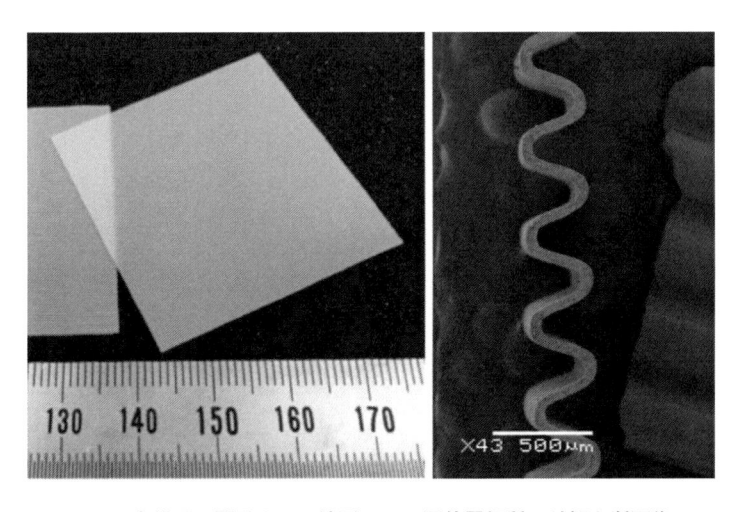

図 3　産総研で開発された波形 LATP 固体電解質の外観と断面像

　上述のように，NASICON 材料は優れたイオン伝導率を示すことが報告されているが，$Li_{0.29}La_{0.57}TiO_3$ のようなペロブスカイト型の酸化物系固体電解質材料と同様に，Ti などを含む材料系においては還元耐性が低く，金属 Li のような定電位材料と接触すると還元分解することが知られている[25, 50, 51]。還元電位は，リチウム基準で $Li_{1.3}Al_{0.3}Ti_{1.7}(PO_4)_3$ が約 2.5 V，$Li_{0.29}La_{0.57}TiO_3$ が約 1.7 V となる。このため，より還元耐性の高い材料として Zr 系の NASICON 材料の開発が全固体電池用途として注目されている。$LiZr_2(PO_4)_3$（LZP）は，焼結温度および条件に応じて複雑な多形性を示す[52~54]。焼成温度が 1,100℃ を超えるときに菱面体晶構造（空間群：$R\bar{3}c$）の α 相となり，約 50℃ 以下に冷却すると三斜晶構造（空間群：$P\bar{1}$）の α' 相へ相転移する。1,100℃ 以下で焼成された場合，高温側で斜方晶（β）構造となり，300℃ 程度以下に冷却すると単斜晶（β'）へ相転移する。イオン伝導度は三斜晶では室温で 10^{-8} S·cm^{-1} 程度であるが，菱面体晶構造（α 相）で保持することにより～10^{-5} S·cm^{-1} を示す[55]。したがって，室温で LZP の菱面体晶構造として安定化させることが，高いイオン伝導率を実現するためには必要である[56~59]。

　参考として，図 4 に単斜晶（β'），斜方晶（β），三斜晶系（α'）の NASICON 多形体の構造を示す。$LiSn_2(PO_4)_3$ および $LiHf_2(PO_4)_3$ も LZP と似た多形性を示すことが報告されている[60, 61]。Subramanian らは，$LiZr_2(PO_4)_3$，$LiZr_{2-x}Ti_x(PO_4)_3$，$Li_{1+x}Ti_{2-x}Sc_x(PO_4)_3$，などの導電率を調べたが，$Li_{1.2}Sc_{0.2}Zr_{0.2}Ti_{1.6}P_3O_{12}$ のように Ti や Sc が多く添加されている組成においてのみ～10^{-4} S·cm^{-1} 程度の良好な伝導度を示す[62]。しかしながら，Ca，Sr，Y，Sn および La を Zr と部分置換した $LiZr_2(PO_4)_3$ 系材料の室温におけるイオン伝導率は，それぞれ 4.9×10^{-5} S·cm^{-1}，3.44×10^{-5} S·cm^{-1}，3×10^{-5} S·cm^{-1}，1,45×10^{-5} S·cm^{-1}，7.23×10^{-5} S·cm^{-1} と報告[63~67]されており，総じてそれほど高くない。Al 置換した材料においてはさらに 1 桁イオン伝導度が低くなる。LZP 系に関しては，置換元素によっては耐還元性が低下するため，耐還元性を維持したまま高いイオン伝導度を示す材料の開発が望まれる。

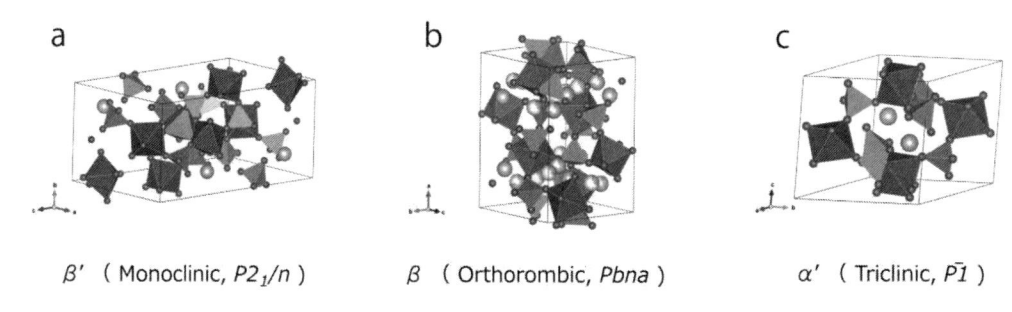

β'（Monoclinic, $P2_1/n$）　　β（Orthorombic, $Pbna$）　　α'（Triclinic, $P\bar{1}$）

図 4　NASICON 多形体の結晶構造
a：単斜晶（β'），b：斜方晶（β），c：三斜晶系（α'）

5　焼結に関する課題

　室温で比較的高いイオン伝導度を示す NASICON 材料であるが，耐還元性の低さ以外にも課題がある。それは，主な結晶形である菱面体晶構造において a 軸と c 軸の格子定数間における大きな熱膨張異方性があることである[68]。熱膨張係数に大きな差があるとき，多結晶材料において結晶粒が臨界サイズを超えると，焼結温度からの冷却時の収縮差により結晶粒内や粒界に沿った微小亀裂を生じ，イオン伝導性や機械的特性の低下の原因となる。

　LATP の場合，室温における格子定数は a：8.503Å，c：20.81Å 程度であるが，900℃ まで加熱すると a 軸は 8.495 Å とわずかに小さくなり，c 軸は 20.92Å 程度まで大きくなる[69]。このため，焼成における冷却過程で組織の破壊が起こりやすい。Cleveland ら[70, 71]は，微小亀裂が生じる臨界結晶粒度（GS_{critical}）を以下式で計算できることを示した。

$$GS_{\mathrm{critical}} = 14.4\,\gamma_{\mathrm{f}}\,/\,(E(\Delta\alpha_{\mathrm{max}})^2 \times (\Delta T)^2)$$

ここで，γ_{f} は粒界微小亀裂の破壊表面エネルギー，$\Delta\alpha_{\mathrm{max}}$ は単位格子の最大および最小主軸方向における熱膨張係数の差，ΔT は冷却中に微小亀裂が生じる温度差，E はヤング率である。この式を用いて計算された微小亀裂が生じる臨界結晶粒度は，NZP 材料では 2～13 μm[71]，より高い異方性を持つ LATP 材料では 2～1.6 μm 以下[72～74]と報告している。このため高いイオン伝導度を得るためには，粒子の成長を抑える必要があるため，より低温で NASICON 材料を緻密化する技術が重要となる。

文　　献

1)　H. Y. P. Hong, *Mater. Res. Bull.*, **11**, 173（1976）
2)　H. Y. P. Hong *et al.*, *Mater. Res. Bull.*, **13**, 757（1978）
3)　J. B. Goodenough *et al.*, *Mater. Res. Bull.*, **11**, 203（1976）
4)　J. B. Goodenough, *Solid State Ionics*, **9／10**, 793（1983）
5)　F. Lalère *et al.*, *J. Power Sources*, **247**, 975（2014）
6)　H. Zhang *et al.*, *Sens. Act. B Chem.*, **180**, 66（2013）
7)　S. Yao *et al.*, *Chem. Lett.*, **19**, 2033（1990）
8)　Y. Shimizu *et al.*, *Key Eng. Mater.*, **412**, 107（2009）
9)　R. Roy *et al.*, *Mater. Res. Bull.*, **19**, 471（1984）
10)　S. Y. Limaye *et al.*, *J. Am. Ceram. Soc.*, **70**, c232（1987）
11)　L. Hagman & P. Kierkegaard, *Acta Chem. Scand.*, **22**, 1822（1968）
12)　K. Arbi *et al.*, *Chem. Mater.*, **14**, 1091（2002）

13) P. Maldonado-Manso *et al.*, *Chem. Mater.*, **15**, 1879 （2003）

14) J. Fu, *J. Mater. Sci.*, **33**, 1549 （1998）

15) E. M. Vogel *et al.*, *Solid State Ionics*, **14**, 1 （1984）

16) J. M. Winaud, *et al.*, *J. Mater. Sci.*, **25**, 4008 （1990）

17) M. Guin *et al.*, *Solid State Ionics*, **293**, 18 （2016）

18) O. Tillement *et al.*, *Solid State Ionics*, **44**, 299 （1991）

19) T. Asai *et al.*, *Solid State Ionics*, **35**, 319 （1989）

20) O. Bohnke *et al.*, *Solid State Ionics*, **122**, 127 （1999）

21) T. Hashimoto & K. Hayashi, *Electrochim. Acta*, **182**, 809 （2015）

22) K. Hayashi *et al.*, *J. Electrochem. Soc.*, **160**, A1467 （2013）

23) J.-K. Kim *et al.*, *Energy Environ. Sci.*, **8**, 3589 （2015）

24) H. Schmid *et al.*, *Solid State Ionics*, **6**, 57 （1982）

25) C. Cao *et al.*, *Front. Energy Res.*, **2**, 1 （2014）

26) B. Kumar *et al.*, *J. Electrochem. Soc.*, **157**, A611 （2010）

27) P. Zhang *et al.*, *J. Electrochem. Soc.*, **162**, A1265 （2015）

28) J. Kuwano *et al.*, *Solid State Ionics*, **70**, 332 （1994）

29) S.-C. Li *et al.*, *Solid State Ionics*, **9**, 835 （1983）

30) K. Arbi *et al.*, *J. Sanz. Chem. Mater.*, **16**, 255 （2004）

31) A. Svitan'ko *et al.*, *Inorg. Mater.*, **47**, 1391 （2011）

32) I. Y. Pinus *et al.*, *Rus. J. Inorg. Chem.*, **54**, 1173 （2009）

33) A. Svitan'ko *et al.*, *Inorg. Mater.*, **50**, 273 （2014）

34) Z.-X. Lin *et al.*, *Solid State Ionics*, **31**, 91 （1988）

35) H. Aono *et al.*, *Solid State Ionics*, **62**, 309 （1993）

36) H. Hosono & Y. Abe, *J. Am. Ceram. Soc.*, **75**, 2862 （1992）

37) C. Vidal-Abarca *et al.*, *J. Mater. Chem.*, **22**, 21602 （2012）

38) H. Aono *et al.*, *Solid State Ionics*, **40/41**, 38 （1990）

39) H. Aono *et al.*, *Chem. Letters*, **19**, 1825 （1990）

40) H. Aono *et al.*, *Chem. Letters*, **19**, 331 （1990）

41) H. Aono *et al.*, *J. Electrochem. Soc.*, **137**, 1023 （1990）

42) J. Fu, *Solid State Ionics*, **96**, 195 （1997）

43) M. Kotobuki *et al.*, *Ionics*, **19**, 1945 （2013）

44) K. Arbi *et al.*, *J. Eur. Ceram. Soc.*, **35**, 1477 （2015）

45) Y. Liang *et al.*, *J. Alloys Compounds*, **775**, 1147 （2019）

46) J. S. Thokchom & B. Kumar, *J. Power Sources*, **195**, 2870 （2010）

47) X. Xu *et al.*, *J. Am. Ceram. Soc.*, **90**, 2802 （2007）

48) P. Zhang *et al.*, *Solid State Ionics*, **253**, 175 （2013）

49) S. Xuefu *et al.*, *Front. Energy Res.*, **4**, 1 （2016）

50) P. Knauth, *Solid State Ionics*, **180**, 911 （2009）

51) P. Hartmann *et al.*, *J. Phys. Chem. C*, **117**, 21064 （2013）

52) M. Catti *et al.*, *Chem. Mater.*, **15**, 1628 （2003）

53) P. Kumar *et al.*, *J. Phys. Chem. B*, **105**, 6785（2001）

54) F. Sudreau *et al.*, *J. Solid State Chem.*, **83**, 78（1989）

55) H. El-Shinawi *et al.*, *RSC Adv.*, **5**, 17054（2015）

56) C. Michele *et al.*, *Solid State Ionics*, **123**, 173（1999）

57) E. Jauan & P. Carlos, *Solid State Ionics*, **112**, 309（1998）

58) C. Michele & S. Sonia, *Solid State Ionics*, **136-137**, 489（2000）

59) F. Sudreau *et al.*, *J. Solid State Chem.*, **83**, 78（1989）

60) A. Martinez-Juarez *et al.*, *Chem. Mater.*, **7**, 1857（1995）

61) M. A. Paris *et al.*, *Chem. Mater.*, **9**, 1430（1997）

62) M. A. Subramanian *et al.*, *Solid State Ionics*, **18-19**, 562（1986）

63) H. Xu *et al.*, *Chem. Mater.*, **29**, 7206（2017）

64) S. Kumar & P. Balaya, *Solid State Ionics*, **296**, 1（2016）

65) H. Xie *et al.*, *RSC Adv.*, **1**, 1728（2011）

66) T. Pareek *et al.*, *J. Alloys Compounds*, **777**, 602（2019）

67) V. Ramar *et al.*, *Electrochimica Acta*, **271**, 120（2018）

68) T. Oota & I. Yamai, *J. Am. Ceram. Soc.*, **69**, 1（1986）

69) K. Waetzig *et al.*, *J. Eur. Ceram. Soc.*, **36**, 1995（2016）

70) J. J. Cleveland & R. C. Bradt, *J. Am. Ceram. Soc.*, **61**, 478（1978）

71) R. C. Bradt, *Ceram. Trans.*, **52**, 5（1995）

72) C. Y. Huang *et al.*, *J. Mater. Sci.*, **30**, 3509（1995）

73) D. A. Woodcock & P. Lightfoot, *J. Mater. Chem.*, **9**, 2907（1999）

74) S. D. Jackman & R. A. Cutler, *J. Power Sources*, **218**, 65（2012）

第6章　ガーネット型固体電解質

忠永清治[*1]，ナタリーカロリーナ ロゼロナバロ[*2]

1　はじめに

　固体電解質を用いた全固体二次電池の研究が注目を集めている中で，$Li_7La_3Zr_2O_{12}$（LLZ）を代表とするガーネット型構造の固体電解質は，室温で 10^{-4} S/cm オーダーの高いイオン伝導度，Li 金属に対する高い化学安定性，および広い電位窓のために注目を集めている[1~4]。さらに，ガーネット型固体電解質は，硫化物系固体電解質と比較すると取り扱いが容易であるという点で有利であり（ただし空気中の水分あるいは CO_2 とは反応するので，長時間の大気中の暴露はできない[5]），酸化物固体電解質を用いた全固体電池用電解質として盛んに研究されている。

　ガーネット型結晶は，一般的に $A_3B_2C_3O_{12}$ の組成式で表される。LLZ では，A サイトを La^{3+}，B サイトを Zr^{4+}，C サイトと格子間位置を Li^+ が占有し，正方晶[6]または立方晶[7]として存在することが知られている。1,200 ℃付近の熱処理で得られる立方晶相は（アルミナルツボを使用することにより混入する Al^{3+} により立方晶が安定化される場合が多い），より高いイオン伝導性を示すことが知られている[1]。そのほか，400 ℃以下で空気中の水と反応して生成する低温相としての立方晶 LLZ も知られている[5]。立方晶相を安定化し，また緻密化を促進するためには高温での熱処理が必要であるが，高温の熱処理を行うとリチウムの揮発の問題が発生する。リチウムの損失を防ぎ，ガーネット構造を制御するためには，焼結温度の低下あるいは処理時間の短縮が望まれる。

　一方，立方晶の安定化，焼結温度の低下あるいは焼結性の向上などを目的として，さまざまな元素を置換や添加することが検討されている。表1には，元素置換したガーネット型固体電解質の代表例を示す。焼結挙動に対する元素置換・添加の効果を示すために，焼結温度および熱処理時間もあわせて示している。表にあるように，元素置換によってより低温で焼結が可能となる系があり，例えば，1,100℃，15 時間の熱処理によって，10^{-3} S/cm の高いイオン伝導度を有するガーネット固体電解質が得られることが報告されている[10]。なお，本稿で使用しているイオン伝導度の値は，粒内抵抗と粒界抵抗の合計から求めた数値である。

　焼結助剤を用いることにより，1,000 ℃以下の焼結により 10^{-4} S/cm オーダーの高いイオン伝導性を示す焼結体を得ることが報告されている。また，近年では，LLZ をセパレータに用いた，

＊1　Kiyoharu Tadanaga　北海道大学　大学院工学研究院　応用化学部門　教授

＊2　Nataly Carolina Rosero Navarro　北海道大学　大学院工学研究院　応用化学部門　助教

表 1　元素置換・添加した LLZ の例

系	σ (S/cm^{-1})（室温）	焼成条件（℃）
$Li_7La_3Zr_2O_{12}$（LLZ）	2.4×10^{-4}	1,230（36 h）[1]
$Li_{6.75}La_3Zr_{1.75}Nb_{0.25}O_{12}$	8.0×10^{-4}	1,200（30 h）[8]
$Li_{6.4}La_3Zr_{1.4}Ta_{0.6}O_{12}$	10.0×10^{-4}	1,140（16 h）[9]
$Li_{6.4}La_3Zr_{1.75}Te_{0.25}O_{12}$	10.2×10^{-4}	1,100（15 h）[10]
$Li_{6.5}La_{2.5}Ba_{0.5}ZrTaO_{12}$	2.0×10^{-4}	1,100（6 h）[11]

全固体リチウム二次電池の報告が増えてきている。

　本稿では，このガーネット型酸化物固体電解質である LLZ のさまざまな合成法，低温焼結に関する取り組みを中心に紹介する。

2　合成方法

2. 1　固相法

　バルク体の作製にもっとも一般的に用いられるのは，固相法による合成である[1~4]。固相法の場合の出発原料としては，$LiOH \cdot H_2O$，$La(NO_3)_3 \cdot 6H_2O$（または La_2O_3），$ZrO_2(Ta_2O_5$，Nb_2O_5）などが用いられる。原料を粉砕・混合し，仮焼，焼成するという単純な方法であるが，例えば，原料粉末の粒径，ルツボの種類などによってもその生成物や緻密性は大きな影響を受ける。

　1,000 ℃以上の高温の焼成ではリチウムの揮発が問題となる。リチウムが不足する場合，パイロクロア構造を有する $La_2Zr_2O_7$ が不純物相として生成することが多い。したがって，この $La_2Zr_2O_7$ の生成を抑制するために，リチウム過剰の組成で焼結が行われることが多い。また，仮焼粉（マザーパウダーと呼ばれる）でペレットを包み，焼結する手法もよく用いられる。

2. 2　液相法

　焼成温度の低温化，あるいは組成の精密な制御のために，液相を用いる合成も多く検討されている。溶液系で出発原料を混合することにより，成分の均一な混合が期待できるので，結晶生成の際の拡散距離が短縮され，より低温で結晶が得られることが期待できる。また，仮焼の段階で粒径の小さな仮焼紛が得られる可能性があり，粒径の小さな仮焼紛は，最終の焼結を行う際には容易に焼結が進行することが期待できる。また，低温化が可能となれば，リチウムの揮発の問題も解決することが可能となる。

　液相法の代表例としては，金属アルコキシドを出発原料に用いるゾル-ゲル法[12~14]や，クエン酸を用いるペチーニ法（錯体重合法）[15, 16]などを挙げることができる。ゾル-ゲル法ではすべての成分の金属アルコキシドを出発原料として用いられることは少なく，例えば金属硝酸塩とジルコ

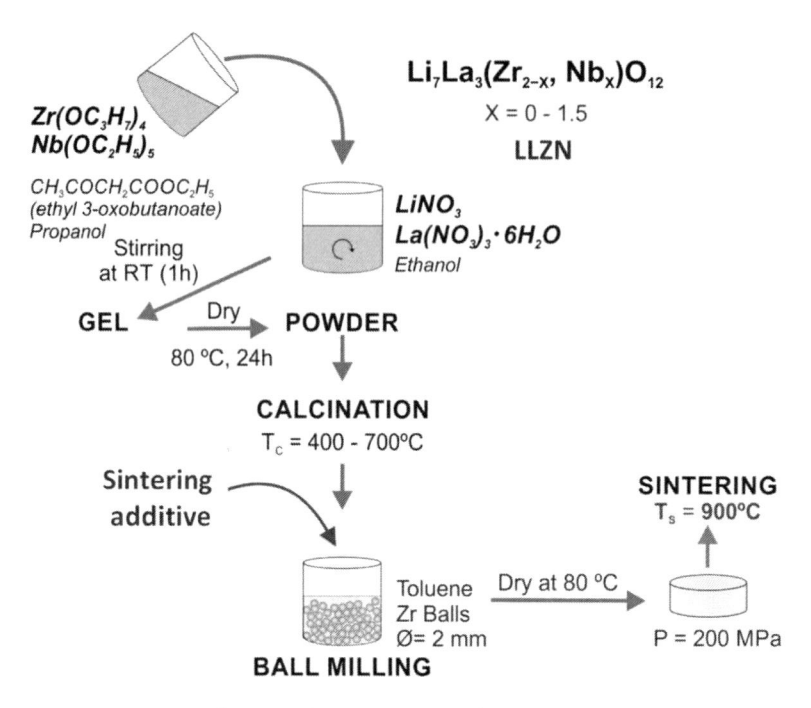

図1　ゾル-ゲル法による Nb ドープ LLZ 合成方法の例

ニウムアルコキシドを出発原料として用い，ゲル化，乾燥，熱処理により仮焼粉を作製する。我々のグループで用いているゾル-ゲル法による Nb ドープ LLZ の合成プロセスを一例として図1に示す[14]。一方ペチーニ法では，金属クエン酸錯体にエチレングリコールなどを加えてエステル化反応を行うことによりゲル状の前駆体を作製し，これを熱処理することにより前駆体粉末を作製する（なお，ゲル状のものが得られるので，これをゾル-ゲル法と記している論文も多数あるが，ペチーニ法とゾル-ゲル法は本質的には異なる）。

　液相法は，次節の気相法と共に，薄膜の合成にも用いられる。我々の研究グループでは，ゾル-ゲル法によって，MgO 基板上に膜厚約 1 μm の LLZ 薄膜が形成できることを報告した[17]。焼成ではリチウムが揮発しやすいので，最終結晶化のための熱処理の際，容器内に炭酸リチウムを共存させることによりリチウムの揮発を抑え，900℃の熱処理により Al ドープ LLZ 単相の薄膜が得られることを見出している。

2. 3　気相法

　薄膜の形成には主に気相法が用いられる。薄膜型全固体電池への応用などを目的として，さまざまな気相法による LLZ 系固体電解質の薄膜形成が報告されている。例えば，RF マグネトロンスパッタリング法[18]，PLD 法[19]，CVD[20]法を用いた LLZ 系薄膜の形成が報告されている。例えば，Kanno らのグループは，PLD 法により Al ドープ LLZ 系薄膜を $Gd_3Ga_5O_{12}$ 基板上へ形成

したことを報告し[19]，Goto らは，有機金属化学気相蒸着法（MOCVD）によって，Al_2O_3 または $SrRuO_3$ 基板上に数 μm の LLZ 薄膜を形成したことを報告している[20]。LLZ のようなリチウム含有化合物は，高温での加熱時に基板との反応性が高く，実際の成膜には基板との反応性を意識した基板選択が必要となる。このほか，エアロゾルデポジション法により，膜厚 10 μm 程度の LLZ 系厚膜が得られることも報告されている[21]。いずれの場合も，組成の制御，粒界抵抗の影響などから，イオン伝導度はバルク体と比べて 2，3 桁低い $10^{-5} \sim 10^{-7}$ S/cm 程度であることが問題点である。

3　焼結助剤を用いた低温焼結

より低温で焼結を行うために，焼結助剤を用いた焼結について多くの検討が行われている。焼結助剤の役割としては，焼結後にも最終的に粒界に残存する焼結助剤と，焼結粒子と反応しながら焼結を促進する焼結助剤の 2 種類に分類することができる。一つ目の場合には，焼結助剤は焼結後粒界に結晶相またはガラス相として残る。二つ目の場合，焼結助剤は焼結の初期および中間段階で緻密化を促進し，その後焼結粒子と反応し消失する。ここでは，焼結性の向上に関する取り組みについて紹介する。

3．1　ルツボからの Al_2O_3 混入による焼結性向上

LLZ に使用される焼結助剤の典型的な例は，ルツボから混入する Al_2O_3 成分である。この Al_2O_3 は焼結助剤と見なすことができ，結晶粒の組成と結晶粒界の両方を変化させる。LLZ 中の Li サイトを Al に置換することにより立方晶相が安定化され，また，より多くの Li イオン空格子点を作り出し，Li イオン伝導性が高くなることが見出された[22]。立方晶相を安定化させるには，0.2〜0.24 モルの Al で十分であることが証明されている。高い焼結温度（約 1,200 ℃）における焼結助剤としての Al の役割には，粒界でのイオン伝導性化合物の析出が含まれる。Li_2O-Al_2O_3 二成分系の共晶温度が約 1,055 ℃ なので[15,23]，焼結中にこの液相が生成することにより焼結が促進される。LLZ 原料粒子からの液相への溶解・再析出が起こり，液相には La または Zr が取り込まれる[15]。同時に，液相による粒子表面の濡れは，粒子の再配列を促進する毛細管力および物質の拡散が促進されるので，高密度化が加速される。焼結後，ある程度の Al は粒界付近に残留していると考えられる[15]。

Kumazaki らは，1,230 ℃，36 時間焼結することにより得られた LLZ ガーネットペレットの粒界に，ナノ結晶性 $LiAlSiO_4$ を含む Li-Al-Si-O 系ガラス相の存在を確認した[24]。Al および Si は，仮焼紛粉砕のためのボールミルおよび加熱に使用されるルツボから混入し，LLZ 結晶に取り込まれている。TEM 観察，STEM 観察および EDX による分析により，LLZ 粒子中に Al が存在することが示された。これは，Al が LLZ の構成元素の一部を部分的に置換していることを裏付けている。LLZ 結晶から溶出した Li は Si と Al が粒界に存在することにより，粒界で反応

して Li-Al-Si-O 系ガラス相を形成すると考えられる[25]。この場合，25 ℃でのイオン伝導度は 6.8×10^{-4} S/cm であった。

3. 2 焼結助剤の添加による低温焼結

　著者らのグループでは，ゾル–ゲル法で作製した Al-LLZ 仮焼粉に Li_3BO_3 を焼結助剤として添加し 900 ℃で焼結することにより，緻密な Al-LLZ 系固体電解質が得られることを報告している[12, 13]。900 ℃，30 時間の熱処理を行った場合，Li_3BO_3 を加えない場合には焼結は進行せず，相対密度は 58％であったが，Li_3BO_3 を添加して焼結した場合には，Al ドープ LLZ ペレットは相対密度 92％となった。この Al ドープ LLZ と Li_3BO_3 の複合体は 1×10^{-4} S/cm のイオン伝導度と 0.36 eV の活性化エネルギーを示し，これは 1,200 ℃で焼結した Al ドープ LLZ ペレットの値に匹敵する。TEM 観察により，三重点粒界に非晶質ホウ酸リチウムが存在することが確認された。また，LLZ 粒子間の粒界にも，Li_3BO_3 が非常に薄い層として界面に存在していることが推定された。複合体の高い全リチウムイオン伝導度は，このホウ酸リチウムのガラス相による粒界抵抗の減少も寄与していると考えられている[12]。

　我々のグループでは，Zr を Nb に置換した系についても，低温焼結に関する検討を行っている[14]。ゾル–ゲル法で得られた $Li_7La_3(Zr_{2-x}Nb_x)O_{12}$ について，$LiBO_2$ と Li_3BO_3 を焼結助剤として用いた。$LiBO_2$ を焼結助剤として用いた場合，900 ℃の熱処理により立方晶相 LLZ が生成したが，同時に，不純物相である $La_2Zr_2O_7$ が観察された。$LiBO_2$ 系では，900 ℃の焼結により最大 93％の相対密度が得られ[14]，これは Li_3BO_3 を用いた場合に得られる相対密度よりも高い密度であった。$LiBO_2$ は B-O-B 結合を有しており，この結合の存在により $LiBO_2$ は熱処理中に Li_2O と反応するために，Nb-LLZ から Li イオンを引き抜き，$La_2Zr_2O_7$ を形成すると考えられる[13, 14]。これに対して Li_3BO_3 を用いた場合には，900 ℃の熱処理によって $La_2Zr_2O_7$ は生成せず，立方晶 LLZ の単相が得られたが，相対密度は $LiBO_2$ 系よりも小さくなった。Li_3BO_3 はこれ以上 Li_2O とは反応できないので，LLZ とは反応せず，液相の形成による液相焼結によって緻密化が進んでいると考えられる。これらの結果より，焼結助剤と焼結粒子間で反応が起こることが緻密化に貢献していると考えられる。

　これ以外に，Li_3PO_4 および Li_4SiO_4 といった焼結助剤を用いた，Ta ドープ LLZ[25]および Al ドープ LLZ[26]を始め，さまざまな系において焼結助剤による低温焼結が報告されている。

　Ohta らは，Ca-Nb ドープ LLZ の焼結助剤として Al_2O_3 および Li_3BO_3 を同時に用いる手法を報告している[27]。詳細は他章で述べられているので省略するが，Li_3BO_3 への Ca 成分の溶解，および Ca-Nb ドープ LLZ と Al_2O_3 との反応が確認されており，焼結助剤と LLZ との間の同時相互拡散により緻密化が促進される。

4　電極／電解質界面の制御と全固体電池への応用

　LLZ は Li 金属に対して安定であることから，Li 金属を負極に用いた全固体電池への適用が期待されている[28]。したがって，さまざまな手法，ドーパントなどでLLZ を合成した場合，図 2 に示すような[12]ペレットの両面に Li 金属を接着し，リチウム溶解–析出の定電流サイクルによる評価は，LLZ の特性評価として必須である。

　しかし Li 負極を用いた全固体電池における充放電や Li 溶解–析出の定電流サイクルの試験では，Li と LLZ の接触が一様でないこと，LLZ ペレットの粒内と粒界のイオン伝導度が異なることなどの理由により，Li 析出反応の際 Li が粒界に沿って成長し，最終的には短絡の原因となることが多く報告されている。この短絡を防ぐ方法として，Li 金属とセパレータ部分の LLZ 系固体電解質との界面に Au[29]，Al[30]，Ge[31]などを導入し合金層を形成することにより，Li の成長が抑制されることが報告されている。実際には，この問題は十分に解決されているとは言えず，今後のさらなる検討が必要である。

　LLZ を用いた全固体電池が近年盛んに研究されている。全固体電池の構築については他章で紹介されているのでここでは詳細は省略するが，我々のグループでは，PLD 法により TiS_4 薄膜を LLZ ペレット上に形成した全固体電池が動作すること[32]，また，ゾル–ゲル法で作製した Li_2O–SiO_2 系材料が LLZ と正極活物質界面に有効であることを報告している[33]。

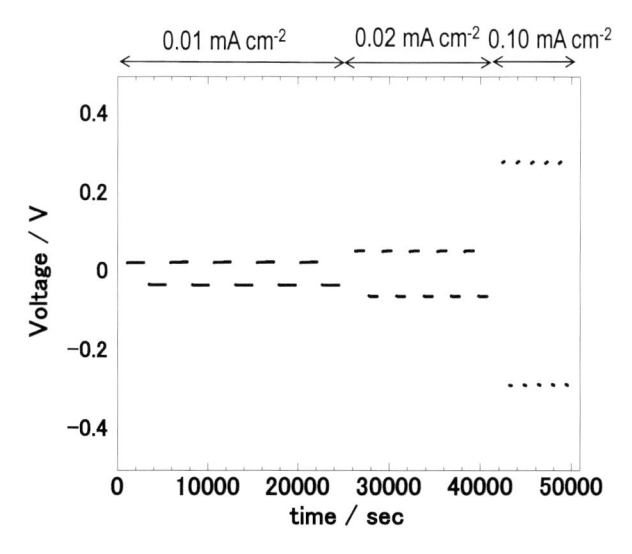

図 2　Li 対称セルにおける定電流サイクル試験の結果の例

5　おわりに

固体電解質を用いた全固体二次電池の研究が注目を集めている中で，LLZ を代表とする酸化物固体電解質は硫化物系固体電解質と比較すると取り扱いが容易であることから，酸化物固体電解質を用いた全固体電池の構築は期待が大きい。しかし，酸化物固体電解質を合成し，イオン伝導度を測定することはすぐにできても，実際に全固体電池を構築し充放電挙動を検討することは容易ではない。LLZ は焼結温度が高いこと，また，酸化物セラミックスの特有の硬さという点が電極／電解質界面形成の妨げとなり，実際に動作する全固体電池を構築することを困難にしている。したがって，焼結温度の低温化，良好な電極／電解質界面の構築が今後も大きな課題である。

2017 年にインドの Murugan 教授の呼びかけで，第 1 回のガーネット型酸化物固体電解質に関する国際会議が開催され，2019 年 9 月には，第 2 回の会議が日本で開催される。日本はこの分野において先導的な役割を果たしており，日本の研究者が中心となって今後さらに発展することが期待される。

文　　　献

1)　R. Murugan *et al., Angew. Chem., Int. Ed.,* **46**, 7778（2007）
2)　V. Thangadurai *et al., Chem. Soc. Rev.,* **43**, 4714（2014）
3)　C. Cao *et al., Front. Energy Res.,* **2**, Article 25（2014）
4)　S. Ramakumar *et al., Prog. Mater. Sci.,* **88**, 325（2017）
5)　A. Sharafi *et al., J. Mater. Chem. A,* **5**, 13475（2017）
6)　J. Awaka *et al., J. Solid State Chem.,* **182**, 2046（2009）
7)　J. Awaka *et al., Chem. Lett.,* **40**, 60（2011）
8)　S. Ohta, *et al., J. Power Sources,* **196**, 3342（2011）
9)　Y. Li *et al., J. Mater. Chem.,* **22**, 15357（2012）
10)　C. Deviannapoorani *et al., J. Power Sources,* **240**, 18（2013）
11)　S. Narayanan *et al., RSC Adv.,* **2**, 2553（2012）
12)　K. Tadanaga *et al., Electrochem. Commun.,* **33**, 51（2013）
13)　R. Takano *et al., Solid State Ionics,* **255**, 104（2014）
14)　N. C. Rosero-Navarro *et al., Solid State Ionics,* **285**, 6（2016）
15)　Y. Jin & P. J. McGinn, *J. Power Sources,* **196**, 8683（2011）
16)　I. Kokal *et al., Solid State Ionics,* **185**, 42（2011）
17)　K. Tadanaga *et al., J. Power Sources,* **273**, 844（2015）
18)　S. Lobe *et al., J. Power Sources,* **307**, 684（2016）

19) S. Kim *et al., Dalton Trans.,* **42**, 13112 (2013)

20) H. Katsui & T. Goto, *Thin Solid Films,* **584**, 130 (2015)

21) R. Inada *et al., Prog. Natur. Sci. Mater. Inter.,* **27**, 350 (2017)

22) E. Rangasamy *et al., Solid State Ionics,* **206**, 28 (2012)

23) N. S. Kulkarni *et al., J. Am. Ceram. Soc.,* **91**, 4074 (2008)

24) S. Kumazaki *et al., Electrochem. Commun.,* **13**, 509 (2011)

25) N. Janani *et al., J. Am. Ceram. Soc.,* **98**, 2039 (2015)

26) N. Janani *et al., RSC Adv.,* **4**, 51228 (2014)

27) S. Ohta *et al., J. Power Sources,* **265**, 40 (2014)

28) M. Kotobuki *et al., J. Power Sources,* **196**, 7750 (2011)

29) C. L. Tsai *et al., ACS Appl. Mater. Interfaces,* **8**, 10617 (2016)

30) K. K. Fu *et al., Sci. Adv.,* **3**, 1601659 (2017)

31) W. Luo *et al., Adv. Mater.,* **29**, 1606042 (2017)

32) T. Matsuyama *et al., Solid State Ionics,* **285**, 122 (2016)

33) G. V. Alexander *et al., J. Mater. Chem. A,* **6**, 21018 (2018)

第7章 酸化物ガラス系固体電解質

林　晃敏[*]

1　はじめに

　酸化物固体電解質としては，NASICON[1]やペロブスカイト[2]，ガーネット[3]構造を持つ酸化物結晶が室温で 10^{-4}〜10^{-3} S cm^{-1} の高い導電率を示すことが知られている。これら固体電解質を全固体電池へ適用するためには，電極活物質との広く密着した界面形成が必要である。例えば，ガーネット型 $Li_7La_3Zr_2O_{12}$ の高温焼結体は室温で 10^{-4} S cm^{-1} 以上の導電率を示すが，それを粉砕し，室温でプレス成形して得られた粉末成形体では，粒子間の界面（粒界）の抵抗が増大して導電率は数桁低下する[4]。よって，酸化物電解質では粒内伝導（電解質固有のバルク伝導）を高めるだけでなく，粒界におけるイオン伝導のロスをいかに低減するかが課題となる。一般的に結晶性酸化物電解質は粒界抵抗が大きいため，1,000℃以上の高温焼結による緻密化が行われるが，この際に活物質とのさまざまな副反応による界面抵抗層の形成が懸念される[5]。よって，酸化物電解質の焼結温度の低温化[6]は重要な研究課題であり，究極的には硫化物電解質のように，室温付近でのプレス成形のみで緻密化する酸化物電解質の開発が望ましい。筆者の研究グループでは，導電率だけでなく，成形性に優れる酸化物電解質の開発を目的として，ガラス系材料に着目して研究を行ってきた。本稿では，導電率と成形性を両立した酸化物ガラス系電解質の開発と全固体電池への適用について概説する。

2　成形性を有するガラス電解質

　リチウムイオン伝導ガラスの導電率は，ガラス中のリチウムイオンの濃度を高めることによって増加させることができる。ガラスの作製方法としては，融液を急冷する溶融急冷法が一般的であるが，リチウムイオン濃度の増加につれて，融液を冷却する際に結晶化が生じやすく，ガラスを得ることが困難となる。リチウムイオンを高濃度に含むガラスを得るためには，融液の冷却速度を高めた双ローラー超急冷法の利用や目的組成の多成分が有効である。例えば，オルトボレート Li_3BO_3 は双ローラー超急冷法を用いてもガラス化しないが，Li_3BO_3-Li_2SO_4 擬二成分系にすることによってガラス化が可能となった[7]。また，機械的エネルギーを用いて化学反応を進行さ

＊　Akitoshi Hayashi　大阪府立大学　大学院工学研究科　物質・化学系専攻　応用化学分野　教授

せるメカノケミカル法を用いても高リチウム含有ガラスを作製できる[8]。図 1 には，Li_2O と B_2O_3 のモル比 3：1（オルト組成の Li_3BO_3 に相当）の混合粉末に対して，遊星型ボールミルを用いてメカノケミカル処理を行った際に得られた試料のラマンスペクトルを示す。図中の数字は処理時間を表し，出発原料である Li_2O と B_2O_3 のスペクトルも載せている。3 時間処理の段階で，出発原料由来のバンドに加えて BO_3^{3-} イオンに帰属できる 930 cm^{-1} 付近のバンドが観測され，処理時間が長くなるにつれてこのバンドの強度が増大した。40 時間の処理後の試料中には出発原料由来のバンドはほとんど見られず，BO_3^{3-} イオンのバンドのみが観測された。この反応は Lewis 酸である B_2O_3 と Lewis 塩基である Li_2O の酸塩基反応と捉えることができる。Li_2O が反応することで B_2O_3 の架橋酸素は非架橋酸素となり，その際ホウ素上の正電荷が高まることによって，さらに Lewis 塩基となる Li_2O との反応が促進されて，架橋酸素が消失する BO_3^{3-} イオンとなるまで反応が進行する。よって，出発原料由来のバンドが残存しているにもかかわらず，最終目的生成物である Li_3BO_3 を構成する孤立アニオン BO_3^{3-} がまず形成されることになる。その後，未反応の出発原料についても同様の反応が進行して，最終的には全体に BO_3^{3-} の骨格構造をもつ Li_3BO_3 が得られる。この試料は X 線回折においてハローパターンを示したことから，仕込み組成に対応した Li_3BO_3 ガラスが得られることがわかった。

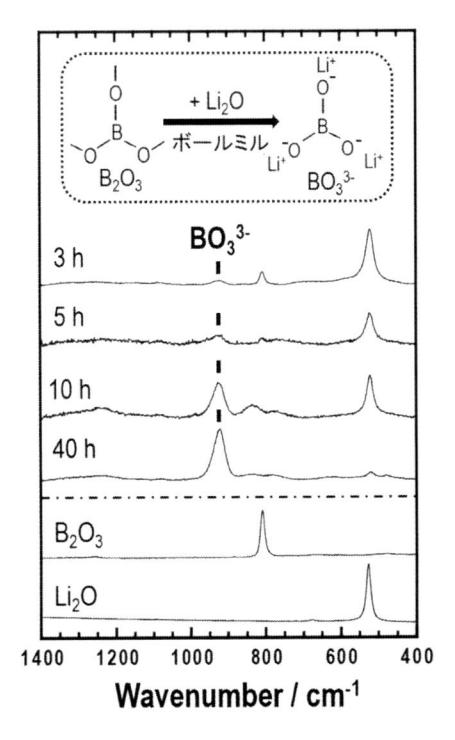

図1　メカノケミカル処理によって得られた Li_3BO_3 試料のラマンスペクトル

このガラスの特長として，優れた成形性を有することが挙げられる。ガラス粉末を室温で一軸プレス成形することによって，硫化物ガラスに類似した常温加圧焼結現象[4]が生じて緻密化する。720 MPa の成形圧で得られた Li_3BO_3 ガラスの粉末成形体の破断面 SEM 像を図2に示す。ペレットの相対密度は83%となり，Li_3PS_4 硫化物ガラスの粉末成形体（360 MPa で成形，相対密度90%）と比べて若干小さいものの，酸化物としては成形性に優れていることがわかった。さらに，Li_3BO_3 に Li_2SO_4 や Li_2CO_3 を添加して作製したガラスは，Li_3BO_3 と比較して成形性が向上した[9,10]。図2には，720 MPa の成形圧で得られた $90Li_3BO_3 \cdot 10Li_2SO_4$ および $33Li_3BO_3 \cdot 33Li_2SO_4 \cdot 33Li_2CO_3$（モル%）ガラスの粉末成形体断面の SEM 像も示しているが，相対密度はそれぞれ88%と90%となった。特に後者のガラスでは，先に述べた硫化物ガラス電解質のそれとほぼ同等の相対密度を示していることから，活物質との界面形成に有利な電解質として応用が期待される。

酸化物ベースガラス電解質としては，Li_3PO_4 の酸素の一部を窒素に置換した通称 LiPON が薄膜型全固体電池の電解質として適用されているが，その室温導電率は 10^{-6} S cm^{-1} 程度にとどまっている[11]。Li_3BO_3 へ Li_2SO_4 を添加すると，ガラスの導電率には大きな違いは見られないが，このガラスを290℃で結晶化させて得られるガラスセラミックスでは，組成によってはガラスと比べて高い導電率を示すことがわかった[9,12]。$90Li_3BO_3 \cdot 10Li_2SO_4$ ガラスおよびガラスセラミックスの X 線回折パターンを図3に示す。結晶化に伴って，Li_3BO_3 高温相に類似の回折パターンが観測されたことから，高温相 Li_3BO_3 と Li_2SO_4 の固溶体の形成が示唆された。一方，ガラスを450℃で結晶化させると熱力学的安定相である Li_3BO_3 と β-Li_2SO_4 の析出が見られた

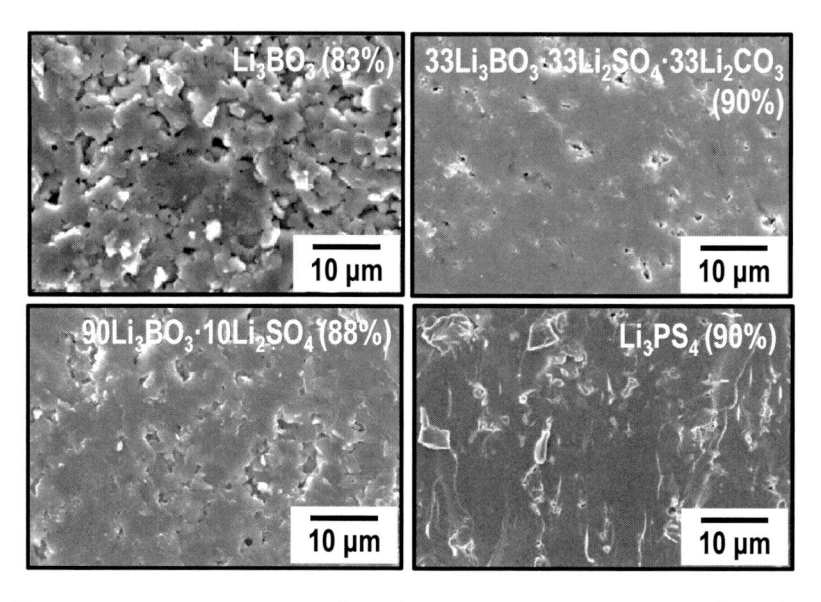

図2 Li_3BO_3，$90Li_3BO_3 \cdot 10Li_2SO_4$（mol%），$33Li_3BO_3 \cdot 33Li_2SO_4 \cdot 33Li_2CO_3$（mol%），$Li_3PS_4$ ガラスの粉末成形体断面の SEM 像

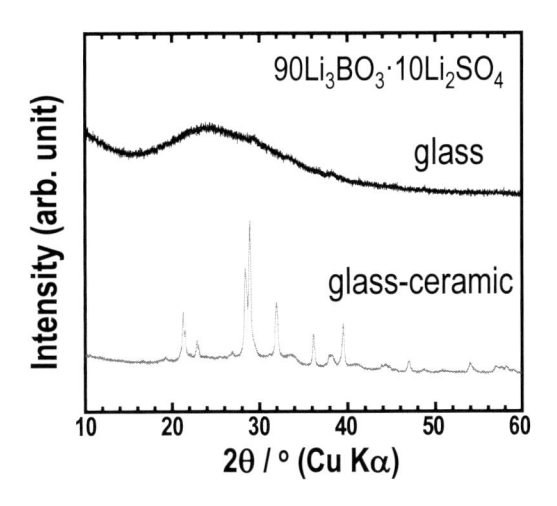

図 3　90Li$_3$BO$_3$·10Li$_2$SO$_4$ ガラスおよびガラスセラミックスの X 線回折パターン

ことから，290℃熱処理で析出した固溶体は準安定相と考えられる。この準安定相を含むガラスセラミックスの室温導電率は約 10^{-5} S cm^{-1} の値を示し，同組成のガラスと比べて 1 桁以上高いことから，準安定相の析出によって導電率が大幅に増加したものと推察される。

　図 4 には，図 2 で取り上げた組成のガラスおよびガラスセラミックスの導電率の温度依存性を示す。33Li$_3$BO$_3$·33Li$_2$SO$_4$·33Li$_2$CO$_3$ ガラスセラミックスは，90Li$_3$BO$_3$·10Li$_2$SO$_4$ ガラスセラミックスよりも導電率は低いものの，Li$_3$BO$_3$ ガラスと比べて高い導電率を示した。また，Li$_3$PS$_4$ 硫化物ガラスの室温導電率と比較して，酸化物ガラス系電解質の室温導電率は約 2～3 桁低いが，100℃における導電率はほぼ同程度か 1 桁低下の範囲に収まっている。Li$_3$PS$_4$ 硫化物ガラスは全固体リチウム電池の試作の際に標準的に用いられる電解質の一つである。よって導電率の観点からは，これら酸化物ガラス系電解質は，100℃で作動させる全固体電池の電解質としての適用が期待できる。

　また，酸化物電解質の Li 金属負極に対する適合性を評価するために，全固体 Li 対称セルを構築して，定電流サイクル試験を行った[13]。図 5 には，90Li$_3$BO$_3$·10Li$_2$SO$_4$ ガラスセラミックスを電解質に用いた全固体 Li 対称セルの 100℃，0.25 mA cm^{-2} におけるサイクル試験結果を示す。この条件下では，Li の溶解・析出を繰り返しても可逆にサイクル可能であった。また図中には，サイクル試験後の Li／電解質界面付近の断面 SEM 像を示す。Li 金属と電解質の界面は密着していることを確認した。また交流インピーダンスの結果から，サイクル試験前後でセルの抵抗値に大きな違いが見られないこともわかった。以上の結果から，作製した酸化物電解質は，Li 金属負極を用いた全固体電池へ適用できる可能性が示された。

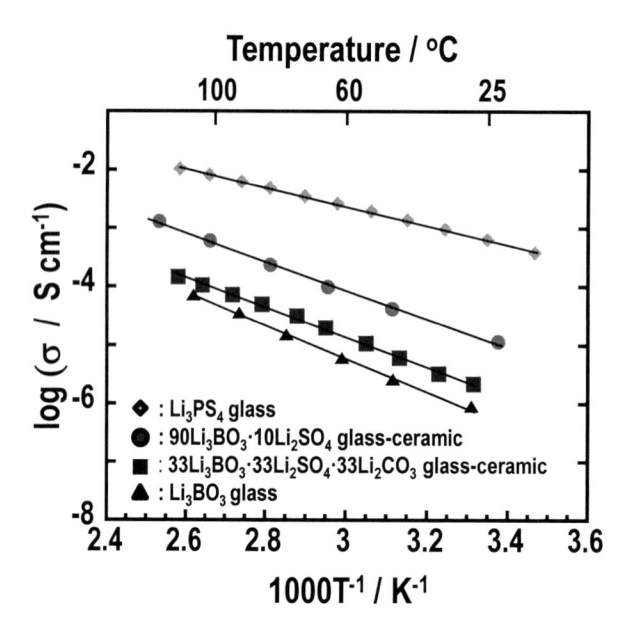

図4 図2で取り上げた組成のガラスおよびガラスセラミックスの導電率の温度依存性

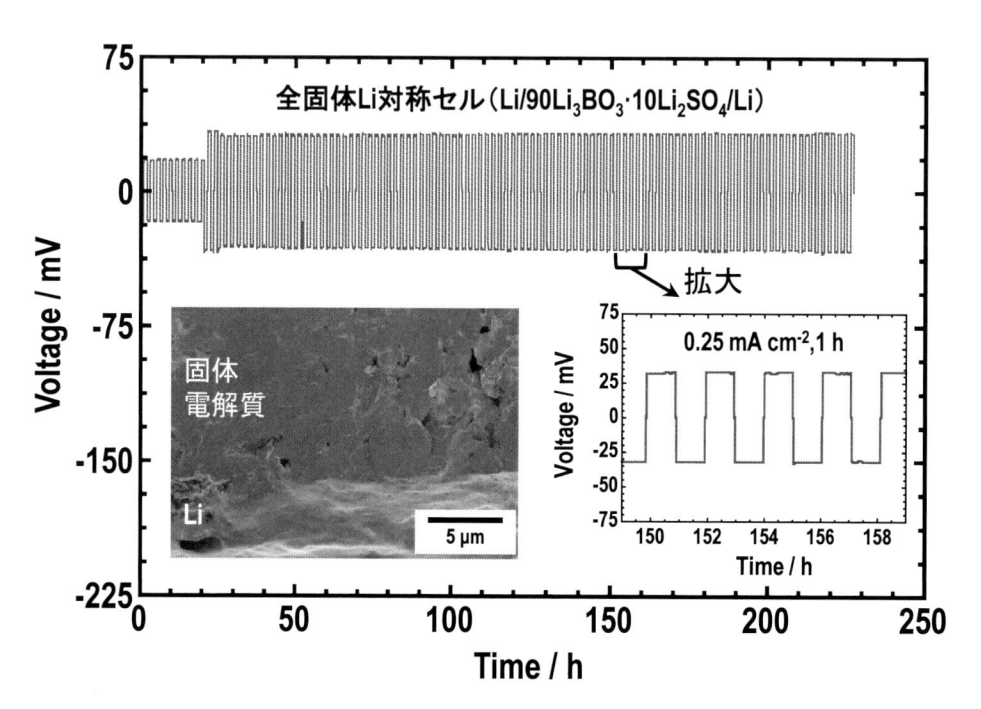

図5 90Li$_3$BO$_3$・10Li$_2$SO$_4$ ガラスセラミックスを電解質に用いた全固体 Li 対称セルの
定電流サイクル試験

3　全固体電池への適用

　成形性に優れる酸化物電解質を用いて全固体電池を構築し，100℃で充放電特性を評価した。あらかじめ $LiNbO_3$ 薄膜を表面にコートしておいた $LiNi_{1/3}Mn_{1/3}Co_{1/3}O_2$（NMC111）と上記ガラス電解質，アセチレンブラック（電子導電剤）を 70：30：4 の重量比で乳鉢混合して得られた複合体を正極として用いた。これと固体電解質（セパレータ層），Li-In 合金（負極）を積層して全固体セルを作製した[14]。図 6 には固体電解質として $33Li_3BO_3\cdot33Li_2SO_4\cdot33Li_2CO_3$ ガラスセラミックスを用いたセルの断面 SEM 像と，さまざまな電解質を用いたセルの充放電曲線を示す。断面の SEM 像から，正極層および電解質セパレータ層が緻密であり，かつセパレータ層と正極層・負極層との接合界面も密着していることが窺える。正極層およびセパレータ層の厚みは，それぞれ 70 ミクロンおよび 200 ミクロン程度であり，電解質層の厚みが大きいセル形態となっている。全固体セルは，酸化物電解質の導電率を高める目的で，100℃で作動させた。酸化物電解質を用いたセルは，Li_3PS_4 を用いたセルと比べて可逆容量が小さいものの，二次電池として機能することがわかった。Li_3BO_3 ガラスを用いたセルは充放電容量が 30 mA h g^{-1} 程度と小さく，$90Li_3BO_3\cdot10Li_2SO_4$ および $33Li_3BO_3\cdot33Li_2SO_4\cdot33Li_2CO_3$ ガラスセラミックスを用いたセルは，より大きな可逆容量を示した。特に興味深いのは，$90Li_3BO_3\cdot10Li_2SO_4$ 電解質と比べて導電率が約 1 桁小さい $33Li_3BO_3\cdot33Li_2SO_4\cdot33Li_2CO_3$ 電解質を用いたセルの方が，放電電位が低いものの，より大きな可逆容量を示していることである。先に述べたように，$33Li_3BO_3\cdot33Li_2SO_4\cdot33Li_2CO_3$ 電解質の方が成形性は優れており，NMC111 活物質粒子と，より広く密着した界面が形成されていることが推定され，それに伴って可逆容量が増加したと考えられる。以上の結果から，導電率だけでなく，成形性などの機械的性質も加味して電解質材料の探索を行うことが重要である。

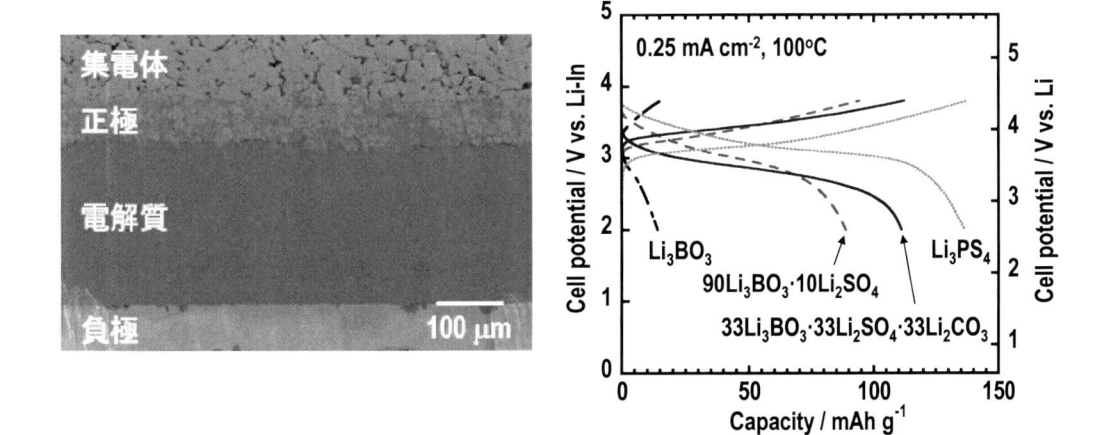

図6　固体電解質として $33Li_3BO_3\cdot33Li_2SO_4\cdot33Li_2CO_3$ ガラスセラミックスを用いた全固体セルの断面 SEM 像とさまざまな電解質を用いた全固体セルの充放電曲線

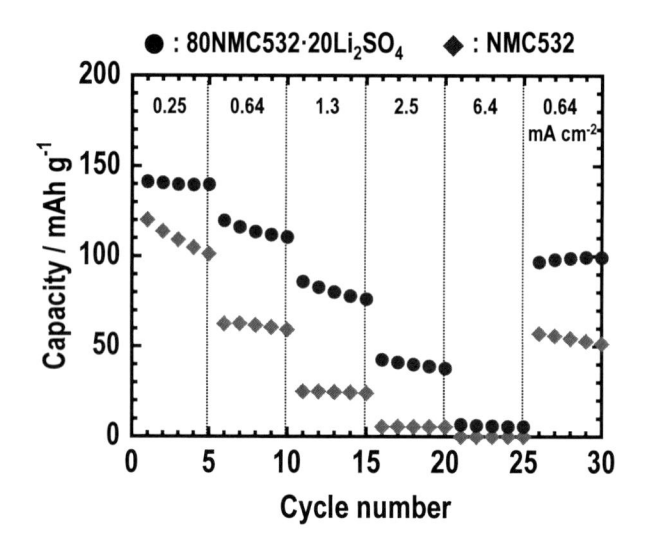

図7 正極活物質として結晶性 $LiNi_{0.5}Mn_{0.3}Co_{0.2}O_2$ （NMC532）もしくはアモルファス 80NMC532・20Li$_2$SO$_4$ （mol%）を用いた全固体セルのレート特性

　また全固体電池のレート特性およびサイクル特性の向上にむけて，電極活物質への成形性付与も効果的である。例えば，$LiCoO_2$ や NMC などの層状正極活物質へ Li_2SO_4 を添加し，メカノケミカル処理することによって，成形性に優れるアモルファス正極活物質が得られる[15, 16]。正極活物質として結晶性 $LiNi_{0.5}Mn_{0.3}Co_{0.2}O_2$ （NMC532）もしくはアモルファス 80NMC532・20Li$_2$SO$_4$ （mol%）を用いた全固体セルのレート特性を図7に示す。正極複合体には，活物質と 90Li$_3$BO$_3$・10Li$_2$SO$_4$ 電解質，アセチレンブラックを 70：30：4 の重量比で混合したものを用いている。アモルファス 80NMC532・20Li$_2$SO$_4$ を用いたセルは，NMC532 を用いたセルと比較して，レート特性に優れていることがわかった。また電流密度 0.25 mA cm^{-2} においては，NMC532 を用いたセルはサイクル劣化が生じているのに対して，80NMC532・20Li$_2$SO$_4$ を用いたセルは，約 140 mAh g^{-1} の初期容量を5サイクルの間保持しており，サイクル特性も良好であった。充放電サイクル後の正極層断面の SEM 観察の結果から，NMC532 を用いた正極層においては，活物質と電解質の両方の領域においてクラックが認められたのに対して，80NMC532・20Li$_2$SO$_4$ を用いた正極層においては，明瞭なクラックは認められず，活物質と電解質間の界面の密着性も保持されていた[16]。これら正極層中の固体界面の接触状態が全固体セルの充放電可逆性に大きく寄与していると推察される。

4　おわりに

　酸化物ガラス系固体電解質の開発と全固体電池への適用について，筆者の研究グループの研究成果を中心に概説した。Li$_3$BO$_3$ 電解質や NMC 正極活物質へ Li$_2$SO$_4$ を添加し，メカノケミカル

処理を行うことによって，成形性が付与された酸化物電池材料が得られており，これらは固体界面形成を行う上で有用である。また Li_3BO_3-Li_2SO_4-Li_2CO_3 多成分系電解質では，室温でのプレス成形によって，硫化物電解質並の，相対密度が 90％以上の粉末成形体が得られた。Li_3BO_3-Li_2SO_4 系酸化物電解質は 100℃において 10^{-4} S cm^{-1} 以上の導電率を示し，Li 金属に対して繰り返し溶解・析出が可能であることがわかった。また，作製した酸化物電解質を用いた全固体電池は，100℃において二次電池として機能した。電池の特性向上に向けては，導電率増加に向けた酸化物固体電解質の探索が必要であり，今後のより一層の研究の進展を期待する。

文　　献

1) J. Fu, *Solid State Ionics*, **96**, 195（1997）
2) Y. Inaguma *et al.*, *Solid State Commun.*, **86**, 689（1993）
3) R. Murugan *et al.*, *Angew. Chem. Int. Ed.*, **46**, 7778（2007）
4) A. Sakuda *et al.*, *Sci. Rep.*, **3**, 2261（2013）
5) Y. Kobayashi *et al.*, *J. Power Sources,* **81-82**, 853（1999）
6) K. Tadanaga *et al.*, *Electrochem. Commun.*, **33**, 51（2013）
7) M. Tatsumisago *et al.*, *J. Ceram. Soc. Jpn.*, **95**, 59（1987）
8) A. Hayashi *et al.*, *Phys. Chem. Glasses: Eur. J. Glass Sci. Technol. B*, **54**, 109（2013）
9) M. Tatsumisago *et al.*, *J. Ceram. Soc. Jpn.*, **125**, 433（2017）
10) K. Nagao *et al.*, *Solid State Ionics*, **308**, 68（2017）
11) J. B. Bates *et al.*, *Solid State Ionics*, **53-56**, 647（1992）
12) M. Tatsumisago *et al.*, *J. Power Sources*, **270**, 603（2014）
13) K. Nagao *et al.*, *ACS Appl. Energy Mater.*, in press（2019）, DOI: 10.1021/acsaem.9b00470
14) K. Nagao *et al.*, *J. Power Sources*, **424**, 215（2019）
15) K. Nagao *et al.*, *J. Power sources*, **348**, 1（2017）
16) K. Nagao *et al.*, *Adv. Mater. Interfaces*, 1802016（2019）

第8章　全固体電池への応用に向けた酸化物系固体電解質の開発

印田　靖[*]

はじめに

　現在，スマートフォンやタブレット，ノートパソコンのような小型機器のみでなく，EV や HEV 用の駆動用電源としてリチウムイオン電池が多く用いられている。ソニーが初めて現行のリチウムイオン電池を発売してから 25 年以上が経過し，その間に電池メーカー各社は改良を加え，リチウムイオン電池のエネルギー密度は年々向上してきている。しかし，そろそろ現行のリチウムイオン電池の電池容量の向上は限界に達してきており，リチウムイオン電池を超える革新電池の開発が望まれている。特に EV をガソリンエンジン車並みの航続距離とするには，現行リチウムイオン電池の数倍のエネルギー密度を有する革新的な電池が必要である。

　高容量化が期待できる革新電池としては，多価カチオン電池，全固体電池，金属空気電池，Li 硫黄電池などが挙げられ，各国の研究機関や企業にて研究が進められている。

　安全性を重視するのであれば，可燃性の有機物を含有しない全固体電池に大きな期待がかかっているが，液体を全く用いない全固体電池は電池の各部材そのものの低抵抗化だけでなく，固体同士の界面抵抗を下げる技術が必要であり，実用化にはまだ少し時間がかかると思われる。

　電池のエネルギー密度を重視するのであれば，金属空気電池が期待され，特に金属リチウムを負極に用いた場合は，リチウムイオン電池より高容量化が可能であるため，多くの研究機関にて研究が進められている。ここでは，酸化物系固体電解質に分類されるリチウムイオン伝導性ガラスセラミックス（LICGC[TM]）の開発動向と，電池の電解質材料としての可能性を紹介する。

1　リチウムイオン伝導性ガラスセラミックス（LICGC[TM]）

　NASICON 型構造を有する $Li_{1.3}Al_{0.3}Ti_{1.7}P_3O_{12}$ の組成のセラミックスにおいて，単結晶では室温で $10^{-3}\,S\,cm^{-1}$ 以上の高いイオン伝導性が確認されているが，通常の合成で得られる多結晶体の場合，粒界抵抗が結晶内と比較してはるかに大きいため，実用化できるレベルには至っていない。しかし，ガラスマトリックス中に NASICON 型結晶を析出し，結晶粒子のサイズと量を制御することにより，粒界抵抗の小さい固体電解質の合成が可能である[1~3]。非晶質であるガラス中から結晶を析出する場合，結晶粒界にガラスマトリックスが形成され，結晶界面のイオン移動

　＊　Yasushi Inda　㈱オハラ　特殊品事業部　LB-BU LB 課　課長補佐

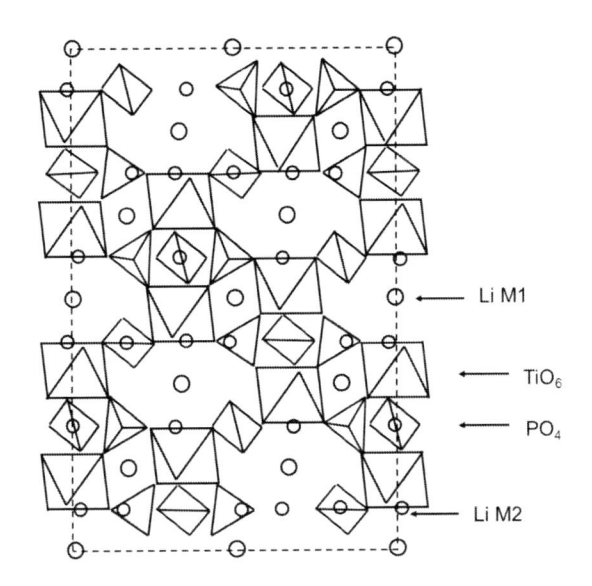

図1　NASICON 型 LiTi$_2$(PO$_4$)$_3$ の結晶構造

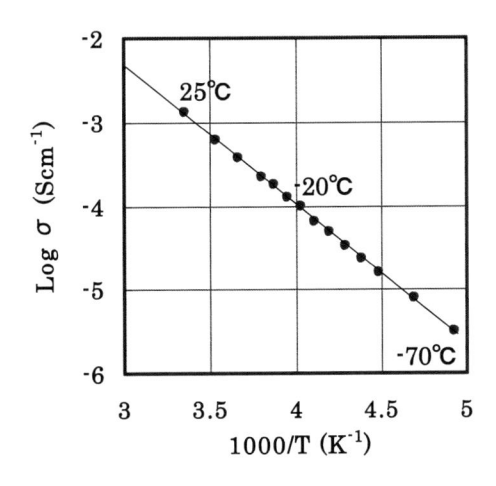

図2　リチウムイオン伝導性ガラスセラミックス：LICGC のイオン伝導度の温度依存性

抵抗を低減することが可能である。この NASICON 型の結晶構造を図1に示す。LiTi$_2$(PO$_4$)$_3$ が基本構造であり，この4価の Ti サイトに3価の Al を，5価の P サイトに4価の Si を置換することにより，Li の充填サイト，リチウムイオンの拡散係数，イオン伝導度を制御することができる[3]。

　NASICON 型構造を有する Li-Al-Ti-Si-P-O 系ガラスセラミックスは，原料を電気炉中で 1,400℃以上の高温下で溶解し，急冷することにより母ガラスが得られ，この母ガラスを再度熱処理することによりガラスセラミックスが得られる。ガラスセラミックスの特性は，母ガラスの組成，熱処理温度，時間によって制御することが可能であり，組成を制御したガラスセラミック

スのイオン伝導度の温度依存性の一例を図2に示す。25℃の室温で 10^{-3} S cm^{-1} の高いイオン伝導度が確認でき，固体であるため低温でもイオン伝導機構が変わらないのが特徴である[4]。

2 ガラスセラミックス添加によるリチウムイオン電池の特性向上

EV の航続距離拡大を目的として電極材料を高充填することによるエネルギー密度向上の施策が行われているが，一般的に電極材料を高充填するほど，EV の加速性能や充電時間に影響する電池の入出力特性は低下してしまう。そこで，イオン伝導性と化学的安定性に優れた LICGC の粉末を正極活物質に微量添加することにより，入出力特性が改善することを見出した。

車載用電池に用いられている三元系（NMC）活物質を用いた正極合材スラリーを調製する際，LICGC の粉末を活物質重量に対して 1% 添加して分散させ，LICGC の添加有無の違いのみの評価用セルを試作した。添加した LICGC 粉末は，活物質の粒径の 1/10 以下になるように微粒子化し，活物質粒子の隙間に入るように調製した。LICGC 粉末を添加した正極合材断面の走査型電子顕微鏡像を観察したところ，図3に示すように，LICGC 粉末が NMC 活物質の隙間や表面に均一ではないが存在していることが確認できる。

LICGC の添加有無のそれぞれの評価用セルについて電気化学評価を行った。評価セルは，正極 ϕ 15 mm，対極に Li 金属 ϕ 16 mm，電解液に 1 mol/L LiPF$_6$ EC：EMC（3：7 混合溶媒），多孔質ポリプロピレンセパレータを用いたコインセルにて評価を行った。LICGC の粉末を添加した正極と未添加の正極を比較すると，図4に示すように出力特性は高電流時（3C）で約 20% の向上が認められた。また，図5に示すように充電時間においても約 20% の短縮が確認でき，その他の電池特性（低温時の放電特性，サイクル容量維持率）に対しても特性向上がみられる。

SEMによる断面観察像 　　EDXによる材料分布評価

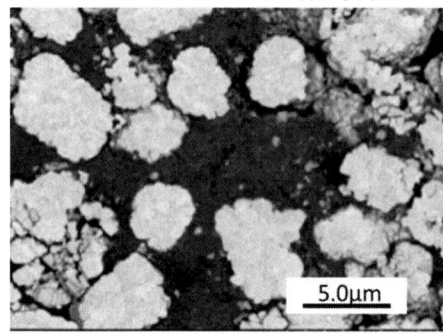 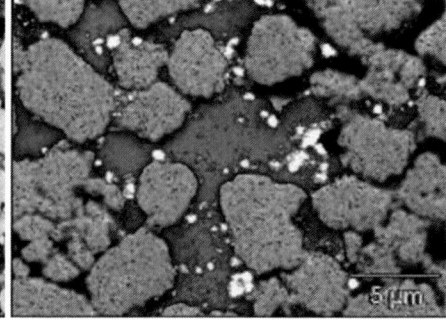

■ LICGC™粉末材
■ 三元系（NMC）正極材
■ 導電助剤およびバインダー

図3 LICGC を添加した NMC 正極の断面観察

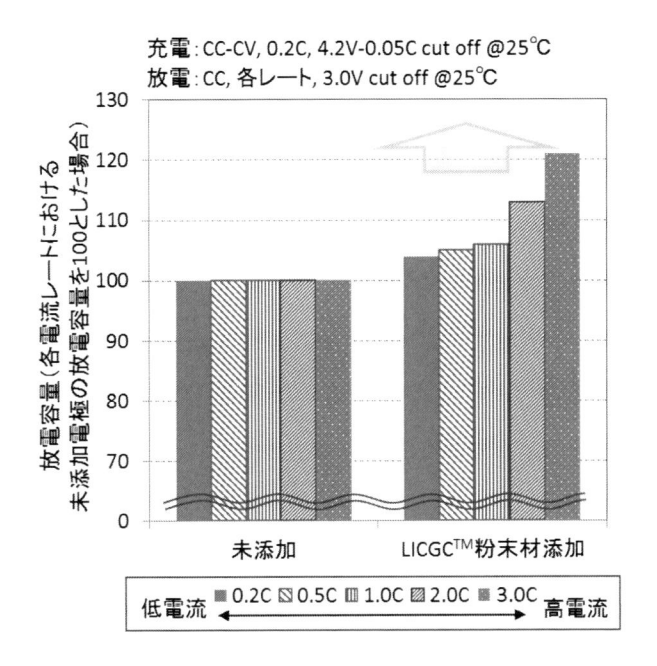

図4　LICGC 粉末の添加による出力特性の向上

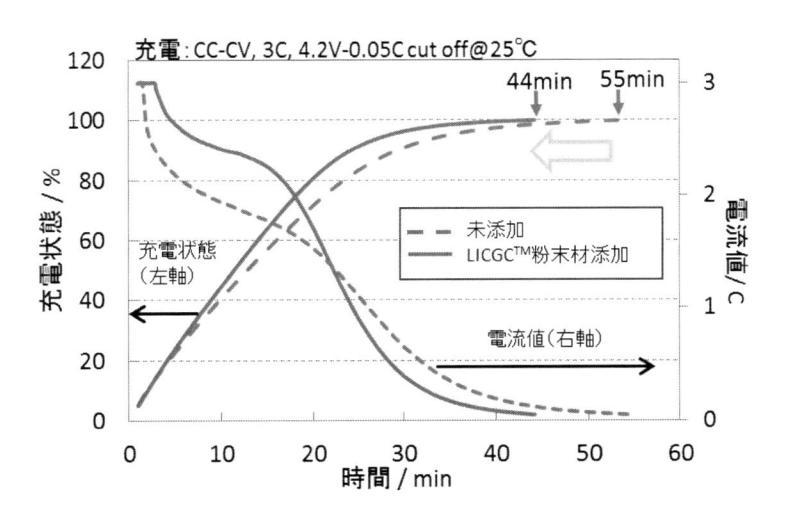

図5　LICGC 粉末の添加による充電時間の短縮

　誘電性の高い酸化物材料を活物質の表面にコーティング，または微粒子として付着させることにより，電池の入出力性能が高まることは実験的に示されているが，LICGC を添加した場合は，その効果が顕著である。正極添加による入出力特性の向上は，イオン伝導性が高く，かつ化学的耐久性が高い LICGC を用いた場合，正極合材中でリチウムイオン移動を阻害することがな

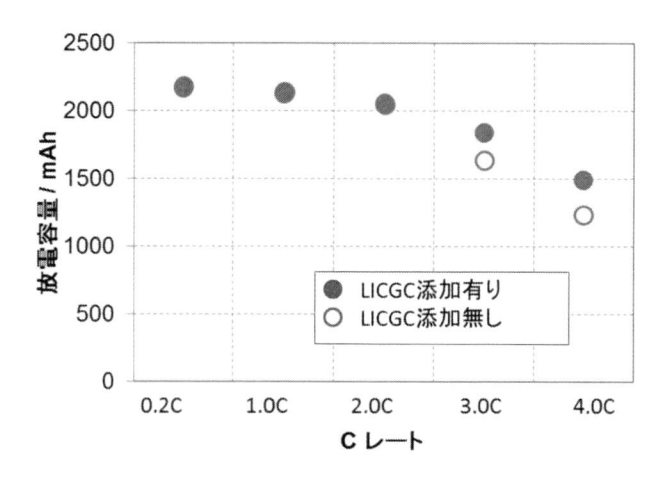

図6　LICGC を添加したフルセルでの出力特性の比較

いだけでなく，正極合材中に電位差勾配が生じた際には，LICGC 中のリチウムイオンが分極することで，強誘電体としての効果を発揮すると考えている。充放電時に，正極近傍に強誘電体が存在することにより，リチウムイオンの解離を促進する効果やリチウムイオンの移動を促進させる効果が生じ，電極合材全体の抵抗を下げている。

　LICGC 添加効果の確認として，LICGC 粉末を 1 wt％添加した NMC 正極とグラファイト負極を用いた 2 Ah の実用レベルのアルミラミネートのフルセルを試作し，電池の特性評価を行った。出力特性評価の結果，室温での高レート放電時に放電容量の低下の抑制効果が確認され，図 6 に示すように LICGC を添加した方が高い放電容量が得られるという結果であった。

　この LICGC 粉末の正極への添加は現行の電池製造プロセスを変えることなく，電極の製造工程に導入可能で，塗工前の正極スラリー中に LICGC 粉末を微量添加するだけで効果が得られる。正極内部に添加した LICGC 粉末材は有機電解液と一部置換することになるため，電池容量を維持したまま入出力特性を向上させることができる。また，三元系（NMC）正極材だけでなく他の正極材でも同様の効果が確認されており，車載用電池以外にも応用が拡がると考えられる。

3　ガラスセラミックス基板（LICGC™：AG-01）の開発

　これまで紹介した組成のガラスセラミックスはガラス化範囲が狭いため，ガラス成形が難しく，またガラス相とガラス中から析出する結晶相との熱膨張係数が大きく異なるため，結晶化の際に割れやすく大きなサイズの電解質の製造は困難である。そこで，上記組成の一部をガラス化しやすい元素と置換することにより，イオン伝導性は少し下がるが，ある程度サイズの大きなガラスセラミックス基板が製造できることを見出した。Ti の一部を Ge に置換した Li-Al-Ti-Ge-

Si-P-O 系の組成では，ブロック状のガラス成形が可能で，熱処理による結晶化後も元の形状を維持したガラスセラミックスの製造が可能である。Li-Al-Ti-Si-P-O 系ガラスセラミックスと比較すると 1 桁低いが，25℃の室温で $1 \times 10^{-4}\,S\,cm^{-1}$ と高いイオン伝導度が確認できる。このガラスセラミックス基板は，緻密なガラスマトリックス中からイオン伝導性の結晶が析出しているため，ガラスセラミックス内に空孔がほとんどなく，空気や水を通さないといった特徴を有する。また，このガラスセラミックスは化学的耐久性も高く，大気中のみならず水溶液中でも安定した特性を維持することができる。この開発したリチウムイオン伝導性ガラスセラミックスは，LICGC™：AG-01 基板という商品名で販売中である。

4　リチウムイオン伝導性ガラスセラミックスの空気電池用電解質としての応用

　近年，次世代の自動車用電源として革新的電池の研究がなされているが，電気自動車用に望まれているエネルギー密度の実現は，現状のリチウムイオン二次電池では不可能な領域であり，全く新しい電源の創造が必要であると考えられる。

　高容量な電池の候補として，リチウム金属を用いた空気電池が挙げられているが，従来の有機電解液系の電解質を用いた系では，正極側の水分が負極側のリチウム金属に達してしまい，実用性は低い。前節で述べたガラスセラミックス電解質は，耐水性が高く，透水性がないため，リチウム金属と水溶液との反応が抑制でき，高容量で劣化のない空気電池が実現できる。この空気電池の一般的な反応は以下の式となる。

　　正極：$1/2O_2 + H_2O + 2e^- \rightarrow 2(OH^-)$
　　負極：$Li \rightarrow Li^+ + e^-$
　　電池：$Li + 1/4O_2 + 1/2H_2O \rightarrow LiOH$

　この電池における放電電位の理論値は，およそ 3.45 V と比較的高く，正極の種類や構造制御により，1,000 W h/kg 以上の電池容量が期待できる。

　図 7 に，リチウム-空気電池の構成図と，ガラスセラミックス電解質を隔壁として用いたリチウム-空気電池の室温における放電曲線と充放電曲線を示す。この空気電池は，負極にリチウム金属，固体電解質との界面には，有機電解液を含浸させたポリエチレン製セパレータを配置した構造となっている。正極側には Pt 触媒を担持させた炭素膜と水溶液のリザーバーとして不織布を組み合わせた正極構造としている。固体電解質を透過して正極側に達した Li イオンが酸素と水と反応し，LiOH となって正極リザーバー内の水溶液中に溶解して蓄積される。負極側に Li 金属が存在する限り放電は可能であり，負極の Li 金属がなくなるまで放電は継続できる。図 4 の放電曲線の電位低下時には，負極の Li 金属がほぼ 100％消費されている。Li 金属を 100％消費されてしまうと充電することはできなくなってしまうが，浅い充放電であれば，図 7 右下の

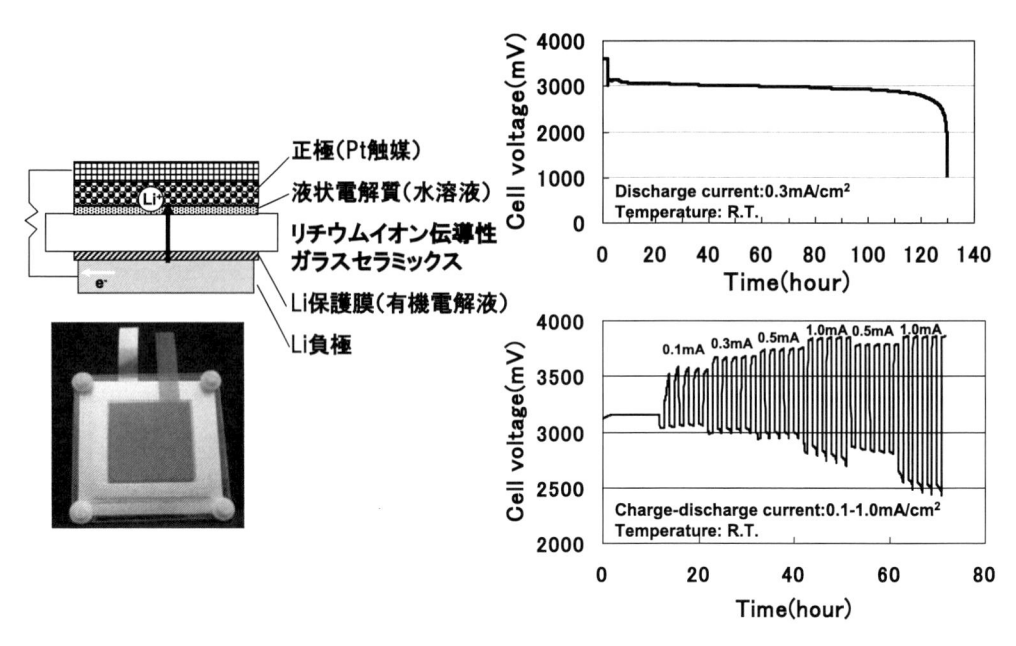

図7　リチウム－空気電池の構成図と放電曲線（右上）と充放電曲線（右下）（室温）

充放電曲線のように，充放電することが可能である。

　近年いくつかの研究機関や企業において，繰り返し充放電できるリチウム-空気二次電池を目指した研究が行われ，注目されている。今後，この分野の研究開発は急速に進むと考えられ，将来大きく注目される技術の一つであると期待される。

5　焼結法にて製造したガラスセラミックス電解質
　　（LICGC™：焼結体 -01）

　次世代電池と期待される固体電解質を用いた金属空気電池は，高出力化，高エネルギー密度化，低コスト化が要求される。出力を上げるためには材料のイオン伝導度を上げる，または厚みを薄くする。コストを下げるためには，材料コストを減らす必要があり，かつ低コストで製造できる製法が必要とされる。そこで，高価な原料である Ge などの成分を含まないガラスを超急冷法にてガラス化・粉末化し，グリーンシート製法にて連続的に塗工成膜し，その後結晶化・焼結させる製法開発を進め，2016 年 4 月より販売を開始している。この焼結体は，25℃の室温において，$3 \times 10^{-4}\,\mathrm{S\,cm^{-1}}$ と高いイオン伝導度を有しながら，空孔がなく，透水性のない緻密なガラスセラミックス基板である。図 8 に AG-01 と焼結体-01 のイオン伝導度の温度依存性を示す。

　焼結法でありながら水を全く通さないことから，このガラスセラミックス固体電解質を電解質とした空気電池や Li 資源回収用の隔膜などの研究が進められている[5]。

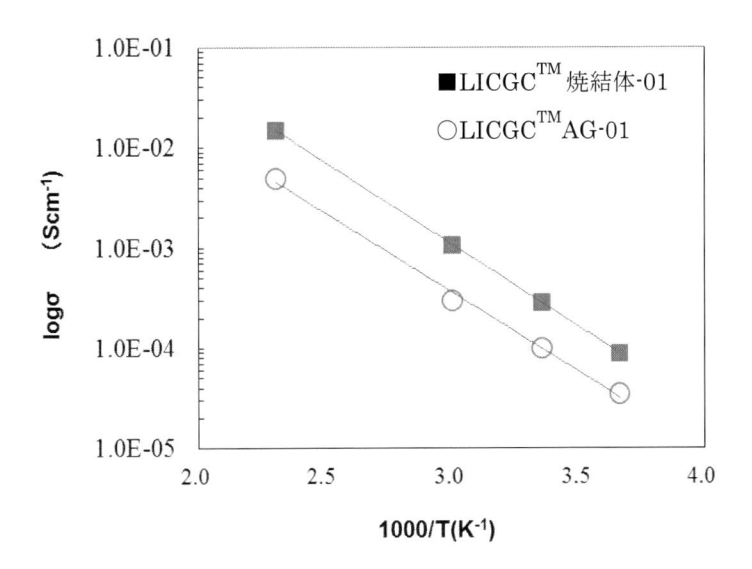

図 8　LICGC™：AG-01 と焼結体-01 のイオン伝導度温度依存性比較

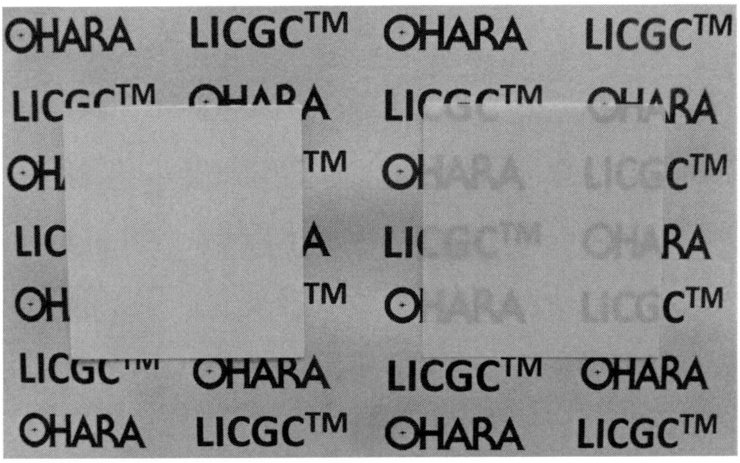

図 9　LICGC™：焼結体-01 の外観写真（左：厚み 180 μm，右：厚み 45 μm）

　空気電池の高出力化の要望を受け，大型化や薄い焼結基板の開発を進めている。図 9 に通常販売している LICGC™：焼結体-01 の標準品である厚さ 180 μm と，薄型の 45 μm 基板の外観写真を示す。薄型の方は下の文字が透けて見えるほど透光性があり，非常に緻密な固体電解質材料であることが分かる。

6 リチウムイオン伝導性ガラスセラミックスの全固体電池用電解質としての応用

　酸化物系の全固体電池は，可燃性の有機物を含有せず，硫化物系のように有毒ガスの発生の心配がなく，安全性が高いため，大きな期待がかかっている。しかし，液体を全く用いない全固体電池は良好な固固界面を形成する必要がある。電池の各部材そのものの低抵抗化だけでなく，固体同士の界面抵抗を下げる技術が必要である。全固体電池の中でも，柔らかい硫化物系であれば室温付近の低温でも粉末のプレス成形で固固界面が形成できるが，酸化物系の場合は高温でプレス成形する必要があるが，高温にすると電極活物質と固体電解質が反応しやすく，低温では界面が形成できず，リチウムイオンが通りやすい良好な界面を形成するのは難しい。

　そこで，弊社では，比較的低温で軟化し塑性変形するガラスを固固界面形成材料として用い，活物質が電解質と反応しない温度で一括焼結する製法を検討している。正極，負極ともに酸化物系の活物質を用い，それぞれにリチウムイオン伝導性のガラスセラミックスおよびイオン伝導性のガラスを各電極シートに添加することで，イオン伝導助材および無機バインダーとしての機能が付与される。正極，固体電解質，負極の各シートを複数積層し，一括焼成することで，積層型の全て酸化物で構成された全固体電池を作製することができ，試作した電池の断面 SEM 像を図 10 に示す。

　試作した積層型全固体電池に，集電体を貼り合せ，60℃，25℃，−10℃の各温度で測定した充放電曲線を図 11 に示した。25℃の室温では，放電のプラトー領域が少なく，設計通りの放電容量は得られていないが，60℃に加熱することで，過電圧も小さくなり，理論容量に近い放電容量が得られている。また，温度を下げると電池の抵抗が高くなってしまうため，放電容量は小さくなってしまうが，−10℃でも充放電することが可能であった。

　この試作電池を満充電後，−30℃以下の低温インキュベーター内に入れ，デジタル時計の駆動試験を行ったところ，図 12 に示すように，−30℃以下の低温化においてもデジタル時計を駆動させることができた。

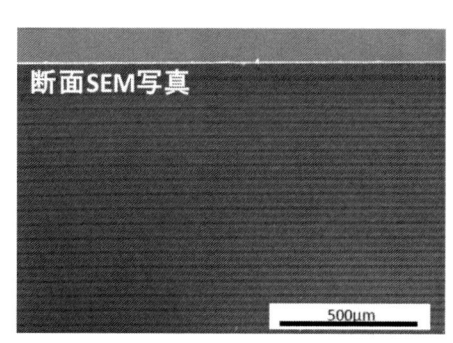
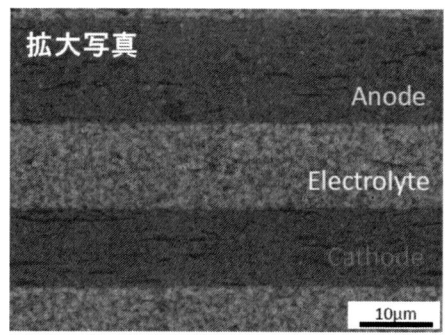

図 10　積層型全固体リチウムイオン電池の断面 SEM 写真

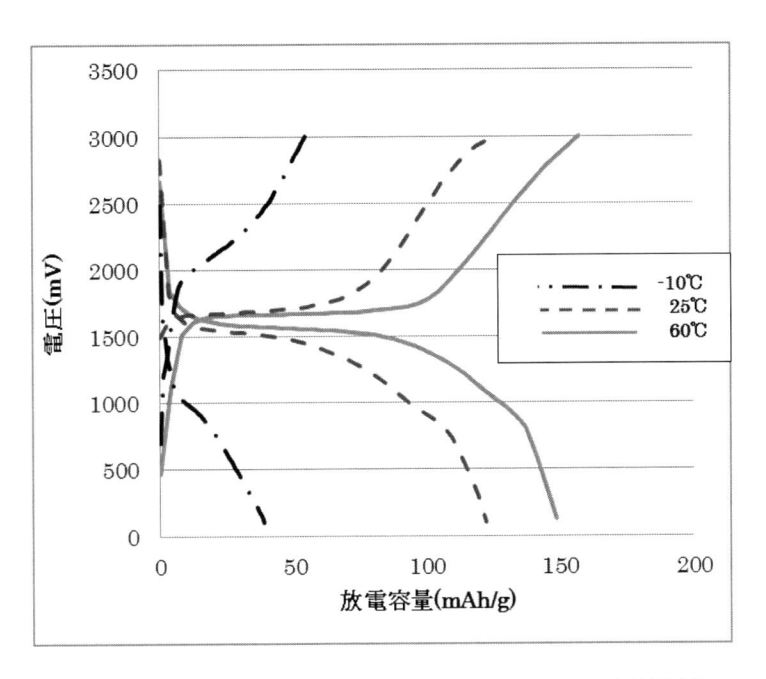

図11　積層型全固体リチウムイオン電池の各温度における充放電曲線

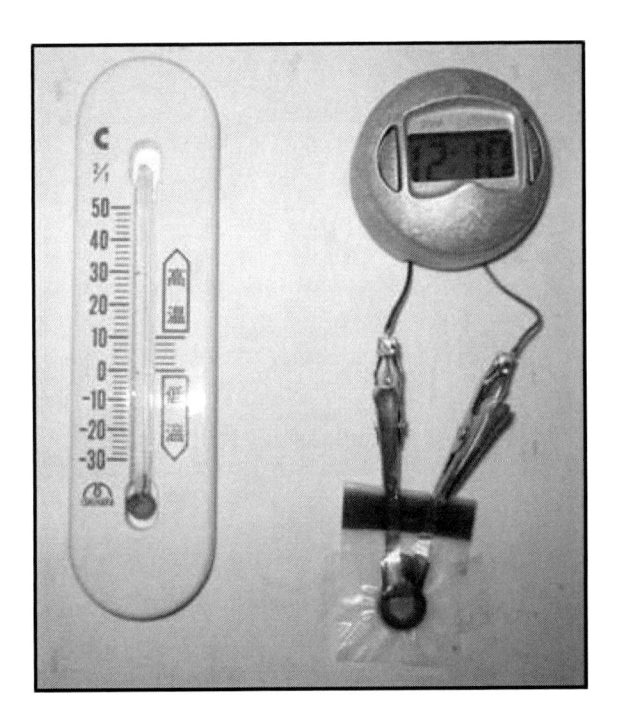

図12　全固体電池の−30℃以下の低温下での駆動確認

　今後，電極活物質の組み合わせ，電極・電解質の厚み調整，積層構造の最適化を行うことで，さらに特性は改善すると考えられ，安全な酸化物系材料のみを組み合わせることで，本当に安全な全固体リチウムイオン電池が実現できることを期待している。

おわりに

　弊社で開発したリチウムイオン伝導性ガラスセラミックス：LICGC™ の概要と，適用可能と考えられる用途について述べた。全固体電池への関心が高まってきており，さまざまな電池用途への応用が期待されている。しかし，車載用や大型の電池の全固体電池化にはまだ時間がかかると考えられ，しばらくは現行の有機電解液系のリチウムイオン電池の安全性とパフォーマンスの向上が求められ，これらの性能向上に貢献できる製品開発を目指すとともに，これから実用化される電池の性能向上に大いに期待したい。

文　　　献

1)　J. Fu, *Am. Ceram. Soc.*, **80**（7）, 1901（1997）
2)　J. Fu, *Solid State Ionics*, **96**, 195（1997）
3)　J. Fu, *J. Mater. Sci.*, **33**, 1549（1998）
4)　Y. Inda *et al., J. Power Source*, **174**, 741（2007）
5)　T. Hoshino, *Desalination*, **359**, 59（2015）

第9章 錯体水素化物固体電解質と それを用いた全固体電池

金　相侖[*1]，折茂慎一[*2]

1　はじめに

全固体電池の充放電速度，エネルギー密度，寿命などのデバイス特性を決定づけるのは固体電解質の伝導率と安定性であり，固体電解質材料の選択肢が豊かになるほどエネルギーデバイスの用途に合わせた電池設計の自由度が高くなる。硫化物や酸化物系の固体電解質は，高いリチウムイオン伝導率や化学安定性などの利点からその研究開発が活発に進められている。一方で，錯体水素化物は，$Li_2(NH)$ が Li_3N に匹敵するリチウムイオン伝導率を有することが 40 年前に報告されていたが，その低い電気化学的安定性により固体電解質への応用展開はなされていなかった。錯体水素化物が新しい固体電解質として注目され始めたきっかけは，115℃付近での $Li(BH_4)$ の相転移現象とそれに誘起される超イオン伝導性に関する 2007 年の報告である。

本章では，錯体水素化物の構造相転移に伴う超イオン伝導性に加えて，リチウム負極に対する高い電気化学的安定性を用いた高エネルギー密度型全固体電池の研究開発の動向について概説する。

2　錯体水素化物の構造相転移とリチウムイオン伝導

錯体水素化物は $M_x(M'_yH_z)$（M は金属カチオン，M'_yH_z は中心元素 M' とそれを取り巻く水素が共有結合した錯イオンを表す）と表される材料であり，金属カチオンと錯イオンから構成されるイオン結晶である[1,2]。錯イオンの中心元素としては，B，C，N などの非金属元素のみでなく，Al や Ni，Fe などの金属元素まで数多く存在する。

代表的な錯体水素化物の一つである $Li(BH_4)$ は，115℃付近で低温相（斜方晶，空間群 $Pnma$）から高温相（六方晶，空間群 $P6_3mc$）へと構造相転移する（図1）[3]。この構造相転移に伴って電気伝導率は 3 桁も増大し，120℃で 10^{-3} S cm^{-1} 以上の伝導率を示す。115℃付近で ^{7}Li NMR スペクトルが先鋭化することおよびスピン-格子緩和時間（T_1）から見積もられるリチウムイオンの拡散係数を用いて計算した伝導率が上述の実測した電気伝導率とよく一致することがわかった。さらに，直流測定から電子伝導の寄与がほとんどないことが確認された。これらの結果から，$Li(BH_4)$ はイオン輸率が1のリチウムイオン伝導体であり，高温相において

＊1　Sangryun Kim　東北大学　金属材料研究所　助教
＊2　Shin-ichi Orimo　東北大学　材料科学高等研究所／金属材料研究所　教授

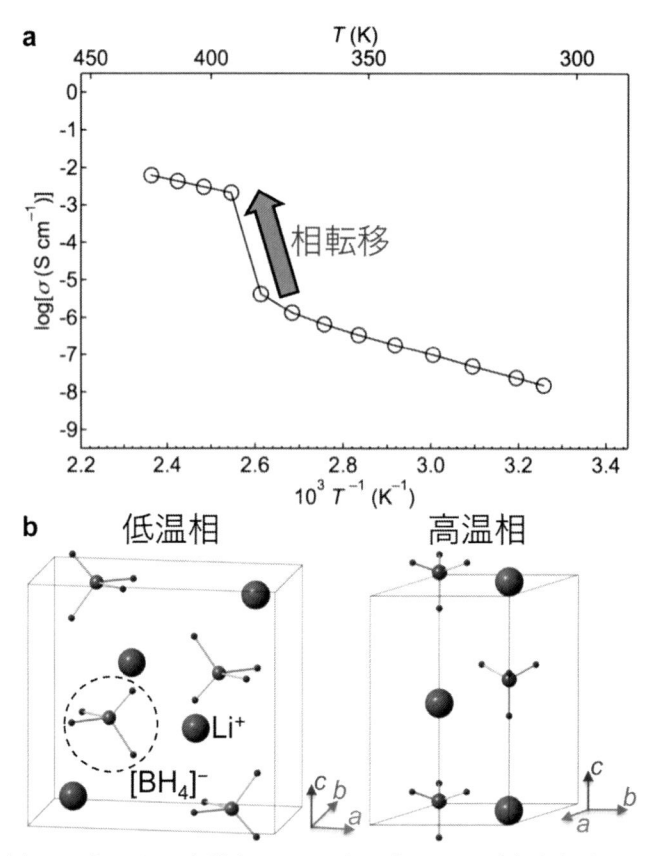

図1 Li(BH₄) の（a）リチウムイオン伝導率のアレニウスプロットと（b）相転移前後の低温相と高温相の結晶構造

10^{-3} S cm^{-1} 以上の超リチウムイオン伝導率が得られることが明らかとなった。

　第一原理分子動力学計算により，Li(BH₄) の高温相における超リチウムイオン伝導について以下のメカニズムが提案されている（図2）[4, 5]。

① 錯イオン[BH₄]⁻ が自由回転に近い再配向をすること（すなわち，錯イオンが動的に無秩序状態になること）により，リチウムイオンが $\pm c$ 軸方向に変移してダンベル型に分布する。

② ダンベル型分布中心と同一 ab 面内に準安定サイトが形成される。

③ 準安定サイトにリチウムイオンが移動することで空孔が導入される。

④ リチウムサイトと空孔を繋げるイオン伝導チャンネルが形成され，リチウムイオンが拡散する。

　Li(BH₄) のイオン伝導率の活性化体積が従来の超イオン伝導体である AgI，NASICON，Li$_{3x}$La$_{2/3-x}$TiO₃ のように小さい値を示すことからも，無秩序状態の構造欠陥が超リチウムイオン伝導に寄与していることが示唆される[6]。

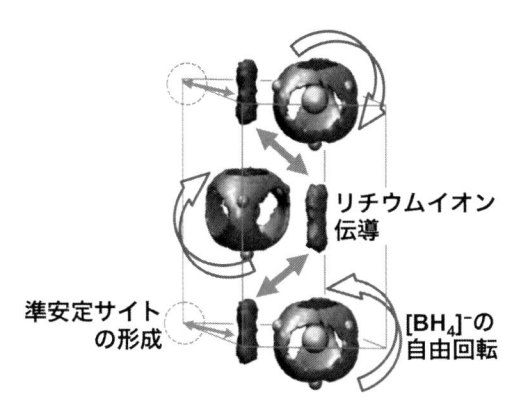

図 2　第一原理分子動力学計算から求めた Li(BH₄) の高温相での熱振動による原子分布

3　錯体水素化物リチウムイオン伝導体

　錯体水素化物リチウムイオン伝導体は，内在する錯イオンの構造により Li(BH₄) 系材料とクロソ系材料に大別される（図 3）。Li(BH₄) 系錯体水素化物は Li(BH₄) にほかのイオン結晶体が固溶された材料のことを指す。固溶材料としてはハロゲン化物 LiX（X = F, Cl, Br）や Li(NH₂) のように比較的小さなイオン半径の陰イオンを有する材料が用いられる。クロソ系錯体水素化物は，[B₁₂H₁₂]²⁻，[CB₁₁H₁₂]⁻，[CB₉H₁₀]⁻ などの大きな籠状のクロソ系錯イオンを有する材料である。'クロソ' とはケージという語源のラテン語であり，複数の中心原子で閉じられた籠を作るのがクロソ系錯イオンの特徴である[7]。

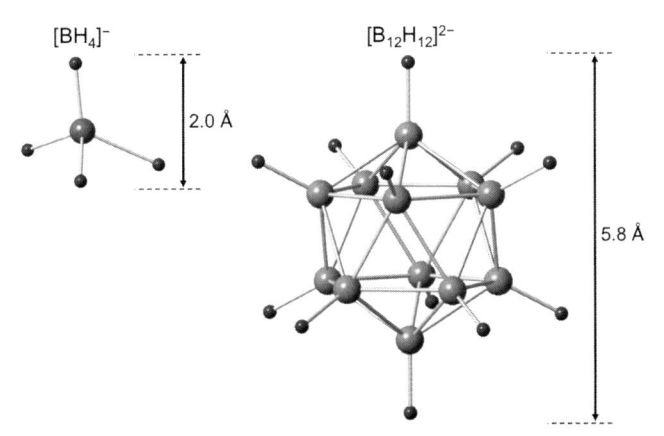

図 3　錯イオン [BH₄]⁻ と [B₁₂H₁₂]²⁻ の構造

3.1　Li(BH₄) 系錯体水素化物

　第一原理計算によると，Li(BH₄) の価電子帯と伝導帯はそれぞれ [BH₄]⁻ の電子とリチウムイオンの空軌道により構成され，7 eV 程度の大きなバンドギャップが存在している[8]。つまり，固

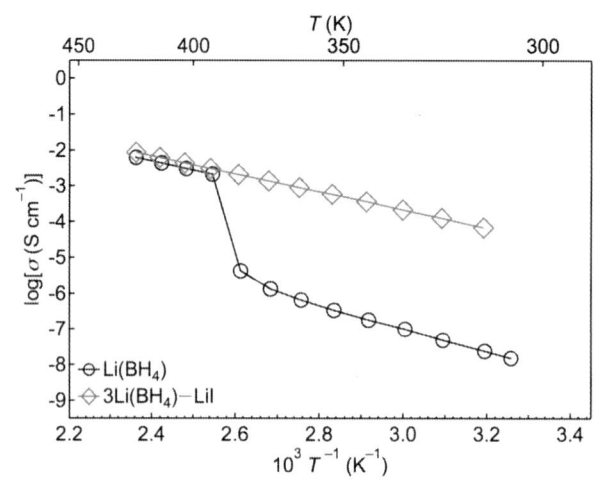

図 4　Li（BH$_4$）と 3Li（BH$_4$）-LiI のリチウムイオン伝導率のアレニウスプロット

体電解質として用いた場合，広い電位窓が期待できる一方で，高い構造相転移温度（115℃）が室温付近での電池応用にあたっての大きな障害になっていた。

　室温伝導率の向上のために，相転移温度の低温化が試みられた。Li（BH$_4$）に LiCl，LiBr，LiI などのハロゲン化物が固溶可能であり，特に LiI の固溶によって高温相が室温まで安定化可能であることが確認された[9]。図 4 に Li（BH$_4$）と 3Li（BH$_4$）-LiI のリチウムイオン伝導率のアレニウスプロットを示す。[BH$_4$]$^-$ の 25%が I$^-$ で置換された場合，構造相転移温度が室温以下，すなわち超リチウムイオン伝導高温相が室温でも安定化され，室温付近で 10^{-5} S cm^{-1} 以上のリチウムイオン伝導率が得られた。I$^-$ 置換量が増大するにつれて[BH$_4$]$^-$ の再配向の活性化エネルギーが低下し，低温領域まで自由回転が維持されることが，NMR および中性子準弾性散乱実験から確認された[10, 11]。LiI 固溶による格子定数の変化において，a 軸の膨張率が c 軸より大きく，4 個のリチウムイオンによって形成される四面体サイトに存在する[BH$_4$]$^-$ の I$^-$ への置換により局所的な対称性が変化し，高温相の構造が室温で安定化することが提案された[12]。

　Li（BH$_4$）-Li（NH$_2$）系の材料では，Li（BH$_4$）と Li（NH$_2$）をメカニカルミリング法で混合した後，アルゴン雰囲気中で熱処理（60〜150℃）を施すことにより，[BH$_4$]$^-$ と[NH$_2$]$^-$ の 2 種類の錯イオンが同時にリチウムイオンに配位した Li（BH$_4$）-Li（NH$_2$）および Li（BH$_4$）-3（NH$_2$）$_3$ の合成が可能である[13]。いずれの材料も L（iBH$_4$）-LiI 系錯体水素化物と比較して同等以上のイオン伝導率（室温で 10^{-4} S cm^{-1} 程度）を示す。

3. 2　クロソ系錯体水素化物

　クロソ系の錯体水素化物も温度上昇に伴い高温相への相転移を示す。Li（BH$_4$）は構造相転移後の伝導率が 10^{-3} S cm^{-1} 程度であることに対し，クロソ系の材料では 2 桁も高い 10^{-1} S cm^{-1} に近い伝導率が得られる。Li（BH$_4$）系錯体水素化物と異なるクロソ系錯体水素化物の最も重要

な特徴は，錯イオンが複数の中心原子により構成されることである[14]。$[B_{12}H_{12}]^{2-}$，$[CB_{11}H_{12}]^-$，$[CB_9H_{10}]^-$などのクロソ系錯イオンは，フラーレン類似の閉じた多面体型の分子構造を取り，またイオン半径が$[BH_4]^-$の2倍以上にもなる（$[BH_4]^-$：2.0 Å，$[B_{12}H_{12}]^-$：5.8 Å）。そのため，結晶構造内のイオン伝導チャンネルがはるかに大きくなり，さらにはリチウムイオンと錯イオン間のクーロン力も低下するため，優れたイオン伝導特性の発現が期待できる。また，特殊な共有結合パターン（B-B, C-B, B-H, C-H）に起因する錯イオンの優れた化学的構造安定性により，Li(BH$_4$)系材料では困難であった原子置換や原子欠損のような結晶構造制御も可能となる。

　クロソ系錯体水素化物の体表的な材料の一つである$Li_2(B_{12}H_{12})$は，355℃付近で低温相（立方晶，空間群 $Pa\bar{3}$）から高温相（立方晶，空間群 $Pa\bar{3}$）へと構造相転移する（図5）[15, 16]。高温相では，$[B_{12}H_{12}]^{2-}$が高速再配向する結果，4つの$[B_{12}H_{12}]^{2-}$で形成される四面体サイト内でリチウムイオンが無秩序化し，三次元のイオン伝導チャンネルが形成される。交流インピーダンス法を用いて$Li_2(B_{12}H_{12})$のリチウムイオン伝導率の温度変化を測定した結果，室温付近では10^{-8} S cm^{-1}程度の低い値を示すが，昇温すると355℃でイオン伝導率は急激に10^{-1} S cm^{-1}以上まで増大する。

　図6に$Li_2(B_{12}H_{12})$，$Li(CB_{11}H_{12})$，$Li(CB_9H_{10})$のリチウムイオン伝導率のアレニウスプロットを示す[16～18]。この結果から，高温相の伝導率（外挿により室温で比較した場合）は$Li_2(B_{12}H_{12})$＜$Li(CB_9H_{10})$＜$Li(CB_{11}H_{12})$の順で大きくなる。また，相転移温度は，$Li(CB_9H_{10})$＜$Li(CB_{11}H_{12})$＜$Li_2(B_{12}H_{12})$の順で大きくなることが分かる。これらの変化は，錯イオンの構造の観点から以下のように理解することができる。

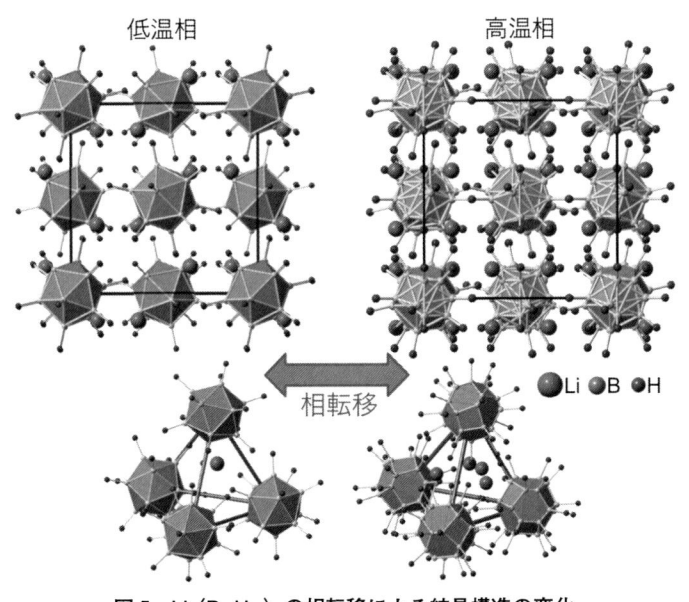

図5　$Li_2(B_{12}H_{12})$ の相転移による結晶構造の変化

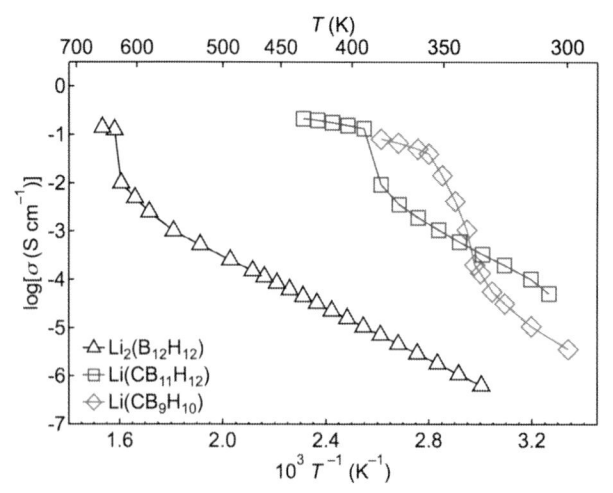

図6 Li$_2$(B$_{12}$H$_{12}$)，Li(CB$_{11}$H$_{12}$)，Li(CB$_9$H$_{10}$) のリチウムイオン伝導率のアレニウスプロット

① ［B$_{12}$H$_{12}$］$^{2-}$に対して［CB$_{11}$H$_{12}$］$^{-}$と［CB$_9$H$_{10}$］$^{-}$の価数が低いため，後者を含む場合はリチウムイオンとのクーロン力が低くなり，その結果イオン伝導率が高くなる。

② さらに，［CB$_{11}$H$_{12}$］$^{-}$は［CB$_9$H$_{10}$］$^{-}$よりイオン半径が大きいため，前者を含む場合は格子サイズが大きくなり，その結果イオン伝導率が高くなる。

③ また，錯イオンの対称性は，［B$_{12}$H$_{12}$］$^{2-}$，［CB$_{11}$H$_{12}$］$^{-}$，［CB$_9$H$_{10}$］$^{-}$の順で低くなるため，高温相における錯イオン由来の状態数（すなわち，エントロピー）が大きくなり，ギブス自由エネルギーの関係式，$\Delta G = \Delta H - T \Delta S$（$G$，$H$，$T$，$S$は，ギブスエネルギー，エンタルピー，熱力学温度，エントロピーを表す）から，相転移温度が低下する。

Li$_2$(B$_{12}$H$_{12}$) では，原子欠損による伝導率の向上も報告されている[19]。第一原理分子動力学計算から，2〜4 kJ mol^{-1} 程度の低エネルギーによりリチウムと水素の欠損形成が可能であることが確認された。リチウムと水素の欠損を有する材料は，Li$_2$(B$_{12}$H$_{12}$) より3桁以上も高いリチウムイオン伝導率を示した（30℃で 2.0 × 10^{-5} S cm^{-1}）。構造解析とインピーダンス測定から，伝導率の増加は原子欠損によるキャリア濃度の増加に起因することが提案された。

3. 3 クロソ系錯体水素化物の高温相の室温安定化

全固体電池の実用的な充放電速度の達成には，室温で 10^{-3} S cm^{-1} 以上の超リチウムイオン伝導率（実用化されている液体電解質の伝導率）が求められる。Li(BH$_4$) 系の材料において，高温相の室温安定化や複数の錯イオンを用いる構造制御などにより室温伝導率を向上させる試みがなされているものの，その伝導率は最大で 10^{-4} S cm^{-1} 程度であった。一方で，近年クロソ系錯体水素化物の高温相の室温安定化により，錯体水素化物における室温での超リチウムイオン伝導率が初めて達成された[20]。そのアプローチ法を以下にまとめる。

①　低い構造相転移温度（90℃）と高温相での高い伝導率（110℃で $8.1 \times 10^{-2}\,\mathrm{S\,cm^{-1}}$）から，ターゲット材料として $\mathrm{Li(CB_9H_{10})}$ を用いる。

②　相転移温度の低温化のために，$[\mathrm{CB_9H_{10}}]^-$ の一部をほかのクロソ系錯イオンに置換する。錯イオンとしては，$[\mathrm{CB_9H_{10}}]^-$ と類似の構造および同じ価数を有する$[\mathrm{CB_{11}H_{12}}]^-$ を用いる。

③　$[\mathrm{CB_9H_{10}}]^-$ に$[\mathrm{CB_{11}H_{12}}]^-$ での部分置換により結晶構造を意図的に無秩序化し，高温相を室温で安定化させる。

$(1-x)\mathrm{Li(CB_9H_{10})}\text{-}x\mathrm{Li(CB_{11}H_{12})}$ の擬似二成分系において，固溶と高温相の室温安定化の関係を調べた結果，$0.7\mathrm{Li(CB_9H_{10})}\text{-}0.3\mathrm{Li(CB_{11}H_{12})}$ において構造無秩序高温相の室温合成が可能であることが明らかになった。$0.7\mathrm{Li(CB_9H_{10})}\text{-}0.3\mathrm{Li(CB_{11}H_{12})}$ の X 線回折測定結果は $\mathrm{Li(CB_9H_{10})}$ と $\mathrm{Li(CB_{11}H_{12})}$ の低温相とは異なる新しいプロファイルを示した。このプロファイルは $\mathrm{Li(CB_9H_{10})}$ の高温相と同様の空間群（六方晶，$P3_1c$）で指数付けされた。$0.7\mathrm{Li(CB_9H_{10})}\text{-}0.3\mathrm{Li(CB_{11}H_{12})}$ の化学式当たりの体積（$V/Z = 219\,\text{Å}^3$）は $\mathrm{Li(CB_9H_{10})}$（$V/Z = 205\,\text{Å}^3$）より大きい値を示した。$[\mathrm{CB_{11}H_{12}}]^-$ は$[\mathrm{CB_9H_{10}}]^-$ より大きなイオン半径を示すことから，$\mathrm{Li(CB_9H_{10})}$ と $\mathrm{Li(CB_{11}H_{12})}$ の固溶体の形成が示唆される。図 7 に $\mathrm{Li(CB_9H_{10})}$ と $0.7\mathrm{Li(CB_9H_{10})}\text{-}0.3\mathrm{Li(CB_{11}H_{12})}$

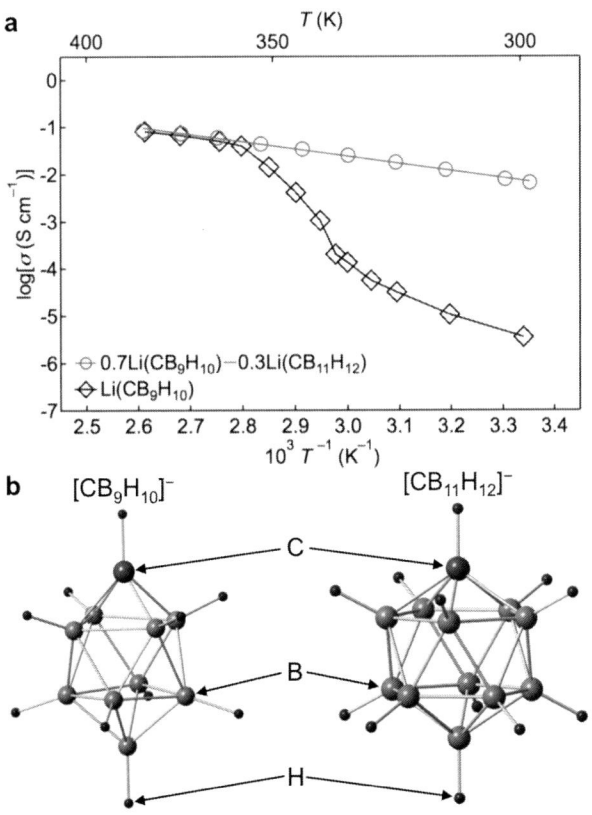

図7　(a) $\mathrm{Li(CB_9H_{10})}$ と $0.7\mathrm{Li(CB_9H_{10})}\text{-}0.3\mathrm{Li(CB_{11}H_{12})}$ のリチウムイオン伝導率のアレニウスプロット，(b) $[\mathrm{CB_9H_{10}}]^-$ と $[\mathrm{CB_{11}H_{12}}]^-$ の構造

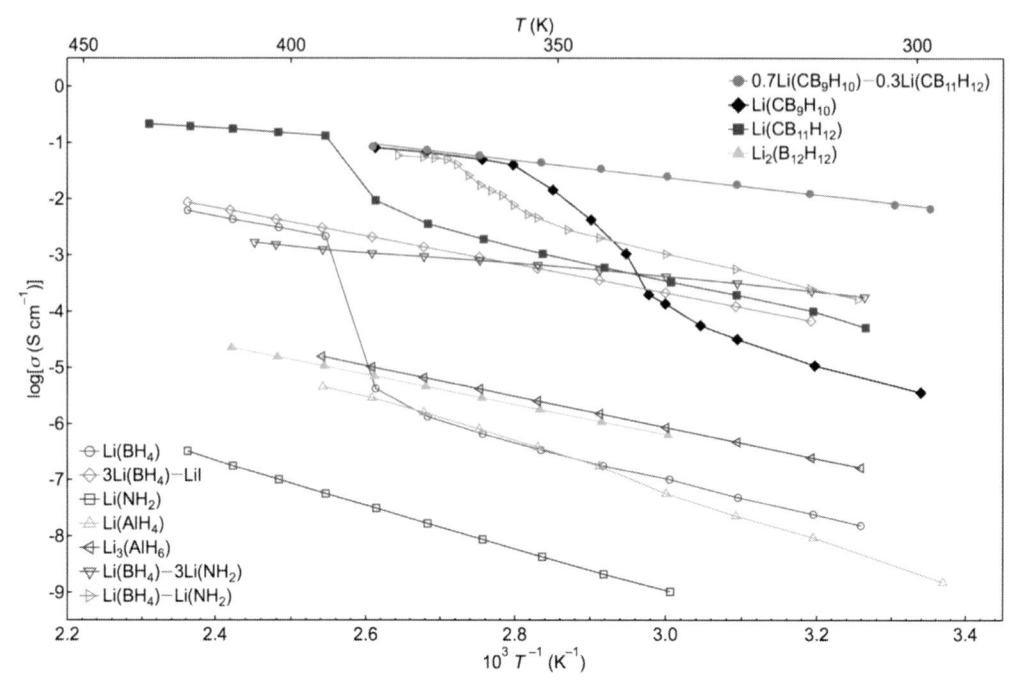

図8　さまざまな錯体水素化物でのリチウムイオン伝導率のアレニウスプロット

のリチウムイオン伝導率のアレニウスプロットと，$[\mathrm{CB_9H_{10}}]^-$と$[\mathrm{CB_{11}H_{12}}]^-$の構造を示す。90℃以上の温度で，$0.7\mathrm{Li(CB_9H_{10})}$-$0.3\mathrm{Li(CB_{11}H_{12})}$の伝導率は$\mathrm{Li(CB_9H_{10})}$の高温相の伝導率とよく一致することが確認された。さらに，$\mathrm{Li(CB_9H_{10})}$の高温相の伝導率が室温まで維持され，25℃において$6.7 \times 10^{-3}\,\mathrm{S\,cm^{-1}}$の超リチウムイオン伝導率が得られた。以上の結果から，$\mathrm{Li(CB_9H_{10})}$と$\mathrm{Li(CB_{11}H_{12})}$の固溶により，$\mathrm{Li(CB_9H_{10})}$の高温相が室温付近で安定化されたことが明らかになった。$0.7\mathrm{Li(CB_9H_{10})}$-$0.3\mathrm{Li(CB_{11}H_{12})}$の室温伝導率は，これまで報告されてきた錯体水素化物のなかで最も高い値であり（図8），液体電解質の伝導率にも匹敵する。

4　リチウム負極を用いる全固体電池への応用

リチウム金属は，最も高い容量（$3,860\,\mathrm{mA\,h\,g^{-1}}$）と最も低い反応電位（水素標準電極に対して$-3.04\,\mathrm{V}$）から究極の高エネルギー密度負極材料として知られている[21]。しかし，高い反応性に起因する固体電解質との副反応や界面抵抗の増加とそれによる電池特性の劣化が課題とされている[22~24]。一方で，$\mathrm{Li(BH_4)}$は種々の化学プロセスにおいて還元剤として用いられるように還元力が強く[1]，この強い還元力は錯体水素化物の一般的な物性であり，最も低い反応電位を有するリチウム金属と安定な界面を形成することができる。

$0.7\mathrm{Li(CB_9H_{10})}$-$0.3\mathrm{Li(CB_{11}H_{12})}$のリチウム負極に対する安定性が，以下のサイクリックボル

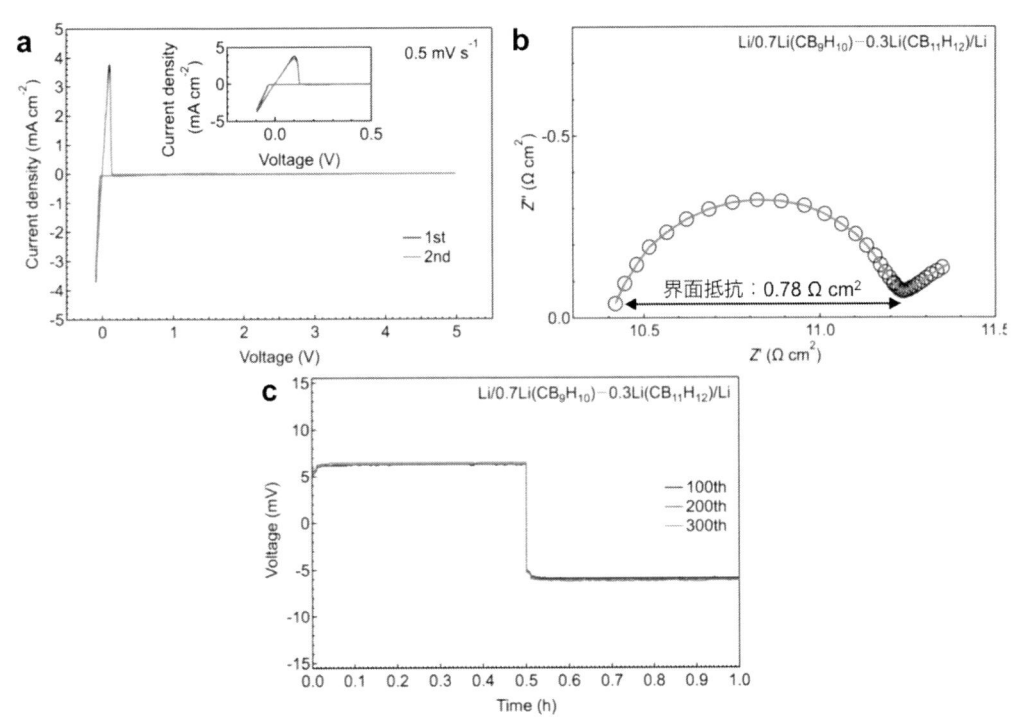

図9　(a) Mo／0.7Li(CB$_9$H$_{10}$)-0.3Li(CB$_{11}$H$_{12}$)／Li のサイクリックボルタンメトリー測定結果，(b) Mo／0.7Li(CB$_9$H$_{10}$)-0.3Li(CB$_{11}$H$_{12}$)／Li のインピーダンス測定結果，(c) Li／0.7Li(CB$_9$H$_{10}$)-0.3Li(CB$_{11}$H$_{12}$)／Li のリチウム溶解析出試験の 100，200，300 サイクル目の結果

タンメトリー測定，インピーダンス測定，リチウム溶解析出試験により調べられた[20]。Mo とリチウムを電極に用いたサイクリックボルタンメトリー測定では，0 V 付近で極めてシャープかつ可逆的なリチウムの酸化還元電流が見られた（図9(a)）。また，リチウム負極を用いた対称セルのインピーダンス測定によりリチウム負極との界面抵抗を調べた結果，これまでの固体電解質とリチウム負極間の界面抵抗として最も低い 0.78 Ω cm^2 となることが見出された（図9(b)）。さらに，0.2 mA cm^{-2} の電流密度を正と負の方向で 30 分ずつ印加するリチウム溶解析出試験では，6 mV の低い分極電圧が 300 サイクル後でも維持されることが確認された（図9(c)）。以上の結果は，0.7Li(CB$_9$H$_{10}$)-0.3Li(CB$_{11}$H$_{12}$) がリチウム負極に対する高い化学的／電気化学的安定性を示すことを意味する。

　以上の超リチウム伝導率とリチウム負極に対する高い安定性により，リチウム負極を用いるさまざまな全固体電池への 0.7Li(CB$_9$H$_{10}$)-0.3Li(CB$_{11}$H$_{12}$) の適用可能性が期待される。高エネルギー密度電極の一つである S（作動電位 = 2.1 V vs. Li$^+$/Li，容量 = 1,672 mA h g^{-1}）を正極に用いる全固体電池が 25〜60℃ の室温付近で優れた充放電特性を示すことが明らかとなった[20]。電池作製にあたっては，初めに S-C 複合体を合成した。S は絶縁体であるため，導電助剤としてケッチェンブラック（KB）と活性炭の一種である Maxsorb® を 1：1 の重量比で混合した炭素材

料を添加した[25]。さらに、S-C 複合体に 0.7Li(CB_9H_{10})-0.3Li$(CB_{11}H_{12})$ を 1：1 の重量比になるように混合して正極複合体を得た。0.7Li(CB_9H_{10})-0.3Li$(CB_{11}H_{12})$ 固体電解質層のみを一軸成形した後、正極複合体とリチウム負極を加えて一軸成形することにより、S/0.7Li(CB_9H_{10})-0.3Li$(CB_{11}H_{12})$/Li 全固体電池を作製した（図 10(a)）。

25℃、0.03 C（1 C は、1 時間で充電または放電が可能な条件を表す）のレートで充放電試験を行ったところ、2 サイクル目の放電容量は S 正極の理論容量の 96.8％に相当する 1,618 mA h g^{-1} であった（図 10(b)）。レートを 1 C まで上げても 0.03 C の 73.4％もの放電容量が得られた（図 10(c)）。また、50℃、3 C の放電、1 C の充電の条件下で、20 サイクルまで 1,400 mA h g^{-1} 以上の放電容量が維持された（図 11(a)、(b)）。放電曲線の積分から S 正極基準のエネルギー密度を算出した結果、2,500 W h kg^{-1} 以上の高いエネルギー密度が得られた。温度をさらに 60℃に上げて、5 C の放電、1 C の充電の条件下で充放電試験を行った結果、100 サイクル後でも 1,000 mA h g^{-1} 以上の放電容量が維持された（図 11(c)）。全ての電池試験におけるクーロン効率は、2 サイクル目以後はほぼ 100％であった。このことから、サイクル動作中に顕著な副反応が起こっていないことが示唆される。

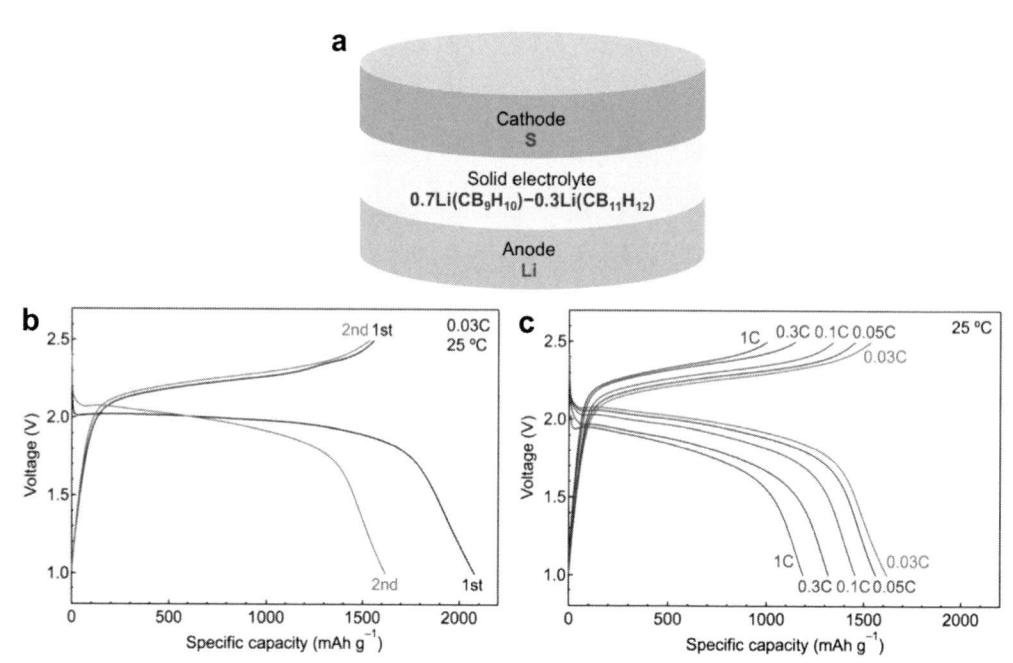

図 10　(a) 全固体電池 S／0.7Li(CB_9H_{10})-0.3Li$(CB_{11}H_{12})$／Li の概略図、(b) 25℃、1 C での充放電曲線、(c) 25℃でのレート特性

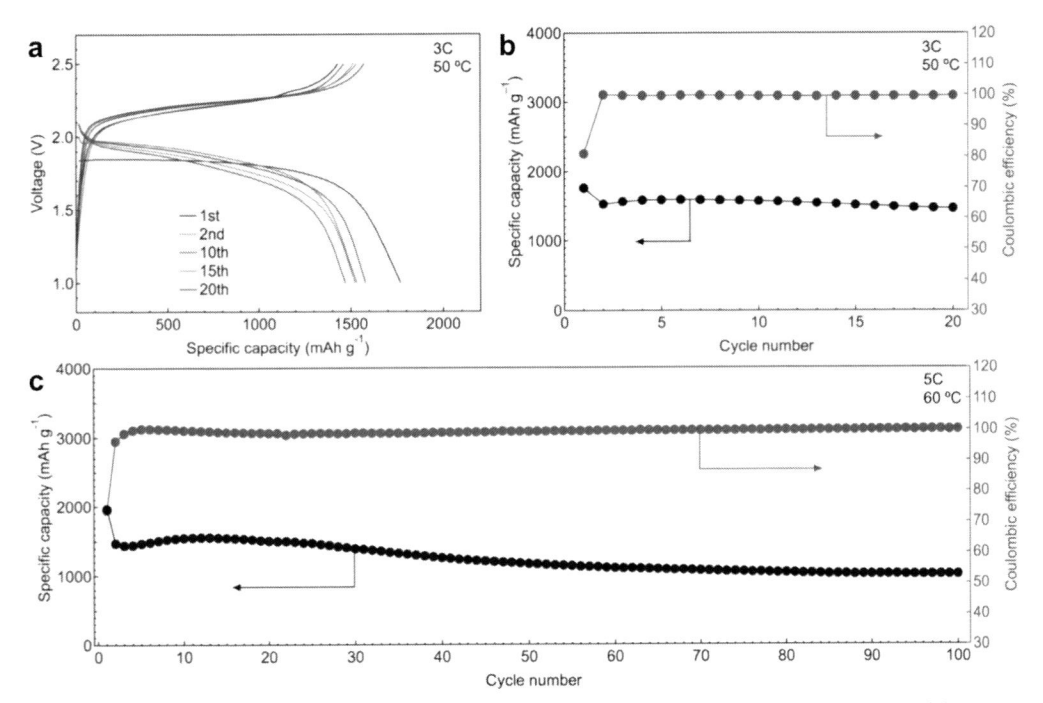

図11　全固体電池 S／0.7Li（CB$_9$H$_{10}$）-0.3Li（CB$_{11}$H$_{12}$）／Li の 50℃，１Cの充電，３Cの放電での（a）充放電曲線と（b）放電容量とクーロン効率のサイクル特性，（c）60℃，１Cの充電，５Cの放電での放電容量とクーロン効率のサイクル特性

5　おわりに

　錯体水素化物系の固体電解質は本質的にリチウム負極に対して高い安定性を有している。リチウム負極を用いる全固体電池において，充放電速度のみでなく，エネルギー密度や寿命などの電池特性の飛躍的な向上を図るためには，超リチウムイオン伝導率および高い電気化学的安定性を兼ね備える固体電解質材料の創出が必要である。複数の錯イオンの共存化，ほかの陰イオンによる置換，錯イオン内の原子置換・原子欠損などの錯イオンの構造制御によっては，リチウムイオン伝導率をさらに高めることができ，全く新しい錯イオンによる新規な伝導特性の開拓も期待される。リチウムをはじめとする高エネルギー密度電極に対する反応性に関しては，固体電解質の電気化学的安定性の向上と電極／固体電解質界面での反応性制御の両面からの体系的な研究開発が求められる。

　実用電池の観点では，デバイスとしての可能性を広げるために，材料のバラエティのさらなる増大が必要である。さらには，材料の大量合成や大気安定性，電池のスケールアップなどの課題も残されている。今後，酸化物系・硫化物系・ポリマー系などの材料に加えて，錯体水素化物系においても，固体電解質に関わる学理探求やそれを用いた全固体電池の社会実装に向けた新たな潮流が生まれることを期待する。

文　　　献

1) S. Orimo *et al.*, *Chem. Rev.*, **107**, 4111 (2007)
2) R. Mohtadi and S. Orimo, *Nat. Rev. Mater.*, **2**, 16091 (2017)
3) M. Matsuo *et al.*, *Appl. Phys. Lett.*, **91**, 224103 (2007)
4) T. Ikeshoji *et al.*, *Appl. Phys. Lett.*, **95**, 221901 (2009)
5) T. Ikeshoji *et al.*, *Phys. Rev. B*, **83**, 144301 (2011)
6) H. Takamura *et al.*, *Solid State Ionics*, **192**, 118 (2011)
7) B. R. S. Hansen *et al.*, *Coord. Chem. Rev.*, **323**, 60 (2016)
8) K. Miwa *et al.*, *Phys. Rev. B*, **69**, 245120 (2004)
9) H. Maekawa *et al.*, *J. Am. Chem. Soc.*, **131**, 894 (2009)
10) A. V. Skripov *et al.*, *J. Phys. Chem. C*, **116**, 26177 (2012)
11) N. Verdal *et al.*, *J. Phys. Chem. C*, **117**, 12010 (2013)
12) R. Miyazaki *et al.*, *Solid State Ionics*, **192**, 143 (2011)
13) M. Matsuo *et al.*, *J. Am. Chem. Soc.*, **131**, 16389 (2009)
14) M. Latroche *et al.*, *Int. J. Hydrog. Energy*, **44**, 7875 (2019)
15) M. Paskevicius *et al.*, *Phys. Chem. Chem. Phys.*, **15**, 15825 (2013)
16) W. S. Tang *et al.*, *Energy Storage Mater.*, **4**, 79 (2016)
17) W. S. Tang *et al.*, *Energy Environ. Sci.*, **8**, 3637 (2015)
18) W. S. Tang *et al.*, *Adv. Energy Mater.*, **6**, 1502237 (2016)
19) S. Kim *et al.*, *Chem. Mater.*, **30**, 386 (2018)
20) S. Kim *et al.*, *Nat. Commun.*, **10**, 1081 (2019)
21) D. Lin *et al.*, *Nat. Nanotechnol.*, **12**, 194 (2017)
22) Y. Mo *et al.*, *Chem. Mater.*, **24**, 15 (2012)
23) L. Cheng *et al.*, *Phys. Chem. Chem. Phys.*, **16**, 18294 (2014)
24) Y. Zhu *et al.*, *ACS Appl. Mater. Interfaces*, **7**, 23685 (2015)
25) A. Unemoto *et al.*, *Appl. Phys. Lett.*, **105**, 083901 (2014)

＜解析・設計＞

第10章　第一原理計算を用いたリチウムイオン伝導体界面におけるイオン伝導機構の解析

桑原彰秀[*1]，森分博紀[*2]

1　はじめに

Li イオン二次電池はスマートフォンやタブレット端末などのモバイル機器，ケーブルレス電動器具の電源として現在広く用いられており，最近では電気自動車やハイブリッド電気自動車の動力源にも Li イオン二次電池が用いられ始めている。しかし，自動車のような移動体の動力源として考えると，現行の Li イオン二次電池の性能はまだ十分に満足できるものではなく，安全性，電池容量，そして出力密度の向上などさらなる性能の向上が求められている。これらの課題を克服する方策の一つとして，Li イオン伝導性を有する固体の電解質で電解液を置き換える"全固体型"の Li イオン二次電池が挙げられている。部材が全て固体になるため，電界液を封止するような外装が不要となり，「正極活物質／固体電解質／負極活物質」のような積層型の単セルを構成することでエネルギー密度を飛躍的向上させることが期待できる。また，一般的に固体電解質は電解液よりも分解電圧が高い傾向にあるので，液系電池では使えない高電位差となる正極と負極活物質の組み合わせを利用できるといったメリットもある。その一方で，固体中のイオン拡散は液体中の拡散よりも遅いため，電池の内部抵抗が大きくなるという課題を有する。凝集した固体電解質や活物質中に存在する粒界および異相界面で発生する抵抗成分はさらなる抵抗増大の要因となる。結晶構造が持つ周期構造が破れた固固界面では粒内とは違う特異的な原子配置の環境にあり，そこでの結合状態や物性を解析するには困難がともなう。このような界面でのエネルギー状態や結合状態に理論計算からアプローチする手法の一つとして「第一原理計算」がある。第一原理計算は，原子の配置情報のみを入力情報とし，経験的なパラメーターを用いることなく量子力学の理論に基づいて物質の電子構造やエネルギー状態の情報を得ることが可能である。つまり，界面の原子配置を指定することができれば，第一原理計算によって固固界面での化学結合状態や Li イオンの動的挙動に関する情報が得られることになる。本章では，Li イオン二次電池材料中に存在する界面が電池特性に与える影響を第一原理計算により検討した結果について実例を紹介する。

＊1　Akihide Kuwabara　（一財）ファインセラミックスセンター　ナノ構造研究所
　　　　　　　　　　　　電池材料解析グループ　主任研究員／グループ長
＊2　Hiroki Moriwake　（一財）ファインセラミックスセンター　ナノ構造研究所
　　　　　　　　　　　　計算材料グループ　主席研究員／グループ長

2 La$_{(2-x)/3}$Li$_x$TiO$_3$ 系固体電解質中に形成されるドメイン構造と Li イオンの移動現象解析

ペロブスカイト構造を基本とした結晶構造を有する La$_{(2-x)/3}$Li$_x$TiO$_3$（LLTO）は酸化物系の固体電解質の中では優れた Li イオン伝導率を有する材料であり，多くの研究が行われてきた[1~3]。LLTO における Li イオン伝導の活性化エネルギーは実験的には単結晶，多結晶ともに 0.4 eV 程度と報告されている一方で，第一原理計算などの理論計算では LLTO のバルク中での活性化エネルギーは 0.2 eV 程度の値が報告されており[4]，理論計算と実験結果では大きな差がある。筆者らを含む共同研究グループでは，組成・合成条件を系統的に変えた LLTO の多結晶体を作製し，走査透過型電子顕微鏡（Scanning Transmission Electron Microscope：STEM）による原子分解能の微構造解析を実施した結果，計算と実験の活性化エネルギーの違いは理論計算では取り入れられていなかったドメイン境界によるものであることを明らかにした[5,6]。本節ではその内容について紹介する。

LLTO は図 1 に示すようなペロブスカイト型構造の単位格子に対して c 軸方向に 2 倍周期となる拡張された結晶構造を有している。ペロブスカイト型構造を有する物質は ABO$_3$ という組成式で一般的に表され，その結晶構造 12 配位の A サイト，6 配位の B サイトで特徴付けられる。LLTO においては，La と Li が異なる占有率で A サイトに共存しており，La がより多く占有する La1 層と Li の方が La よりも多く存在する La2 層が c 軸方向に対して交互に積層した構造となっている。このような構造のため，LLTO の Li イオン伝導性は主に La2 層を介して発現

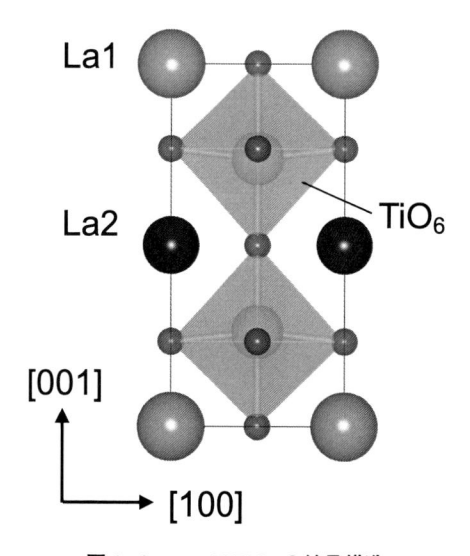

図1　La$_{(2-x)/3}$Li$_x$TiO$_3$ の結晶構造
La の占有率が高い La1 層と，La の占有率が低く Li が多く存在する La2 層が c 軸方向に交互に積層したペロブスカイト構造。

すると考えられる。Li の組成と焼成条件を変えた試料を系統的に合成し，STEM で観察した結果，LLTO の結晶粒内には c 軸の方位が 90°異なる 2 つのバルク領域（ドメイン）が接する 90°ドメインが多数存在すること，その密度や構造は組成や焼成温度によって変化することが確認されている[5]。90°ドメイン構造自体は過去にも報告されていたが，その詳細な原子構造については明らかにされていなかった。図 2 は STEM で観察された 90°ドメインの高角度環状暗視野（High Angle Annular Dark Field：HAADF）像の例である。HAADF-STEM 像では原子番号（Z）のおよそ 2 乗に比例したコントラスト（Z コントラスト）を得ることができるため，原子番号の大きい原子の存在比率の高いサイトにおいて，より明るい輝点が得られる。LLTO の場合，La や Ti の原子列が明瞭な輝点として確認され，Li や O のような軽元素の位置は確認することができない。その結果，LLTO の HAADF-STEM 像では La が多く存在する La1 層の原子カラムが最も明るく観察されることになり，その La1 層に挟まれた領域に La2 層と Ti サイトを示す輝点が確認される。Li イオンが固体電解質の LLTO の粒内を拡散する場合，ドメイン境界を介してあるドメイン中の La2 層から別のドメインの La2 層へと移動する必要がある。図 2 の HAADF-STEM 像からはドメイン境界上には必ず明るい輝点が存在しており，ドメイン境界は La1 層を介して構成されていることが分かる。後述するが，ドメイン境界のこのような構造的特徴は Li イオンの移動において大きな低下の要因となる。

　このように HAADF-STEM 像から決定された 90°ドメイン構造の Li イオン伝導への影響を第一原理計算によって検討した[6]。LLTO の単一ドメイン（単結晶領域）における空孔機構による Li イオンの拡散経路について遷移状態探索手法の一つである Nudged Elastic Band（NEB）法[7]を用いて計算したところ，その活性化エネルギーは，従来の理論計算による報告と同程度の 0.19 eV であった。次に 90°ドメイン構造での Li イオン伝導の計算を行った結果，図 3(a)に示すように，90°ドメイン境界面に位置する La1 サイトが La により完全に占有されている場合

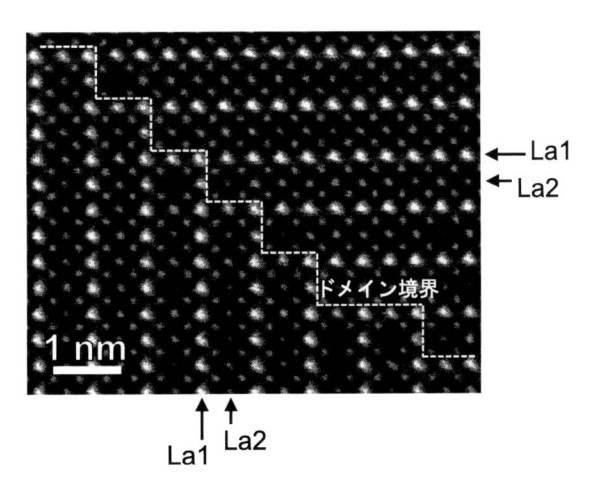

図 2　固体電解質 La$_{(2-x)/3}$Li$_x$TiO$_3$ の焼結体中に観察された 90°ドメイン境界の HAADF-STEM 像
最も明るい輝点は La の占有率の高い La1 原子カラム。

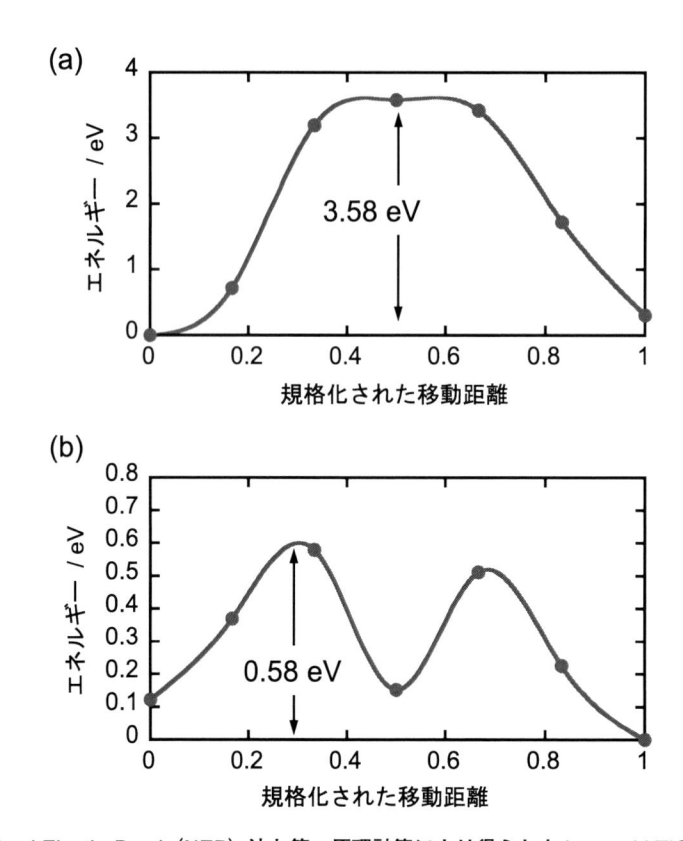

図3　Nudged Elastic Band（NEB）法と第一原理計算により得られた La$_{(2-x)/3}$Li$_x$TiO$_3$ の 90°ドメイン境界を通過する Li イオンの空孔機構拡散におけるエネルギー変化

90°ドメイン境界上の La1 層に(a)La 原子が存在するモデル，(b)La 空孔が存在するモデル。

は，3.58 eV という非常に大きな活性化エネルギーが必要となる結果が得られた。Li イオンは，この 90°ドメイン境界面を越えては伝導することができず，90°ドメインは Li 伝導を阻害するブロッキング層となっていることが分かる。しかしながら，この 90°ドメイン境界面上に La 空孔が存在する場合には，図 3(b)に示すように，その活性化エネルギーは 0.58 eV まで低下し，Li イオンは La 空孔を介して 90°ドメイン境界面を越えて移動することができる。実験による Li イオン伝導度はドメイン内部の単一ドメイン領域の伝導度と 90°ドメイン境界面での伝導度の直列での足し合わせとなるため，このドメイン境界面での伝導度を考慮すると，実験値をよく説明できる。ドメイン境界面に La 空孔が存在する場合の活性化エネルギー（0.58 eV）は単結晶領域（0.19 eV）に比較すると大きな値であるが，これは Li 伝導経路に隣接する La サイトに，イオン半径の大きな La が高い占有率で存在することに起因するものと考えられる。これらの解析結果は，もし 90°ドメインを含まず単一ドメインのみの LLTO 単結晶が合成できれば，室温での Li 伝導度を大幅に向上できる可能性を示唆している。

3　LiCoO₂ 中の粒界の電池特性への影響

次に Li イオン電池の正極材料として広く用いられている $LiCoO_2$ 中の粒界の電池特性への影響について検討した結果[8]について述べる。この $LiCoO_2$ は，図 4 に示すような層状の結晶構造（空間群：$R\bar{3}m$）を有し，CoO_6 八面体を基本格子とする CoO 層と LiO_6 八面体を基本格子とする LiO 層とが c 軸方向に交互に積層した結晶構造を有している。この $LiCoO_2$ の Li 伝導機構は 2000 年代に米国マサチューセッツ工科大学の Ceder 教授らのグループ[9]により第一原理計算を用いて詳細に調べられており，Li イオンは主に LiO 層中を二次元伝導すると考えられる。また，充電の初期状態など $LiCoO_2$ 中に Li 空孔が少なく，多くの Li 空孔が孤立した状態にある場合は，Li サイトを直線的に結んだ経路にて Li は伝導し，その際の活性化エネルギーは 0.8 eV 程度と非常に大きな値となるが（単空孔機構），充電が進み Li 空孔濃度が高くなり，2 つの Li 空孔が隣接して存在すると，各 Li サイト間にあるエネルギーの低い四面体位置を経由して，Li は伝導することになる（二空孔機構）。その際の活性化エネルギーは大幅に低下し 0.2〜0.3 eV 程度の値となる。

　$LiCoO_2$ 中に存在する粒界とその電池特性への影響を解明するために，サファイア基板上に PLD 法を用いて合成された $LiCoO_2$ の薄膜内に多く観察された粒界構造に対する理論計算を行った結果を本節で紹介する。なお，$LiCoO_2$ 薄膜に関する合成方法，薄膜内の構造の詳細については引用文献[8]を参照願いたい。PLD 法により成膜された $LiCoO_2$ 薄膜試料中には図 5 に示すような非常に特徴的な粒界が HAADF-STEM 法により多く確認された。電子線回折などによる構造解析の結果，この粒界は（$1\bar{1}04$）面を接合面とするねじれ粒界であることがわかった。図

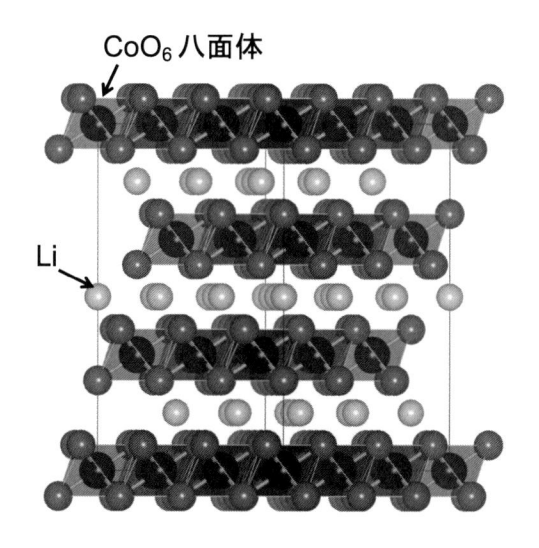

図 4　LiCoO₂ の結晶構造
c 軸方向に CoO_6 八面体を基本格子とする CoO 層と LiO_6 八面体を
基本格子とする LiO 層が交互に積層した構造を有している。

5における明瞭な輝点は $LiCoO_2$ において最も原子番号の大きい Co の原子列に対応しており，$LiCoO_2$ に特徴的な CoO の層状構造を確認することができる（ただし，酸素原子位置に関しては HAADF 像からは直接確認することはできない）。この原子レベルでの構造情報を基に，粒界の方位関係から初期原子配置を構築し，第一原理計算を用いた構造最適化計算を実施して，エネルギー的に安定な粒界構造を決定した。

決定したねじれ粒界構造モデルを用いて図6に示すような，ねじれ粒界構造モデルにおける

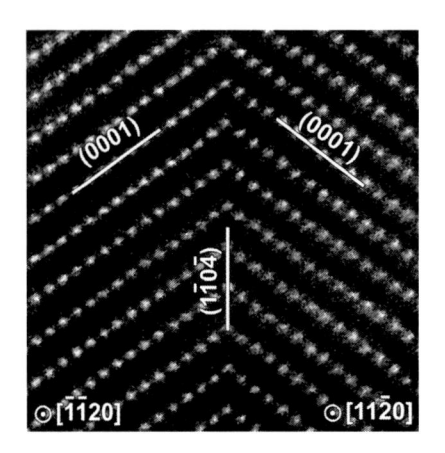

図5　HAADF–STEM 法により観察された $LiCoO_2$ 中の粒界の原子分解能の電子顕微鏡写真
構造解析の結果，この粒界は $(1\bar{1}0\bar{4})$ 面を接合面とする，ねじれ粒界であることが分かった。
図中の輝点は Co 原子列に対応する。

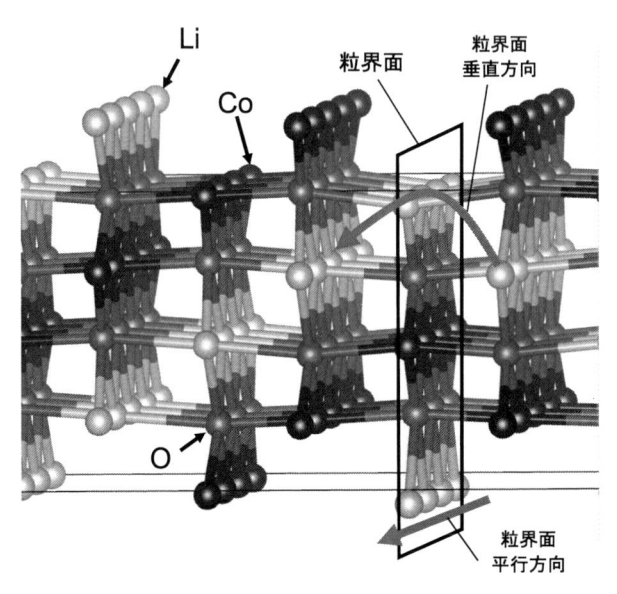

図6　$LiCoO_2$ ねじれ粒界モデルの構造と粒界面に対する Li 伝導の方向
粒界面に平行方向の Li 伝導と粒界面に垂直方向の2種類の伝導機構。

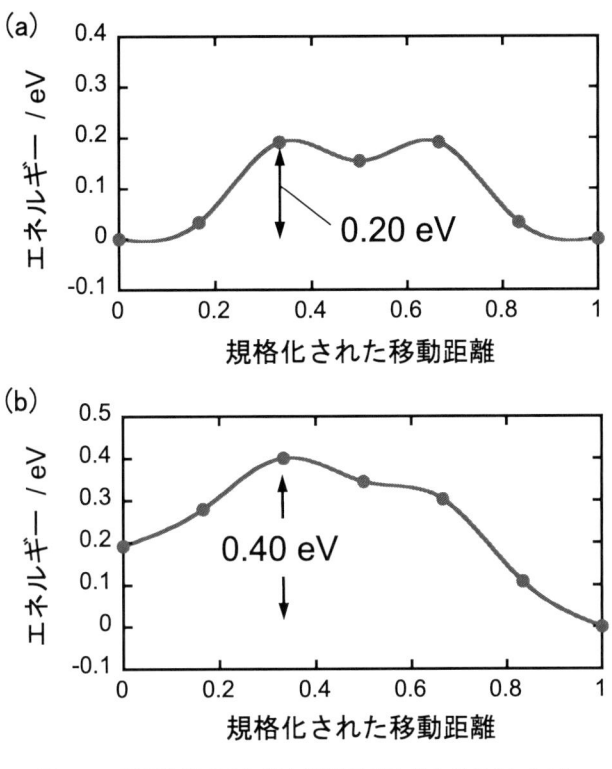

図7　二空孔機構でのねじれ粒界モデルにおける Li イオン
伝導過程でのエネルギー変化の第一原理計算結果
（a）粒界面に平行方向，（b）粒界面に垂直方向。

粒界面に沿う平行方向と粒界面を横切る垂直方向の 2 種類の Li イオン伝導経路に関して第一原理計算と NEB 法に基づく遷移状態探索を実施した。図 7 に通常の電池動作時に支配的であると考えられる，二空孔機構での Li イオン伝導におけるエネルギー変化の計算結果を示す。粒界面に沿う平行方向の伝導経路における活性化エネルギーは 0.2 eV であるのに対して，粒界面を横切る垂直方向の Li イオン伝導の活性化エネルギーは 0.4 eV と約 2 倍の異方性が存在することが確認された。この活性化エネルギー差による室温での Li イオンの拡散係数の異方性はおよそ 3 桁程度と見積もられる。つまり，粒界面を横切る方向の Li イオン拡散は粒界面に沿う方向と比較して拡散係数が約 1000 分の 1 と非常に小さくなり，粒界面を通過する Li イオン伝導が強く抑制されることを示唆している。今回検討したねじれ粒界は図 5 の STEM 像に示されているように非常に整合性の高い粒界であるが，そのような構造の乱れの小さい界面でも Li イオン伝導は大きく阻害されることが明らかになった。

　この Li 伝導の粒界に対する方向の顕著な異方性の原因は，図 8 に示したねじれ粒界モデルにおける Li 脱離反応における電極電位ポテンシャルの計算結果と対比することで理解できる。Li 脱離反応における電極電位は Li 空孔の安定性を意味しており，Li 空孔が形成しやすく安定であ

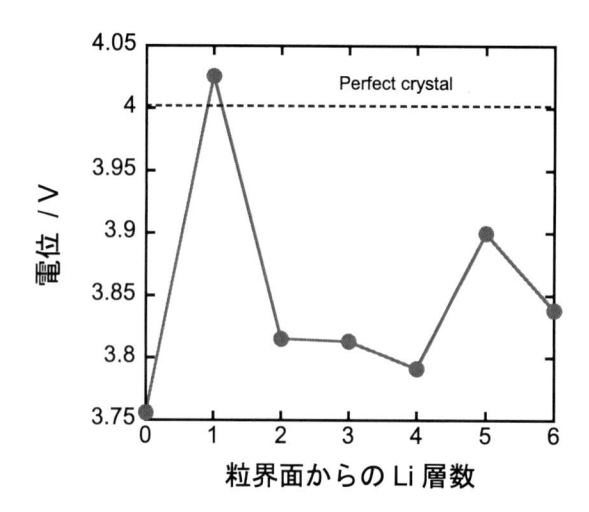

**図 8　第一原理計算による粒界近傍における Li 脱離反応に
おける電極電位（Li 金属負極基準）の計算結果**

横軸は粒界面からの距離（Li 層の数）を示す。図中，破
線は完全結晶 $LiCoO_2$ 粒内での電極電位の計算結果。

るほど電位が低くなる。図 8 に示されているように，粒界面に隣接する Li 層での Li 脱離反応
における電極電位は粒界面直上の電位よりも約 0.3 V 程度高い。これは，粒界面の隣接 Li 層に
Li 空孔が存在する時は粒界面直上よりも約 0.3 eV 程度不安定であることを意味している。ここ
で図 7 を改めて確認すると，粒界面に平行方向と垂直方向の移動経路を比較した際の最も大き
な違いは出発点と到着点でのエネルギー差である。粒界面に平行方向の Li イオン伝導の場合は
出発点と到着点は原子構造的に等価であり，同じエネルギー状態となっている。それに対して粒
界面に垂直方向の Li 伝導の場合は始点（粒界面に位置する Li）と終点（粒界面から 1 層目の
Li）では結合エネルギーの違いから約 0.2 eV のエネルギー差が生じている。図 8 で示した Li 脱
離反応の電位変化は単空孔での計算なので二空孔機構のエネルギー状態とは数値が完全には一致
していないが，二空孔機構での Li イオンの移動前後のエネルギー差はこうした界面近傍での Li
空孔の安定性により生じていると考えられる。

4　まとめ

　Li イオン二次電池材料における界面構造とその物性解析は高精度な実験が一般的に困難であ
り，その重要性にも関わらずあまり多くの研究報告がなされてこなかった領域と言える。本稿で
紹介したように，原子分解能の電子顕微鏡観察技術と第一原理計算が連携することで，従来は解
析が困難だった界面構造と電池特性の関係性を定量的に議論することが可能になってきた。全固
体電池の実用化においては界面特性の制御と向上が極めて重要であり，粒界や異相界面を対象と
した研究の重要度はさらに増大していくであろう。今後さらにさまざまな高精度実験手法と第一

原理計算の連携が促進されれば，全固体電池材料における性能発現のメカニズムが原子レベルで詳細に解明され，実用化に帰結することが期待される。

文　　　献

1)　Y. Inaguma *et al.*, *Solid State Commun.*, **86**, 689（1993）
2)　S. Takai *et al.*, *Solid State Ionics*, **176**, 2227（2005）
3)　T. Ohnishi and K. Takada, *Solid State Ionics*, **228**, 80（2012）
4)　D.-H. Kim *et al.*, *Ceram. Int.*, **38S**, S467（2012）
5)　X. Gao *et al.*, *J. Mater. Chem A*, **2**, 843（2014）
6)　H. Moriwake *et al.*, *J. Power Sources*, **276**, 203（2015）
7)　http://theory.cm.utexas.edu/vtsttools/neb.html
8)　H. Moriwake *et al.*, *Adv. Mater.* **25**, 618（2013）
9)　A. Van der Ven and G. Ceder, *J. Power Sources*, **97-98**, 529（2001）

第11章　全固体電池における電極-電解質界面の計算科学解析

館山佳尚[*]

1　はじめに

　全固体電池（図1）は，従来の電解液系リチウムイオン電池と比べ，高いエネルギー密度と安定性が期待されることから有望な次世代蓄電池として注目されている[1]。最近，重大なボトルネックであった固体電解質内のイオン伝導度に関して，特に硫化物系電解質を中心に大きなブレークスルーがあった[2~5]。これにより硫化物系全固体電池に対しては，界面におけるイオン移動抵抗の軽減や電気化学的安定性の担保が，残された主要課題となっている[6~11]。一方，電気化学的安定性に優れていると考えられる酸化物系全固体電池についても，高イオン伝導材料の探索に加えて，界面における接合性の担保が課題となっている。このように，全固体電池の実用化に向けて，電極-固体電解質界面の原子スケールでの理解と制御は中心的重要課題となっている（図1）。

　イオン伝導に関する界面抵抗（電荷移動抵抗）については，これまで硫化物系を中心に様々な機構が提案されてきた。高田らは遷移金属酸化物正極-硫化物電解質の間に酸化物の緩衝層を導入することで界面抵抗が著しく減少することを発見した[6~8]。この現象は様々な緩衝層で共通に見られることから，界面抵抗の主要因は緩衝層材料に依存した化学的なものではなく，界面付近のイオン分布の減少による空間電荷層の形成という物理的効果であるという提案を行ってきた。

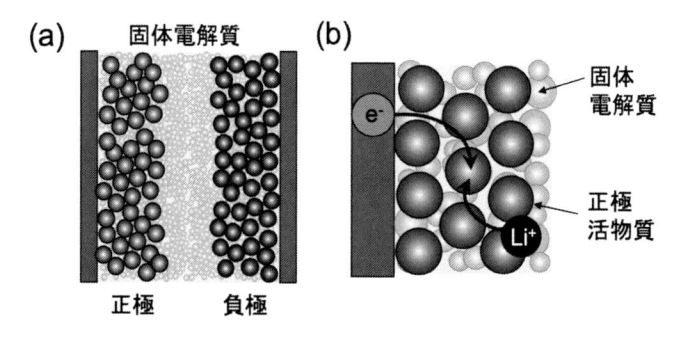

図1　全固体電池の(a)全体模式図，(b)正極-固体電解質界面模式図

＊　Yoshitaka Tateyama　物質・材料研究機構　エネルギー・環境材料研究拠点
グループリーダー

一方，辰巳砂らはエネルギー分散型 X 線分析により界面近傍の元素分布を測定し，界面を横切るイオン移動（例えば正極の Co の硫化物電解質側への流出）が数十ナノメートルスケールで存在すること，緩衝層によりその分布が狭まることを発見した[9, 10]。これらを界面の反応層形成と考え，界面抵抗の主要因として考えた。また，入山らは界面における歪み緩和の効果を指摘している[11]。

　近年，透過型電子顕微鏡などの界面計測技術は著しい発展を遂げているものの，材料内に埋もれた構造無秩序性のある（構造秩序が少ない）ヘテロな固固界面のその場観察・オペランド観察はいまだに困難な状況にある。このような状況下で，"高精度"な原子スケールの計算科学シミュレーション解析は重要な役割を果たす。実験との比較が難しい状況で理論的予測を行うためには"高精度"が必須となる。

　我々は密度汎関数理論（DFT）をベースにした第一原理計算を用いてこの問題に取り組んできた[12~15]。その中で，単に第一原理計算を適用するだけでなく，「構造無秩序性のあるヘテロな固固界面」に対する一般的な取り扱い手法の確立・開発を行ってきた。例えば格子不整合，歪み緩和と残留歪み，格子スライド，界面再構成，イオン交換などの考慮方法を提案してきている。また，全固体電池内現象を取り扱う上で完全放電状態，充電初期，充電終了状態，放電初期などを区別することの重要性も指摘してきた。さらに，固固界面を電気化学と半導体物理の両者の観点から統一的に解釈する試みも行ってきている。

　本稿ではこれらの計算手法開発・理論解釈について説明すると共に[12~16]，我々が行ってきた全固体電池における電極(正極)–電解質界面抵抗の起源に関する研究を紹介したい[12~15]。ここでは代表的なヘテロ固固界面である遷移金属酸化物 $LiCoO_2$（LCO）正極と硫化物固体電解質 β-Li_3PS_4（LPS）に焦点を当てた。しかし，我々の計算アプローチは一般性が高く，負極金属や酸化物固体電解質に対しても適用可能であり，一般の無秩序ヘテロ界面の高精度解析にも拡張可能であることを指摘しておく。

2　計算手法・理論

　ヘテロ固固界面においては，界面方位の各組み合わせに対して格子不整合，残留歪み，格子スライド，界面の再構成（乱れ）に加えてイオン交換など様々な構造安定性に関わる要素がある。我々はそれらすべてを考慮したフローを構築した[12~15]（図 2）。

　まず界面を構成する材料 A と材料 B の相互の方位関係を与える（図 2(a)）。我々の先行研究では計算コストの観点から LCO 正極の(110)面と，硫化物固体電解質 LPS の(010)面の組み合わせを考えた[12, 13]。そしてまず格子不整合を最小化する界面平行方向のスーパーセルの決定を行う（図 2(b)）[16]。次に界面垂直方向に適当なサイズのスーパーセルを準備し，材料 A と材料 B の間に計算上の「界面層」を導入する（図 2(c)）。この厚さはこの後の計算で最適化されるのでこの段階では適当で良い。一方材料 A，B のスラブの外側には真空領域を設ける。もしこの真空

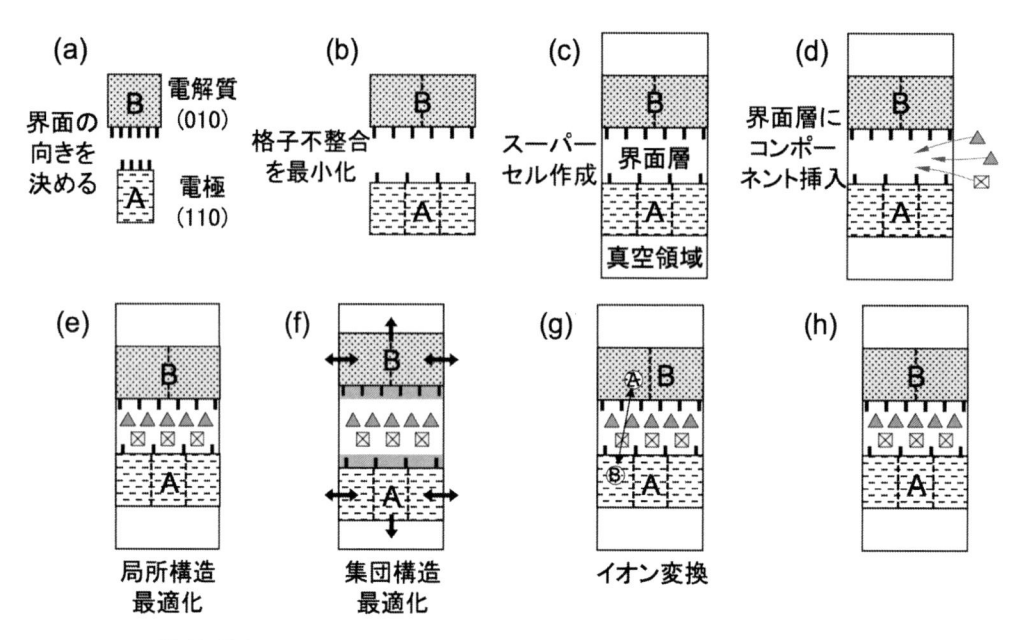

図2　構造無秩序性のあるヘテロな固固界面構造の高精度第一原理計算アプローチの概略

領域を取らないとスーパーセルに2つの異なる界面が存在することになり，界面分極や電子状態に悪影響を与える懸念が出てくる。なお，これはホモ界面である対称粒界の場合，大きな問題にならない可能性があるが，ヘテロ界面では重要となる。この「界面層」に追加の原子コンポーネントを入れて界面構造探索をスタートさせる（図2(d)）。我々の先行研究では簡単のために清浄界面とイオン交換のみを扱ったが[12, 13]，最新の研究では「界面層」に様々なコンポーネントを詰めたサンプリングが実行できている[14]。

　スーパーセルができたところで構造探索に入る。まず「界面層」近傍の安定原子配置の探索が重要となる。これはいわば局所構造最適化であり，広大な「原子配置空間」の中では限定された領域の探索にしかなっていない。この探索領域を広げる方法として有限温度の分子動力学によるサンプリングが考えられるが，それは原子・分子の構造揺らぎが大きい液体や固液界面においては有効であるものの，原子配列がほぼ固まっている固固界面では探索領域の大幅拡大には向いていない。固固界面の本質は界面領域を挟む形で2つのバルク構造がある点であり，この拘束条件下での効果的な「原子配置空間」探索が別途必要になる。我々は最近注目されている高効率構造探索手法の一つである CALYPSO 法をこの局所構造最適化過程に導入した[17]。この局所構造最適化以外に各スラブの緩和やスライドといった「集団構造最適化」の実装も行った。さらに上述のように材料Aと材料Bの間のイオン交換も含めている。これらにも CALYPSO 法の粒子群最適化の概念を適用している。上記の手法は現段階で考えうる，あらゆる原子配置要素を考慮したものになっており，そのベンチマークと蓄電池系への応用に関する論文が現在投稿中である。

　なお，この「集団構造最適化」の考えは溝口らの安定粒界構造探索にも用いられていることを

指摘しておく[18]。この研究では，粒界というホモ界面を扱うため格子不整合が問題にならず，かつ最低エネルギー構造の探索に焦点を当てている。一方，我々はヘテロ界面の準安定状態を複数サンプルし，界面物性を統計的に明らかにすることを目標としている点が異なる[14]。

　次に電気化学と半導体物理の観点からこの界面現象を考察してみる。電気化学では一般に固液界面の固体側を金属電極，液体側を電解質溶液として扱い，溶液側のイオン分布に対する基本方程式としてポアソン–ボルツマン（PB）方程式を用いて議論する（図3(a)）。この方程式からデバイ長 $\lambda \propto \sqrt{\varepsilon k T / Z^2 e^2 n}$（$\varepsilon$, Z, n はそれぞれ誘電率，電解質イオン電荷，電解質イオン濃度を表す）と言われる，電気二重層（イオンの不均一分布領域）の厚さに相当する式が得られ，それは電解質濃度 n のルートに反比例する。つまり電解質濃度が高いほど，電気二重層が狭くなる。全固体電池固体電解質では一般に電解液系より Li$^+$ イオン濃度が高くなるためデバイ長からは電気二重層が狭いことが予想される。しかし，このもとになっている PB 方程式では，陰イオンも可動であり，イオン間の相互作用が含まれず，かつ界面をまたいだイオン移動がないという仮定が入っており，これは全固体電池界面とは状況が全く異なる（図3(b)）。したがって，デバイ長を用いた議論は注意を要することを指摘しておく。なお我々は，電気化学で扱われるイオンの不均一分布を電気二重層，半導体物理で扱われる電子・ホールの不均一分布を空間電荷層と定義し，上述の Li$^+$ イオンの不均一分布は以後電気二重層として扱うこととする。

　この電気二重層の意味づけは，充放電それぞれの状況に応じて変わることも指摘しておく。一般に最安定平衡状態である完全放電状態かつ充電直前の状態では正極および固体電解質は可能な

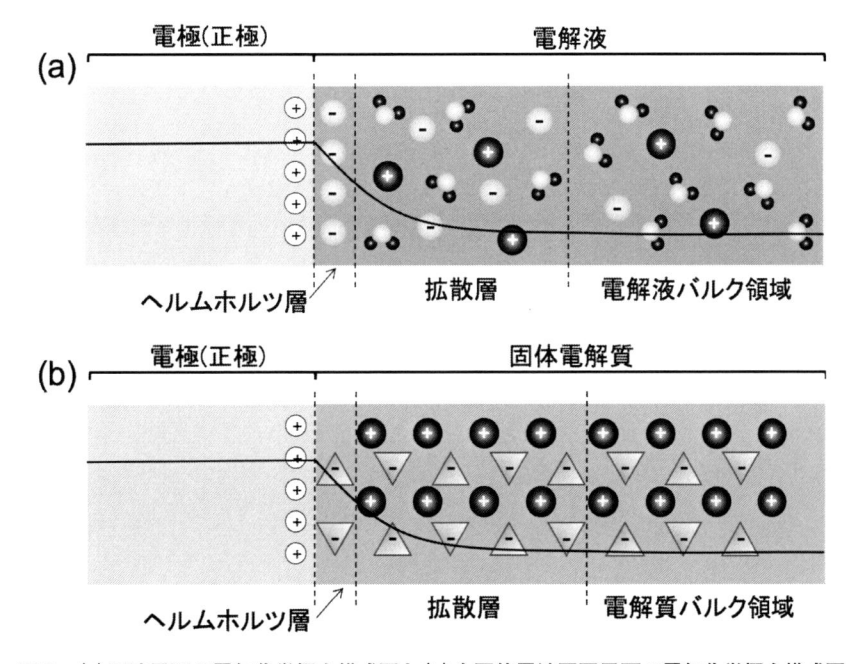

図3　(a)固液界面の電気化学概念模式図と(b)全固体電池固固界面の電気化学概念模式図

サイト全てに Li^+ イオンが埋まっている一方で負極は空と考えるのが妥当である。平衡状態の電気二重層はこの状態で検討する必要がある。一方，正極の Li^+ イオンを部分的に抜いた状態はもはやこの平衡状態ではなく，放電途中の状態とみなさなければならない。そこでは当然ながら Li^+ イオンは電解質から正極側に流れるはずで，それを持って平衡状態の電気二重層の議論はできない。また第一原理計算においては，正極と固体電解質を合わせても垂直方向が数ナノメートルのスーパーセル計算がやっとであり，当然 10 ナノメートルオーダーの電気二重層の議論はできない。このような観点での妥当性を考慮していない計算研究が散見されるので，注意する必要がある。我々の研究は理論的妥当性を考慮したものとなっていることを指摘しておく。

3 全固体電池正極-固体電解質界面の第一原理計算解析

我々はこれまで，硫化物系全固体電池の正極・固体電解質界面の界面抵抗（電荷移動抵抗）の微視的起源について，LCO 正極，LPS 硫化物固体電解質および $LiNbO_3$（LNO）緩衝層のモデルヘテロ界面系を用いて第一原理計算解析を行ってきた[12〜15]。第一原理計算プログラムとしては主に Quantum Espresso を用いてきたが，最近は VASP も用いている[19, 20]。界面の方位については LCO が(110)または(104)面，LPS がイオン拡散経路を考慮した(010)面，そして LNO が(110)面を選択した。その後，図 2 に例示されている計算手続きを踏んだ。我々の先行研究においては[12, 13]，界面層にコンポーネントを挿入なしの局所構造最適化と，少し精度の粗い集団構造最適化を行った。最近は前節で述べた CALYPSO 法との組み合わせにより，広範囲の原子配置空間の探索が可能になり統計サンプリングの精度が向上している。

先行研究で得られた構造の中から LCO/LPS 界面の pristine（清浄）界面系と Co-P 交換界面系の安定構造を図 4(a)，(b)に示す。この 2 つでは後者の方が若干エネルギーが低いことがわかった（図 4(c)）[13]。これは熱力学的に Co-P のイオン相互拡散が十分起こりうることを示す。実際，実験においても LCO/LPS 界面においてイオン相互拡散が観測されている[9]。さらに緩衝

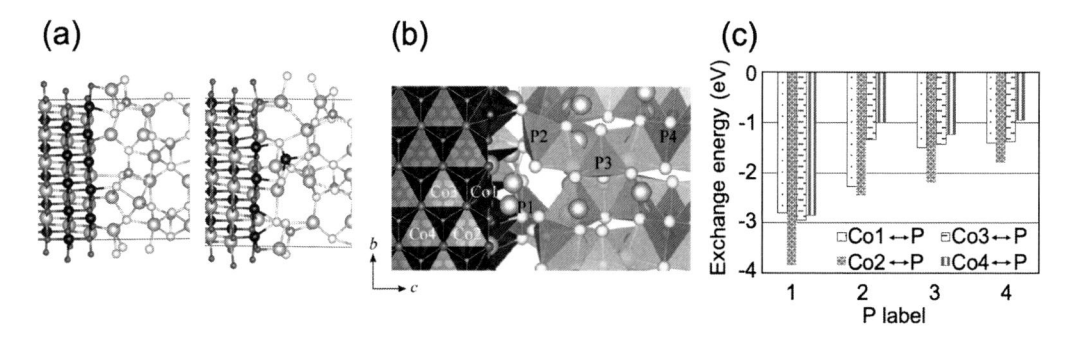

図 4　(a) $LiCoO_2$（LCO）正極-β-Li_3PS_4（LPS）固体電解質界面の安定構造群，
(b) Co-P 交換系のラベル，(c) 清浄界面に対する Co-P 交換系の生成エネルギー（負の生成エネルギーは熱力学的安定性を示唆）

層を導入してもこの相互拡散が起こるという実験結果は，この現象がキネティクスではなく熱平衡的な要因に支配されていることを示唆するものであり，計算結果から得られるメカニズムと一致する。我々の最新の計算ではカチオン交換だけでなくアニオン交換も起こりうることが示されている[14]。

　これらの界面の各サイトの Li^+ イオンの安定性を見積もるため，我々は Li 原子の空孔形成エネルギーを計算した。この値は例えば正極 LCO から Li^+ イオンと e^- を抜いて，エネルギー基準である負極の Li 金属に与えるという以下の 2 つの酸化還元反応の和に相当する。

$$Li_nCo_nO_{2n} \quad \rightarrow \quad Li_{n-1}Co_nO_{2n} + Li^+ + e^- \tag{1}$$

$$Li^+ + e^- \quad \rightarrow \quad Li\,(metal) \tag{2}$$

　Li 金属基準の Li^+ イオンの化学ポテンシャルはこの符号反転値に対応する。これを図 5(a) に示す。これが負の大きな値ほど安定なサイトを意味する。例示した 2 つの界面について計算すると，LCO，LPS のバルクの Li^+ イオン化学ポテンシャル（-4.3 eV と -3.3 eV）に比べて，より高い（小さい負の）値を持つ Li^+ イオンサイトが界面に存在することが示された。これらのサイトの Li^+ イオンはエネルギー的に不安定であり，①完全放電状態では埋まっているものの，②充電初期には最初に Li^+ イオン空孔になりうること（図 5(b)），③これらのサイトを挟む両側の間のイオン輸送においてこのサイトが障壁の役割をすること，が示され，充電中も放電中も界

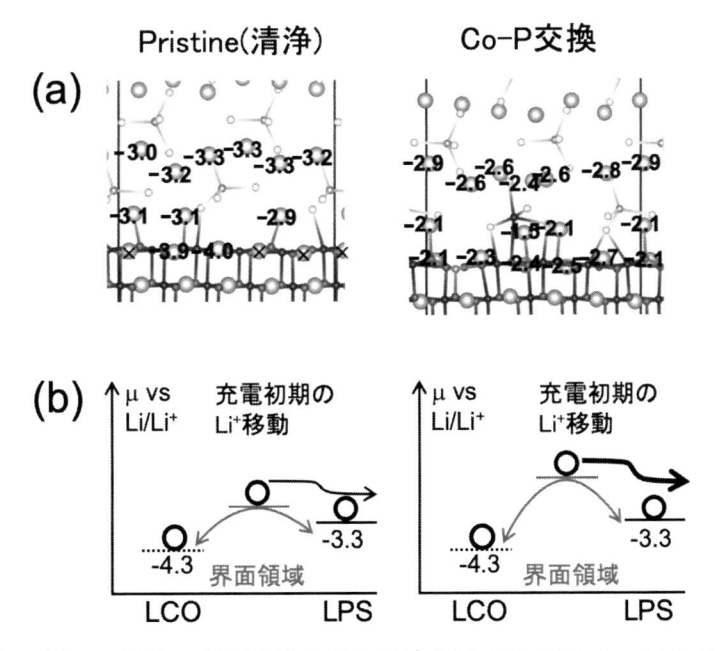

図5　(a) LCO 正極–LPS 固体電解質界面の Li^+ イオン化学ポテンシャルの計算値
（Li 空孔形成エネルギーの符号反転値）と (b) 充電初期における界面近傍の
Li^+ イオン化学ポテンシャルの高いサイトからの Li^+ イオンの空乏化の模式図

面イオン輸送の抵抗要因になりうることが推定される。

　我々は界面ナノスケール領域におけるこれらのサイトの存在，つまり充放電時の"動的な Li^+ イオン空乏層（Helmholtz 層）の形成"が LCO/LPS 界面の界面抵抗の起源であると主張している[12~15]。これは従来から提案されている平衡状態のイオン分布に関する電気二重層（空間電荷層）議論[6,7]とはイオン欠乏というコンセプトは一致しているものの，厳密には異なることを指摘しておく。なおこれらの計算では界面垂直方向のスーパーセルサイズが高々5ナノメートルであり，実験でしばしば観測される平衡状態における 10 ナノメートルスケールの電気二重層についての有無については証明できないことを述べておく。

　次にこの高い Li^+ イオン化学ポテンシャルサイトの出現要因について議論する。まず構造の乱れにより Li^+ イオンサイトが狭くなることが予想される。しかし，得られた安定構造を解析すると Li^+ イオンの拡散経路のブロッキングはほとんど起こっていなかった。実際，実験において緩衝層を付加しても，界面抵抗は低減するもののイオン相互拡散は残ることから，イオン拡散に起因する界面構造の乱れは主要因ではないことが示唆される[14]。

　一方，我々の計算で得られた安定な界面について電子状態を計算したところ，電子エネルギーギャップ中に界面状態が生じ，固体電解質側に一部電子・ホール移動が可能な領域が生じることがわかった[12,13]。LCO/LPS 界面と緩衝層を入れた LCO/LNO/LPS 界面の両者を比較したところ，図 6(a) のような価電子バンド（VB）（および伝導バンド（CB））の配置を持つことがわかった。LCO/LPS 界面では価電子バンド頂上の位置がお互い近い位置にあり，充放電の際に界面電子移動が生じうることがわかる。したがって，充電時に電子が固体電解質から引き抜かれ，それに伴い電荷中性を保つために Li^+ イオン欠乏が生じる（図 6(a)）[12]。一方緩衝層では価電子バンド頂上が LCO，LPS よりも低く，両者の間の電子移動を抑制する役割をすることがわかる[12]。したがって，固体電解質側での Li^+ イオン欠乏が抑制されうることが示された。この電子移動抑制はバンドギャップが大きい（かつ Li^+ イオン輸送がある程度可能な）d 電子がない d^0 電子系

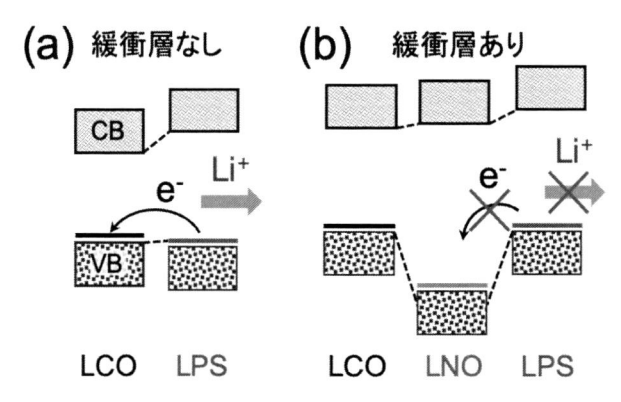

図 6　緩衝層の有無による LCO 正極–LiNbO$_3$（LNO）緩衝層–LPS 固体電解質界面の
　　　電子エネルギーバンド配置

の酸化物で効果が大きいことが推定され，実際 $LiNbO_3$ や $Li_4Ti_5O_{12}$ などの d^0 電子系酸化物が緩衝層として用いられることと整合する。この界面電子移動は界面分極を変化させ，それが界面近傍の Li^+ イオン化学ポテンシャルの変化に寄与することも推定される（図7）。

　我々が提案しているコンセプトは，最近観測されている硫化物電解質系の界面酸化反応や[21〜23]，酸化物固体電解質界面における低抵抗[24,25]についても説明が可能である。前者については，動的な Li^+ イオン欠乏が起きると対応するアニオン PS_4^- が過剰になる領域が界面近傍に生じる。ここでさらに電子引き抜きが起こると固体電解質内で酸化反応が起こり，より酸化数の大きい硫黄系物質が生じうる。後者に関しては，酸化物固体電解質は一般に価電子バンド頂上が低い位置にあることから，界面電子移動が抑制されるために動的な Li^+ イオン欠乏が起こりにくい。以上のように，界面ナノスケール領域におけるユニバーサルな描像が得られつつある。

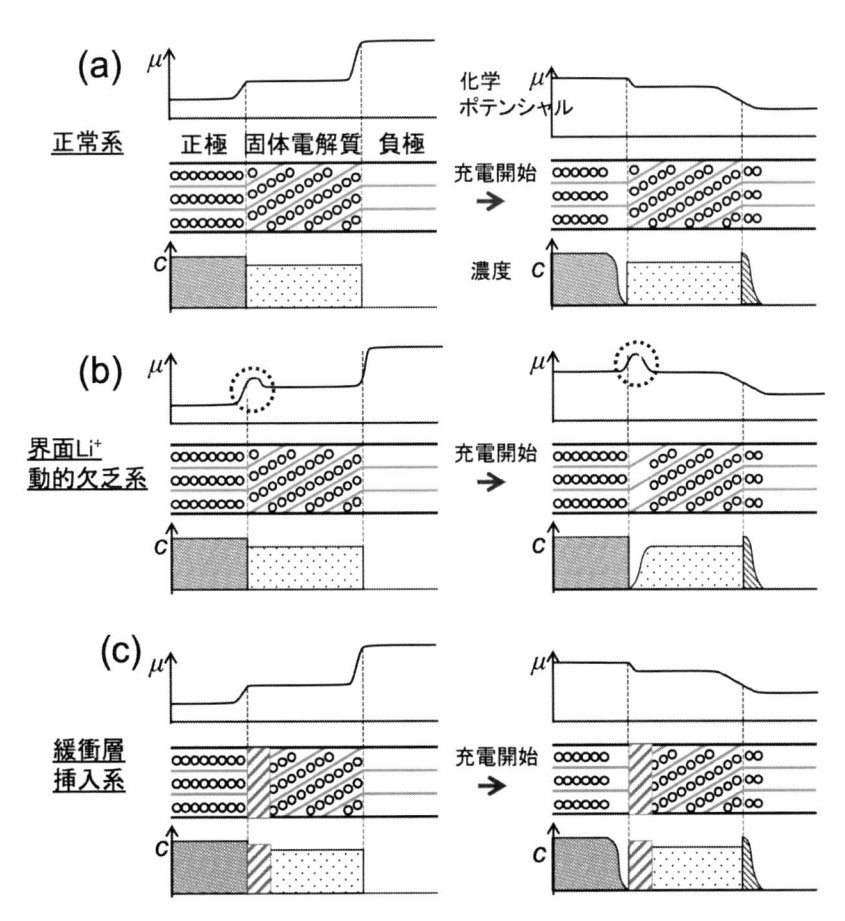

図7　平衡状態（完全放電状態）（左）と充電初期状態（右）の Li^+ イオン化学ポテンシャル，Li^+ イオン分布の模式図

（a）正常な全固体電池，（b）固体電解質界面に動的な Li^+ イオン欠乏が生じる全固体電池，(c) 緩衝層を導入した全固体電池。

最後に電位窓に関する熱力学的第一原理計算と我々の研究からの知見について考察する。近年，界面を含まない第一原理計算を元に熱力学的安定性を議論する論文が多数出版されており[26~30]，硫化物系固体電解質については小さな電気化学窓しか持ち得ない，つまり簡単に電気化学反応を起こすことが示されている。しかし，現実には固固界面近傍は原子・イオンで満たされており，反応物や中間生成物を受け入れるだけの空間的余裕がない可能性が考えられる。これらを明らかにするためには，界面のキネティクスを考慮したモデリングが重要になると考えられ，それは今後の課題である。

4 おわりに

本稿では，我々が確立してきた，材料内に埋もれた構造無秩序性のあるヘテロな固固界面構造のサンプリングに関する高精度第一原理計算アプローチの紹介と，それを用いた全固体電池正極-電解質界面の界面抵抗の起源解析について説明した[12~16]。ヘテロ固固界面の高精度構造サンプリングは近年ようやく可能となってきた新しいトピックであり，今後さらなる発展が期待される。本稿がその礎になれたら幸いである。さらに全固体電池界面についても，特に計算研究で従来曖昧に扱われている平衡状態の電気二重層議論や充電・放電状態ごとの描像をクリアにしつつ，第一原理計算から得られる界面ナノスケール領域の電子移動と動的な Li^+ イオン欠乏について実証できたことは，今後より統一的な理解につながると期待される。これらの手法および概念は一般性が高く，負極金属や酸化物固体電解質に対しても適用可能であり，また蓄電池以外の一般の無秩序ヘテロ界面の高精度解析にも拡張可能であることを指摘しておく。これが蓄電固体の界面科学の新たな発展に貢献することを期待したい。

最後に，本稿で紹介した研究内容は現 東大物性研の春山潤助教，NIMS の Bo Gao 博士，Randy Jalem 博士，吉林大の Yanming Ma 教授，との共同研究に基づくものである。

文　　献

1) Z. Zhang *et al.*, *Energy Environ. Sci.*, **11**, 1945（2018）
2) R. Murugan *et al.*, *Angew. Chem. Int. Ed.*, **46**, 7778（2007）
3) F. Mizuno, M. Tatsumisago *et al.*, *Adv. Mater.*, **17**, 918（2005）
4) N. Kamaya, R. Kanno *et al.*, *Nat. Mater.*, **10**, 682（2011）
5) Y. Kato, R. Kanno *et al.*, *Nat. Energy*, **1**, 16030（2016）
6) N. Ohta, K. Takada *et al.*, *Adv. Mater.*, **18**, 2226（2006）

  7)　K. Takada *et al.*, *Solid State Ionics*, **179**, 1333（2008）

  8)　K. Takada, Y. Tateyama *et al.*, *J. Inorg. Organomet. Polym.*, **25**, 205（2015）

  9)　A. Sakuda, M. Tatsumisago *et al.*, *Chem. Mater.*, **22**, 949（2010）

 10)　Y. Ito, M. Tatsumisago *et al.*, *J Power Sources*, **360**, 328（2017）

 11)　K. Kishida, Y. Iriyama *et al.*, *Acta Materialia*, **55**, 4713（2007）

 12)　J. Haruyama, Y. Tateyama *et al.*, *Chem. Mater.*, **26**, 4248（2014）

 13)　J. Haruyama, Y. Tateyama *et al.*, *ACS Appl. Mater. Interfaces*, **9**, 286（2017）

 14)　B. Gao, Y. Tateyama *et al.*, submitted

 15)　Y. Tateyama *et al.*, *Curr. Opin. Electrochem.*, in press

 16)　B. Gao, Y. Ma *et al.*, *Sci. Bull.*, **64**, 301（2019）

 17)　Y. Wang, Y. Ma *et al.*, *Phys. Rev. B*, **82**, 094116（2010）

 18)　S. Kiyohara, T. Mizoguchi *et al.*, *Jpn. J. Appl. Phys.*, **55**, 045502（2016）

 19)　P. Giannozzi *et al.*, *J. Phys. Condens. Matter*, **21**, 395502（2009）

 20)　G. Kresse & J. Furthmüller, *Phys. Rev. B*, **54**, 11169（1996）

 21)　R. Koerver, J. Janek *et al.*, *J. Mater. Chem. A*, **5**, 22750（2017）

 22)　R. Koerver, J. Janek *et al.*, *Chem. Mater.*, **29**, 5574（2017）

 23)　T. Hakari, M. Tatsumisago *et al.*, *Chem. Mater.*, **29**, 4768（2017）

 24)　M. Haruta, T. Hitosugi *et al.*, *Nano Lett.*, **15**, 1498（2015）

 25)　S. Shiraki, T. Hitosugi *et al.*, *ACS Appl. Mater. Interfaces*, **10**, 41732（2018）

 26)　W. D. Richards, G. Ceder *et al.*, *Chem. Mater.*, **28**, 266（2016）

 27)　H. Yokokawa, *Solid State Ionics*, **285**, 126（2016）

 28)　S. P. Ong, G. Ceder *et al.*, *Energy. Environ. Sci.*, **6**, 148（2013）

 29)　Y. Z. Zhu, Y. F. Mo *et al.*, *J. Mater. Chem. A*, **4**, 3253（2016）

 30)　Y. Z. Zhu, Y. F. Mo *et al.*, *ACS Appl. Mater. Interfaces*, **7**, 23685（2015）

第12章　中性子散乱による固体電解質の構造解析

米村雅雄[*]

1　結晶性固体電解質の構造解析

1.1　固体電解質の構造解析の重要性

全固体電池において，固体電解質はキーマテリアルとなる。イオンが電極間を固体電解質を介して，どれだけ高速に輸送できるかで，全固体電池の出力特性が大きく異なる。そのため，イオン導電率が高い固体電解質が求められる。一方で，固体電解質として利用できる有望なイオン導電体はいまだ多くは発見されておらず，少数の物質群しかない。さらに電極物質との化学的・物理的マッチング（正負極における酸化・還元状態への耐性等）を考えると，固体電解質と電極活物質との組み合わせに幅がない。今後は固体電解質として利用できる超イオン導電物質群の豊富さが求められるため，さらに多くの固体電解質候補となるイオン導電性の高い超イオン導電体の開発が急務である。

固体電解質は，その構造学的視点から非晶質と結晶性物質に大別することができる。それらは構造だけでなく，イオン導電性を向上させる物質設計指針自体が大きく異なる。結晶性物質ではイオン導電に適した構造を構築してイオン導電性を向上させる。一方，非晶質では，その構造を乱れさせることでイオン導電性を向上させる。非晶質系イオン導電体は次章で扱うため，ここでは結晶性超イオン導電体だけに注目する。

結晶性超イオン導電体を構造学的に定義しておく。本来，三次元の格子点に原子もしくはイオンが局在し，移動しないのが固体である。しかしイオンが固体中を高速で移動することから，超イオン導電体は固体でありながら，一部の原子・イオンの並進の自由度が解けた構造であると定義できる。つまり，超イオン導電体では，可動イオンとその他のイオンで構造内での振る舞いが異なる。移動しないイオンは格子点上に留まって，可動イオンが通るための骨格構造を形成する役割がある。一方で，移動するイオンは骨格構造の隙間を通って高速に移動する。この時，移動するイオンが通れる場所は限定されており，イオンが通れる経路であるイオン導電経路のみを経由してイオンは移動することができる。そのため，物質設計手法を駆使して，イオン導電経路が最適化された骨格構造が実現できれば，さらに高いイオン導電率を示す物質が創成できるはずである。このような物質設計を行う指針として，結晶構造の評価は大変重要で，基礎的な理解を与えてくれる。またその物質群の相図を読み解くことによって，物質設計指針を発見することがで

＊　Masao Yonemura　高エネルギー加速器研究機構　物質構造科学研究所
中性子科学研究系　特別准教授

きる。本章では，固体電解質の構造解析手法の1つとして中性子線を利用した手法について取り上げ，新物質探索に利用できることを示す。

1. 2　超イオン伝導体と結晶構造解析の関係性

　結晶性の超イオン導電体の探索の難しい点は，目指した結晶構造が合成で得られるとは限らない点である。例えば，非晶質系で導電率の高い組成が見つかったとしても，その組成で単一相の導電性の高い結晶性物質が得られないこともある。そのため，結晶性イオン導電体で高イオン導電性の物質を創成するには，緻密な物質設計指針によりイオン導電に適したイオン導電経路を有する物質を探索し，そのイオン導電経路を最適化することが大変重要となる。

　これまで新規イオン導電物質の探索においては，決して思いつきや偶然によって新物質が発見されることはなかった。新物質の発見は，洗練されたアイデアと豊富な知識を有した限られた専門家の多くの時間をかけた試行錯誤が基礎となっている。専門家たちのアイデアの源は周期律表と，これまで発見されている物質の結晶構造のデータベースである。各元素が持つ特徴や特性を検討しつつ，それらをどのように組み合わせて結晶構造を構築するかは研究者の経験によるところが多い。一方，結晶構造手法も開発が進み，実験室レベルのX線回折装置でも合成した試料の構造同定が可能である。合成，構造同定，物性測定をルーチンワークとして，それぞれの関係性を理解しながら研究を進めることで，物質探索は高速化されてきている。

　結晶構造の決定は，既知の情報をどれだけ利用できるかで，その難易度が大きく異なる。例えば，①その組成で既知の構造，②異なる組成で類似構造が既知，③全く未知の構造，では全く異なる構造解析手法が必要である。すでに既知の構造の場合は，その既知構造を初期モデルとしてRietveld法を活用でき，容易に構造解析することができる。もし構造が既知でない場合でも，回折データベースを検索して組成違いの類似の回折データが存在すれば，原子・イオンの配置を検討するだけで，Rietveld解析が可能となる。しかし回折データベースにも類似の回折図形が存在しないような全く未知の構造の場合は，構造解析は非常に困難になる。このような場合は，単結晶を育成して単結晶未知構造解析を行うか，粉末未知構造解析を行うかの二択となる。粉末未知構造解析を行う方法を LGPS（$Li_{10}GeP_2S_{12}$）系の発見当時の構造解析を通して，そのプロセスを解説する。その前に結晶構造解析に必要な回折図形の取得方法についてまとめる。すでに放射光を含むX線回折法は多くの書籍や教科書で取り上げられていることから，ここでは中性子回折法についてのみ示す。また，次章で取り上げられる非晶質の構造解析も，中性子線を用いても可能であることを付け加えておく。

2 構造解析手法

2. 1 中性子散乱の特徴

　固体電解質に利用される超イオン導電体は，リチウムイオン，プロトン，ヒドリド，酸化物イオン，フッ化物イオンなどの軽元素がその可動イオンとなる。そのため，構造解析においては，これら軽元素を含めた構造解析が必須である。しかし広く利用されている実験室 X 線や放射光 X 線は，電子によって散乱される。そのため電子数が多い重元素になるに従いその散乱因子が大きくなるため，軽元素からの情報が相対的に小さくなる。したがって，X 線結晶構造解析においては軽元素の構造情報が不確かになる。しかし，中性子線は X 線と同じように散乱現象を起こすが，原子核によって散乱される。そのため，電子のないプロトンからも情報が得られる。図 1 （a）に中性子による散乱長を示す。軽元素でも重元素と同程度の散乱長が得られることが分かる。正スピネル構造を有するリチウムマンガンスピネル（$LiMn_2O_4$）のフーリエ合成マップ（2. 6 参照）を X 線散乱と中性子散乱で比較する。図 1（b）に示すように X 線ではマンガンと酸素が

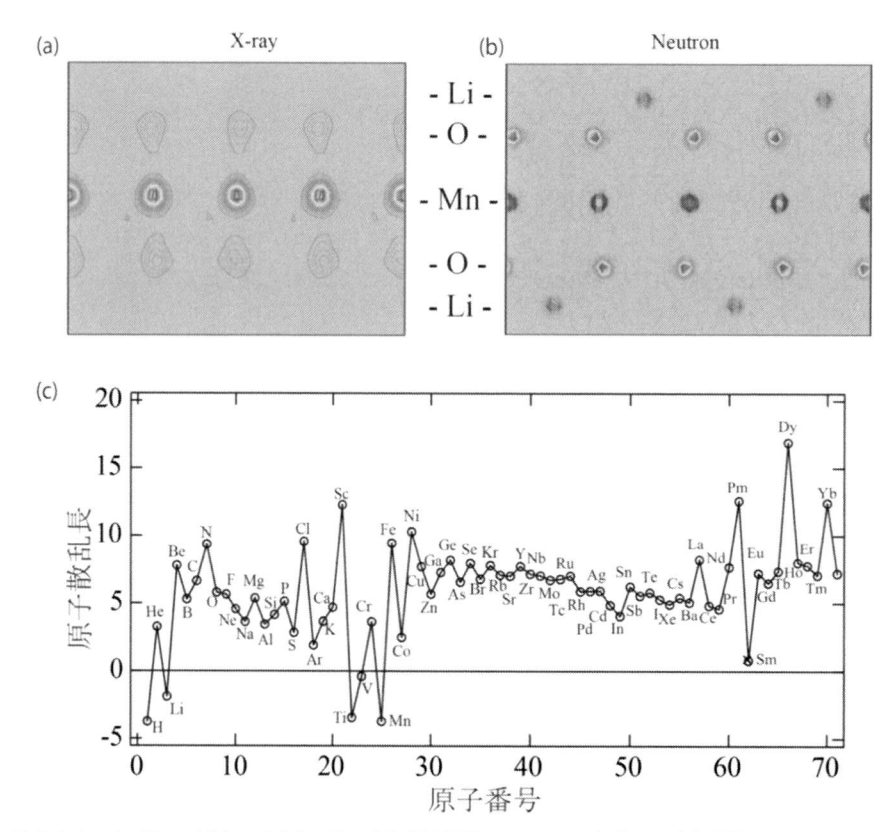

図1　リチウムマンガンスピネルの(a) X 線，(b) 中性子線のフーリエ合成図。(c) 中性子散乱長の原子番号依存性。

第12章　中性子散乱による固体電解質の構造解析

比較的観測されているのに対して，リチウム位置に電子密度がほとんど観測されていない。一方，図1(c)に示すように中性子ではリチウム，マンガン，酸素の位置に散乱長密度分布が観測されており，X線の場合と大きな違いがあるのが分かる。特に，図1(a)に示したように，リチウムやマンガンなどの特定の原子においては，中性子は負の散乱長を有するため，組成の組み合わせによっては，他の正の散乱長をもつ核種と比べて大きなコントラストが得られる。さらに層状岩塩型正極において原子番号の近いニッケルとマンガンなどの組み合わせにおいて，遷移金属層内におけるそれぞれの存在比などが解析可能となる。これら軽元素からの情報や負の散乱長を持つなどの特徴が，中性子回折法を用いた構造解析を行うメリットとなる。ここでは，X線と中性子線のどちらが構造解析のプローブとして優れているかという議論はしない。そのような議論は無意味であり，それぞれ一長一短がある。逆にX線（放射光を含む）と中性子線のように異なるプローブによる構造解析を推奨したい。マルチプローブで得られる構造解析結果は，より信頼性の高いものとなる。ここでは，あまり知られていない中性子線について主に取り上げる。

中性子線の特徴をまとめると次のようになる。

(1)　散乱の強さがX線散乱のように原子番号に依存しないので，重元素も軽元素も観察が容易であり，原子番号が隣接する元素同士でも識別可能である。このため，リチウムイオン導電体，リチウムイオン電池材料，燃料電池材料，セラミックス機能材料など，軽元素を有するさまざまな物質の構造解析や複数の遷移金属を混ぜ合わせた材料研究などに幅広く利用されている。

(2)　同位体間で散乱の大きさが異なるため，同位体により特定元素をラベリングすることが可能である。

(3)　中性子の波長に比べて無視できる大きさの原子核によって散乱されることから，原子1個からの散乱強度は散乱ベクトルにほとんど依存しない。一方，X線の場合は，散乱体の電子が広がって存在するため，散乱ベクトルが大きくなるほど散乱強度は小さくなる。

(4)　中性子と電子のもつスピンとの相互作用から磁気構造を調べることができる。

(5)　電荷をもたず中性である中性子は高い透過性をもつため，材料内部から情報を得やすい。

(6)　特に粉末試料では選択配向の影響を受けにくい。

(7)　散乱に寄与する粒子の数がX線よりはるかに多い（粒子統計が大変良い）。

中性子散乱により，リチウムなどの軽元素を含む物質に対して，特に軽元素の位置や占有率に関する信頼性の高い情報が得られる。また透過性が高いため，物質の構造同定だけでなく，デバイス中の結晶構造解析も可能で，実電池中の電極活物質，固体電解質の構造と組成をリアルタイムに観測することも可能となる[1~6]。

2. 2　回折法の基礎

　互いの位置ベクトルが r_i である2つの原子に中性子（波数 k_1）が入射し，散乱される（波数 k_2）ことを考える（散乱ベクトル $Q = k_2 - k_1$）。2つの原子からの散乱波の位相が揃うときに波は強め合う。すなわち，位相差 $Q \cdot r_i$ が0のとき干渉することになる。結晶のように，原子が規則正しく配列していると多数の原子が互いに同じ距離にあるため，散乱ベクトルに応じて散乱波が強め合って干渉する。これがブラッグ反射として観測される。結晶だけでなく，液体やアモルファスでは，ほぼ等しい距離をもつ多数の原子が存在するため，やはり散乱波が干渉するが，干渉パターンは結晶に比べてかなりブロードである。干渉パターン，すなわち，ピーク位置や強度，形を解析することで，原子がどのように配列しているか，という情報を知ることができる。ここでは結晶の場合についてのみ考え，非晶質の構造解析に関しては次章で取り上げる。

　結晶性固体では，個々の原子は平均位置の周辺を熱振動しているが，時間的・空間的に平均した原子配列は規則的であり，並進対称性，回転対称性をもつ。対称性の基本単位を単位胞と呼び，この繰り返し（周期）が結晶全体に及ぶ。対称性で結晶構造を分類するため，まず結晶構造を結晶格子と基本構造（basis）から構成されると考えると，結晶格子の対称性は7晶系，14ブラベー格子に分類できる。さらに，基本構造を考慮に入れて結晶構造を対称性で分類すると32の点群，230の空間群に分類できる。なお，並進対称性の基本単位は単位胞であるが，単位胞内のすべての原子が独立なのではなく，多くは空間群に対応した対称操作により結びつけられているため，多くの等価なサイトが存在する。

　結晶からの散乱はブラッグ反射と呼ばれる強い干渉ピークを作り，これを解析（結晶構造解析）することにより，結晶構造の平均的な描像が得られる。平均構造からのずれが顕著な場合には，弱いブロードな散乱（散漫散乱）が得られる。ブラッグ散乱と散漫散乱を解析して結晶の配列の全体像を明らかにできるが，これが広い意味での結晶構造解析である。最近はブラッグ散乱と散漫散乱を分離せずにフーリエ変換を行う PDF（Pair Distribution Function）解析が注目されている。中性子散乱強度 $I(Q)$ は2つの関数，単位胞の結晶構造因子 $F(Q)$ と干渉関数 $G(Q)$ との積で表すことができる。

$$I(Q) = | F(Q)G(Q) |^2 \tag{1}$$

　単位胞結晶構造因子 $F(Q)$ はブラッグ反射の強度に対応する。ブラッグ反射強度は単位胞内の原子配列から計算できる。一方，干渉関数 $G(Q)$ はブラッグ反射の位置や形（プロファイル）に対応する。ブラッグ反射の位置から三次元の格子や格子定数（および空間群）が計算でき，プロファイルからは結晶の不完全性情報（有効歪みや有効結晶子サイズ，積層欠陥密度，転位密度，逆位相境界密度，モザイシティなど）を得ることができる。

2. 3　飛行時間中性子回折法

　中性子回折実験を行うには，当然ながら中性子源が必要である。中性子源は大きく分けて，研

究用原子炉と加速器の 2 種類がある。どちらの中性子源の場合も，現在のところ大規模実験施設が必要である。（余談ではあるが，小型中性子源も開発中である。）研究用原子炉として国内では，日本原子力研究開発機構の JRR-3 や京都大学複合原子力科学研究所（旧京都大学原子炉実験所）の KUR が有名である。2011 年の東日本大震災により研究実験炉も停止していたが，現在（2019 年 2 月執筆時）は中性子線実験施設としては KUR が稼働しており，JRR-3 は再稼働に向けて整備中である。原子炉中性子源では，白色光から単色光を取り出し，実験室系 X 線回折計や放射光 X 線回折と同じ角度分散型の回折計を用いて中性子回折実験が行える。

　一方，加速器型中性子源としては，茨城県東海村に高エネルギー加速器研究機構（KEK）と日本原子力研究開発機構（JAEA）が共同で運営している J-PARC（Japan Proton Accelerator Research Complex）内の物質・生命科学実験施設（Material and Life Science Facility：MLF）があり，世界最大級の中性子強度を誇る。この加速器型中性子源では，白色中性子を利用して，飛行時間型中性子回折法（Time-Of-Flight Neutron Diffraction Method：TOF 法）により測定が行われる。TOF 型中性子回折法はエネルギー分散型回折法の一種であり，中性子が一定距離を飛行するのに必要な時間を計測し中性子の速度（もしくはエネルギー）を解析する方法である。中性子の速度が計測しやすい程度に遅いため古くから行われている。

　中性子が発生した時刻を原点として，そこからの経過時間を計測することで中性子速度を得る。さまざまなエネルギーをもった中性子が同一時刻に発生するが，速度の違いを反映して，中性子発生後試料を経て最終的に検出器に到達するまでの時間 t が異なる。中性子の速度を v，モデレータから試料を経て検出器に至る距離を L とすると，中性子の速度は $v = L/t$ により決定できる。この式をド・ブロイの関係 $\lambda = h/mv$（λ：中性子の波長，h：プランクの定数，m：中性子の質量）に代入すると $\lambda = ht = mL$ となり，時間 t から波長 λ が求まる。ブラッグ反射が生じる場合，ブラッグの条件 $\lambda = 2d \sin \theta$ と $\lambda = ht/mL$ からブラッグ反射を生じる格子面間隔 d が式 (2) として計算できる。

$$d\,[\text{Å}] = \frac{t\,[\mu\text{sec}]}{505.555\left[\dfrac{\mu\text{sec}}{\text{Åm}}\right] L\,[\text{m}]\ \sin \theta} \tag{2}$$

　図 2 は式 (2) を図示したものである。TOF 法では，陽子加速器を用いたパルス中性子を利用する。中性子は時刻 0，距離 0 の原点（グラフの左下）で発生し，その波長もしくはエネルギーに応じて一定の速度（図では傾きが一定な直線）で進む。この中性子が試料（L_1 位置）により回折が起こる。回折現象は弾性散乱のため速度は散乱後も維持されるため傾きは一定である。最終的に，検出器位置（$L_1 + L_2$ 位置）で回折中性子が観測されるのが時刻 t である。

　これを具体的に J-PARC の MLF の装置に適用して考えてみる。J-PARC の陽子加速器は 25 Hz で運転されている。そのため 40 ミリ秒ごとに中性子が発生する。発生するパルス中性子は白色であり，波長分布をもっている。波長によって中性子のスピードが異なるため，発生時刻を原点として，検出器に中性子が到着する時刻を観測する。TOF 型の中性子回折計は，検出器が

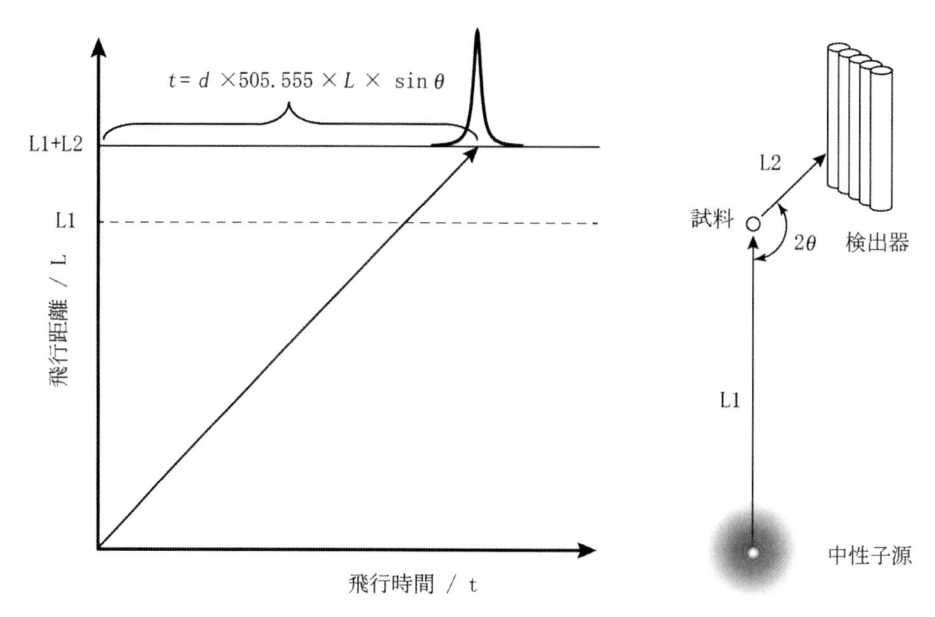

図2　TOF 法を用いた中性子回折実験の概念図
ブラッグ反射位置（面間隔, d）は，飛行距離（L），飛行時間（t）と散乱角（2θ）の関数である（式(2)）。

固定されており，中性子源から検出器までの距離 L（$L_1 + L_2$）は既知で一定のため，距離と時間から波長が得られる。通常の実験では波長は 0.1〜10［Å］程度までが利用される。その中性子速度が数 km/sec 程度と遅いため，波長は精度良く求めることができる。回折中性子が検出器に到達する時刻を調べるため，中性子発生時刻を示す T0 信号と T0 信号を起点に時間を計測する時間分析器（time analyzer）を用いる。回折中性子が検出器に到着する毎に，その時刻と検出器位置情報をまとめて 1 つのイベント情報として記録するイベント方式により，計測機器にデータが記録される。つまり，実験中のすべてのイベント（検出器での検出時間と位置）情報が蓄積されることになる。そのため，このイベントデータによる集積方法では，中性子回折実験を実験に用いた各中性子パルスで発生した回折中性子にまでデータを分解でき，実験後にコマ送り再生するように実験データを確認することができる。この利点を最大限利用して，実験後にさまざまなデータ形式に変換可能である。例えば，通常の粉末構造解析に用いる縦軸カウント，横軸 TOF（面間隔 d もしくは q に変換可能）のヒストグラムに変換できる。そのほかに，デバイスの動作環境下測定（*operando* 測定）や *in situ* 測定のような実験の場合，充放電過程を 1 つの実験として測定後，必要な部分だけを切り出して時分割し，時系列処理する場合などに非常に役立つデータ蓄積手法となっている。

　次に実際の回折装置について考えてみたい。中性子減速材（中性子源の一部）から 52 m の位置に試料（$L_1 = 52$ m）がある特殊環境中性子回折装置 SPICA[7] を例にする。試料から 2 m の背面位置（$\sin \theta \approx 1$, $L_1 + L_2 = 54$ m）で測定される面間隔 $d = 0.5, 1.0, 2.0$［Å］のブラッグ反射

（回折線）は，それぞれ時刻 $t = 13.650, 27.300, 54.599$ [msec] に観測されることが，式(2)から計算できる。ただし40ミリ秒ごとに新たにパルス中性子が発生し，短波長の中性子は速度が速いことから，$t = 54.599$ [msec] の中性子は，検出器位置では新しく発生した中性子の発生時刻よりも後になる。そのため，先のパルスで発生した中性子（長波長）か次のパルスで発生した中性子（短波長）かを分離して計測することができなくなる。この現象をフレームオーバーラップという。SPICAでは，背面バンク（$\sin\theta \approx 1$）で40ミリ秒を越える時刻に到着する面間隔 $d > 1.465$ [Å] の大きなブラッグ反射を観測するには，式(2)から分かるように，①飛行距離の短い装置を用いるか（L を短くする），②低角の検出器を用いる（$\sin\theta$ を小さくする）ことが必要である。例えば，SPICAの低角バンクでは40 msec でも $d = 5$ [Å] を越えるブラッグ反射を容易に測定することが可能である。実際には，背面バンクでも $d = 4$ [Å] 程度を利用できるように，複数のディスクチョッパーやT0チョッパーを用いて25 Hzで発生する中性子を間引くように工夫されている。例えばSPICAでは，25/3 Hz（8.33 Hz）を，BL08 SuperHRPD[8,9]では，25/5 Hz（5 Hz）をそれぞれ標準モードとしており，25 Hzで発生する中性子を間引いて，TOFが120ミリ秒や200ミリ秒といった波長の長い中性子が利用できる。この方法だと背面の検出器データは低角の検出器を用いたときに比べて分解能がずっと高いが，例えば，上述の例で25/3 HzのSPICAでは $d = 4.3$ [Å] 程度，25/5 HzのSuperHRPDの標準モードでは $d = 4$ [Å] 程度が上限となる。しかし実際には d の大きな（> 4 Å）の回折線は疎らであることが多く，背面バンクの高分解能を必要としない。そのため，背面バンクと低角バンクから得られる回折図形を併用してマルチヒストグラム（複数回折図形）構造解析することで，測定時間を短縮するとともに，広い d 領域のデータを使うことで精度の高い解析を行うことができる。

2. 4　粉末結晶構造解析

　粉末結晶構造解析は，粉末の結晶試料から得られる一次元の回折データを用いて，三次元の結晶構造を解く解析手法である。まず，一次元に投影されたブラッグ反射位置の規則性と消滅則を使って三次元の格子を探索し晶系（および空間群）を決めることから始める。これには個々のブラッグ反射に h, k, l という指数を付けることに対応する。この指数付けを行う方法として，試行錯誤法や伊藤の方法[10]などの方法が提案され，対応するソフトウェアが開発されている。

　伊藤の方法では，ブラッグ反射の位置（面間隔 d）から計算された Q_d（$= 1/d^2$）のリストの中から，伊藤の式，

$$2\{Q_d(K_1) + Q_d(K_1)\} = Q_d(K_1 + K_2) + Q_d(K_1 - K_2) \tag{3}$$

を満たす逆格子ベクトル K_1 と K_2 を見つけると，K_1 と K_2 から平面格子が作られることを利用する。三次元の格子は複数の平面格子から構成することができる。伊藤の方法を用いたソフトウェア "Ito" は現在でも幅広く利用されている。この方法を数学的に発展させ，ソフトウェアに結実させたのが大強度陽子加速器施設J-PARCにおける粉末回折データ解析環境Z-Codeの整備

の一貫として開発されたソフトウェア"Conograph"であり，Conwayのトポグラフと呼ばれるグラフ理論を応用して三次元の格子を作る。このソフトウェアは，ピークサーチの誤差が多少あっても確実な結果が得られる最新の手法を用いている[11]。

　指数付けが完了すると，次に式(1)の$|F(Q)|^2$あるいはブラッグ反射の強度を解析して単位胞内の原子配列を求める。このとき，モデルフリーで解析することを未知構造解析と呼ぶ。三次元の原子配列の情報を一次元の粉末回折図形から得るのは容易ではないが，近年さまざまな方法が提案され有効性が示されたことで，利用者が増大している。未知構造解析の第一の方法は，各反射とそれぞれの積分強度のリストから構造を求めていくもので，代表的な方法に直接法やパターソン法などがある[12, 13]。第二の方法は，実空間における初期構造モデルから，モンテカルロ法や遺伝的アルゴリズムなどのグローバル最適化法を用いて構造モデルを修正していくもので，実空間法と呼ばれる[12, 13]。

　構造が全くの未知である場合は上記の方法で構造解析していく以外方法がない。しかし実測された粉末回折図形が，データベースとして登録されている既知もしくは類似物質の回折図形で説明できる場合がある。X線回折図形をデータベースと照合することで物質同定を行うハナワルト法は，1936年にHanawaltらによって提案されたが，現在に至るまで広く用いられ，データベースはASTMカード，さらにJCPDSカードに引き継がれてきた。現在では，20万件を超える登録データをもつ電子ファイルPDF（Powder Diffraction File）と検索システムがICDD（International Centre for Diffraction Data）により提供されている。粉末X線回折装置（XRD）と同時に導入すれば，XRDが強力な分析機器となる。ハナワルト法では，実測された回折図形から強度の強い順に3本を選び（3強線），強度比と面間隔（d）を，データベースに記録された既知物質のそれと比較することで物質同定を行う。実測データをデータベースと比較する順検索とデータベースを実測データと比較する逆検索があるが，実測データに不純物ピークがある場合には逆検索がよい。なお，中性子でも，パルス中性子回折データに対して同様な方法が開発されている。

2. 5　Rietveld法

　構造が既知であれば，既知の構造情報を初期値として，最小二乗法などを用いて正確な結晶構造パラメータに精密化することができる。粉末回折データに対してもっぱら利用される手法が1966年にH. M. Rietveldにより提案されたRietveld（リートベルト）法である[14〜16]。リートベルト法とは，結晶構造モデルに基づいたシミュレーション回折図形$f_i(X)$が，実測回折図形y_iをできるだけ再現するように，格子定数，プロファイル関数のパラメータ，占有率，原子座標，原子変位パラメータなどを最適化する方法であり，

$$S(x) = \sum_i w_i[y_i - f_i(x)]^2 \tag{4}$$

を最小にするパラメータの組み合わせを非線形最小二乗法により求める。リートベルト解析は，

ブラッグ反射の重なり合った回折図形から構造パラメータを抽出することを可能にした。GSAS, FullProf, TOPAS, RIETAN, MAUD, LHPM, Rietica など多くの Rietveld 解析ソフトウェアが知られており，それぞれ多数の利用者がいる。J-PARC における粉末回折データ解析環境ソフトウェア群 Z-Code の 1 つとして，ソフトウェア Z-Rietveld[17] が全くゼロから開発されている。このソフトウェアはリートベルト解析に留まらず，新しい測定手法にも対応するなど，さまざまな新しい特徴がある。

　リートベルト解析の結果からは，結晶学的情報として格子定数，原子座標，原子変位パラメータなどの構造パラメータと標準偏差が得られ，これらから原子間距離や角度と標準偏差が計算できる。得られた構造パラメータを解釈することが重要である。外部環境（温度，圧力，磁場など）や組成を変化させた測定データがあれば，リートベルト解析からさまざまな物理量を求めることも可能となる（パラメトリックスタディ）。目的に応じて解析した構造情報から計算科学的手法に展開することもできる。マキシマム・エントロピー法（MEM）を適用して原子核密度分布（正確には散乱長密度分布）を得ることも行われている。

　未知構造の解析を行うためには，結晶学的に独立な原子数の 10 倍以上の分離した反射が必要とされている[15]。一方，リートベルト解析では最低 5 倍の分離した反射が必要という主張[15]があるが，その数は格子定数間の差や構造パラメータの数，プロファイルの一致度にも依存し，さらに得られた結果の信頼性にも影響を与える。

　以上，中性子回折データの解析の流れを概観した。基本的に解析の流れは X 線回折図形を用いる場合と変わらない。したがって，解析者は X 線（電子を見る）と中性子（原子核を見る）の違いを考えながら，2 つの回折図形を使い分け，相補的に使うことが大切である。例えば，放射光と J-PARC のデータを同時に解析して，軽元素であるリチウムや水素の数（一般的には中性子データの質が高い），共有結合の有無（X 線でないと得られない），電子とイオンの分布（両者を組み合わせることで新たな情報が得られる），骨格構造とその変化（構成元素により中性子や X 線を使い分けるとよい），などを研究することができる。

2. 6　フーリエ合成と Maximum Entropy Method Analysis（MEM 解析）

　電子・核散乱密度 $\rho(r)$ が構造解析から計算できれば，未知構造解析やイオン導電経路の推定に非常に役に立つ。電子・核散乱密度 $\rho(r)$ を求める方法として，フーリエ合成（Fourier Synthesis）[18] と MEM（Maximum Entropy Method）解析[19~22]がある。それぞれの解析手法には一長一短がある。フーリエ合成では，電子・核散乱密度 $\rho(r)$ を観測結晶構造因子 F_{obs} のみで計算することができる。この時，$\exp(-2\pi ik\cdot r)$ による波の重ね合わせてとして表現される。そのために，得られる電子・核散乱密度 $\rho(r)$ は，図 3(a) のように高密度分布は明確に分かるため，原子位置を捉えることができる。一方，波の重ね合わせによる計算であることから，低密度分布は細かく振動する。そのため，イオン導電経路のように低密度分布には信頼性に疑問が残る。

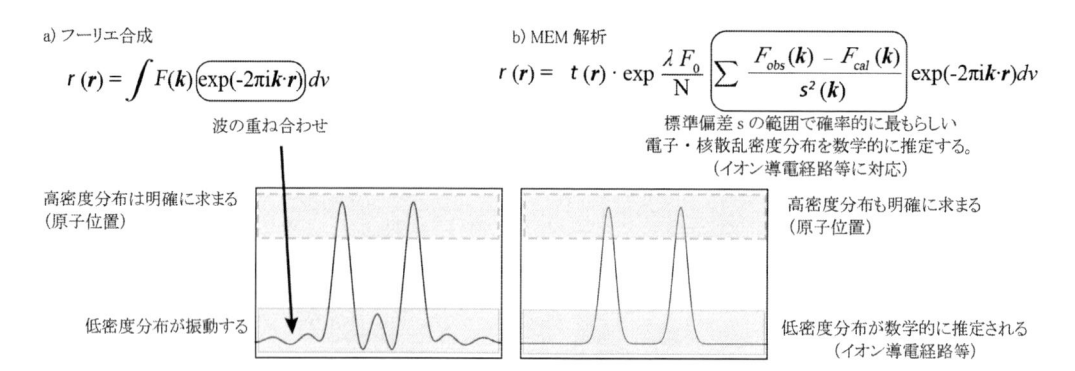

a) フーリエ合成

$$r\,(\boldsymbol{r}) = \int F(k)\,\boxed{\exp(\text{-}2\pi i\boldsymbol{k}\cdot\boldsymbol{r})}\,dv$$

波の重ね合わせ

b) MEM 解析

$$r\,(\boldsymbol{r}) = \; t\,(\boldsymbol{r}) \cdot \exp\,\frac{\lambda\,F_0}{\mathrm{N}}\,\boxed{\sum\,\frac{F_{obs}(k)\,-\,F_{cal}\,(k)}{s^2\,(k)}}\exp(\text{-}2\pi i\boldsymbol{k}\cdot\boldsymbol{r})\,dv$$

標準偏差 s の範囲で確率的に最もらしい
電子・核散乱密度分布を数学的に推定する。
（イオン導電経路等に対応）

高密度分布は明確に求まる
（原子位置）

低密度分布が振動する

高密度分布も明確に求まる
（原子位置）

低密度分布が数学的に推定される
（イオン導電経路等）

c) MEM 解析による Cu イオン導電経路の可視化

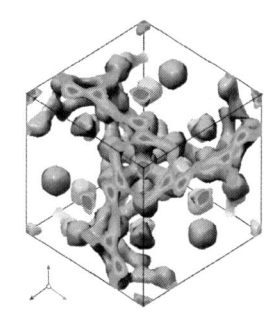

**図3　a）フーリエ合成と b）MEM 解析の特徴と c）MEM 解析による Rb$_4$Cu$_{10}$Cl$_{12.2}$I$_{0.8}$ の Cu イオンの
イオン拡散経路の可視化**

$$\rho(\boldsymbol{r}) = \int F(\boldsymbol{k})\,\exp(-2\,\pi i\boldsymbol{k}\cdot\boldsymbol{r})\,\,dv \tag{5}$$

一方で，MEM 解析では，電子・核散乱密度は下記のように表される。

$$\rho(\boldsymbol{r}) = \tau(\boldsymbol{r})\cdot\exp\left[\,\frac{\lambda F_0}{N}\sum_{\boldsymbol{k}}\frac{\{F_{obs}(\boldsymbol{k})-F_{cal}(\boldsymbol{k})\}}{\sigma^2(\boldsymbol{k})}\exp(-2\,\pi i\boldsymbol{k}\cdot\boldsymbol{r})\right] \tag{6}$$

MEM 解析では，電子・核散乱密度は，観測結晶構造因子 F_{obs} と誤差 σ を使って計算する。結果として，波の重ね合わせの成分に加えて，$\sum_{\boldsymbol{k}}\dfrac{\{F_{obs}(\boldsymbol{k})-F_{cal}(\boldsymbol{k})\}}{\sigma^2}$ によって，標準偏差の範囲内で確率的にもっともらしい電子・核散乱密度を数学的に推定することになる。数学的な取り扱いにより，フーリエ合成で得られる低密度分布の振動が最も小さくなり，低密度分布の電子・核密度分布が得られる。銅イオンとして最も高い導電率を示す Rb$_4$Cu$_{10}$Cl$_{12.2}$I$_{0.8}$ の銅イオン導電（拡散）経路を可視化した結果を図3(c)に示す。銅イオンが三次元的に拡散しており，イオン拡散と結晶構造の関係が詳細に理解できる情報となる。

3　結晶構造解析の実例

3. 1　試料の準備

　結晶構造解析のためには，まずは対象となる試料の質を最大限まで上げておくことが絶対的に重要である。既知構造の構造解析では，多少の（組成と構造が既知の）不純物（出発物質や副生成物）が含まれていても，主相が分かっており，不純物相が出発原料から類推する場合であれば，容易に解析できる。しかし，類似構造の探索が必要な場合や，未知構造解析を行う場合の構造解析は，できる限り単一相の試料にしておかなければ，不純物相の回折線と主相の回折線の区別がつかないことがある。その場合，指数付けの信頼性が悪くなり，指数付けを何度も試行することとなる。最終的に試料の質が問題となり構造決定が不可能となるなど，質の悪い試料での構造解析は解析者にメリットになることは何もない。

　試料量は，（放射光）X 線回折測定では 50 mg 程度で十分である。しかし，中性子回折測定の試料量は，中性子線強度と回折装置に依存する。MLF の中性子線強度は 1 MW に向けて徐々に強度を増している。現在（2019 年 2 月執筆時）は約 500 kW での運転である。J-PARC で大強度装置群（BL09，20，21）であれば，組成によって異なるが 500 mg 程度あれば数分から数時間で，Rietveld 解析に適した測定が可能である。測定時間の決定は，組成や結晶構造の対称性，サテライトピークの有無によって異なり，一律に決めることはできない。さらに原子種によっては，中性子吸収が大きいものがあり，特殊形状のセルを用いることもある。測定方法，測定時間に関しては，装置担当者と相談して決定するのが最良であり，測定を希望する場合はまず装置責任者と相談することをおすすめする[23]。

3. 2　中性子構造解析の実例

　既知の構造解析に関しては，さまざまな文献で多く紹介されている。Rietveld 法を用いるだけであれば，近年のソフトウェア開発により，わずかな結晶学の知識だけで解析することができる。ここでは，最も難しい未知構造解析について解説する。例題として 2011 年に発見された $Li_{10}Ge_2PS_{12}$（LGPS）系固体電解質[6]を取り上げる。LGPS 系を含め極めて高いイオン導電性が，どのような結晶構造から発現し，どのようなイオン導電機構によってイオンが拡散しているかは，さらに高性能な材料の物質設計のための大変重要な情報となる。そのため，新しいイオン導電物質を発見したら，まず構造解析を行うことが大切である。

　未知構造解析において，結晶構造解析をする最初の手がかりとなるのは，結晶の組成分析値である。そして，回折図形である。LGPS 系固体電解質が発見されたとき，LGPS の結晶組成は高周波誘導結合プラズマ発光分光分析法（ICP）測定による化学組成分析により，Li：Ge：P：S＝10：1：2：12 であると分析結果が出ていた。ついで X 線回折測定が行われた。実験室系 X 線回折図形から，この物質の端成分の Li_4GeS_4 と Li_3PS_4 のどちらの結晶構造とも異なり，さらに類似の回折図形は存在しておらず，全く未知の結晶構造であることが明らかとなった。こうなる

と，単純な Rietveld 法による解析は難しく，未知構造解析を試みるしかない。LGPS の発見当初，単結晶ではなく粉末多結晶でしか得られていなかったため，未知構造を解くために粉末回折データだけを用いるしかなかった（単結晶が存在すると，未知構造解析はある程度容易となる）。そのため，この結晶構造を解くために，①指数付けプログラムにより単位格子の格子定数と晶系を明確にし，②粉末回折図形による *ab initio* 法による構造モデルの大域最適化を行う手法を試すことにした。この未知粉末材料構造解析の手順は次のようなものである。

- （1）　実験室系 X 線回折図形もしくは放射光回折図形を測定
- （2）　指数付けプログラムによる格子定数と空間群の推定
- （3）　未知構造解析ソフトウェアによる骨格構造を推定
- （4）　X 線リートベルト解析により，リチウムを除く骨格構造を精密化
- （5）　中性子回折図形を測定
- （6）　フーリエ合成と Rietveld 法により，リチウムイオンの位置と占有率を精密化
- （7）　最終的な結晶構造の確定

　未知の結晶構造解析では，最初に行う指数付けと，その結果から空間群を決定することがもっとも大事なことである。LGPS 系の未知構造解析では，基礎データとなる放射光 X 線回折データを SPring-8 の透過型粉末回折計 BL02B2 ビームラインで測定し，プログラム DICVOL[24] を用いて，基本となる結晶格子を解析した。指数付けではいくつかの候補が示される。その中から，消滅則：$hk0 : h + k = 2n$, $hkl : l = 2n$, $00l : l = 2n$, $h00 : h = 2n$ の関係性が得られ，この消滅則を満たす空間群として正方晶の空間群 137, $P4_2/nmc$ がこの回折図形と最も一致した。この正方晶を仮定した格子定数は $a = 8.6975$ [Å], $c = 12.6105$ [Å] となり，格子定数を求めることができた。

　次のステップとして，この単位格子内における Ge，P，S が作り出す多面体分布を解析した。この解析には，プログラム FOX[25] を用いた。FOX の特徴は，GeS_4，PS_4 などの多面体配置を利用したシミュレートが可能で，その構造因子と回折プロファイルを比較できる *ab initio* シミュレーションを取り込んだ構造解析ソフトウェアである。同様なソフトウェアとして EXPO2014[26] も存在している。これらのソフトウェアは未知構造解析ソフトウェアとしてそれぞれ特徴があり優れている。今回 FOX を利用した理由は，EXPO2014 には利用したかった多面体配置シミュレーション機能がなかったことである。まず FOX を利用して放射光 X 線回折データからリチウムイオンを除く骨格構造を導くための解析を行った（解析手順(3)に相当）。FOX を使って，何度も多面体配置のシミュレーションを繰り返し，いくつかのモデルを導出しながら解析を進める必要がある。導出された構造モデルを丁寧に見ていく過程で，最終的なリートベルト解析に用いられる結晶構造モデルとなる GeS_4，PS_4 の分布が得られた。この構造モデルが正しいかどうかを確かめるために，放射光 X 線回折図形をリートベルト法により確認した。リチウムのような軽元素は多少解析に影響するが，リチウムイオンを含まない構造モデルによる X 線リートベルト解析でも，計算値と観測値はよく一致した。それでこの粉末結晶の基本的な構造

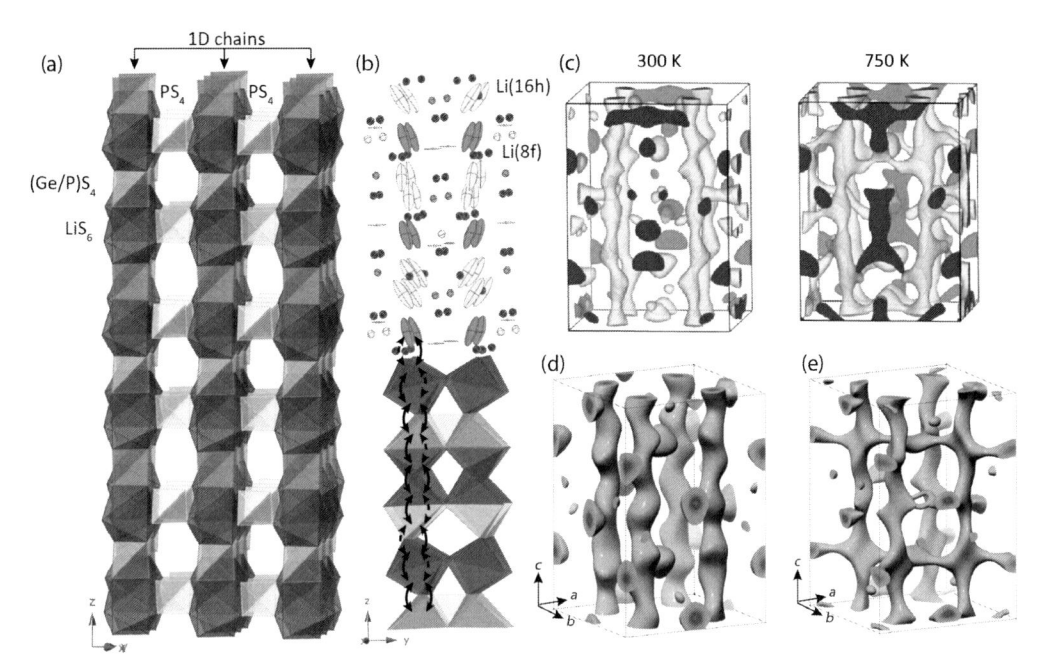

図 4　(a) LGPS の骨格構造と (b) リチウムイオン配置。(c) $Li_{10}GeP_2S_{12}$ の 300 および 750 K，(d) LGPS と (e) $Li_{9.54}Si_{1.74}P_{1.44}S_{11.7}Cl_{0.3}$ の室温のリチウムイオン導電経路の可視化像。

として，FOX が導きし出した $(Ge, P)S_4$ 多面体が作る骨格構造であると推定することで，リチウムイオンを含まない結晶構造を得られた。

　次のステップは，Li イオンの位置と量を明確にすることである。そのために中性子回折実験を J-PARC MLF SuperHRPD で行い，測定条件は室温，最高分解能バンク（背面バンク）を用い，測定範囲を $0.5 < d\,[Å] < 4$ とした。結晶構造解析には，Z-Rietveld を用いた。リチウムイオンの位置は，先に FOX による解析結果から GeS_4，PS_4 による骨格構造の隙間を考察すると推測した。さらに中性子回折図形のフーリエ合成図からリチウム位置を決定し初期構造モデルとして骨格構造とした。図 4(b) の結晶モデルに，リチウム位置が 3 つあるモデルを仮定し，Rietveld 解析により構造の精密化を行った。その結果，計算値と観測値のよい一致が得られたため，1 つの構造モデルとして報告した[6]。この論文が発表された後，短時間の間に複数の計算化学的手法による関連論文が発表された。そのうちの 1 つで Adams らが，新たなリチウム位置を 1 つ提案した[27]。その Li 位置を取り込んで解析した結果，さらによいフィッティングを行うことができ，最終的に Li 位置が 4 つある構造モデルを正しいものとしている。最終的な構造を図 4(a) に示す。骨格構造は，$(Ge_{0.5}P_{0.5})S_4$ 四面体と LiS_6 八面体が稜を共有して形成された一次元鎖が PS_4 四面体によって連結された構造である。図 4(b) にリチウムイオンの配置を示した。$16h$ 位置と $8f$ 位置を占めるリチウムイオンが LiS_4 四面体を形成する。それらのリチウムイオンの原子変位パラメータは c 軸方向に大きく広がっており，このことから c 軸方向のリチウムイオンが拡散していると推察された。図 4(c) に MEM 解析による LGPS のリチウムイオンの核密度

分布を示した。室温において Li1 と Li3 を含む c 軸方向にイオン導電経路が広がっていることから，イオン導電は c 軸方向の一次元拡散であると推測できる。高温においては，Li4 位置のリチウムイオンが Li1 と Li3 の協奏的に導電することで，三次元拡散経路へと変化している[28]。図4(e)は，2016 年に発見された $Li_{9.54}Si_{1.74}P_{1.44}S_{11.7}Cl_{0.3}$（LSPSC）[4]の室温の回折図形を MEM 解析した結果である。LGPS で高温時に現れていた三次元拡散が，室温で実現していることが分かる。このようにイオン導電経路を可視化することで，LGPS の 2 倍のイオン導電率を有する理由であると理解することができる。このようにイオン導電性を高める上で，イオン導電体の構造解析と，イオン導電経路の可視化が物質探索に大変重要であることが分かるであろう。

4　まとめ

　実験室，放射光 X 線および中性子線を利用した結晶構造解析で，結晶構造内でリチウムイオンなどの可動イオンがどのように移動しているかイオン導電経路を可視化することが可能である。構造解析の難易度は，測定した物質が既知，類似，未知構造かによって大きく異なる。既知の構造であれば，Rietveld 法により構造解析が可能である。類似構造が存在する場合は，結晶データベースを活用することで構造解析できる可能性が高い。未知構造に関しては，直接法を用いた解析が必要で，難易度は相当に高い。それでも，指数付け，フーリエ合成や MEM 解析といった結晶学ソフトウェアの開発が進み，結晶学が専門でなくても未知構造解析が可能になりつつある。現在，固体電解質の探索においては，合成，結晶構造解析，物性評価がルーチンワークとなり，イオン導電経路の可視化などツールも揃いつつある。物質設計に向けたアイデアがあれば，固体電解質として使用できる，新規（奇）の超イオン導電物質群が発見されるのも近いと期待される。

文　　献

1) S. Shiotani *et al.*, *J. Power Sources*, **325**, 404（2016）
2) S. Taminato *et al.*, *Sci. Rep.*, **6**, Article# 28843（2016）
3) G. Kobayashi *et al.*, *Science*, **351**, 1314（2016）
4) Y. Kato *et al.*, *Nat. Energy*, **1**, Article# 201630（2016）
5) S. Hori *et al.*, *Faraday Discuss.*, **176**, 83（2014）
6) N. Kamaya *et al.*, *Nat. Mater.*, **10**, 682（2011）
7) M. Yonemura *et al.*, *J. Phys. Conf. Ser.*, **502**, Article# 012053（2014）
8) S. Torii *et al.*, *J. Phys. Soc. Jpn.*, **80**, Article# SB020（2011）
9) S. Torii *et al.*, *J. Phys. Conf. Ser.*, **502**, Article# 012052（2014）

10) T. Ito, *Nature*, **164**, 755 (1949)

11) R. Oishi-Tomiyasu, *J. Appl. Cryst.*, **47**, 2048 (2014)

12) 神山崇, 日本結晶学会誌, **44**, 168 (2002)

13) 佐々木明登, 日本結晶学会誌, **56**, 307 (2014)

14) H. M. Rietveld, The Rietveld method, p.39, Oxford University Press (1993)

15) R. J. Hill, The Rietveld Method, Chap.5, Oxford University Press (1993)

16) 神山崇, 日本結晶学会誌, **40**, 301 (1998)

17) R. Oishi-Tomiyasu *et al.*, *J. Appl. Cryst.*, **45**, 299 (2012)

18) 桜井敏雄, X線結晶解析の手引き（応用物理学選書（4）), 7章, 裳華房 (1983)

19) 坂田誠, 日本結晶学会誌, **30**, 135 (1988)

20) 坂田誠, 高田昌樹, 日本結晶学会誌, **34**, 100 (1992)

21) 坂田誠, 日本結晶学会誌, **36**, 192 (1994)

22) Y. Ishikawa *et al.*, *Phys. B Condens. Matter*, **551**, 472 (2018)

23) http://mlfuser.cross-tokai.jp/ja/

24) A. Boultif and D. Louer, *J. Appl. Cryst.*, **37**, 724 (2004)

25) V. Favre-Nicolin and R. Cerny, *J. Appl. Cryst.*, **35**, 734 (2002)

26) A. Altomare *et al.*, *J. Appl. Cryst.*, **46**, 1231 (2013)

27) S. Adams and R. P. Rao, *J. Mater. Chem.*, **22**, 7687 (2012)

28) O. Kwon *et al.*, *J. Mater. Chem. A*, **3**, 438 (2015)

第13章　放射光X線を用いた硫化物ガラス電解質の解析

尾原幸治[*1]，塩谷真也[*2]

はじめに

車載用の次世代電池として，全固体電池は高出力・高エネルギー密度が実現可能であり有望である[1~3]。全固体電池の性能は固体電解質の性能に左右されるため，その構造とイオン伝導率の相関解明は，新規電解質設計を行う上で極めて重要となる。硫化物系材料は，$Li_7P_3S_{11}$[4,5]，$Li_{10}GeP_2S_{12}$[6,7]，$Li_7P_2S_8I$[8]，$Li_{10}SnP_2S_{12}$[9]など，数々の高いイオン伝導率を示す化合物が発見され，次世代の固体電解質として興味深い。これらの基幹化合物となる $Li_2S-P_2S_5$ のガラス構造は，逆モンテカルロ（reverse Monte Carlo：RMC）シミュレーション[10,11]にて調べられ，イオン伝導の起源について議論されている[12,13]。さらに，近年は密度汎関数法（density functional theory：DFT）計算も併用され，$Li_2S-P_2S_5$ 系においてはガラス構造の電子状態も考慮されるようになった[14]。構造とイオン伝導の相関として，$Li_7P_3S_{11}$: $70Li_2S-30P_2S_5$ は再結晶化させることにより，高イオン伝導相を示すものの，それ以外はイオン伝導率を減少させる[15]。しかし，熱処理，すなわちアニールの最適化により，Li_3PS_4: $75Li_2S-25P_2S_5$ は高いイオン伝導性を示すことが分かってきた。これは，従来とは異なる高イオン伝導性メカニズムが，ガラス構造中に発現したことを期待させる。本章では，硫化物ガラス $Li_2S-P_2S_5$ のアニール過程のガラス・結晶の混在構造について，放射光X線を用いた二体分布関数（pair distribution function：PDF）法より解析した内容を紹介する。

1　放射光X線を用いたガラスの構造解析

放射光の明るさ（輝度）は従来のX線発生装置から得られる光の明るさに比べ，数万倍から数百万倍以上高い。また，高エネルギー領域のX線を利用したPDF解析は，より精密な解析，高い実空間分解を可能とする。ゆえに，ガラス・非晶質材料の不規則な原子配列について，実験的に直接観察できる重要な解析ツールである。放射光施設には，素粒子物理学研究用で放射光利用専用ではない第一世代，偏向磁石からの放射光利用専用が主力の第二世代，そして専用の加速

＊1　Koji Ohara　（公財）高輝度光科学研究センター　利用研究促進部門　回折・散乱Ⅱグループ　主幹研究員

＊2　Shinya Shiotani　トヨタ自動車㈱　電池材料技術・研究部　電池先行開発室　主任

器にアンジュレータ主体の挿入光源を多数設置できるように設計された第三世代が存在する。第三世代の大型放射光施設と呼ばれるものには，世界に SPring-8（日本），APS（米国），ESRF（仏）の 3 つが存在する。

　SPring-8 の高エネルギーX 線回折ビームライン BL04B2 は，非晶質材料の構造解析を主目的として設計され，高エネルギーX 線領域での集光光学系として水平振りの湾曲型結晶分光器を採用している。この分光器は，1 結晶分光器でブラッグ角 3°に固定され，Si(111) と Si(220) 結晶を切り替えることにより，それぞれ 37.8 keV（113.4 keV: Si(333) 反射による高次光），61.4 keV の単色放射光 X 線を得ることができる[16, 17]。図 1 に，BL04B2 ビームラインの放射光 X 線 PDF 解析装置の模式図を示す。本装置は，流動性のある液体試料の取り扱いやすさを優先して，水平振りの大型 2 軸回折計を採用している。PDF 解析用のデータは，分光器で単色化された X 線を回折計のサンプルへ照射し，試料から散乱された X 線を検出器により測定する。なお，照射する X 線量がわずかに変動するため，その強度を試料位置の手前で，イオンチャンバーにてモニターし，試料の散乱強度をこの入射強度で規格化する。PDF 解析には広い散乱角度のデータが必要であり，BL04B2 では，2013 年 4 月よりポイント型検出器 3 台を 16°間隔で設置するシステムを採用し，測定時間の短縮が実施された。さらに，2017 年 4 月からは，図 1 に示すように，CdTe 半導体検出器 4 台と Ge 半導体検出器 3 台を 8°間隔で設置したシステムへアップグレードし，さらに測定時間の短縮が図られた。現状は回折計の 2θ アームを 9°動かす測定によって 7 個の検出器のデータが全て重なり，$2\theta = 0.3 \sim 57°$（X 線のエネルギーが 61.4 keV：波長 $\lambda = 0.2$ Å の場合，散乱ベクトル $Q = 4\pi \sin(2\theta/2)/\lambda = 0.15 \sim 28$Å^{-1}）の広い範囲の X 線構造因子（structure factor：$S(Q)$）を数時間で得ることができる。

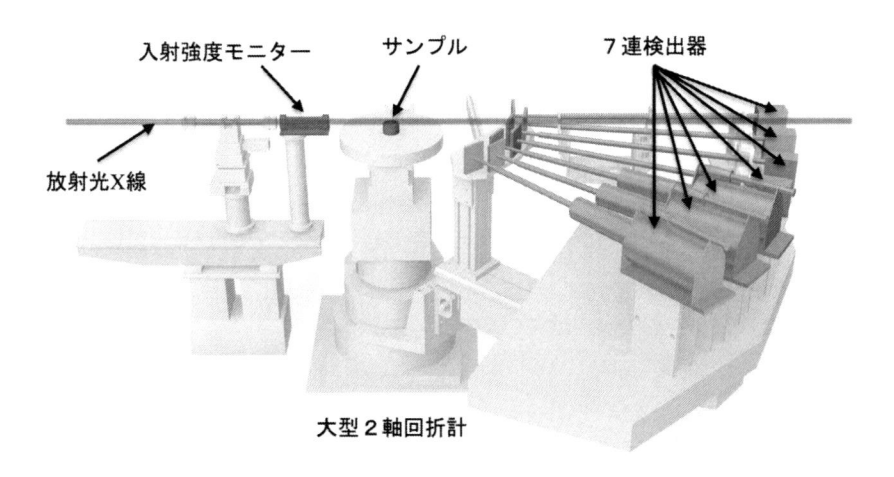

図 1　SPring-8 BL04B2 の高エネルギーX 線 PDF 解析専用装置の模式図

2　Li₂S-P₂S₅ 硫化物ガラスの局所構造

図2(a) へ X 線回折実験から得られた Li₂S-P₂S₅ 硫化物ガラスの構造因子 $S^X(Q)$ を，図2(b) に中性子回折実験から得られた $S^N(Q)$ を示す。X 線と中性子回折ともに高い Q 領域で振動が残っており，PS$_x$ 骨格構造の P-S 結合に由来した短距離秩序の存在を示している。組成依存性は小さいが，低い Q 領域で X 線と中性子のコントラストは大きい。

このような短距離秩序が支配的なガラス構造の局所構造について，回折実験から定量的な情報を引き出すために，得られた構造因子 $S(Q)$ を次式(1)に従ってフーリエ変換して二体分布関数 $g(r)$ を計算した。ここで，ρ_0 は原子数密度（$1/Å^3$）である。

$$G(r) = \frac{2}{\pi} \int_{Q_{\min}}^{Q_{\max}} Q[S(Q) - 1]\sin(Qr)\,dQ$$

$$= 4\pi r \rho_0 (g(r) - 1) \tag{1}$$

図3へ 75Li₂S-25P₂S₅ 硫化物ガラスの X 線と中性子それぞれの $g(r)$ を示す。負の中性子干渉性散乱長を持つ ⁷Li より，P-S 結合と Li-S 結合（相関）を識別することが可能となる。約 2.0 Å にある第一ピークは PS₄³⁻ イオンの P-S 結合に相当し，約 2.5Å にある第二ピークは Li-S 相関に相当する。より詳細に，実空間の相関に関する構造情報を引き出すために，DFT/RMC 構造モデルから計算された部分二体分布関数（partial pair distribution function：pPDFs）を図4へ示す。上述したように，P-S 結合の $g_{\text{P-S}}(r)$ は，$r = 2.0Å$ に1つのピークを持つ。またよく見ると，少し長めの距離にショルダーを持つ。これは，架橋 S(S_B) イオンの P-S_B 結合長に一致する。$g_{\text{Li-S}}(r)$ は $r = 2.5$ Å に1つピークを持ち，これらは図3の PDF 実験データと一致する。

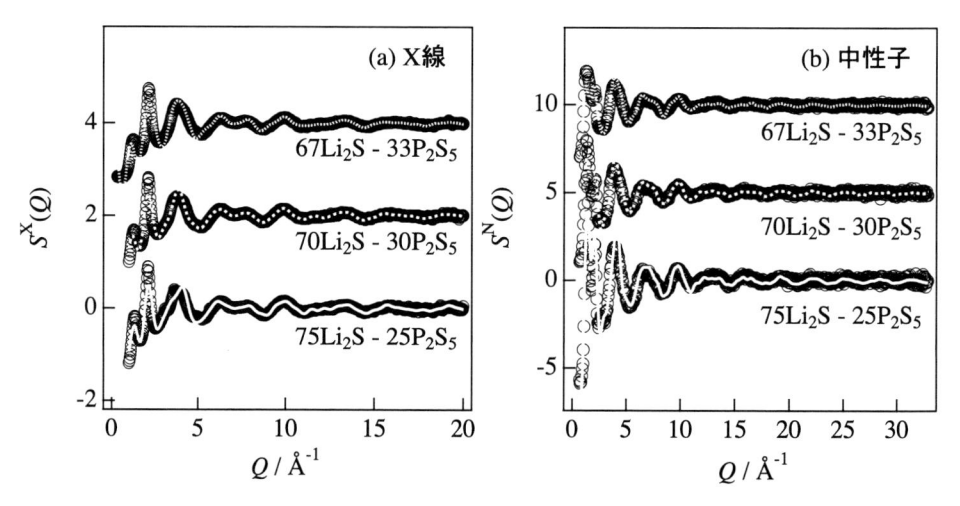

図2　室温における (a) X 線と (b) 中性子の Li₂S-P₂S₅ 硫化物ガラスの構造因子 $S(Q)$[14]
丸：実験データ，線：DFT/RMC 構造モデル

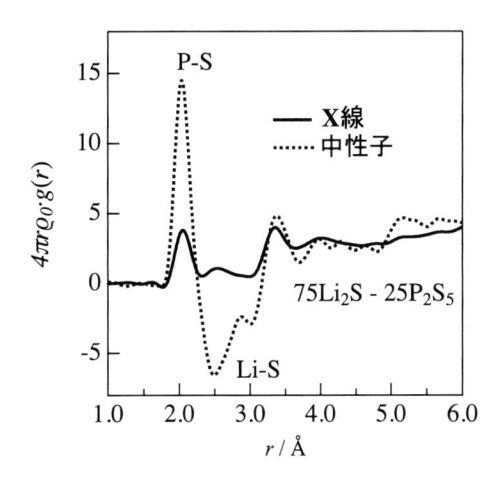

図3　Li$_2$S-P$_2$S$_5$ 硫化物ガラスの二体分布関数 $g(r)$
実線：X 線，点線：中性子

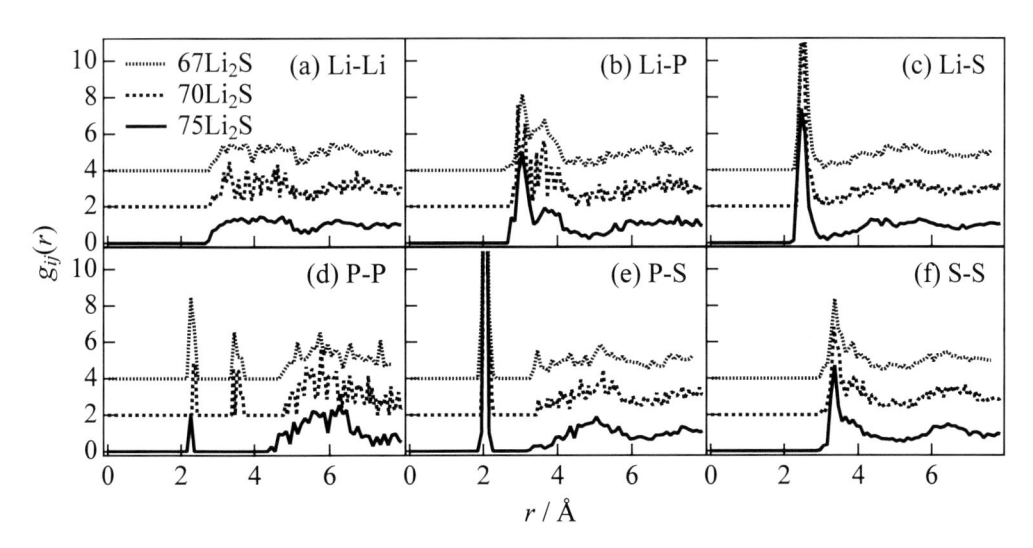

図4　DFT / RMC 構造モデルから計算された Li$_2$S-P$_2$S$_5$ 硫化物ガラスの部分二体分布関数 $g_{ij}(r)$ [14]
実線：75Li$_2$S-25P$_2$S$_5$，破線：70Li$_2$S-30P$_2$S$_5$，点線：67Li$_2$S-33P$_2$S$_5$

また，$g_{\mathrm{P\text{-}P}}(r)$ は $r = 2.2$ Å と $r = 3.5$ Å にピークを持ち，これらは P$_2$S$_6$$^{4-}$ と P$_2$S$_7$$^{4-}$ イオンの P-P 相関に相当する。その他の部分構造に関しても差はわずかであり，この結果は 3 組成における原子相関が非常に似ていることを示している。この振る舞いは構造因子 $S^{\mathrm{X,N}}(Q)$ の特徴とも一致する。

3　75Li$_2$S-25P$_2$S$_5$ 硫化物ガラスの結晶化に伴うイオン伝導率の変化

　図5へ 75Li$_2$S-25P$_2$S$_5$ 硫化物ガラスにおけるアニール温度とイオン伝導率の相関性を示す。図を見てわかるように，180℃を極大としてイオン伝導率が増減する[18]。結晶化温度は示唆熱分析測定より 229℃付近であるため，結晶化する前にイオン伝導率が向上していることが分かる。これは，結晶構造のみがイオン伝導の支配要因ではなく，結晶中のガラス構造の変化，もしくは結晶とガラスの混在する状態におけるイオン伝導メカニズムの変化が要因である可能性を示唆しており，これらの理解がさらなる高イオン伝導体の創生に繋がると考えられる。

　図6へ 120℃，180℃，200℃，240℃でアニールした 75Li$_2$S-25P$_2$S$_5$ 硫化物ガラスの構造因子 $S(Q)$ を示す。200℃でアニールすると，すでに一部で結晶化が進んでいることが分かる。さらに，各アニール条件における定量的な局所構造情報を抽出するために，式(1)に従いフーリエ変換し $G(r)$ を計算した結果を図7へ示す。2.0Å 付近の PS$_4$ 四面体に由来するピークは，ほとんど変化していない。これは，アニール過程の結晶化において PS$_4$ 四面体がその構造を維持し続けていることを意味する。一方で，3.3Å および 4.1Å 付近の S-S 相関に対応する第2及び第3ピークの強度は，ガラス相と結晶相において変化する。第2ピークは結晶化に伴い減少し，第3ピークは増加する。第2ピークは分子内と分子間相関をそれぞれ含んでおり，第3ピークは分子間相関のみから形成されていると見なされる。PS$_4$ 四面体がその構造を維持し続けていることを考慮すると，短い分子間相関が消失し，全て長い分子間相関を形成したと考えられる。さらに，P-P 相関に対応する 7.0Å 付近のピークも結晶化とともに強度を増加させている。これらの結果より，結晶化とともに PS$_4$ 四面体同士が長周期で秩序立ったと考えられる。

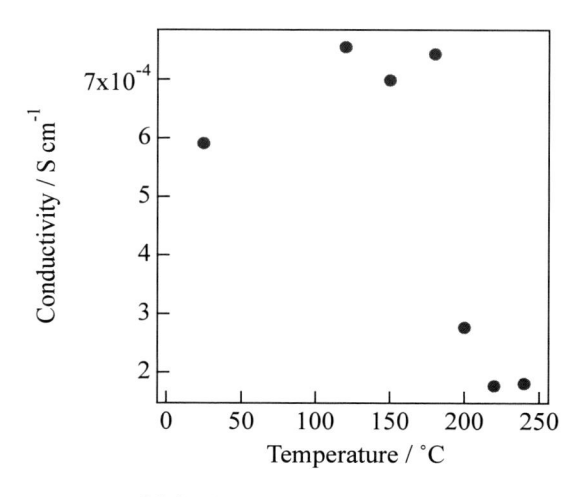

図5　75Li$_2$S-25P$_2$S$_5$ 硫化物ガラスのアニール温度とイオン伝導率の相関性[18]

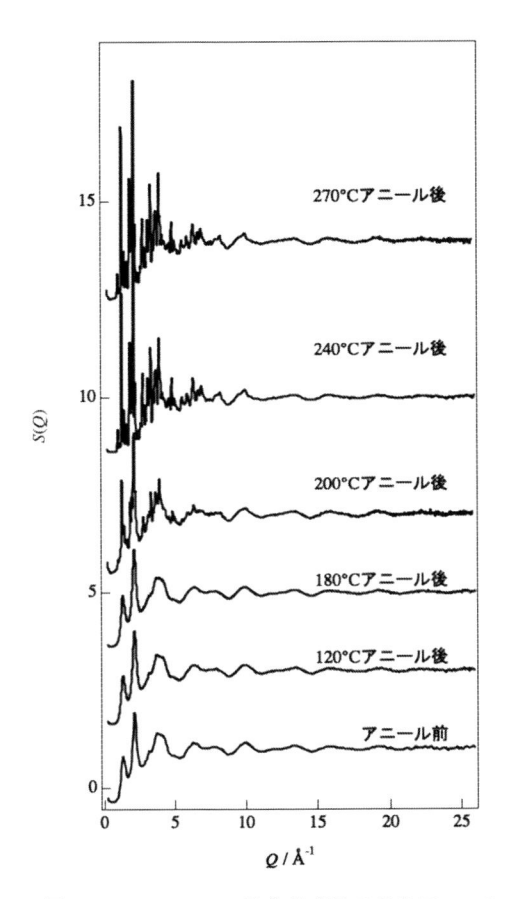

図 6　75Li$_2$S-25P$_2$S$_5$ 硫化物ガラスの各アニール温度における構造因子 $S(Q)$

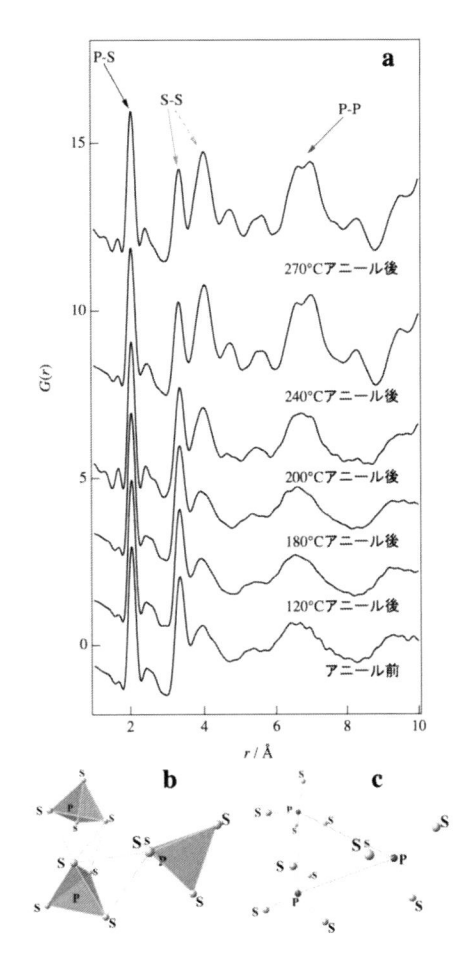

図 7　(a) 75Li$_2$S-25P$_2$S$_5$ 硫化物ガラスの各アニール温度における $G(r)$ の比較。(b) 典型的な構造モデル。多面体：PS$_4$ 四面体，実線：短い S-S 相関，破線：長い S-S 相関。(c) (b) の構造モデルから多面体表示を消し，P-P 相関を強調した。

4　差分 PDF 解析による混在構造の分離解析

イオン伝導率が向上し，一番興味深い 200℃ アニール後の硫化物ガラスの構造は，ガラスと結晶が混在した状態と言える。PDF 法は非晶質や低結晶質材料などの局所構造を解析するために，長年使われてきた手法[19, 20]であるが，その手法を応用することにより，今回の非晶質相と結晶質相が混在している場合にも，それらを分離して解析することが可能となる。その方法論は，混在構造をそれぞれの構造の和として，次式(2)のように見積もり，混在構造から既知の構造を除き，残りの成分を抽出するものである。本方法はその導出手順から，差分 PDF 法（differential PDF：d-PDF）と呼ばれる[21, 22]。

$$G_{glass-ceramic}(r) = (1-x)\,G_{glass}(r) + xG_{crystal}(r) \tag{2}$$

ここでは，混在構造をガラスセラミックとし，ガラスと結晶の足し合わせで表現できると仮定した。$G_{glass-ceramic}(r)$ は実験にて得られる PDF データ，x は結晶相の割合，すなわち，結晶化度となる。硫化物ガラスはおよそ 270℃ アニールで完全に結晶相となる。ゆえに，イオン伝導率の向上する 200℃ アニールの混在構造は，次式(3)のように仮定し，差分 PDF 法よりガラス相の構造を抽出することが可能となる。

$$G_{g-200℃}(r) = \{G_{gc-200℃}(r) - xG_{c-270℃}(r)\}\,/\,(1-x) \tag{3}$$

差分 PDF 解析より 200℃ におけるガラス構造のみを抽出し，アニールする前のガラス構造と比較した結果を図8へ示す。差分 PDF 解析にて用いた結晶化度は，図9へ示すように，0％から 100％ まで結晶化度を振り，抽出したガラス相とアニール前のガラス相の $G(r)$ の差を R_p にて算出し，その値が一番小さくなる値を用いた。その結果，ガラス構造の有意な変化を期待したものの，ガラス構造はアニールする前とほとんど変化していなかった。本手法により見積もった結晶化度値は 33.1％ であり，NMR 測定により報告されている同アニール条件下の結晶化度 30.4％ と非常に近い値であるため[23]，本手法により混在構造からガラス構造のみの PDF データを抽出できていると考えられる。図10へそれぞれのアニール条件における結晶化度をまとめたものを示す。図を見てわかるように，イオン伝導率は結晶化後に減少する。したがって，イオン伝導率の向上に関して，ガラス構造はほとんど寄与しておらず，他に要因が存在する可能性が示唆される。

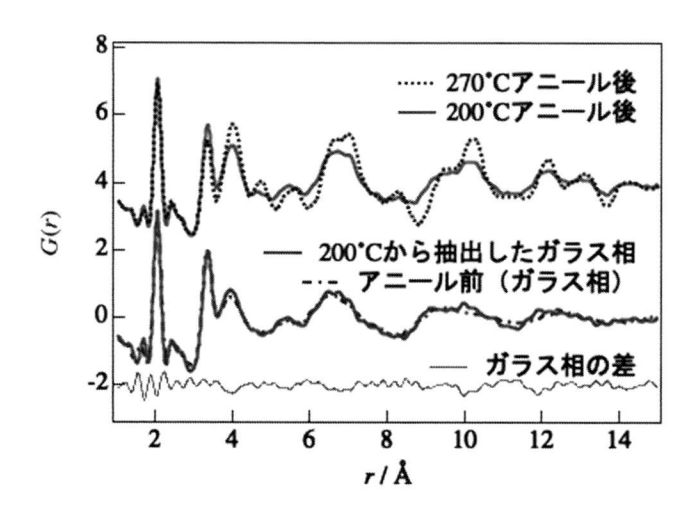

図8　差分 PDF 解析によって求めた $G(r)$ の比較

下部実線：200℃ アニール後から差分 PDF により抽出したガラス構造の $G(r)$，下部点線：アニール前ガラス構造の $G(r)$，上部破線：270℃ アニール後の $G(r)$，上部実線：200℃ アニール後の $G(r)$

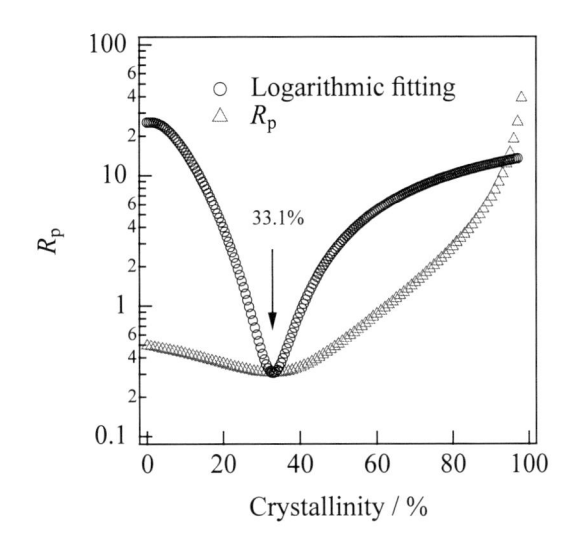

図 9 差分 PDF 解析によって抽出したガラス相と，アニール前のガラス相の $G(r)$ の差を R 因子にて算出

200℃アニール後は，33.1%が結晶相と見積もられた。

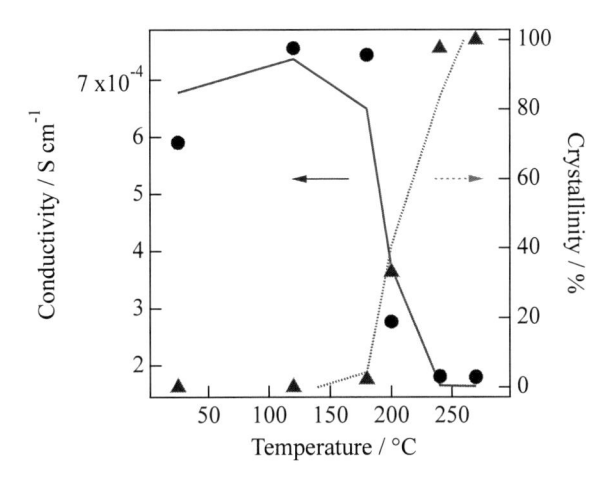

図 10 差分 PDF により得られた各アニール温度条件の結晶化度とイオン伝導率の相関性

丸：イオン伝導率，三角：結晶化度

5 微結晶とイオン伝導の相関

　ガラス構造は長周期密度揺らぎを有することは，古くより知られている[24, 25]。そのような揺らぎがアニールのような熱処理によって構造が緩和され，イオン伝導の向上につながる可能性もある。しかしながら，差分 PDF 解析はそのようなガラス構造の構造変化を示していない。一方

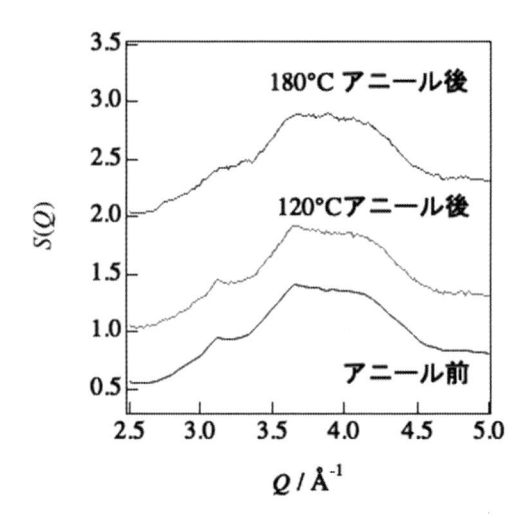

図11　アニール処理により，微結晶由来のピークが構造因子に見られる。
図6のQ=2.5~5.0 Å⁻¹を拡大した。

で，Schirmeison らは，LiAlSiO₄ ガラスセラミックスにて，ガラス相と結晶相の界面で高速イオン伝導が引き起こされる可能性を示唆した[26]。彼らは，time-domain electrostatic force spectroscopy（TD-EFS）によって，ガラス単体中には存在しない緩和時間が，ガラスセラミックス中に存在することを実証している。

　同様に，我々もアニール後のガラス中に，ブラックピークを形成するほどの量ではないものの，微結晶に由来する細かい斑点（図11）を観測している。さらに，TEM と電子線回折により，確かに微結晶が存在していることを確認した[18]。したがって，我々はガラスセラミックス中に形成された微結晶が，アニール前の硫化物ガラスに比べてイオン伝導率を向上させた要因ではないか，と考えている。

おわりに

　本研究において硫化物ガラス，ガラスセラミックス系固体電解質の複雑な伝導機構に関する新たな知見を得るとともに，材料中の非晶質部を解析する強力なツールの開発に成功した。伝導機構に関しては TEM などを用いたミクロな観察技術による非晶質部の解析との組み合わせによって，高伝導に寄与する構造の特定が可能になると考えている。今後，直接観察による非晶質構造の解析の開発が進むことを期待したい。また電池性能の向上を考えた場合，非晶質が関連する領域，例えば固体電解質の酸化・還元分解後の状態・構造や固体電解質・活物質界面の状態など，解明すべき課題は多い。本研究で開発したツールはこれらの解明に向け，今後応用，発展させていき，さらなる電池開発に貢献できるよう進めていく。

謝辞

　ここで紹介した成果は以下の共同研究者の方々とともに得たものです。大阪府立大学大学院工学研究科の塚崎裕史 博士研究員，森茂生 教授，東京工業大学物質理工学院の菅野了次 教授に感謝いたします。

文　　献

1)　J. M. Tarascon and M. Armand, *Nature*, **414**, 359（2001）

2)　C. Masquelier, *Nat. Mater.*, **10**, 649（2011）

3)　F. Han *et al.*, *Adv. Mater.*, **27**, 3473（2015）

4)　F. Mizuno *et al.*, *Adv. Mater.*, **17**, 918（2005）

5)　H. Yamane *et al.*, *Solid State Ionics*, **178**（15-18）, 1163（2007）

6)　N. Kamaya *et al.*, *Nat. Mater.*, **10**, 682（2011）

7)　A. Kuhn *et al.*, *Energy Environ. Sci.*, **6**（12）, 3548（2013）

8)　E. Rangasamy *et al.*, *J. Am. Chem. Soc.*, **137**（4）, 1384（2015）

9)　P. Bron *et al.*, *J. Am. Chem. Soc.*, **135**（42）, 15694（2013）

10)　R. L. McGreevy and L. Pusztai, *Mol. Simul.*, **1**, 359（1988）

11)　D. A. Keen and R. L. McGreevy, *Nature*, **344**, 423（1990）

12)　K. Mori *et al.*, *Chem. Phys. Lett.*, **584**, 113（2013）

13)　Y. Onodera *et al.*, *J. Phys. Conf. Ser.*, **502**, 012021（2014）

14)　K. Ohara *et al.*, *Sci. Rep.*, **6**, 21302（2016）

15)　T. Minami and N. Machida, *Mater. Sci. Eng. B*, **13**, 203（1992）

16)　小原真司，鈴谷賢太郎，放射光，**14**, 365（2001）

17)　S. Kohara *et al.*, *J. Phys. Condensed Matter*, **19**, 506101（2007）

18)　S. Shiotani *et al.*, *Sci. Rep.*, **7**, 6972（2017）

19)　C. A. Young and A. L. Goodwin, *J. Mater. Chem.*, **21**（18）, 6464（2011）

20)　S. J. L. Billinge and I. Levin, *Science*, **316**（5824）, 561（2007）

21)　J. Peterson *et al.*, *J. Appl. Cryst.*, **46**（2）, 332（2013）

22)　R. Harrington *et al.*, *Inorg. Chem.*, **49**（1）, 325（2010）

23)　Y. Seino *et al.*, *J. Mater. Chem. A*, **3**（6）, 2756（2015）

24)　A. C. Wright *et al.*, *Phys. Chem. Glasses*, **46**（2）, 59（2005）

25)　E. W. Fischer, *Phy. A: Stat. Mech. Appl.*, **201**（1-3）, 183（1993）

26)　A. Schirmeisen *et al.*, *Phys. Rev. Lett.*, **98**（22）, 225901（2007）

第Ⅱ編

デバイス技術

＜電極活物質材料＞

第1章　硫化物系固体電解質の微細化・均質分散による電極-電解質界面構築（LIB 用活物質の適用）

作田　敦[*]

　全固体電池の高性能化において，高性能材料の使用と並んで重要であるのは電極複合体の設計である。一方で，入出力特性，エネルギー密度，寿命などの特性は，トレードオフ関係になりやすいため，全固体電池の電極設計は容易ではない。現状の全固体電池の電極複合体では，電子伝導性よりもイオン伝導性の付与の方が困難な傾向にある。イオン伝導性を改善するためには，固体電解質の添加量を増加する必要がある。しかし，電池のエネルギー密度は電極活物質の含有量に対応するため，固体電解質の混合比の増加はエネルギー密度の低下につながる。電池の信頼性向上や製造プロセスまで考慮した際には，さらにさまざまな課題が生じる。

　図1には，開発初期および目標とする全固体電池の電極層断面の概念図を示す[1]。従来の電解液を用いる電池においては，電極活物質-電解液間は面接触である。電極活物質や固体電解質の粉末から構成される全固体電池においては，イオンや電子の伝導経路の構築および電極反応の促進のために，電極活物質-固体電解質や固体電解質同士の固体界面をいかに構築するかが高性能化の鍵となる。つまり固体-液体界面のように良好に接触する固体界面の構築が目標となる。良好な電極特性を得るためには高性能な固体電解質および電極活物質を使用することを大前提として，電極層としては，少なくとも下記の2つの要件を満たす必要がある。一つが，電極反応抵抗（電極活物質／固体電解質界面の抵抗）が十分に小さいことで，もう一つが，電極層内に十分

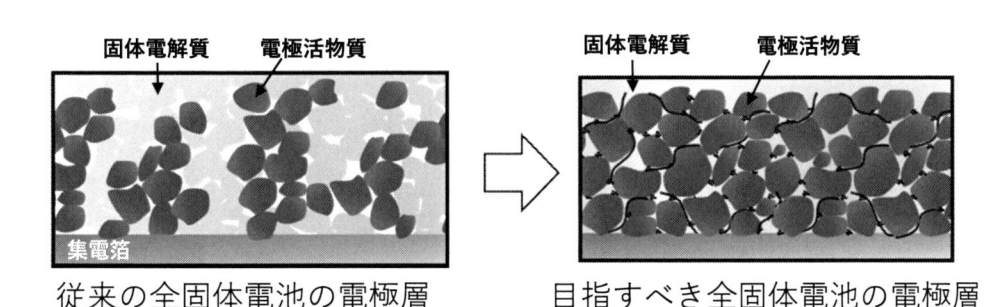

従来の全固体電池の電極層　　　　　目指すべき全固体電池の電極層

図1　目指すべき全固体電池の電極層の概念図[1]

＊　Atsushi Sakuda　大阪府立大学　大学院工学研究科　物質・化学系専攻　応用化学分野　助教

なイオンおよび電子の伝導経路が形成され，かつそれぞれの抵抗が十分に小さいことである[2]。電極反応抵抗を低減するためには，単位面積当たりの電極反応の高速化（低抵抗化）と電極-電解質接触面積の増大（電気化学的活性点の増大）が有効である。硫化物系固体電解質を用いた全固体電池においては，酸化物系正極活物質と固体電解質の界面に大きな抵抗が生じやすい[3]。正極活物質粒子上に $Li_4Ti_5O_{12}$, $LiNbO_3$, Li_3PO_4 ガラスなど酸化物系固体電解質の薄膜を被覆することでこの界面抵抗が大きく低減することが知られている[3~5]。

　電極-電解質の接触面積の確保は全固体電池においては困難とされてきたが，硫化物系固体電解質を用いた場合は，比較的良好な電極-電解質の接触界面を構築できるというのが現在の共通見解である[6,7]。硫化物系固体電解質ではどのような理由で固体界面形成が容易であるかを理解することが重要である。また，どのような手法を用いれば，より理想に近い電極-電解質接触界面やイオン・電子の伝導経路を有する電極層を得られるかについての知見の蓄積が重要である。さらに，電極層におけるイオンおよび電子の伝導性の測定は，電極構造の最適化を行う上で重要な情報となる。

　本章では，理想的な電極構造を構築する際に有用な，硫化物系固体電解質の塑性領域での機械的特性，固体電解質の微細化および均質分散による電極-電解質界面構築，混合伝導性を有する電極層のイオン・電子伝導性の評価に関する現状の知見をまとめる。

1　硫化物系固体電解質の成形性（塑性変形挙動）

　一般に，セラミックスの粒子から緻密な成形体を得るには高温での焼結が必要である。例えば，代表的な酸化物系固体電解質である $Li_7La_3Zr_2O_{12}$（LLZO）では通常 1,000℃ 以上での焼結が必要である。一方で，硫化物系固体電解質の多くは，室温での加圧成形でも高い導電率を有する緻密体を得ることができる。この緻密化挙動は「常温加圧焼結」と称される[6]。

　図 2 に常温加圧焼結の概念図と代表的な硫化物系固体電解質である Li_3PS_4 ガラス粉末とその室温成形体の断面写真を示す[6]。概念図および SEM 写真で示すように，Li_3PS_4 ガラスでは室温プレスのみで相対密度 90% 以上の緻密化が生じている。粒子間には空隙がなく粒子間の境界は確認されない。ガラス材料においては，結晶粒界が存在しないので，このような緻密化が生じた際には粒界抵抗にあたる抵抗成分は生じないはずである。粒子表面に表面相（異相）が存在する場合や緻密化時に界面相（異相）が生成した場合は，粒界抵抗に該当する抵抗成分は生じうる。

　一般に，イオン結合や共有結合など強固な結合により構成されている無機材料は，硬く，脆い材料として知られている。一方で，KBr のように，クーロン力が小さく，イオン結合と共有結合の中間的な結合を有する物質では，イオン結晶のイメージの強いアルカリハライドであっても容易に常温加圧で焼結され，透明な成形体を得ることができる。KBr の融点は 734℃ であり，融点よりも極めて低い温度でも加圧焼結が生じることが分かる[1]。硫化物系固体電解質も，イオン結合と共有結合の中間的な結合を有する物質である。

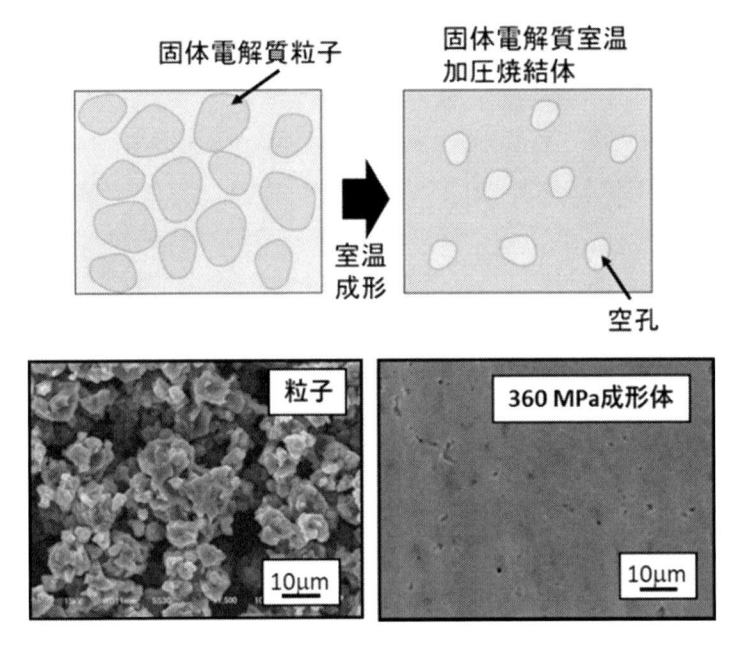

図2　固体電解質の常温加圧焼結の概念図と Li_3PS_4 ガラス粉末および
その室温成形体断面の SEM 写真[2]

　高温での焼結が不要であるという特徴は，電池製造プロセスの簡素化や熱処理による電極–電
解質間の副反応の抑制において有用である。硫化物系固体電解質の常温加圧焼結現象を理解し，
応用することで，全固体電池の一般的課題である固体–固体界面構築を，室温プロセスでも可能
とすることができる。

2　常温加圧焼結を応用した緻密電極層の作製

　電極–電解質間の面接触界面の構築には，電極活物質粒子上への固体電解質のコーティングが
有効である。図3に示すように，固体電解質（Li_2S-P_2S_5 系ガラス）を気相法で正極活物質
（$LiCoO_2$）粒子上にコーティングした後に，室温でプレス成形することで緻密な成形体が得られ
ることが分かっている。コーティングされた固体電解質は常温加圧焼結することができるため，
固体電解質をコートした $LiCoO_2$ をプレスするだけで，固体電解質マトリックスの中に $LiCoO_2$
粒子が存在するような電極層を構築することができる。気相法による固体電解質の電極活物質粒
子上へのコーティングは量産性に懸念があるが，最近は湿式法や乾式法を用いて電極活物質粒子
上に固体電解質をコーティングする手法の開発も進んでいる。
　図3の下図に示すように，固体電解質の微細化と均質混合も同様の効果が期待できる。粒子
間が点接触である場合，固体電解質の微細化は粒子の界面を増やし高抵抗化してしまうが，常温
加圧焼結によって粒子間の良好な接合が生じる場合，固体電解質粒子間の抵抗は主要な抵抗成分

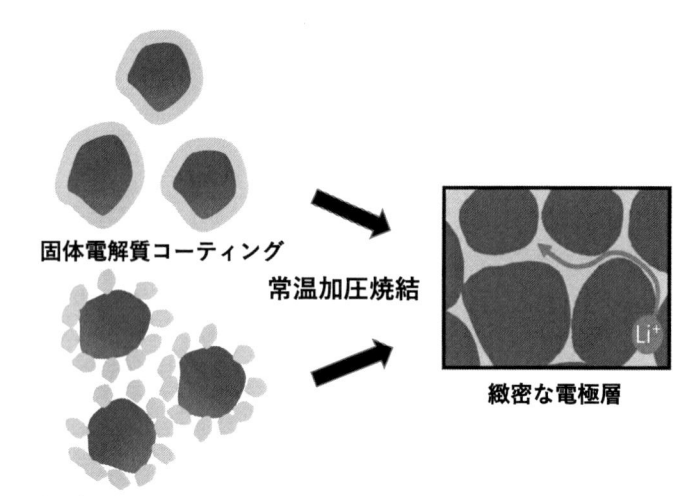

固体電解質コーティング

常温加圧焼結

緻密な電極層

固体電解質の微細化＋均質混合

図3　固体電解質コーティングおよび固体電解質の微細化＋均質混合と常温加圧焼結による
緻密電極層作製の概念図[2]

とならないため，微細化による抵抗の顕著な増加は生じない。粒子形状の最適化によって，室温プロセスのみで緻密な成形体を作製することができる。

　断面の走査型電子顕微鏡（SEM）観察は，電極層の高度な設計のための情報を得るための強力な手法である。例えば，電極および固体電解質粒子の分布は，断面SEM観察によって調べることができる。一例として，図4に，平均粒子径（D50）が約9 μm の正極活物質 $LiNi_{1/3}Mn_{1/3}Co_{1/3}O_2$（NMC111），と平均粒子径が約4 μm の固体電解質 Li_3PS_4 ガラスを用いて作製した全固体セルの電極層と固体電解質層付近の断面SEM写真とEDX元素マッピングを示す。ここでは，NMC111と Li_3PS_4 ガラスは 75：25 の重量比（55：45 の体積比）であり，室温（約25℃），330 MPa で成形したものである。固体電解質層では，空隙の少ない密な層が形成されていることが分かる。また電極層においても，電極活物質と固体電解質が面接触界面を形成しており，固体電解質マトリックス中に電極活物質が分散している。このような電極構造が得られた場合，全個体電池においてもほぼ理論容量の充放電を行うことができる[8]。粒子設計や高温プレスなどでさらなる電極の緻密化が可能である。

　室温で緻密電極層を得るためには，数百MPa以上の高圧でのプレス成形が必要になる。高圧でのプレスでは電極活物質粒子の割れの発生が課題の一つである。応力が集中する活物質粒子同士の接触点を起点とした割れの発生が顕著に確認される[7]。比較的低い弾性率を有し，かつ塑性変形をする固体電解質が均一に分布している場合，固体電解質が緩衝層となり電極粒子の割れを抑制することが可能である。また，高圧プレスでは，スプリングバックによる電極層へのクラックの発生などにも注意する必要がある。これは電極層の弾性率が低い場合に特に大きな課題にな

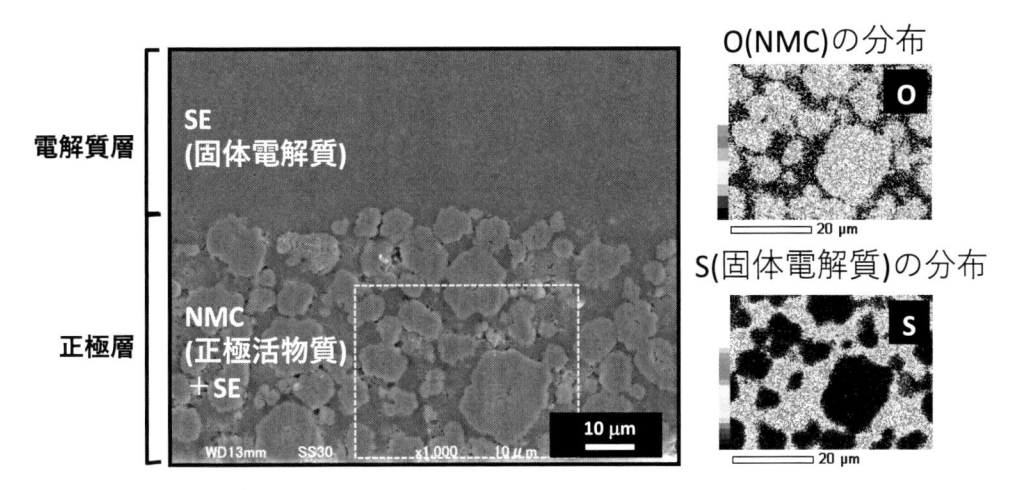

図 4 全固体電池の正極–電解質層の断面 SEM 写真と EDX 元素マッピング[7]

りやすいため，黒鉛などの低弾性率を有する活物質を用いる際には注意が必要である。最近では，酸化物系固体電解質に対しても，硫化物のような成形性を与える研究開発が行われている[8, 9]。

3 固体電解質の微細化

　取り扱いの容易さ，電極スラリーの質，電極層の均質性などの観点から，サブミクロンから 10 μm 程度の平均粒子径を有する電極活物質粒子が用いられることが多い。均質混合の観点から電極活物質の 1/10 以下の体積を有する固体電解質を使用することが好ましい。そのため，固体電解質の粒子径としては電極活物質の 1/2 以下であることが好ましい。一方で，粒子径が小さいと取り扱いが困難になることや，閉塞空隙や副反応が生じやすくなるデメリットも有するため，電極活物質の粒子径や形状に合わせて固体電解質の粒子径を最適化する必要がある。ここで，固体電解質の粉砕や電極–電解質複合粒子の造粒が重要な技術となる。常温加圧焼結を生じることができる固体電解質は，粒子の接触界面に圧縮応力が生じると粒子同士が融合してしまうため，ボールミルやビーズミル処理の条件によっては，微細化せずにむしろ粒子径の増大が生じることがある。微細な粒子を得るためには，湿式のボールミルを用い，かつ，試料粉体，ボール径，溶媒の種類と量，回転速度などに工夫が必要である。粒子に圧縮ではなく剪断の力を加えることが重要である。微細固体電解質を得る方法として，液相を介した合成がある。固体電解質の液相合成の詳細は第 II 編 第 8 章で紹介されているが，液相合成した固体電解質を用いた固体電解質を用いて緻密な電極層を作製した報告例もある[10, 11]。

4 電極層のイオンおよび電子伝導性の評価

電極複合体の最適化を行う上では，電極複合体での良好なイオン伝導経路を構築するための技術に加え，電極複合体の電子およびイオン伝導性の定量的な評価が重要である。上述のように，全固体電池の入出力特性には電子伝導よりもイオン伝導が影響していることが経験的に分かっている。イオンおよび電子伝導性を評価することができれば，より高度な電極の設計が可能になる。

産業技術総合研究所の城間らは伝送線モデルに基づく交流インピーダンスを用いた導電率測定法（AC法）を開発し，電極複合体に $LiNi_{0.5}Mn_{0.2}Co_{0.3}O_2$（NMC523）および Li_3PS_4 ガラスを用いた全固体電池における電極複合体のイオンおよび電子導電率を測定した[12]。この手法では，電極複合体層を集電体で挟んだ単純な構造のイオンブロッキングセルのみで電子およびイオン導電率の一括測定が可能である[12]。AC法は，電極複合体の電子抵抗がイオン抵抗よりも大きい，または同程度の場合に特に有効である。一方，直流分極を用いた導電率測定法（DC法）は，高い電子伝導性を有する電極複合体のイオンおよび電子伝導度を測定するのに有用である[13]。DC法では，イオンおよび電子伝導度の測定には，それぞれ電子ブロッキングセルおよびイオンブロッキングセルを使用する。電極複合体を測定対象とした場合のイオンブロッキングセルの構成は，集電体／電極複合体／集電体であり，電子ブロッキングセルの構成は，集電体／Li（またはLi-In）／固体電解質／電極複合体／固体電解質／Li（またはLi-In）／集電体である。固体電解質層やLi／固体電解質界面の抵抗分を補正することで電極複合体中のイオンおよび電子の伝導性を評価する。DC法では集電体と固体電解質との間，または固体電解質と電極複合体層との間に無視できない抵抗が存在する場合，余分な抵抗成分が生じる可能性がある点を注意する必要がある。電極反応が生じる電位での測定においては，直流分極によって電極層中の組成分布（ポテンシャル分布）が生じることがある。この場合は，実際の導電率と多少異なる値が得られることになるが，おおよその導電率を求めるには有効な手法である。セルおよび装置の工夫によって，より正しく測定する手法に関しても報告がされている[14]。したがって，AC法とDC法の導電率測定の適用範囲と想定される誤差を極力正確に把握して，必要に応じて適切に使い分けることが重要である[13]。

図5には，正極活物質 $LiNi_{1/3}Mn_{1/3}Co_{1/3}O_2$（NMC111）を用い，固体電解質として Li_3PS_4 ガラスを用いたLi全固体電池用正極複合体のイオンおよび電子伝導度を示している。ここでは正極複合体はNMC111と Li_3PS_4 ガラスの混合粉末の成形体を用いており，導電助剤やバインダーは添加していない。充電前においては，DC法，AC法の両方を用いてイオンおよび電子伝導度を測定し，ほとんど同じ値が得られた。電子伝導性がイオン伝導性を大きく上回る一部の充電後の試料においては，DC法を用いてイオン伝導度を測定した。活物質体積比の増加に伴い，電子伝導度が増加し，イオン伝導度が低下する想定通りの傾向が得られた。正極活物質のイオン・電子伝導度は充電状態（SOC）に依存するため，各SOCにおけるイオン・電子伝導度を評価することも重要である。ここでは，正極複合体のイオン伝導度が充放電前後でほとんど変わらなかっ

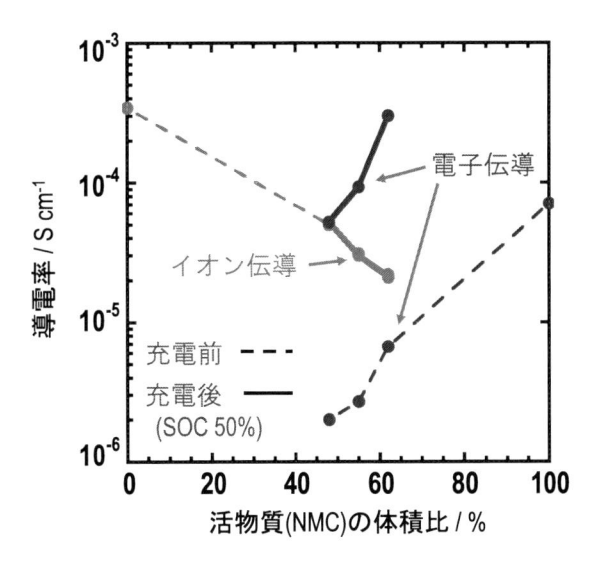

図 5　充放電前と充電時の正極複合体のイオン伝導度と電子伝導度と活物質の体積比の関係[13]

たことから，イオン伝導は主として固体電解質が担っていることが分かる。

　正極複合体のイオン・電子伝導性評価では，正極活物質の体積密度が 50〜70 ％ を基準として，正極複合体の体積比の小さな高出力型の設計や，正極複合体の体積比の大きな高容量型の設計を行っていく必要がある。特に，電極複合体や固体電解質のイオン伝導性の増大や良好なイオン・電子伝導経路の構築は入出力特性の向上に直結するため重要である。

5　今後の展望

　最近，成形性が良く，かつ，イオンおよび電子伝導性が高い電極活物質が開発されている[15]。この電極活物質では，固体電解質を混合しなくても全固体電池が作動することが示された。このような特性を有する電極活物質は，高度な設計で固体電解質と複合化することでさらなる高性能化が期待できる。さらに大きな膨張収縮を伴う電極活物質の適用に向けては電極構造の構築と並んでその保持技術も重要である。電極層の動的な挙動に関しての知見の蓄積が今後重要になってくる。

文　　　　　献

1)　A. Sakuda *et al.*, *Curr. Opin. Electrochem.*, **6**, 108（2017）
2)　A. Sakuda *et al.*, *J. Ceram. Soc. Jpn.*, **126**, 675（2018）

3) N. Ohta *et al.*, *Adv. Mater.*, **18**, 2226 (2006)

4) N. Ohta *et al.*, *Electrochem. Commun.*, **9**, 1486 (2007)

5) Y. Ito *et al.*, *J. Electrochem. Soc.*, **162**, A1610 (2015)

6) A. Sakuda *et al.*, *Sci. Rep.*, **3**, 2261 (2013)

7) A. Sakuda *et al.*, *Solid State Ionics*, **285**, 112 (2016)

8) M. Tatsumisago *et al.*, *J. Power Sources*, **270**, 603 (2014)

9) K. Nagao *et al.*, *Solid State Ionics*, **308**, 68 (2017)

10) M. Yamamoto *et al.*, *J. Ceram. Soc. Jpn.*, **125**, 391 (2017)

11) M. Yamamoto *et al.*, *Sci. Rep.*, **8**, 2 (2018)

12) Z. Siroma *et al.*, *J. Power Sources*, **316**, 215 (2016)

13) T. Asano *et al.*, *J. Electrochem. Soc.*, **164**, A3960 (2017)

14) M. Katayama *et al.*, *Sci. Rep.*, **6**, 2 (2016)

15) K. Nagao *et al.*, *J. Power Sources*, **348**, 1 (2017)

第2章　全固体リチウム硫黄電池について

1　はじめに

　持続性社会の実現に向けて二酸化炭素の総排出量を低減するために，電気自動車の実現ならびに発電に伴う電力平滑化に用いる大型二次電池の研究・開発が盛んに行われている。これらに用いる蓄電池としてリチウムイオン電池が注目されている。しかしながら従来の電解質溶液を用いたリチウムイオン電池の正極材料は $LiNi_{1/3}Mn_{1/3}Co_{1/3}O_2$ や $LiMn_2O_4$ などであり，これら正極材料の電気化学容量は $120\sim220$ mA h g^{-1} 程度の比較的小さな値に止まっている。このため，より大きな電気化学容量を有する正極材料が望まれている。

　単体硫黄をリチウムイオン電池の正極活物質として用いた場合，理論的には $1,675$ mA h g^{-1} という非常に大きな電気化学容量が得られることから，次世代蓄電池の正極材料として硫黄系材料が期待される。しかしながら現在のところ，従来の電解質溶液を用いた電池系においては硫黄を正極として充分に動作させることができていない[1~5]。これは，電池反応における中間体として生成するポリスルフィドイオンが電解質溶液に溶解するとともに，濃度勾配によって負極側へと移動し，負極で電気化学反応に寄与するいわゆるシャトル現象が起こるためである。このポリスルフィドイオンのシャトル現象のために，本来硫黄電極で起こるべき電池反応が阻害されてしまう。ポリスルフィドイオンの溶解を押さえることでこの問題を解決する試みとして，従来の電解質溶液に代えて，高分子ゲル電解質を用いる試み[6,7]やグライムを添加したイオン性液体を利用する工夫がなされている[8,9]。

　一方，無機系固体電解質を用いた場合，ポリスルフィドイオンは固体電解質中に全く溶解しないので，シャトル現象を効果的に抑制できると考えられる[10~13]。さらに，無機系固体電解質は不燃性であり，比較的高い温度領域においても安定であるため，従来の有機溶媒系を用いた電池では動作が不安定になるような高い温度領域においても安定して動作する電池の構築が可能であると期待される。ここでは，硫化物系無機固体電解質を用いたリチウム-硫黄電池について最近の動向を述べる。

＊　Nobuya Machida　甲南大学　理工学部　機能分子化学科　教授

2 硫黄複合体電極の調製

　硫黄電極の特性評価に用いた全固体が試験セルの構成を図1に示す。固体電解質としては非晶質 Li$_3$PS$_4$[14]を用い，負極には Li$_{4.4}$Si 準安定相合金を用いている[15]。硫黄はイオン伝導性ならびに電子伝導性に乏しいことから，硫黄（30 wt％）に電子伝導性を付与するための炭素材 VGCF（10 wt％）ならびに固体電解質である Li$_3$PS$_4$（60 wt％）を添加しミリング処理した正極複合体を試験電極としている。ミリング処理には，遊星型ボールミルが用いられている。ミリング処理を施すことにより得られた正極複合体の X 線回折図を図2に示す。また，図中には硫黄ならびに固体電解質として用いたa-Li$_3$PS$_4$ の X 線回折図も併せて示した。ミリング処理時間が3 hr 程度の場合，結晶性の硫黄が観測されているが，ミリング処理を5 h 以上行うことで電極複合体全体が非晶質化しており，ミリング処理時間を長くした場合も非晶質状態が保たれていることがわかる。

　このように非晶質化した正極複合体を用いて作製した全固体試験セルの定電流充放電曲線を図3に示す。充放電時の電流密度は0.1 mA cm^{-2} であり，上限打ち切り電圧2.6 V，下限打ち切り電圧0.9 V として，室温25℃で充放電を繰り返している。初回の放電では 1,320 mA h g^{-1} の電気化学容量を示し，充電では 1,270 mA h g^{-1} の電気化学容量を示した。約4％程度の不可逆容量が存在するものの，初回充放電としてはほぼ可逆に充放電反応が進行していると考えられる。また，2回目以降の充放電においても 1,400 mA h g^{-1} 以上の充放電容量が維持されている。図4にこの電池の放電容量ならびに充放電効率のサイクル依存性を示す。図中，黒丸印は放電容量を，白四角印は充放電効率を示している。これからわかるように，50回以上充放電を繰り返しても 1,200 mA h g^{-1} の容量を維持するとともに，充放電効率もほぼ100％であった。このように，室温で動作させた全固体リチウム硫黄電池は0.1 mA cm^{-2} 程度の電流密度ではあるものの，可逆的な充放電反応が可能であり，高容量・高エネルギー密度を具現化する蓄電池となる可能性を有することが明らかになった。

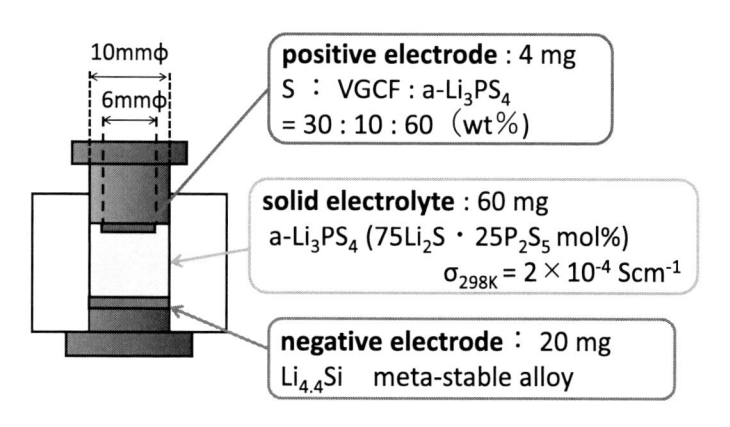

図1　全固体リチウム硫黄試験電池の概略図

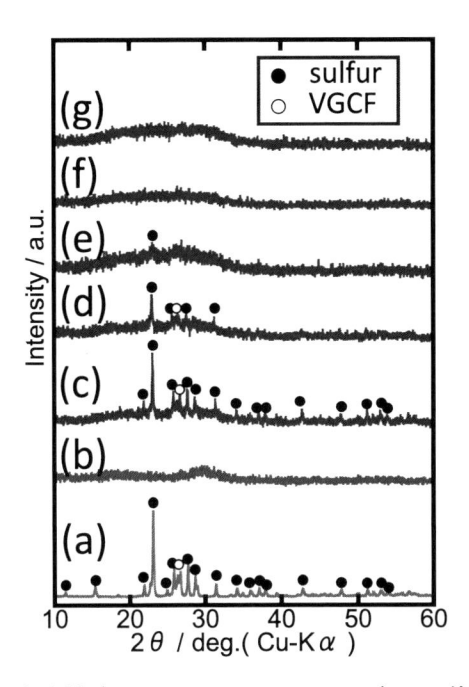

図 2　正極合材（S：VGCF：SE＝30：10：60）の X 線回折図

（a）硫黄＋VGCF，（b）Li$_3$PS$_4$ 固体電解質，（c）正極合材（ミリング時間：0 h），（d）正極合材（ミリング時間：1 h），（e）正極合材（ミリング時間：3 h），（f）正極合材（ミリング時間：5 h），（g）正極合材（ミリング時間：20 h）。

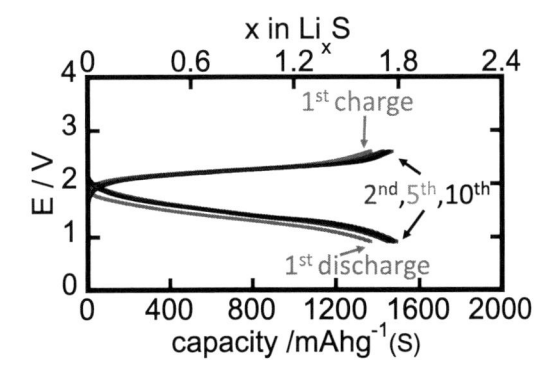

図 3　室温 25℃における全固体リチウム硫黄電池の充放電曲線（電流密度：0.1 mA cm^{-2}）

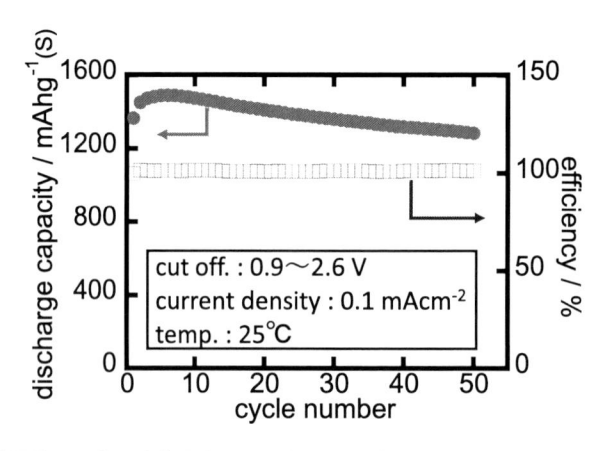

図4　全固体リチウム硫黄電池の放電容量ならびに充放電効率のサイクル依存性

3　全固体リチウム硫黄電池の高温動作特性

　さらに，この電池について高温動作特性を検討した結果を示す。図5（A）に，25℃，50℃，100℃の温度において，0.1 mA cm^{-2} の電流密度で動作させたときの初回充放電曲線を示した。図中の横軸は電極合材に含まれる硫黄の質量を基準として算出された電気化学容量である。試験温度が25℃と50℃の場合は充放電打ち切り電圧を 0.9～2.6 V としており，100℃の測定では 1.2～2.3 V としている。いずれの温度でも可逆に充放電が行えており，また，動作温度が高くなるにつれて電位の平坦性が向上している。これは温度が増加するにつれて，固体電解質による抵抗成分が減少するとともに，電極の過電圧が低下し，電池特性が向上することを示唆している。また，100℃で動作させた場合，ほぼ理論容量に匹敵する 1,600 mA h g^{-1} の放電容量が得られている。さらに，図5（B）には同じ構成の電池を25℃から120℃の温度域において，10倍の電流密度に相当する 1.0 mA cm^{-2} で充放電を行った場合の初回充放電曲線を示す。電流密度を 1.0 mA cm^{-2} にした場合，動作温度が25℃の時は極端に電気化学容量が低下してしまっている。しかしながら，動作温度を上昇させるにつれて充放電特性が改善され，100℃以上の温度領域では理論容量に匹敵する 1,600 mA h g^{-1} 以上の電気化学容量を示すことがわかる。

　次に，120℃で充放電を繰り返した際の充放電曲線を図6に示す。ここでは電流密度を 1.0 mA cm^{-2} としている。先に示したように初回の充放電は 1,600 mA h g^{-1} の電気化学容量を示しているが，充放電を繰り返すと電気化学容量は急激に減少し，2回目の充放電で約 1,200 mA h g^{-1} 程度，3回目で約 1,000 mA h g^{-1} 程度の電気化学容量になってしまう。しかしながら，その後充放電を繰り返した場合，約 1,000 mA h g^{-1} の容量を維持することがわかる。

　図7に充放電を繰り返した際の充放電容量の変化を示す。図の横軸は繰り返し回数であり，充放電時の電流密度を1～10サイクルでは 1.0 mA cm^{-2} としており，その後，11～20サイクルまでは 2.0 mA cm^{-2}，21～30サイクルでは 3.0 mA cm^{-2}，31～40サイクルは 4.0 mA cm^{-2} と

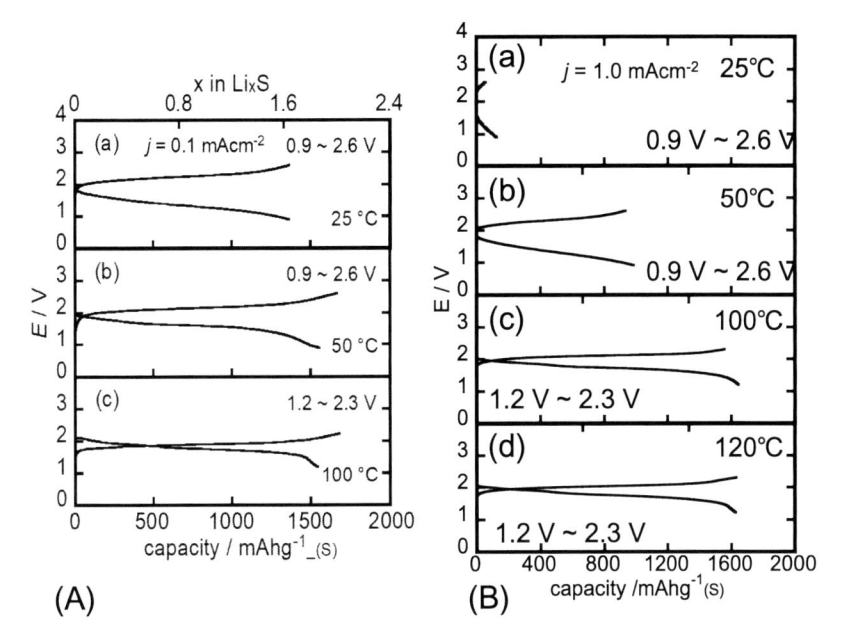

図5　全固体リチウム硫黄電池の種々の温度における初回充放電曲線
（A）電流密度：$j = 0.1$ mA cm^{-2}，（B）電流密度：$j = 1.0$ mA cm^{-2}。

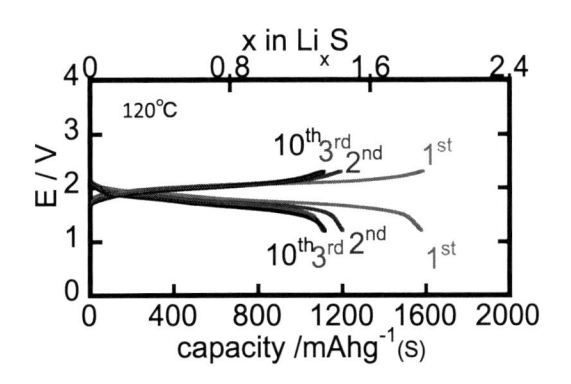

図6　全固体リチウム硫黄電池の120℃における繰り返し充放電曲線
電流密度：$j = 1.0$ mA cm^{-2}，カットオフ電位：1.2〜2.3 V。

し，41サイクル以降は初期の電流密度である 1.0 mA cm^{-2} に戻している。このように初期の1
〜3サイクルでは充放電容量が 1,000 mA h g^{-1} まで低下するものの，その後10サイクルまで
1,000 mA h g^{-1} の容量を維持した。また，充放電電流密度を増加させた場合も良好な充放電特
性を維持しており，4.0 mA cm^{-2} という比較的大きな電流密度でも充放電が可能であることが
わかる。また，電流密度を 1.0 mA cm^{-2} に戻した場合，ほぼ 1,000 mA h g^{-1} の電流密度が回復
している。これらのことから，全固体リチウム硫黄電池が100℃前後の比較的高い温度領域にお
いても充分に機能する新しいタイプの電池として期待できる。

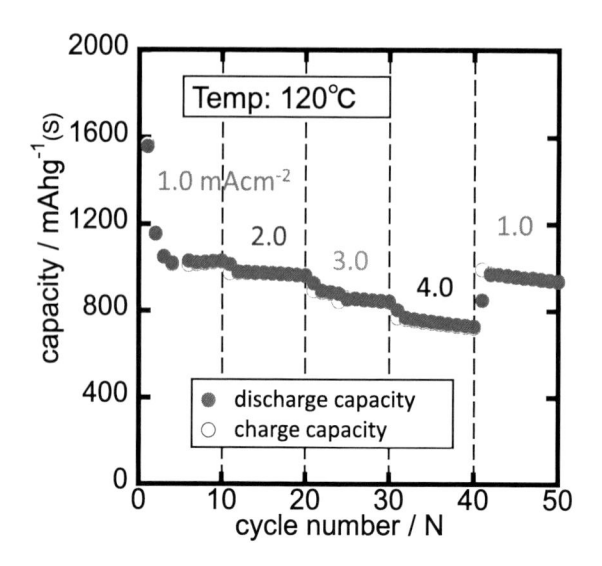

図7　全固体リチウム硫黄電池の 120℃における充放電曲線のサイクル依存性
電流密度：$j = 1.0 \sim 4.0$ mA cm^{-2}，カットオフ電位：1.2〜2.3 V。

4　充放電打ち切り電圧が全固体リチウム硫黄電池の特性に及ぼす影響

　このように硫黄正極活物質が室温付近（25℃）の温度領域で 1,300 mA h g^{-1} 程度の大きな電気化学容量を示し，充放電可能な電極として動作することが明らかになるとともに，100℃前後の比較的高い温度領域においても機能する電池となり得ることが示唆された。しかしながら高温域での動作において，初期の数サイクルで電気化学容量が減少し，初期性能の約 2/3 程度になってしまうこともわかった。このような容量劣化は高容量・高エネルギー密度の電池を構築する上では課題となることから，100℃付近においても初期の電気化学容量を維持する工夫が必要である。これらのことから，充電時の上限打ち切り電圧を上げる試みがなされた。

　全固体リチウム硫黄電池の充電打ち切り電圧を 2.3 V とした場合と，2.6 V にした場合の初回の充放電曲線を図8に示す。充放電電流密度はいずれの場合も 0.1 mA cm^{-2} である。充電打ち切り電圧を 2.3 V とした場合，2.1 V 付近に充電のプラトー領域が現れており，1,550 mA h g^{-1} の容量を示している。これに対して充電打ち切り電圧を 2.6 V とした場合，2.1 V と 2.4 V 付近に二つのプラトー領域が観測され，それぞれ 1,550 mA h g^{-1} および 550 mA h g^{-1} の容量を示しており，合算すると 2,100 mA h g^{-1} にも及ぶ充電容量を示した。この値は，初期の放電容量である 1,600 mA h g^{-1} をはるかに上回るものであり，活物質として正極合材に含まれる硫黄の理論的な電気化学容量（1,675 mA h g^{-1}）よりも大きい。このことは，想定している硫黄活物質以外の化学種による酸化反応が起きていることを示唆している。

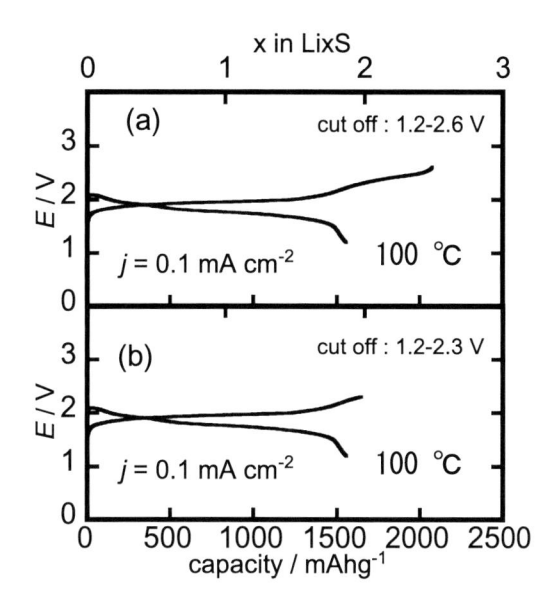

図8　全固体リチウム硫黄電池の100℃における充放電曲線に与えるカットオフ電位の影響
（a）1.2〜2.6 V，（b）1.2〜2.3 V。

　さらに，充電打ち切り電圧を 2.6 V とした電位領域（2.6〜1.2 V）で充放電を繰り返した際の充放電曲線を図9に示す。2回目の放電反応では，1回目の放電時とほぼ同じ 1,600 mA h g^{-1} の容量を示しているが，1回目の放電時は単一のプラトーしか現れなかったことに対して，2回目では 2.1 V と 1.8 V に明らかに二つのプラトーが観測され，2段階の放電になっている。それぞれの電気化学容量は，2.1 V のプラトーでは 500 mA h g^{-1}，1.8 V のプラトーでは 1,100 mA h g^{-1} である。また，1.8 V 付近のプラトーは，図8で示した充電打ち切り電圧を 2.3 V とした場合の2回目の放電曲線とほぼ同じであることから，充電における 2.1 V 付近の反応が放電における 1.8 V の反応に対応すると考えられる。また，充電時の 2.4 V 付近の反応は放電時の 2.1 V の反応に対応している。2回目以降の充放電サイクルにおいては，2段階の充放電反応がそのまま繰り返されており，総電気化学容量として約 1,600 mA h g^{-1} の値を維持した。

　計らは非晶質 Li$_3$PS$_4$ とアセチレンブラックの混合体が全固体リチウム電池の正極として機能することを報告[16, 17]しており，彼らの報告によれば Li$_3$PS$_4$ の電気化学容量は室温での反応において 220 mA h g^{-1} であるとされている。図9で用いた正極合材には固体電解質として Li$_3$PS$_4$ が添加されているが，この Li$_3$PS$_4$ が正極活物質として機能したと仮定した場合，Li$_3$PS$_4$ の電気化学容量として算出される値は 250 mA h g^{-1} となる。この値は，計らの報告が室温での測定であることを勘案すると，ほぼ同じ数値となっていると判断できる。このことから，100℃付近において 2.6〜1.2 V の電位領域で充放電を繰り返した場合，正極合材のイオン伝導性を担保する目的で添加した固体電解質である Li$_3$PS$_4$ も正極活物質として機能し，その結果，この正極合材は大きな電気化学容量を維持するものと考えられる。

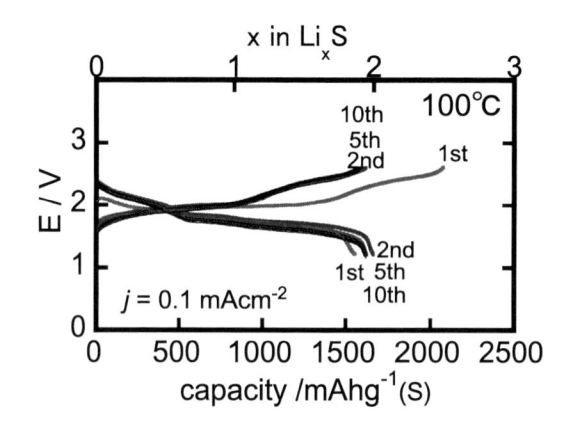

図9　カットオフ電位を 1.2〜2.6 V にした場合の全固体リチウム硫黄電池の 100℃における
　　 充放電特性

　これらのことは，電極合剤の組成を工夫することにより，大きな電気化学容量を有するととも
に比較的大きな電流密度でも機能する硫黄系正極合材を開発できる可能性を示唆するものであ
る。今後の全固体リチウム硫黄電池のさらなる研究の進展に期待したい。

文　　　献

1) R. D. Rauh *et al.*, *J. Electrochem. Soc.*, **126**, 523 （1979）

2) J. R. Akridge *et al.*, *Sol. St. Ion.*, **175**, 243 （2004）

3) C. Barchasz *et al.*, *Anal. Chem.*, **84**, 3973 （2012）

4) M. Barghamadi *et al.*, *J. Electrochem. Soc.*, **160**, A1256 （2013）

5) A. Manthiram *et al.*, *Chem. Rev.*, **114**, 11751 （2014）

6) B. H. Jeon *et al.*, *J. Power Sources*, **109**, 89 （2002）

7) J. Wang *et al.*, *Electrochim. Acta*, **48**, 1861 （2003）

8) K. Dokko *et al.*, *J. Electrochem. Soc.*, **160**, A1304 （2013）

9) S. Seki *et al.*, *Electrochemistry*, **85**, 680 （2017）

10) N. Machida & T. Shigematsu, *Chem. Lett.*, **33**, 376 （2004）

11) N. Machida *et al.*, *Sol. St. Ion.*, **175**, 247 （2004）

12) S. Kinoshita *et al.*, *Sol. St. Ion.*, **256**, 97 （2014）

13) S. Kinoshita *et al.*, *J. Power Sources*, **269**, 727 （2014）

14) A. Hayashi *et al.*, *J. Am. Ceram. Soc.*, **84**, 477 （2001）

15) Y. Hashimoto *et al.*, *Sol. St. Ion.*, **175**, 177 （2004）

16) T. Hakari *et al.*, *Sol. St. Ion.*, **262**, 147 （2014）

17) T. Hakari *et al.*, *J. Power Sources*, **293**, 721 （2015）

第3章 高電位正極を用いた硫化物全固体電池の現状と課題

平山雅章[*]

1 はじめに

　全固体リチウム電池に期待される電池性能は，広い動作温度域における安定動作，高エネルギー密度化，大電流放電，超高速充電など様々である。イオン導電率が 10^{-2} S/cm を超える硫化物固体電解質の創出[1~3]と合わせて，電池として組み上げるための混合プロセス[3,4]，電極／電解質界面の低抵抗化手法[5]が確立されたことで，室温で 60 C 放電，100℃ では 1500 C という高出力動作が報告された[3]。高出力の発現には，電極活物質に固体電解質と炭素材料を複合化し，イオンおよび電子の導電性を確保することが必要となる。一方，これらの導電助材は充放電容量に寄与しないため，電極複合体あたりのエネルギー密度は低くなる。現状，電極複合体内の活物質の体積比で 50% 以下である場合が多く，リチウムイオン電池用の電極複合体には及ばない。液相を介した電極複合体作製プロセス構築[6,7]など，活物質比の改善を目指した研究開発が活発化しているが，高出力を維持したうえで高エネルギー密度化を実現する明確な指針は得られていないと思われる。

　高電位正極を用いて電池動作を高電圧化することは，エネルギー密度や出力を向上させるシンプルな考え方である。液系リチウムイオン電池では，高電位における有機電解液の分解やガス発生が生じやすく，分解生成物が充放電動作時に正極表面から剥離することで，界面でさらなる副反応を引き起こすことなど，高電圧動作の信頼性に課題がある[8]。無機固体電解質は有機電解液よりも優れた電気化学安定性が期待され，酸化物固体電解質を用いた薄膜電池ではスピネル型やオリビン型の高電位正極とリチウム金属負極を用いた高電圧動作が実証されてきた[9]。硫化物固体電解質については，3～4 V 以上の高電位域では熱力学的に不安定という計算科学からの予測から[10]，高電位正極はほとんど検討されていない。一方で，固体電解質の分解生成物は電極から剥離したり，電解質内に拡散しにくい。イオン導電性の cathode electrolyte interphase（CEI）として機能すれば，さらなる副反応を抑制することで可逆的に充放電できる可能性もある。したがって，高電圧電池動作の実現は，全固体リチウム電池のエネルギー密度向上に向けて，活物質構成比向上と合わせて目指していく研究課題である。本稿では，4.5 V 以上でリチウム脱挿入が進行するスピネル型 $LiNi_{1/2}Mn_{3/2}O_4$ 正極と $Li_{10}GeP_2S_{12}$ 固体電解質，アセチレンブラック（AB）導電助材からなる正極複合体について，充放電特性と固体固体界面現象を調べた結果[11,12]をもと

　＊　Masaaki Hirayama　東京工業大学　物質理工学院　准教授

に，高電位正極を用いた硫化物全固体電池の現状と課題を概説する。

2　$LiNi_{1/2}Mn_{3/2}O_4$／$Li_{10}GeP_2S_{12}$／AB 正極複合体の電気化学特性

2.1　表面修飾による充放電特性の向上[11]

活物質と硫化物固体電解質を直接接触させると，高抵抗界面相が形成される場合が多い。原因として界面でのイオンの相互拡散，電解質の分解による界面相形成，空間電荷層形成が提案されている。界面抵抗を軽減するには，イオン導電性酸化物を界面に導入することが効果的である[5]。$LiCoO_2$／$Li_{10}GeP_2S_{12}$ 界面[1, 13]と同様に $LiNi_{1/2}Mn_{3/2}O_4$／$Li_{10}GeP_2S_{12}$ 界面においても非晶質 $LiNbO_3$ の導入で界面抵抗を軽減できる。ここでは，平均粒径 9.5 μm，比表面積 0.53 m^2/g の $LiNi_{1/2}Mn_{3/2}O_4$ 粒子にゾルゲル法を用いて非晶質 $LiNbO_3$ を 1.6，2.4，3.5 wt.% コートし，623 K で有機物成分を除去した。平均粒径，表面積，ICP 組成分析から見積もられる $LiNbO_3$ 厚は 6.5，9.7，14.3 nm となる。$LiNi_{1/2}Mn_{3/2}O_4$／$Li_{10}GeP_2S_{12}$／AB 比 38：58：4 wt.% とし，ポットミル混合で電極複合体を合成した。電解質を $Li_{10}GeP_2S_{12}$，負極を In-Li として作製したペレット電池を評価した結果，$LiNbO_3$ 厚 9.7 nm で最も大きな初回充放電容量を示した。非晶質 $LiNbO_3$ は室温でのイオン導電性が 10^{-7} S/cm と低く，副反応抑制効果とのトレードオフにより最適なコート厚が現れると考えられている。

2.2　酸素欠損導入による電子伝導性の改善[11]

$LiNi_{1/2}Mn_{3/2}O_4$ の電子伝導性は 10^{-6} S/cm と低い。正極複合体内の導電助材カーボン量を増大させると，エネルギー密度を低下させるだけでなく，硫化物電解質との副反応が促進し，界面抵抗が増大してしまう（後述）。$LiNi_{1/2}Mn_{3/2}O_4$ 自身の電子伝導性は，酸素欠損の導入により改善できる。図 1 に大気下 1023，1073，1123 K でアニール処理した $LiNi_{1/2}Mn_{3/2}O_{4-\delta}$ の X 線光電子分光スペクトルおよび格子定数と電気伝導度を示す。アニール温度が高いほど構造内から酸素が脱離することで，Mn^{4+} が Mn^{3+} に還元され，格子定数は増加した。1023 K と 1073 K アニール試料では，電子ホッピングの向上により室温での電気伝導度は 7.6×10^{-4} S/cm と 2 桁程度向上した。1123 K ではスピネル相の一部が分解するため電子伝導度は低下した。1073 K アニール試料を用い，非アニール試料と同様の手法で電極複合体合成，全固体電池を作製すると，非アニール試料と比較して初期放電容量が 20 mA h/g 程度増大した。アニール前後で粒子形態の有意な変化はなく，複合体の混合状態にも差はなかったことから，活物質の電子伝導性の向上で特性が改善したと考えられる。

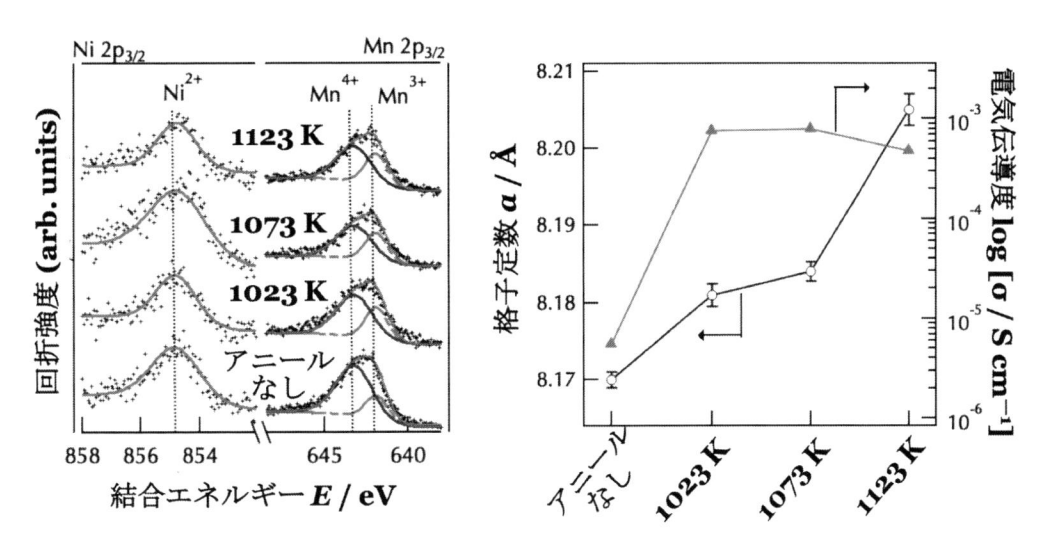

図1　大気下 1023, 1073, 1123 K でアニール処理した $LiNi_{1/2}Mn_{3/2}O_{4-\delta}$ の Ni $2p_{3/2}$, Mn $2p_{3/2}$ 近傍の X 線光電子分光スペクトルおよび格子定数と電気伝導度

2.3　5 V 級全固体電池動作の実証[12]

　$LiNi_{1/2}Mn_{3/2}O_4$ を 1073 K でポストアニール後，3 wt.% $LiNbO_3$ で表面修飾した $LiNbO_3$-$LiNi_{1/2}Mn_{3/2}O_{4-\delta}$ を，$Li_{10}GeP_2S_{12}$ および AB と混合することで正極複合体を作製した。図2に $Li_{10}GeP_2S_{12}$ を固体電解質，In-Li 合金または Li 金属を負極として作製した全固体電池の初期 10 サイクル充放電曲線を示す。いずれの全固体電池においても，4.0 V, 4.6 V（$vs.$ Li/Li$^+$）付近

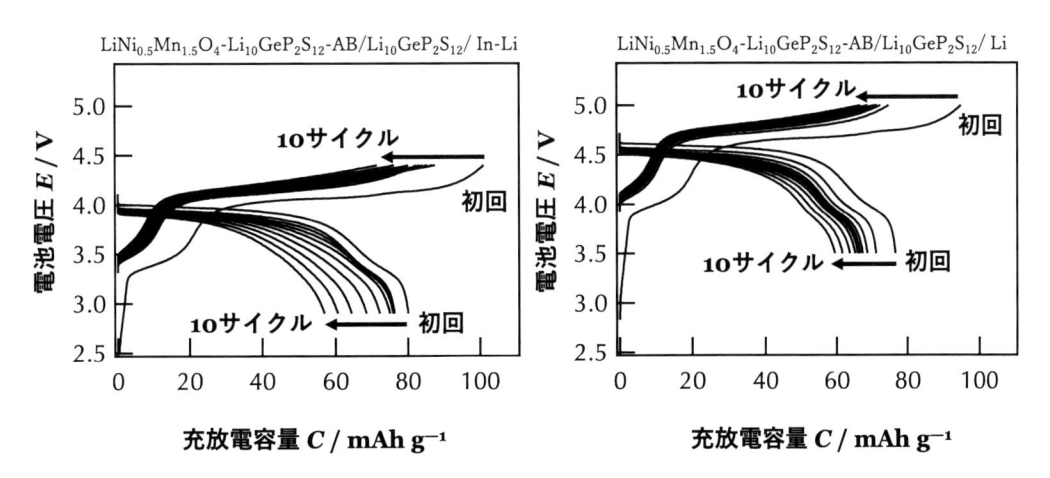

図2　$LiNi_{0.5}Mn_{1.5}O_4$／$Li_{10}GeP_2S_{12}$／AB 正極複合体を用いた全固体電池の充放電曲線（室温 0.05 C）
固体電解質は $Li_{10}GeP_2S_{12}$，負極は In-Li 合金（左）または Li 金属（右）。

にそれぞれ Mn^{3+}/Mn^{4+}，Ni^{2+}/Ni^{4+} のレドックスを伴うリチウム脱挿入に対応する電位平坦部が観測された。Li 金属負極を用いた電池における初回サイクルの放電容量は 78 mA h/g，平均放電電圧 4.3 V であった。活物質重量あたりのエネルギー密度は 392 Wh/kg であり，この値は同じ $Li_{10}GeP_2S_{12}$ 電解質を用いた $LiCoO_2$（378 W h/kg）[13]，$LiNi_{1/3}Co_{1/3}Mn_{1/3}O_2$（368 W h/kg）[14]，$TiS_2$（308 W h/kg）[15] よりも高く，高電位正極利用で硫化物型全固体電池を高エネルギー密度化できる可能性が実証された。しかしながら，得られた初回放電容量（78 mA h/g）は，液系電池で得られる容量（140 mA h/g）よりも小さく，初期 10 サイクル放電までに 60 mA h/g まで減少した。初回容量に関しては，$LiNi_{1/2}Mn_{3/2}O_4$ の粒径を小さくし複合体混合状態を良好にすることで 100 mA h/g 程度まで向上するが，サイクル安定性はより低下する。10〜15 mA h/g 程度の不可逆容量がサイクル数や In-Li，Li 負極によらず観測されたことからも，正極複合体内で不可逆な副反応が継続的に進行し，性能が低下していることを表している。

2. 4　$LiNi_{1/2}Mn_{3/2}O_4/Li_{10}GeP_2S_{12}/AB$ 正極複合体の劣化機構解析[12]

$LiNi_{0.5}Mn_{1.5}O_4/Li_{10}GeP_2S_{12}/AB$ 正極複合体のサイクル時の容量減少について，交流インピーダンス解析，X 線回折測定，電子顕微鏡観察から反応の詳細を調べた。交流インピーダンス解析では，$LiNi_{0.5}Mn_{1.5}O_4/Li_{10}GeP_2S_{12}/LiNi_{0.5}Mn_{1.5}O_4$，$Li/Li_{10}GeP_2S_{12}/Li$ 対称セルの解析から，全固体電池で得られる Nyquist 線図の抵抗成分を同定できる。その結果，正極複合体の反応抵抗が 10 サイクル前後で 3〜4 倍程度に増大し，容量減少の主因になっていることがわかった。充電，放電後にセルを解体し，正極複合体ペレットを X 線回折測定すると，10 サイクル放電後には充電相である $Li_{0.5}Ni_{0.5}Mn_{1.5}O_4$ や $Ni_{0.5}Mn_{1.5}O_4$ 相の残存が検出された。高電位充電時に副反応が進行し，電子またはイオンの導電パスが遮断され，活物質が孤立することで，容量が減少する。さらに，サイクル前後の正極複合体内の界面付近をエネルギー分散型 X 線分析で組成分析すると，$LiNi_{0.5}Mn_{1.5}O_4$-$LiNbO_3$-$Li_{10}GeP_2S_{12}$ 界面ではサブマイクロスケールでの副反応が観測されなかったのに対し，AB-$Li_{10}GeP_2S_{12}$ 界面では P，Ge，S の組成比が変化し界面相が形成されていた。図 3 に示す模式図のように，$LiNi_{0.5}Mn_{1.5}O_4/Li_{10}GeP_2S_{12}/AB$ 正極複合体では，充放電反応時に主に $Li_{10}GeP_2S_{12}$ とアセチレンブラックとの界面で副反応が進行し，正極反応抵抗が増大することが明らかになった。

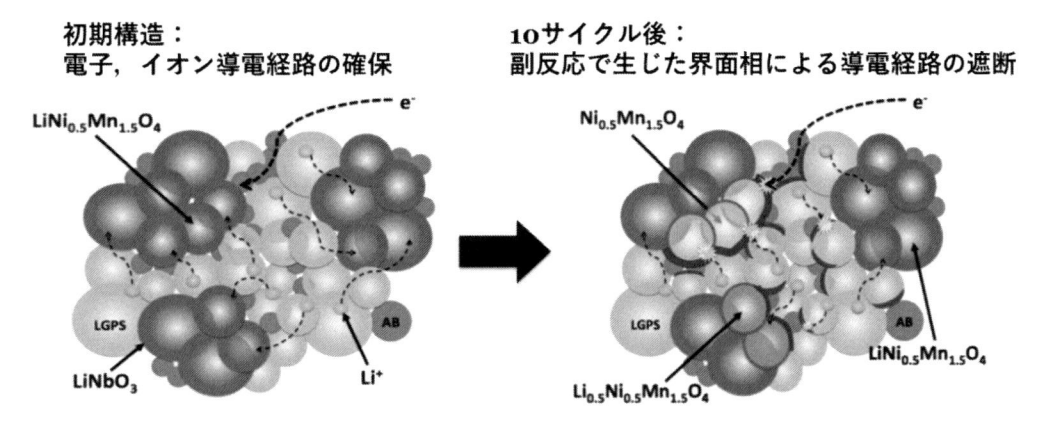

図 3　$LiNi_{0.5}Mn_{1.5}O_4/Li_{10}GeP_2S_{12}/AB$ 正極複合体内の電子・イオン導電性のサイクル変化の模式図

3　今後の展開

　硫化物系全固体電池の高エネルギー密度化の方策として，高電位 $LiNi_{1/2}Mn_{3/2}O_4$–$Li_{10}GeP_2S_{12}$ 正極複合体の検討事例を紹介した。本報告ののち，Janek らは $LiCoO_2/Li_{10}GeP_2S_{12}$ 複合体について，上限 4.3 V とした場合についても，カーボン材料による $Li_{10}GeP_2S_{12}$ の分解が促進され，$LiCoO_2$ が導電経路から孤立することで容量減少を招くことを報告し，XPS による分解生成物の同定がなされている[16]。長期サイクル時には $LiNbO_3/Li_{10}GeP_2S_{12}$ 界面での副反応進行も報告されており，正極複合体内の界面現象制御は程度差こそあるものの反応電位によらない共通の検討課題となっている。LGPS 型同様に熱力学的には不安定とされるアルジロダイト型硫化物電解質では，高電位正極の安定動作も報告されている[17]。今後も高電位安定な硫化物固体電解質や界面導入相の地道な物質探索が不可欠となる。その先を勝ち抜くためには，固体固体界面における電気化学現象の理解を深め，電気化学動作時の自己形成界面相を前提とした界面制御手法の開発に展開することが重要になると考えられる。

文　　　献

1)　N. Kamaya *et al.*, *Nat. Mater.*, **10**, 682（2011）

2)　Y. Seino *et al.*, *Energy Environ. Sci.*, **7**, 627（2014）

3)　Y. Kato *et al.*, *Nat. Energy*, **1**, 16030（2016）

4)　Y. Kato *et al.*, *J. Phys. Chem. Lett.*, **9**, 607（2018）

5)　N. Ohta *et al.*, *Electrochem. Commun.*, **9**, 1486（2007）

6) S. Teragawa *et al.*, *J. Mater. Chem. A*, **2**, 5095 (2014)

7) N. H. H. Phuc *et al.*, *Solid State Ionics*, **288**, 240 (2016)

8) A. Kajiyama *et al.*, *J. Electrochem. Soc.*, **162**, A1516 (2015)

9) N. Kuwata *et al.*, *Solid State Ionics*, **262**, 165 (2014)

10) W. D. Richards *et al.*, *Chem. Mater.*, **28**, 266 (2016)

11) G. Oh *et al.*, *Solid State Ionics*, **288**, 244 (2016)

12) G. Oh *et al.*, *Chem. Mater.*, **28**, 2634 (2016)

13) W. J. Li *et al.*, *Solid State Ionics*, **285**, 136 (2016)

14) H. Meng *et al.*, *Ionics*, **21**, 43 (2015)

15) W. J. Li *et al.*, *Mater. Trans.*, **57**, 549 (2016)

16) W. Zhang *et al.*, *ACS Appl. Mater. Interfaces*, **9**, 35888 (2017)

17) N. C. Rosero-Navarro *et al.*, *J. Power Sources*, **396**, 33 (2018)

第4章　固体電池へのシリコン負極の適用

太田鳴海[*]

1　はじめに

　可燃性の有機電解液に替えて不燃性の無機固体電解質を用いる全固体リチウムイオン二次電池は，小型で軽量，かつ高電圧のリチウムイオン二次電池の優れた特徴はそのままに安全性の付与が見込める究極の二次電池として開発が行われてきた[1]。2000年代に入ると，広い電位窓と有機電解液を凌駕する高イオン伝導度を兼ね備えた固体電解質が数多く発見されるようになり[2,3]，本電池系の実用化を視野に入れた実証も数多くなされるようになってきた。実際，非常に高いイオン伝導度を持つ無機固体電解質を用いることで，この電池系において液系リチウムイオン二次電池やスーパーキャパシタを凌駕する高い出力密度が獲得可能であることが実証されている[4]。ただしこの間，自動車業界に起こったダイナミックな変化（EV（電気自動車）シフト）は，リチウムイオン二次電池産業を取り巻く環境にも急激な変化をもたらしている。つまり，伸びの止まった小型民生用に対し大型車載用の市場シェアが急速に高まり，いよいよ逆転しようとしている。したがって全固体電池の開発ステージも液系電池同様，インターカレーション材料を正・負極活物質に用いたリチウムイオン二次電池からの脱却，つまり，高安全・高出力密度を有する電池の高エネルギー密度化実現に資する技術開発である全固体リチウム二次電池の実現へと切り替わり始めている。リチウムイオン二次電池と呼称されてきた電池は，リチウムを吸蔵する容量はやや少ないものの充放電（リチウムの挿入・脱離）時にほとんど体積変化を示さないインターカレーション材料を両電極活物質に用いることで長寿命化を実現した電池のことである。これに対し，合金や金属といった，充放電の際，顕著な体積変化を伴う電極活物質を用いた電池をリチウム二次電池とする。より高いエネルギー密度を電池に求めると，後者の電池系を開発する以外に選択肢はない。つまり，高容量化のためには必ず，活物質の体積変化に伴い生じてくるさまざまな課題を克服しなくてはならない。

　シリコン負極はリチウム金属基準電位（Li^+/Li）に対して $+0.4$ V以下という低電位に4,200 mA h g^{-1} と非常に大きな容量密度を示す[5]。この容量密度は市販電池で長らく一般的に利用されてきた黒鉛負極の約11倍にあたる。したがって現在，一充電距離の延伸が最重要課題となっている電気自動車用リチウム二次電池の高容量化実現のため，その実効的な適用技術開発が全世

　＊1　Narumi Ohta　物質・材料研究機構　エネルギー・環境材料研究拠点
　　　　　　二次電池材料グループ　主任研究員

界的に活発に行われている。しかしながらシリコン負極は，大量のリチウムを吸蔵・放出することが可能なため，充放電に際し必然的に非常に大きな体積の膨張・収縮を経験する[6, 7]。変化率320%のとてつもなく大きな体積変化は，僅か12%しか変化しない黒鉛負極の利用で得られてきた豊富な知見が全く役に立たない領域にあり，この変化に伴って生じる急激な容量低下への対処には従来の技術概念を超えた大きなブレークスルーが待たれている。本稿ではまず，負極活物質の体積変化が引き起こす主な2つの課題について紹介し，次に，これら課題を克服する技術として，我々の研究グループが検討した例を紹介する。もちろんリチウム二次電池の高容量化に関しては，高電位に大きな容量を示す材料の開発が遅れている正極側の課題がより深刻ではある。実際に，重量容量密度に勝る負極（黒鉛：372 mA h g^{-1}）は，現行の市販電池内に正極（LiCoO$_2$：137 mA h g^{-1}）の半分以下の重量しか詰め込まれていない[8]。しかしながら，重量から体積容量密度に尺度を変えて正極と負極のバランスを見つめ直すと，現行の市販電池内で負極の占める体積は正極とほぼ同等である。つまり，省スペース化の要求が高い車載用二次電池の高エネルギー密度化については，負極の高容量化も正極に対してと同等に考慮すべき課題なのである。

2　充放電時に体積変化を経験する負極活物質の課題

シリコン負極の抱える，非常に大きな体積変化に関する課題は大きく分けて二つある[9]。二つとも，充放電サイクルに伴う急激な容量低下をもたらす重大な課題である。課題の一つ目は市販のリチウムイオン二次電池に一般的に利用されてきた有機電解液と活物質との界面で生じる「不安定な固体電解質界面相（solid electrolyte interphase：SEI）保護膜」である。リチウム二次電池は非常に大きな作動電圧を示すのが特徴である。それゆえに，セパレーターの構成要素で両極間のリチウムイオン伝導を担う電解質には，負極および正極がそれぞれ示す強烈な還元および酸化雰囲気への十分な耐性が求められる。しかしながら一般的に，有機電解液（液体電解質）は耐還元性に乏しいので，初回充電時に還元され分解生成物が活物質表面に堆積し被膜を形成してしまう。それでも電池が動作するのは，初回に形成した被膜がSEI保護膜となり，2回目以降の充電時に電解液が還元分解して不可逆にリチウムイオンが消費され続けることを効果的に抑制しているためである[10]。ただし，体積変化がほとんどないインターカレーション材料と異なり，充放電時に大きな体積変化を伴う活物質表面では，充電時に一度活物質表面を覆いつくしたSEI保護膜がその後の放電に伴う活物質の体積収縮に追随できず剥離によって活物質表面が再度露出するので，結果として2回目以降の充電時も電解液の分解が引き続き起こり続けてしまいサイクルに伴う急激な容量低下につながる。有機電解液は充電時の活物質へ直接接触すると還元分解が必至であるので，この課題に対しては最近，炭素系の包装体であらかじめ活物質を保護して解決を志向した報告が多くなっている。さらに包装体が内包する活物質の体積変化に追随せずに体積変化しない（つまりSEI保護膜の不安定化を防ぐ）仕組みを設けることで容量低下を抑制で

きるということだが，容量を安定化しようとすればするほど活物質の充填密度が下がることとなり，シリコン負極の持つ高容量という強みを十分に生かすことが可能な設計指針が得られているとは言い難い[11]。

　課題の二つ目は活物質材料に固有なもので，「活物質材の微粉化」である。体積変化に伴い活物質内部に生じるひずみ応力が緩和されずに蓄積され続けると，応力割れが生じて活物質が微粉化してしまう。つまり，充放電サイクルの進行に伴って反応に関与できない活物質が増加していくことで急激な容量の低下が生じる。この課題に対しては最近，ナノ構造シリコン活物質を利用して解決を志向した報告が多くなっている[12]。ナノメートル級の大きさまで微細化された構造は，ひずみ応力の適切かつ迅速な緩和が行えるからである。実際に，微粉化に対するサイズ効果も報告されるようになり，粒子形状の結晶シリコンでは直径が 150 nm を超えると充放電時の体積変化で活物質が破裂・微粉化するという[13]。ただし，ナノ構造の利用は同時に活物質の比表面積を増大させることから，有機電解液を用いた場合，一つ目の課題がさらに深刻化するというジレンマに陥る。つまり，SEI 保護膜を生成するのに要するリチウムイオンの不可逆な還元消費量の増大を招くことから，SEI 保護膜が不安定で容量低下が著しいうえに初回の可逆な充放電容量も著しく低下する。したがって有機電解液を用いた電池系では，これら二つの課題を切り分けて対策することが困難であり，一つ目の課題の対策として既出の炭素系包装体にナノ構造シリコン活物質を内包させた，活物質の充填密度を上げるのに限界を感じる立体構造をいかに安価に作製するかということで開発競争が繰り広げられている。

3　有機電解液に替えて無機固体電解質を用いることによる活物質・電解質界面の安定化

　前節で紹介した有機電解液を用いての開発の状況を受けて，筆者らは，耐還元性に優れる無機固体電解質とナノ構造シリコン活物質の組み合わせで，シリコン負極の高容量化と安定性向上に取り組むこととした[14]。本節ではまず，スパッタ法を用い作製した膜厚 50 nm の極薄アモルファスシリコン膜を用い確認を行ったシリコン負極と硫化物固体電解質界面の安定性に関する試験の結果[15]を紹介する。

　アモルファスシリコン膜は高周波スパッタ法によりアルゴンガス中で製膜した。ターゲットには純度 5N のシリコンを用いた。図 1 に示す断面図からも分かる通り，この条件で得られたアモルファスシリコン膜は 2.3 g cm^{-3} と結晶シリコンと同等の高い密度を有することから以降，緻密アモルファスシリコン膜と呼ぶ。基板には片面に鏡面処理を施した直径 10 mm，厚さ 0.1 mm の SUS 円板を用いた。製膜したアモルファスシリコン膜を作用極とし，固体電解質層には高イオン伝導性硫化物固体電解質粉末の圧粉成型体を用い，対極として In-Li 合金を用いて全固体セルを作製し，電極特性の評価試験を実施した。

　まず，膜厚 50 nm と非常に薄い緻密アモルファスシリコン膜を用い，有機電解液（1M LiPF$_6$

図1　緻密アモルファスシリコン膜の断面環状暗視野走査透過型電子顕微鏡（ADF-STEM）像

in EC/DEC（1/1 vol.））中および固体電解質（70Li₂S・30P₂S₅ ガラスセラミック）中で充放電
試験を繰り返した（図2）。液セルの対極はリチウム金属を使用した。有機電解液中では，充放
電の可逆性を示すクーロン効率が95％程度にとどまっており，充電の度に不可逆なリチウムイ
オンの消費が明確に起こっていることが分かった。また，これに伴いサイクルを繰り返すと容量
低下が顕著に現れている。電極膜の面積に対し膜厚を極端に絞っていることから，体積の変化は
疑似一次元的に膜厚方向にのみ起こると仮定できる状況にある。充電深度から想定される膜厚変
化[16]は約 100 nm と非常に小さいが，SEI 保護膜の不安定化はこの程度の体積変化でも有機電解
液中では起こることが分かる。これに対して固体電解質中では，ほぼ容量低下なく，また99％
以上の非常に可逆な充放電サイクルが行えることが分かった。このことは活物質・固体電解質界
面では SEI 生成のような不可逆なリチウムイオンの消費が起こらないことと，サイクルを繰り
返しても，つまり活物質が体積変化を繰り返しても，安定な接合を保持できていることを示唆し
ている。直感的に，体積変化を繰り返す活物質と固体電解質の界面は接合が次第に破断し，界面
の電荷移動抵抗が大きくなることで容量低下が引き起こされるのではないかと危惧していたが，
100 MPa ほどのネジの締め付けにより膜を固体電解質層へ押し付けながらサイクルを行ってい
ること，加えて硫化物固体電解質の示す優れた機械特性（比較的低い弾性率（約 20 GPa）と高
圧の圧縮に対して容易に変形することが可能）[17]が安定界面の保持に効いているものと考えられ
る。この試験では，有機電解液の越えられない壁であった不安定な SEI 保護膜が生成する課題
が，固体電解質との界面では起こらず，何ら問題にならないことが実証できた。したがってこの
後我々は，シリコン負極を安定動作させようとする際に直面する二つ目の課題であり，活物質材
固有の問題である微粉化の課題に集中して取り組むこととした。
　緻密アモルファスシリコン膜での試験を継続していくと，50 nm，300 nm，1 μm と膜厚を増
やすにつれ，やはり次第にサイクルに伴う容量低下が大きくなる傾向は認められることが分かっ

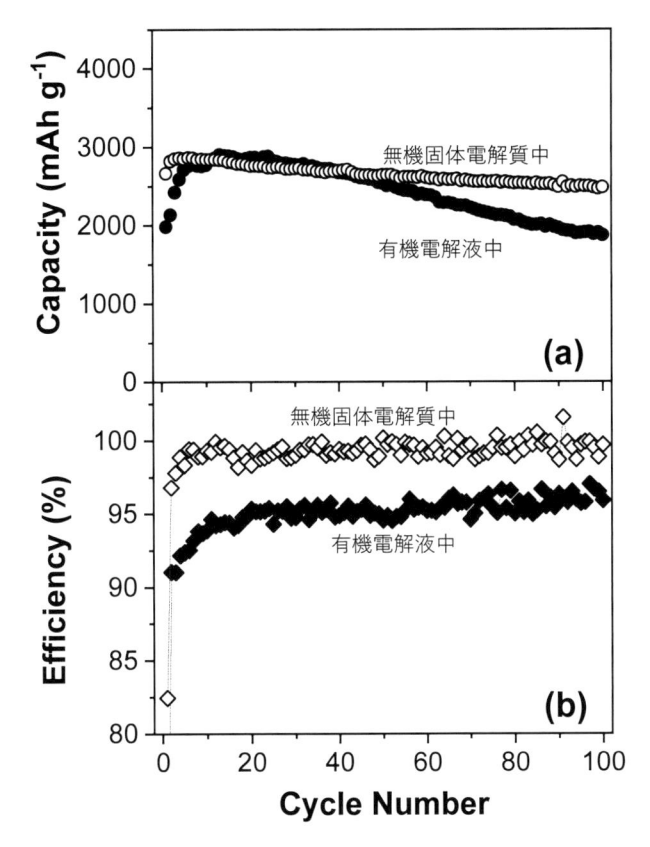

図 2　電流密度 0.1 mA cm^{-2} で測定した緻密アモルファスシリコン極薄膜（膜厚 50 nm）の充放電特性
（a）サイクルに対する放電容量の推移，（b）サイクルに対するクーロン効率の推移。

たのだが，急激な低下は見られないことが分かった。充電深度から想定される膜厚変化はそれぞれ約 100 nm，約 600 nm，約 2 μm であり，これだけの大きな膜厚の変化が活物質膜へ繰り返し起こっても，活物質・固体電解質界面は安定に保持できることが分かった。ただし，実用的な面容量を得ようと 3 μm へと膜厚を上げると途端に急激な容量低下が現れることが分かった（図 3）。形状は異なるもののアモルファスシリコン粒子について，直径が 870 nm を超えると充放電時の体積変化で活物質が破裂・微粉化するという報告[18]と非常に良い相関が見られたことから，活物質材の微粉化を抑制するナノ構造を活物質材へ導入することで，容量低下の抑制を試みた。

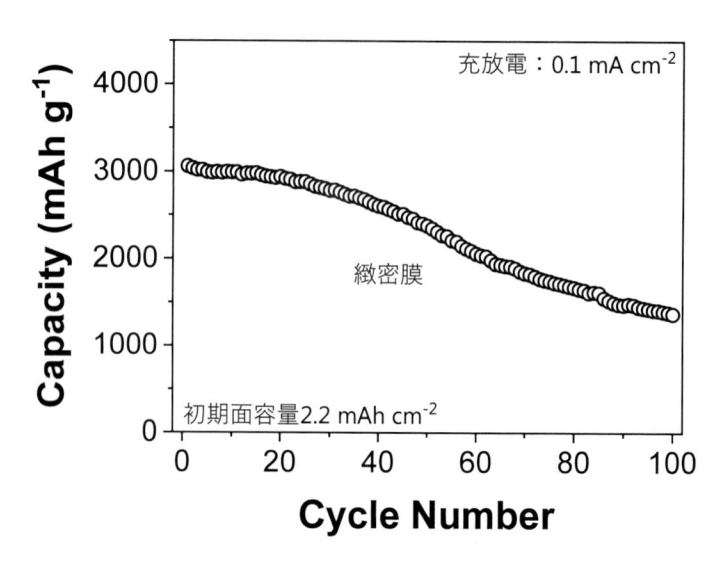

図3　電流密度 0.1 mA cm^{-2} で測定した緻密アモルファスシリコン膜（膜厚 3.00 μm，充填密度 0.70 mg cm^{-2}）の放電容量推移

4　ナノ多孔構造導入による活物質材の微粉化回避

　本節では，無機固体電解質の利用に加えて，ナノ多孔構造を導入することで，2 mA h cm^{-2} と実用化レベルの非常に高い面容量を示すアモルファスシリコン負極膜が，高容量・高安定に動作可能なことを見出したのでその結果[10]について紹介する。

　ナノ多孔アモルファスシリコン膜は既報[19,20]を参考に，高周波スパッタ法によりヘリウムガス中で製膜した。ターゲットには純度 5N のシリコンを用いた。基板には片面に鏡面処理を施した直径 10 mm，厚さ 0.1 mm の SUS 円板を用いた。製膜したアモルファスシリコン膜を作用極とし，固体電解質層には高イオン伝導性硫化物固体電解質粉末の圧粉成型体を用い，対極として In-Li 合金を用いて全固体セルを作製し，電極特性の評価試験を実施した。高イオン伝導性固体電解質 80Li$_2$S・20P$_2$S$_5$ ガラスの合成は既報[21]を参考にした。

　ナノ構造の中でもナノ多孔構造は，充放電の過程において微細構造単位でひずみ応力の緩和が効果的に行える[22]ことが予想されたので，微粉化への高い潜在能力が期待できるこの構造を，膜内に一様な分布で導入することを検討した。アルゴンガスに替えてヘリウムガスでスパッタ製膜を行うと，ボトムアップ的手法でありながら，ナノ細孔が膜厚方向へ一様に分布したアモルファスシリコン膜を作製することが可能である[19,20]。この手法により，直径 10～50 nm の細孔が厚み約 10 nm の細孔壁に隔てられ膜内に一様に分布するようなナノ多孔アモルファスシリコン膜を合成し（図 4），固体電解質中で充放電試験を繰り返した（図 5）。その結果，初期に 2.2 mA h cm^{-2} と実用的な面容量を示すアモルファスシリコン膜について，緻密膜（膜厚 3 μm）では 100 サイクル後に 53%の容量が失われたのに対して，ナノ多孔膜では 93%の容量が維持できること

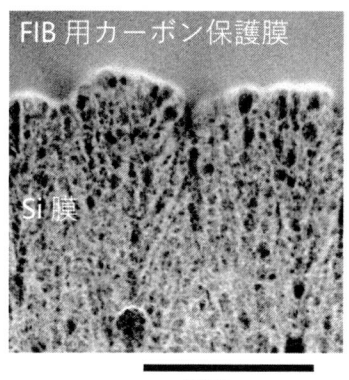

図4　ナノ多孔アモルファスシリコン膜の断面 ADF–STEM 像

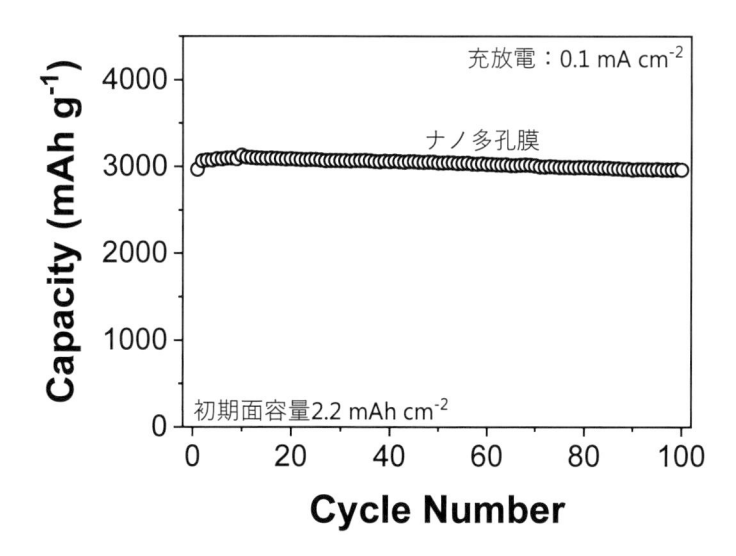

図5　電流密度 0.1 mA cm^{-2} で測定したナノ多孔アモルファスシリコン膜（膜厚 4.73 μm，充填
　　　密度 0.74 mg cm^{-2}）の放電容量推移

が分かった。この結果は，ナノ構造の導入が活物質材の微粉化を抑制した効果を示すと同時に，
約 11 μm という非常に大きな膜厚変化が活物質に繰り返されても固体電解質との界面が安定的
に保持できることも示唆している。つまり，全固体リチウム電池，したがって体積変化を伴う高
容量電極活物質を用いた高エネルギー密度型全固体電池の開発が，固体電解質の機械的特性次第
では夢でなく現実的な対象となることを示唆している。

5 おわりに

　本稿では，リチウム金属と並ぶ究極の高容量負極活物質材であるシリコン負極について，直面している深刻な二つの課題とともにそれら課題の克服に向けた我々の取り組みを紹介した。活物質材と空隙のみから成る理想的な高容量負極電極体において，実用的な面容量で非常に安定な充放電サイクル特性が得られたことは，全固体リチウム二次電池の高エネルギー密度化に資する非常に大きな前進である。本技術が我が国の次世代高性能二次電池の開発に際し，僅かながらでも一助となり，特に100年に一度と言われる大転換期を迎えた自動車業界において，我が国における革新的な基幹技術発展に寄与できれば幸いである。

文　　献

1) K. Takada, *Acta Mater.*, **61**, 759 (2013)
2) R. Kanno and M. Murayama, *J. Electrochem. Soc.*, **148**, A742 (2001)
3) F. Mizuno *et al.*, *Adv. Mater.*, **17**, 918 (2005)
4) Y. Kato *et al.*, *Nat. Energy*, **1**, 16030 (2016)
5) R. A. Huggins, *J. Power Sources*, **81-82**, 13 (1999)
6) B. Liang *et al.*, *J. Power Sources*, **267**, 469 (2014)
7) D. Ma *et al.*, *Nano-Micro Lett.*, **6**, 347 (2014)
8) A. W. Golubkov *et al.*, *RSC Adv.*, **4**, 3633 (2014)
9) H. Wu and Y. Cui, *Nano Today*, **7**, 414 (2012)
10) M. Gauthier *et al.*, *J. Phys. Chem. Lett.*, **6**, 4653 (2015)
11) N. Liu *et al.*, *Nat. Nanotechnol.*, **9**, 187 (2014)
12) X. X. Zuo *et al.*, *Nano Energy*, **31**, 113 (2017)
13) X. H. Liu *et al.*, *ACS Nano*, **6**, 1522 (2012)
14) J. Sakabe *et al.*, *Commun. Chem.*, **1**, 24 (2018)
15) R. Miyazaki *et al.*, *J. Power Sources*, **272**, 541 (2014)
16) Y. He *et al.*, *J. Power Sources*, **216**, 131 (2012)
17) A. Sakuda *et al.*, *Sci. Rep.*, **3**, 2261 (2013)
18) M. T. McDowell *et al.*, *Nano Lett.*, **13**, 758 (2013)
19) V. Godinho *et al.*, *Nanotechnology*, **24**, 275604 (2013)
20) R. Schierholz *et al.*, *Nanotechnology*, **26**, 075703 (2015)
21) A. Hayashi *et al.*, *Solid State Ionics*, **175**, 683 (2004)
22) C. F. Shen *et al.*, *Sci. Rep.*, **6**, 31334 (2016)

第 5 章　酸化物系無機固体電解質を介した Li 金属の析出溶解機構

本山宗主[*1]，入山恭寿[*2]

1　はじめに

　現行のリチウムイオン電池よりはるかに高いエネルギー密度を有する二次電池の構築に向け，Li 金属を負極活物質に用いるさまざまな次世代二次電池が精力的に研究されている。中でも，硫化物や酸化物に代表される無機固体電解質の急速な材料開発によって，Li 金属を用いた全固体 Li 電池の研究が活発化している。小型の薄膜型全固体 Li 電池はすでに実用化されているが，電気自動車への搭載を目指した大型のバルク型全固体 Li 電池の研究開発も進められている。こうした電池の性能を左右する一つの要素が，固体電解質を介した Li 金属の析出溶解反応の低抵抗化，安定化である。

　固体電解質上からの金属電析の核形成・成長機構に関する初期の研究は，1970 年代に α-Ag$_2$S などの系で報告された[1]。鉱物から毛髪銀が成長する現象は古くから知られていたが，彼らの研究は，固体電解質上で銀のひげ状結晶を析出・溶解させ，定量的に調べる研究の幕開けとなった。一方，固体電解質上で起こる Li 金属の析出溶解にともなう界面の課題については，1983 年に Jow と Liang によって Li/LiI（Al$_2$O$_3$）系で報告されている[2]。彼らは電気化学的な応答を解析するとともに，Li/LiI 界面を介して Li を溶解させると，溶解反応によって生じる空孔の拡散流束（Li の自己拡散流束）が Li の溶解速度に比べ小さいために，やがて界面に剥離が生じることを指摘した。1988 年に，Hiratani らは，ポリエチレンオキシド（PEO）を電解質に用いた電池系で，Li 金属負極/PEO 界面に Bi 層を導入し，界面近傍で起こる空隙の生成を抑制する手法を提案した[3]。

　その後，オークリッジ国立研究所の Dudney と Bates らがガラス状リン酸リチウムオキシナイトライド（LiPON）電解質の薄膜を作製する手法を考案したことで，Li 金属を用いた薄膜型全固体 Li 電池の研究が活発化した[4,5]。LiPON は一般には Li 金属に対し安定であり，緻密で平滑な薄膜として作製できる。イオン伝導率は室温で 10^{-6} S cm^{-1} オーダーと低いが，薄膜化することで実効抵抗が低減し，現在では 100 nm 未満で厚み制御された事例もある。LiPON を用いた薄膜型全固体 Li 電池は，マイクロデバイスの微小電源として期待されている。

＊1　Munekazu Motoyama　名古屋大学　大学院工学研究科　材料デザイン工学専攻　講師

＊2　Yasutoshi Iriyama　名古屋大学　大学院工学研究科　材料デザイン工学専攻　教授

このように LiPON を用いた薄膜型全固体 Li 電池の研究が進められる一方，室温で 10^{-3} S cm^{-1} オーダーのイオン伝導率を有する結晶性の Li$_7$La$_3$Zr$_2$O$_{12}$（LLZ）[6] を用いて，より多量の Li 金属を可逆的に析出溶解させるための研究も盛んに行われている。固体電解質自身をセパレータとして機能させ，Li 金属のデンドライト成長を抑制し，その析出溶解反応を安定化させる技術を確立することは，Li 空気電池や Li 硫黄電池など，Li 金属を用いるさまざまな次世代二次電池の構築にも有用と考えられる[7]。しかし，LLZ を用いて Li 金属の析出溶解反応を繰り返すと界面抵抗が増大し，最終的には短絡が生じるという課題もある。

上述のような課題の解決には，固体電解質を介して生じる Li 金属の析出溶解機構を基礎的に調べ，問題の起点とそれが界面抵抗の増大・短絡に連鎖する過程の詳細を明らかにすることが重要であると考えられる。本稿では，LiPON と LLZ を中心に，固体電解質上で起こる Li 金属の析出溶解反応に影響を及ぼす因子について筆者らが検討した研究結果を引用しながら，それぞれ述べる。最後に，固体電解質を介して Li 金属の析出溶解反応を繰り返す場合の課題や現状の研究動向について紹介する。

2　析出反応に影響を及ぼす因子

ここでは，固体電解質上に薄い集電膜を蒸着して構築した集電膜 / 固体電解質界面に Li 金属を析出させる系を用いて，固体電解質を介して起こる Li 金属の核形成・成長過程に及ぼす因子について筆者らが検討している研究を中心に紹介する。

2. 1　電流密度

集電膜 / 固体電解質界面では，電流密度が大きいほど Li の核生成数密度が増加する傾向が見られる。また，電流密度の増加とともに過電圧も増大する。筆者らの結果[8,9]では，厚み 30 nm の Cu 集電膜を LiPON 上に成膜した系で，電流密度が 50 μA cm^{-2} のとき，Li の核数密度は $2\sim3\times10^6$ cm^{-2} であった。電流密度を 1.0 mA cm^{-2} に増大させると，核数密度は 10 倍以上に増え，即座に隣接核同士の会合が起こった。電流密度の増大にともなう核数密度の増加は，従来の液系の実験でも同様の傾向が観察されており，Li 核数密度の値もおおよそ同じオーダーを示している[10]。

なお，熱力学の考察にもとづけば，ヘテロ界面における臨界核生成エネルギーは，金属種と基板の間の界面エネルギーが小さいほど減少する。したがって，固体電解質を基板として考えれば，Li と固体電解質間の界面エネルギーが大きいほど，臨界核生成エネルギーは増大し，核生成数密度は減少する。LLZ と厚み 30 nm の Cu 集電膜を用い，上記の LiPON と同じ実験を行ったところ，Li の核数密度は著しく減少した。Li をより均一に析出させるためには，界面エネルギーが低い（濡れ性が高い）Li/ 固体電解質界面の構築が必要であり，後述するように，その影響は Li の析出溶解反応の安定化にとって重要な役割を果たす。

固固界面で Li の核生成が起こると，Li は集電膜を押し上げ成長するため，集電膜の変形が起こる。このとき生じる機械的仕事の影響について，次項で述べる。

2.2 集電膜からの圧力

固固界面には核生成した Li が自由に成長する空間があらかじめ存在しないため，Li は核生成と同時に集電膜もしくは固体電解質を変形させ，自らが成長するための空間を作り出す必要がある。このとき，周囲からの圧力が高ければ，Li が果たす膨張仕事も大きくなる。この仕事は，電気的な仕事として外部から供給され，過電圧に反映される。この "electro-chemo-mechanical" 効果[11,12]は，ひずみを蓄積しやすい固体電池にとって特に重要な作用であると考えられる。

熱力学から導かれる古典的核生成理論では，異種基板上で核（クラスター）形成が起こるときのギブスエネルギー変化は，表界面のエネルギー変化と化学ポテンシャル変化の総和として考える。基板表面に吸着した原子が基板表面を拡散し，お互いに衝突することでクラスター化する際，瞬間的に形成されたクラスターが持つ表面エネルギーは全エネルギーを増大させ，化学ポテンシャルの変化は全エネルギーを減少させる。表界面のエネルギーは面積（距離の二乗）の効果であり，状態変化は体積効果（距離の三乗）であるため，クラスターの大きさがある臨界値を超えると化学ポテンシャルの変化が表界面の寄与を凌駕し，核生成が起こる。表面拡散を通じ，周囲に存在する他の吸着原子が取り込まれることで，全エネルギーはさらに減少し，核の成長は安定的に進行する。

ここで，LiPON のように粒界が存在しない平滑な無機固体電解質上における Li の核生成を考える。上述のように集電膜/LiPON 界面には元々自由空間が存在しないため，Li が核生成し，成長するためには，Li が自身の体積の分だけ集電膜もしくは LiPON を変形させる必要がある。すなわち，図1に示されるように，Li の成長には集電膜の変形がともなう。

そこで，集電膜に働く応力を見積もるために，成長する Li によってドーム状に変形した集電膜を薄肉球殻の一部として考える（図1D）。中空状の薄肉球殻の内圧が外圧に比べ大きいとき，球殻の円周方向には引っ張り応力（フープ応力：σ_θ）が働く。核生成した Li は，集電膜下部でフープ応力に比例する圧力（p_i）を受けながら成長する。この膨張仕事を電気的な仕事に変換することで，Li が集電膜からの圧力を克服して成長するための過電圧（η_s）が導かれる。η_s は次式のように導出される。

$$\eta_s = \frac{\varepsilon_\theta EM}{\rho F (1-\nu)} \left[\frac{3 (r_i+t)^3}{2\{(r_i+t)^3 - r_i^3\}} - \frac{\nu}{1-\nu} \right]^{-1} \tag{1}$$

ε_θ，E，M，ρ，F，ν は，それぞれ集電膜の円周方向のひずみ，集電膜のヤング率，Li の原子量，Li の重量密度，ファラデー定数，集電膜のポアソン比を表す。r_i と t は，それぞれ Li 核の曲率半径と集電膜の厚みを表す（図1D）。計算結果からは，Li が核生成するとき（$r_i=0$），η_s

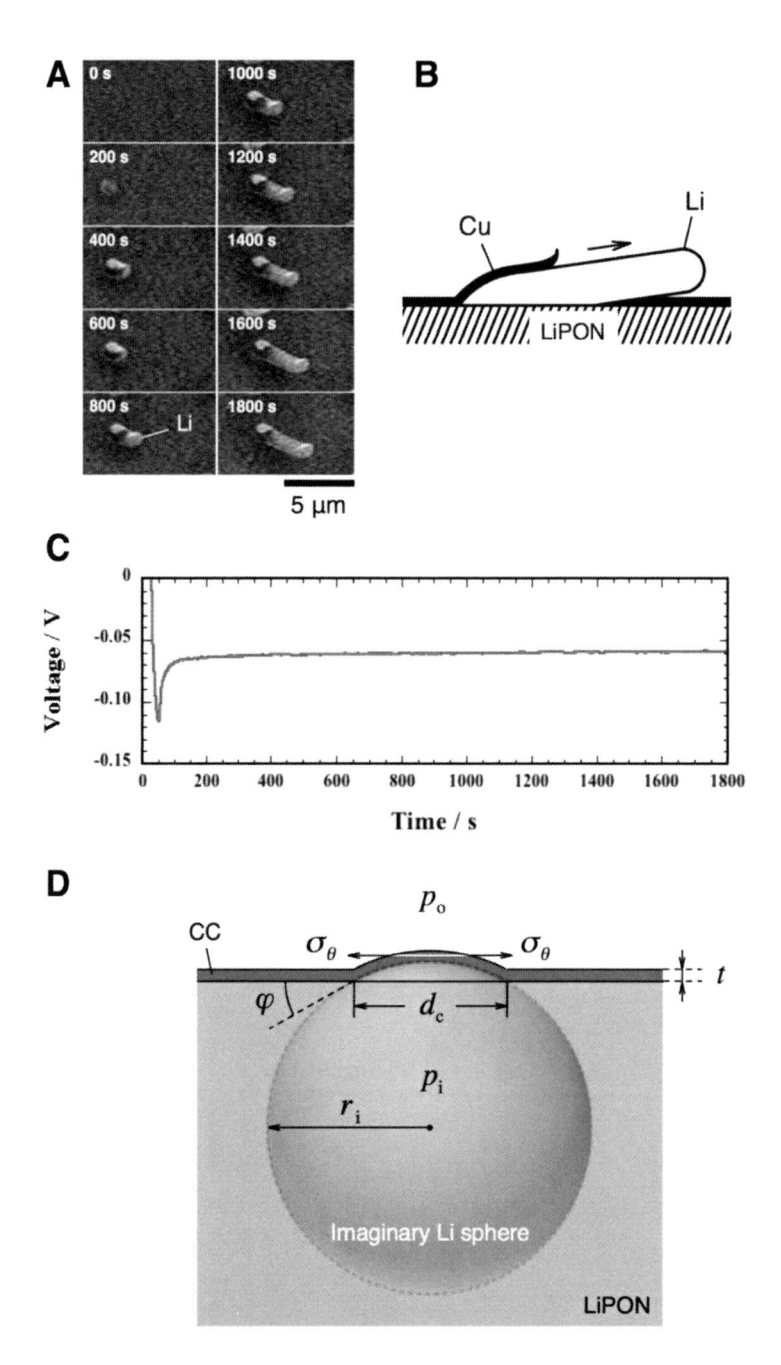

図1 （A）*In-situ* SEM images for the growth of a Li rod during Li plating at 100 μA cm^{-2} with a 30-nm-thick-Cu current collector film on LiPON. （B）Schematic illustration of a Li rod breaking a Cu current collector film on LiPON. （C）Voltage transient during the *in-situ* SEM observation of （A）. （D）Imaginary Li sphere with a current collector （CC）film with a thickness of *t*. r_i: radius of the Li sphere, p_i: inner pressure, p_o: outer pressure, σ_θ: hoop stress[9].

は集電膜の厚みに依存しないことがわかった[9]。一方，r_i の増加とともに η_s の減衰は緩やかになる。これらの結果は，実験結果が示す傾向と一致した。また，核生成時の p_i は，計算上 0.1 〜 1 GPa オーダーの圧力に達することがわかった。Li の最大引っ張り強度は 0.2 〜 0.7 MPa 程度と報告されており[13]，核生成時には，Li にとって非常に大きな圧力が作用していることがわかる。この現象は，溶液中の金属電析と大きく異なる点と言える。

　圧力 p_i は，Li の曲率半径 r_i が大きいほど減少する。そのため，核生成した Li は膨張仕事を小さくするために，集電膜にクラックが生じるまで，集電膜 / 固体電解質の界面方向に沿って成長し，肥大化すると考えられる。なお，(1)式より，過電圧と p_i の最大値は，集電膜のヤング率に比例することがわかる[9]。この傾向は，Cu より大きいヤング率を持つ Ni，W の集電膜を用いた実験によって確認されている[9]。

　また，後述するように，集電膜にあらかじめスクラッチ痕が存在する場合，Li はその位置から優先的に成長する。Li にとって集電膜が破損した箇所は，成長のための膨張仕事を必要としないため，優先的に核生成・成長が起こるものと考えられる。Li 負極層にかかる圧力は，析出反応の制御において重要な因子であると予想される。

2.　3　集電膜中への Li の固溶度

　ここまで，Li が集電膜中に固溶しないことを前提とし，Li が集電膜から受ける圧力の影響について述べてきた。しかし，Li は多くの金属中へ室温で固溶する。一般に負極の集電膜に用いられる Cu でも Li が内部へ固溶し，拡散する現象が報告されている[14]。一方，Li との間に特定の組成比の合金相を形成する元素も多数存在する。Si や Sn などは合金負極活物質として利用される。

　すでに述べているように，Li と合金相を形成する Bi や Au などの金属を固体電解質と Li 負極層の間に導入すると，界面の密着性が向上するという効果が報告されている[3,15]。これは，固体電解質表面にあらかじめ成膜された金属薄膜と押し付けた Li 箔の間で合金化反応が起こることで，Li 箔が固体電解質表面に密着する効果を期待できるためと考えられる。

　一方で，Li と合金相を形成する Pt や Au を集電膜に用いると，Cu，Ni，W に比べ，Li の核生成過電圧が減少し，核数密度が増大する傾向がある[16]。合金化反応の平衡電位は熱力学上，Li の標準電極電位より正の値を持つため，Li と合金化する集電膜を用いると，Li の析出反応より先に Li と集電膜の合金化反応が起こる。文献 16 で議論されているように，固溶した Li で過飽和状態にある集電膜（Pt）と固体電解質との界面では，Li の臨界核生成エネルギーは小さくなる。そのため，集電膜が Li と合金化する場合には，Li の核生成過電圧は減少し，核数密度は増加する。固体電解質表面の合金相の存在は，Li と固体電解質間の濡れ性の低さ（大きな界面エネルギー）を緩和する役割を果たす。

2. 4 析出サイトの不均一性

ここまで紹介してきた結果は，粒界を持たない LiPON 電解質を用いた実験から得られたものである。電解液を用いた系で Li 金属を析出させる場合，集電体基板表面に存在する粒界やピットなど，曲率半径が小さい不規則形状は析出サイトの不均一性として，その影響を考慮する必要がある。一方，無機固体電解質を用いる場合，LiPON のようなガラス電解質であれば粒界は存在しないが，LLZ のように特定の結晶構造を持つ固体電解質であれば，結晶粒界や結晶方位などが反応活性サイトに不均一な分布をもたらすと考えられる。一般に，結晶粒界のように高エネルギー状態にあるサイトでは，優先して Li の核生成が起こると考えられる。しかし，厚み 30 nm の Cu 集電膜を表面に成膜した LLZ を用いて行った実験では，特に結晶粒界からの優先的な Li の核生成は認められなかった[17]。

上述のとおり，LiPON を用いた実験でも，集電膜にスクラッチ痕が存在すると，その位置から優先して Li が成長する様子が観察されている。仮に固体電解質表面が均一であっても，このように，集電膜側に Li の核生成を促す傷が不均一に分布する場合がある。なお，筆者らのこれまでの実験から，Li 核は集電膜が持つ結晶粒界より数桁以上，疎に析出することがわかっている。そのため，集電膜の結晶粒界が Li の核生成に及ぼす影響は本質的に小さいものと推察される。ただし，析出サイトが極めて疎に分布している場合には，局所電流密度が増大する。以降で述べるが，局所的に電流密度が増大すると，セルの短絡を誘発する。そのため，等しく活性な析出サイトが密に分布している界面が望ましい。

3 溶解反応に影響を及ぼす因子

3. 1 電流密度（Li の自己拡散）

ここまで，Li の析出反応に及ぼす重要因子について，主に金属集電膜 / 固体電解質界面で起こる Li の核生成・成長現象を取り上げ，紹介してきた。析出反応では，界面エネルギーや圧力が核生成・成長過程に大きく影響する。無機固体電解質上の Li の溶解反応でも，この 2 つの因子は重要な影響を及ぼす。

Li 原子がイオン化し，無機固体電解質中へ溶解すると，界面の Li 金属側に原子空孔（vacancy）が生成する。したがって，一定の電流密度で Li を溶解させると，Li/ 固体電解質界面近傍に連続的に Li の原子空孔が生成する。原子空孔は，自己拡散によって界面から Li 金属のバルク中へ移動し，界面近傍の原子空孔濃度の上昇を緩和する。しかし，空孔の拡散流束が空孔の生成速度より小さければ，時間とともに界面近傍で空孔濃度が上昇する。

この現象は，拡散方程式で解析することが可能であり，形式的にはサンドの式と同じ式が導かれる[18]。Jow と Liang は，Li/LiI(Al$_2$O$_3$) 系で，一定の電流密度の下，Li の溶解を行った[2]。Li/LiI 界面の原子空孔濃度が増大し，やがて界面での Li 濃度が 0 になると，電圧はカットオフ値に達すると仮定し，計算結果と実験結果を比較した。彼らは，カットオフ電圧に達するまでの

時間（遷移時間）が，電流密度の二乗に反比例することを見出し，拡散方程式から予想される傾向と一致することを示した。遷移時間は電流密度の二乗に反比例するため，電流密度が大きいほど溶解される Li の厚みは減少する。

なお，Li の自己拡散係数は次式で表される[19]。

$$D = D_{01} \exp\left[-\frac{\Delta H_{D1}}{RT} \right] + D_{02} \exp\left[-\frac{\Delta H_{D2}}{RT} \right] \tag{2}$$

D_{01}，D_{02} はそれぞれ単空孔，複空孔の拡散係数であり，3.8×10^{-2} cm^2 s^{-1}，9.5 cm^2 s^{-1} である。また，単空孔，複空孔の拡散ジャンプにともなうエンタルピー変化は，それぞれ $\Delta H_{D1}=50$ kJ mol^{-1}，$\Delta H_{D2} = 67$ kJ mol^{-1} となる[19]。したがって，25℃と 100℃における Li の自己拡散係数は，それぞれ 8.2×10^{-11} cm^2 s^{-1}，7.7×10^{-9} cm^2 s^{-1} となる。そのため，25℃から 100℃に温度を上げると，Li の自己拡散係数はおよそ 2 桁大きくなるため，後述するように，溶解時の界面近傍における空孔濃度の上昇は，温度を上げることで抑制できる。

Jow と Liang が実験結果をもとに一次元の拡散方程式から導出した Li の自己拡散係数は，同位体を用いて測定された Li の自己拡散係数[20]に近い値を示した。しかし，彼らが解析する上で用いた仮定は必ずしも妥当であるとは言いがたい。次項でその点について考える。

3. 2　ボイド形成

Jow と Liang の解析には，Li の溶解によって Li 濃度が 0 になるまで，界面積は一定であるという仮定がともなう。しかし，界面における Li 濃度が 0 になる前に，原子空孔濃度が臨界濃度に達すると，界面近傍で空孔がクラスター化し，空隙（void）を形成すると考えられる。実際には拡散方程式が示す限界より，はるかに小さい電流密度と析出溶解厚みでしか Li の析出溶解サイクルを安定的に維持することができない（図 2）[21~36]。単純な原子空孔の一次元拡散では固体電解質上の Li の溶解を十分に記述することができないことを意味している。

固体電解質上で金属を溶解させると，金属電極に空隙が形成される現象は，Ag 系のイオン伝導体を用いた実験で，Janek らによって報告されている[39]。また，筆者らも，ロッド状 Li が溶解反応時に根元から優先的に空洞化する様子を SEM 内でのその場観察を通じ確認している[8]。

3. 3　不純物（酸化リチウム，炭酸リチウム）生成の影響

オークリッジ国立研究所は，LiPON を用いた薄膜型全固体 Li 電池の研究において，Cu 集電膜表面から析出した Li 粒子の溶解反応後の形態を観察した。彼らは，Li 粒子表面を覆う被膜状のものが溶解後に残留することを報告し，クーロン効率を減少させる要因として考えた[5]。彼らは，表面被膜は，SEM 観察室にわずかに存在する酸素や二酸化炭素と Li が反応することで生成した酸化リチウムや炭酸リチウムであると推察した。アメリカ国立標準技術研究所（NIST）は，SEM 観察室内の酸素分圧を変え，薄膜型全固体 Li 電池の充放電反応をその場観察し，

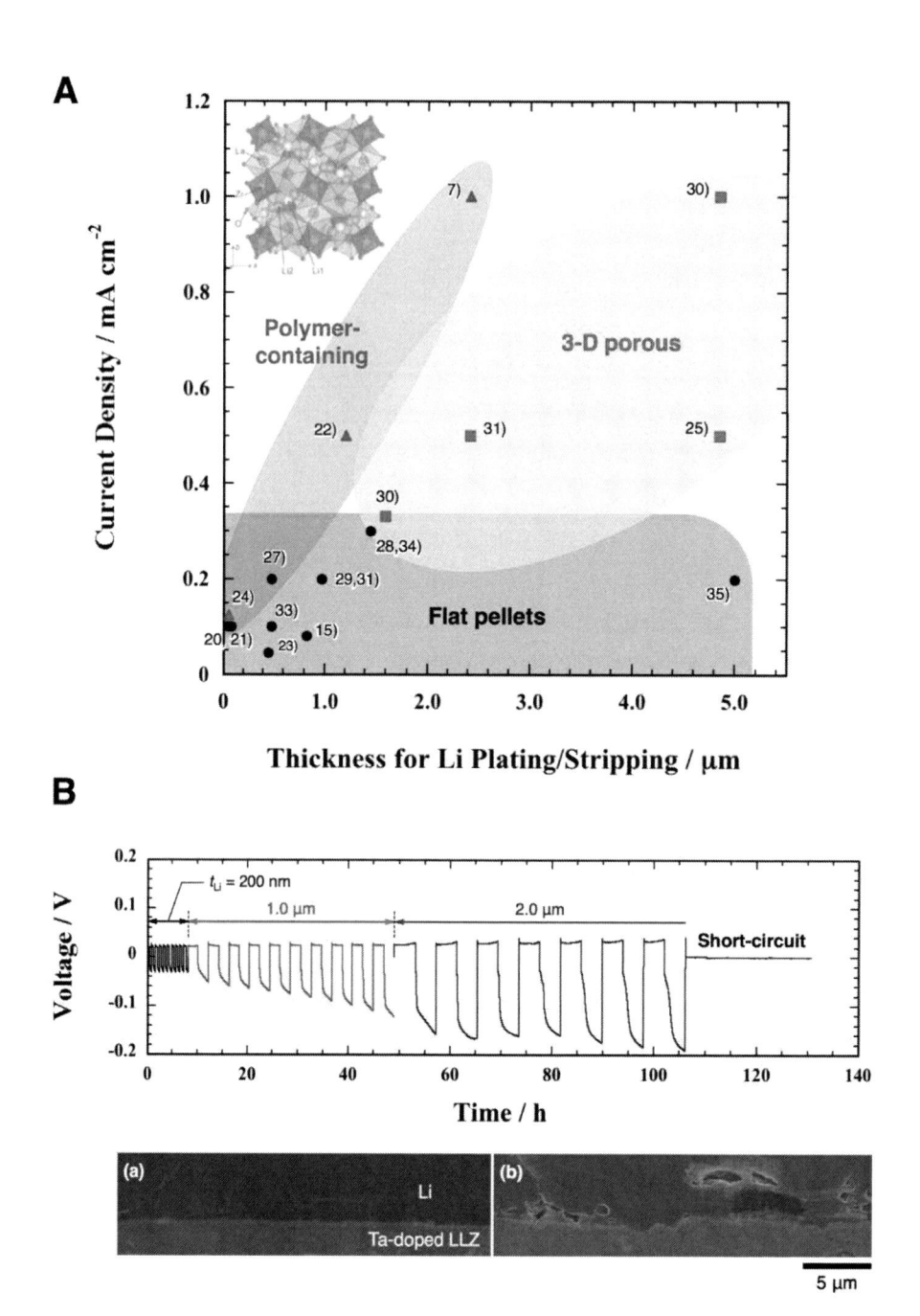

図2 （A）Stability limits at room temperature for Li plating/striping cycles on flat, polymer-containing, and 3-D porous（doped）LLZ electrolytes reported in literature. Ref. 37 is credited for the inserted crystal structure of cubic LLZ. （B）（Top）Voltage transient during Li plating/stripping cycles at 100 μA cm^{-2}. The measurement temperature and cell pressure are 25℃ and 150 kPa, respectively. t_{Li} means the thickness for Li plating/stripping per half cycle. （Bottom）Cross-sectional SEM images of Li/Ta-doped LLZ interface of （a）pristine and （b）short-circuited samples[38].

10^{-5} Pa 以下の分圧下でも酸素の存在が Li の析出形態に影響を及ぼすことを明らかにした[40]。筆者らも，Cu 集電膜を突き破り，上方に成長したロッド状 Li を溶解させると，被膜状のものが残留することを観察している[8]。酸化リチウムや炭酸リチウムの生成に消費された Li は LiPON 中へ再溶解せず，表面に残留するため，クーロン効率の低下につながる。

4 析出溶解反応の安定化への課題

4. 1 短絡

Monroe と Newman は，理論計算にもとづき，Li の剛性率（3.4 GPa）のおよそ 2 倍以上の剛性率を持つセパレータを用いれば，Li/セパレータ界面は安定化すると報告した[41]。多くの硫化物系，酸化物系の無機固体電解質は，7 GPa 以上の剛性率を有するため[42]，Monroe と Newman のモデルにしたがえば，多くの無機固体電解質は Li のデンドライト成長を抑制できると期待される。

しかし，実験的には LLZ をはじめとする多くの無機固体電解質が，Li の析出溶解を繰り返すうちに短絡することが知られている（LLZ の剛性率は，56 ～ 61 GPa[43]）。Li_2S-P_2S_5 系電解質を用いた実験では，柱状 Li が固体電解質を突き破り，対極側に成長する様子が観察されており，固体電解質内に存在する粒界や空隙を伝う Li の成長が原因として考察されている[44]。この理論と実験の乖離は，無機固体電解質の短絡現象が，表界面近傍で上昇するひずみエネルギー以外の作用によって引き起こされることを意味していると考えられる。

上述のように，LLZ 上で Li の析出溶解を繰り返すと，次第に過電圧が上昇し，やがて短絡が起こる（図 2B）[38]。短絡後の LLZ ペレットには，黒い筋が電解質を貫くように形成されていることが多くの研究者によって観察されている。焼結密度が低いものほど短絡しやすい傾向にあるため，固体電解質中に空隙が存在すれば，Li の成長経路になると考えられる。しかし，97%以上の相対密度を有する LLZ 電解質を用いても短絡が起こることから，単に，ペレット中に存在する空隙が連結しており，Li が空隙中を成長するという短絡機構では説明しづらい。LLZ 電解質表面の粒界に起因するくさび状の溝を起点に Li のフィラメントが LLZ 電解質を貫いて成長すると考える研究者も多い[45]。しかし，表面の微細な溝がデンドライト成長の起点になると考えても，単結晶 LLZ ですら短絡するという実験事実を説明するには，十分なモデルとはいえない[12]。

Raj と Wolfenstine は別の短絡機構を提唱している[11]。彼らは，粒界を横切るイオン伝導抵抗が大きいとき，LLZ 内部の粒界で Li の核生成が起こりうると考えた。これは，ペレット中に孤立して Li が核生成し，固体電解質内に短絡経路を形成すると考えるモデルである。オークリッジ国立研究所のグループは，中性子を用いた解析によって，短絡後の LLZ 中には，Li が孤立した状態で析出していることを示す測定結果を報告しており[46]，Raj と Wolfenstine のモデルを支持している。しかし，粒界のイオン伝導率を向上させた LLZ を使用しても同様に短絡が起こることから[47]，短絡機構の理解のためには，さらなる検証が必要であると考えられる。

4. 2　ボイド形成・成長の抑制

　上述のとおり，LLZ の短絡機構は，いまだ十分には理解されていないが，サイクル試験の過程で短絡が起こる場合，短絡の直前に過電圧の上昇が起こることがわかっている。すでに述べてきたように，Li の溶解時には Li/固体電解質界面に空隙が形成される。上述の過電圧の上昇は，Li/LLZ 界面の Li 側に空隙が形成され，有効界面積が減少するためであると考えられる。そこで，反応が溶解から析出に転じると，すでに面積が減少している界面で Li の析出が起こる。したがって，析出のための電流密度が局所的に増大し，析出過電圧が上昇する。そのため，LLZ 上で Li の析出溶解反応を繰り返すと，次第に過電圧が上昇し，短絡が起こる。

　一方，Li と LLZ 間の濡れ性を高めると短絡を抑制できる。Li/LLZ 間の濡れ性が増すことで，空隙の形成が抑制されるためと考えられる。LLZ 表面をあらかじめ Au 薄膜で被覆する手法[15]や原子層堆積（ALD）法を用いて LLZ 表面を Al_2O_3 層で被覆する手法[28]，さらに，Ar 中で LLZ を加熱し，表面の Li_2CO_3 や LiOH を取り除く手法[30]などが報告されている。Li/LLZ 間の濡れ性は，主に，溶融させた Li を LLZ に接触させ，その際に形成された接触角を測定することで評価されている。上記のいずれの研究でも，Li と LLZ 間の濡れ性を向上させることで Li の析出溶解サイクルがより安定化することを報告している。

　一方，空隙の成長を抑制するために，高圧，高温下で測定する手法も有効である。Li の融点は 181℃であるため，絶対温度で考えると，室温はすでに融点の 2 分の 1 以上の温度域にある。一般に，金属にとって融点の 2 分の 1 以上の温度（単位：K）域では，粒界，粒内の自己拡散が促進され，転位の移動が活発に起こる（クリープ変形）[48]。Li が変形し，空隙が押しつぶされることで，界面の接触が向上し，界面積の減少を抑制できる。そのため，Li の析出溶解サイクルを安定化させることができる。ミシガン大学の Sakamoto らのグループは，160℃の温度で 17 $mA\ cm^{-2}$ の電流密度で約 2,000 秒間，短絡させずに Li を析出溶解させた[49]。このときの電気量は約 94 μm の厚みの Li に相当する。彼らの結果より，160℃でも短絡は起こるが，Li を軟化させることで短絡を抑制できる効果は明らかであるといえよう。

5　おわりに

　酸化物系固体電解質を中心に，集電膜/固体電解質と Li/固体電解質の界面で起こる Li の析出溶解反応に影響を及ぼす因子について述べてきた。また，短絡を抑制しながら LLZ 上で Li の析出溶解を安定的に繰り返すための課題について整理した。一定の電流密度で Li を溶解させると，Li/LLZ 界面に Li の原子空孔が連続的に生成する。これらを埋めるように Li 原子の自己拡散が起こるが，拡散流束が空孔の生成速度より小さいために，空孔濃度が次第に上昇し，やがてミクロな空隙の形成が起こると考えられる。そこで，溶解反応から析出反応に移行すると，すでに有効界面積が減少しているため，析出の電流密度が局所的に増大し，短絡を招く。ただし，電流密度の増加がいかにして短絡を引き起こすのか，という肝心な点については，いまだ曖昧なま

まであり，さらなる調査が必要とされる。

　Li/LLZ 界面の濡れ性が低いと，析出反応時に空隙を埋めるように Li が成長しない。そのため，析出と溶解を繰り返すたびに空隙が蓄積し，析出電流密度が局所的に臨界値を超えた時点で短絡が起こると考えられる。

　したがって，固体電解質上で Li の析出溶解反応を安定化させる上で理想となる界面は，①溶解時に Li の空隙が形成されにくく，②析出時に溶解反応で生成した空隙を埋めるように Li が成長する Li/固体電解質界面であると考えられる。そのために Li と固体電解質間の濡れ性の向上が有効であり，温度や圧力を増大させることは，Li の変形を促し，①の作用を促進する。

　一方で，LLZ の短絡機構は，いまだに十分には理解されていない。北米では短絡機構解明のために中性子による測定が積極的に行われている。今後の研究成果に注目したい。

文　　　献

1)　J. Corish and C. D. O'Briain, *J. Crystal Growth*, **13-14**, 62（1972）
2)　T. R. Jow and C. C. Liang, *J. Electrochem. Soc.*, **130**, 737（1983）
3)　M. Hiratani *et al., Solid State Ionics*, **28-30**, 1406（1988）
4)　J. B. Bates *et al., Solid State Ionics*, **53-56**, 647（1992）
5)　B. J. Neudecker *et al., J. Electrochem. Soc.*, **147**, 517（2000）
6)　R. Murugan *et al., Angew. Chem. Int. Ed.*, **46**, 7778（2007）
7)　K. Fu *et al., Energy Environ. Sci.*, **10**, 1568（2017）
8)　F. Sagane *et al.*, J. *Power Sources*, **225**, 245（2013）
9)　M. Motoyama *et al., J. Electrochem. Soc.*, **162**, A7067（2015）
10)　A. Pei *et al., Nano Lett.*, **17**, 1132（2017）
11)　R. Raj and J. *Wolfenstine, J. Power Sources*, **343**, 119（2017）
12)　L. Porz *et al., Adv. Ener. Mater.*, **7**, 1701003（2017）
13)　S. Hori *et al., J. J. Inst. Light Metal.*, **50**, 660（2000）
14)　J. Suzuki *et al., Electrochem. Solid-State Lett.*, **4**, A1（2001）
15)　C.-L. Tsai *et al., ACS Appl. Mater. Interfaces*, **8**, 10617（2016）
16)　M. Motoyama *et al., J. Electrochem. Soc.*, **165**, A1338（2018）
17)　Y. Tanaka *et al.*, submitted.
18)　A. J. Bard and L. R. Faulkner, "*Electrochemical Methods: Fundamentals and Applications, 2nd Ed.*", p.310, John Wiley & Sons Inc., New York（2001）
19)　小岩昌宏，中嶋英雄，材料における拡散，p.66，内田老鶴圃（2009）
20)　A. Lodding *et al., Phys. Status Solidi*, **38**, 559（1970）
21)　W. Luo *et al., Adv. Mater.*, **29**, 1606042（2017）
22)　C. Wang *et al., Nano Lett.*, **17**, 565（2017）

23) K. Fu *et al., Proc. Natl. Acad. Sci. USA*, **26**, 7094（2016）

24) L. Cheng *et al., ACS Appl. Mater. Interfaces*, **7**, 2073（2015）

25) B. Liu *et al., ACS Appl. Mater. Interfaces*, **9**, 18809（2017）

26) C. Yang *et al., Proc. Natl. Acad. Sci. USA*, **115**, 3770（2018）

27) D. W. McOwen *et al., Adv. Mater.*, **30**, 1707132（2018）

28) X. Han *et al., Nat. Mater.*, **16**, 572（2017）

29) Y. Shao *et al., ACS Energy Lett.*, **3**, 1212（2018）

30) A. Sharafi *et al., Chem. Mater.*, **29**, 7961（2017）

31) S. Xu *et al., Nano Lett.*, **18**, 3926（2018）

32) Y. Tian *et al., Energy Storage Mater.*, **14**, 49（2018）

33) B. Liu *et al., Energy Storage Mater.*, **14**, 376（2018）

34) Y. Li *et al., J. Am. Chem. Soc.*, **140**, 6448（2018）

35) R. Inada *et al., Batteries*, **4**, 26（2018）

36) Y. Tanaka, M. Motoyama, T. Yamamoto, and Y. Iriyama, *submitted.*

37) J. Awaka *et al., Chem. Lett.*, **40**, 60（2011）

38) F. Yonemoto *et al., J. Power Sources*, **343**, 207（2017）

39) J. Janek and S. Majoni, *Ber. Bunsenges. Phys. Chem.*, **99**, 14（1995）

40) A. Yulaev *et al., Nano Lett.*, **18**, 1644（2018）

41) C. Monroe and J. Newman, *J. Electrochem. Soc.*, **152**, A396（2005）

42) A. Sakuda *et al., J. Ceram. Soc. Jpn.*, **121**, 946（2013）

43) S. Yu *et al., Chem. Mater.*, **28**, 197（2016）

44) M. Nagao *et al., Phys. Chem. Chem. Phys.*, **15**, 18600（2013）

45) K. Kerman *et al., J. Electrochem. Soc.*, **164**, A1731（2017）

46) F. Shen *et al., ACS Energy Lett.*, **3**, 1056（2018）

47) K. Ishiguro *et al., J. Electrochem. Soc.*, **161**, A668（2014）

48) 丸山公一，中島英治，高温強度の材料科学—クリープ理論と実用材料への適用，内田老鶴圃（2002）

49) A. Sharafi *et al., J. Power Sources*, **302**, 135（2016）

第6章　全固体電池の評価・解析手法

幸　琢寛*

1　はじめに

　車載用のリチウムイオン電池（LIB）はその性能・耐久性・安全性の向上のためにさらなる改良が求められている。特に，モバイル機器用途では耐用年数が2〜5年と比較的短期間であるのに対し，EV用の電源では10年以上の寿命性能が要求される。そのため，現在使用されている電解質に有機溶媒を用いた液系LIBを改良して耐久性および安全性を向上させ，かつ，エネルギー密度や温度特性（高温・低温とも），入出力特性などの性能向上を目指した研究開発が盛んに行われている状況にあるが，すでに液系LIBの登場から四半世紀が過ぎた現在，伸びしろは決して大きくなく，大幅な向上は期待し難い。

　その一方で，次世代のEV用電源の候補としてさまざまな次世代電池が検討されている。その中で大きな注目を集めているのが最も実用化が近いとされる硫化物系全固体リチウムイオン電池（以降，全固体LIBと略記）である。本稿では，この全固体LIBの評価と解析手法について，評価法開発を主に行っているリチウムイオン電池材料評価研究センター（LIBTEC）における研究成果を交えながら概説する。また，酸化物系全固体LIBについても検討初期に用いる評価法について一部紹介する。

2　全固体LIBの試作方法

　全固体LIBの各種評価・解析を行うために必要となる試作電池の構築プロセスについて図1に例示する。上段に示すのは材料スクリーニングや基礎データ取得に用いる圧粉体成形セルで，SEを投入して軽くプレスし，続いて，正極，負極の順に粉体を投入してプレスするという手順で作製する。短絡防止のためにSE層は500 μm以上と厚い構造となっている。バインダを用いなくても電池を構築することができるので，バインダやプロセスの影響を排除して材料自体のポテンシャルを評価することができる。下段に示す単層のシート成形セルでは，活物質，SE，バインダを含むスラリーを塗工・乾燥して得た負極を，バインダを含むSE層に転写する。これを正極と重ね，プレスしてセルを構築する。SE層が10〜100 μm程度に薄くでき，実用セルを模

＊　Takuhiro Miyuki　技術研究組合 リチウムイオン電池材料評価研究センター（LIBTEC）
外部連携室　室長／第2研究部　主幹研究員／委託事業推進室　主幹研究員

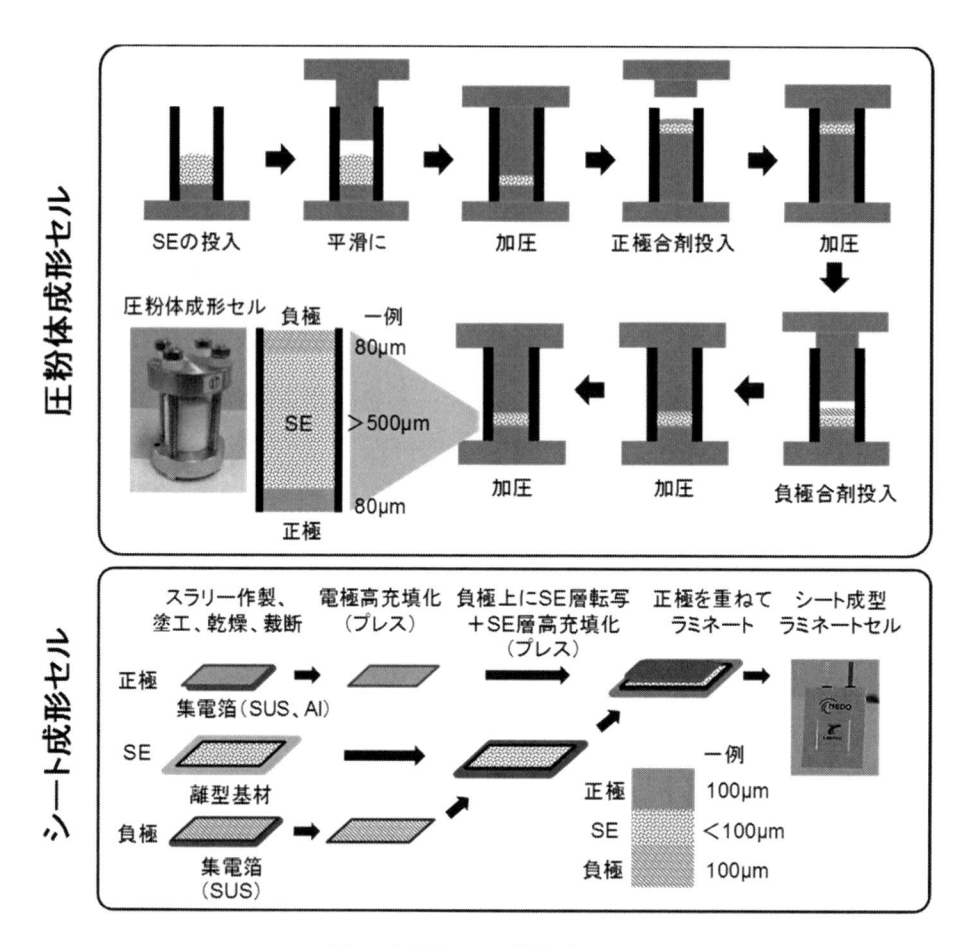

図 1　全固体 LIB の構築プロセス

擬した検討に用いることができる。各材料（活物質，SE，バインダ，導電助剤）の塗工プロセスの適合性などプロセス要因を含めた評価が可能である。

3　全固体 LIB 用の評価法の開発

　全固体 LIB に用いる新規材料の性能や設計を変更した電極・電池などを正しく評価するための評価法の開発が進められており，その一部を紹介する。以下に示す検討では特に断らない限り，厚さ 5 nm のニオブ酸リチウム（$LiNbO_3$）層を表面にコートした $LiNi_{0.5}Co_{0.2}Mn_{0.3}O_2$（NCM523）正極に黒鉛負極を組み合わせ，SE に 75% Li_2S-25% P_2S_5 ガラス（LPS7525G）を用いた電池系を使用している。

　圧粉体成形セルでの初期検討段階で，内部抵抗が高くレート特性が悪い，充電時に微小短絡挙動がある，などの課題が見つかったため，内部抵抗を分離して評価する手法の開発を試みた。まずは，電池電圧を正極と負極に分離するために3極セル用の参照電極を検討した。図1に示した圧粉体成形セルの分厚いSE層の中央部に参照極としてCu細線を突き刺すと細線表面に硫化銅が生成するが，Cu/CuSの標準酸化還元電位分をオフセットすることにより正極と負極の電位の分離が可能であることがわかった[1]。この手法は長期安定性に課題があるものの，初期特性の評価には使用可能である。図2では，電池電圧で微小短絡挙動が見られる瞬間に負極電位が0Vになっていることが確認できる。したがって，この微小短絡はLiデンドライトの生成が原因であると推定される。また，正負極の電位を分離した解析による別の検討では特定の設計がなされた電池の出力性能の律速が正極側にあることの確認が行え，そのほかにもこの3極セルは間欠放電試験やGITTなどの解析に活用することができた[1]。また，Cu細線以外にも1.55 V（Li/Li$^+$）程度で一定電位を示す$Li_4Ti_5O_{12}$を参照極に用いる方法も有効である。

　次に，正極の抵抗成分を電子抵抗とイオン抵抗とに分離することを試みた。SUS／正極層（未充放電）／SUSの構成のイオンブロッキングセルを用いて交流インピーダンス測定を行い，伝送線モデルの等価回路を適用して解析することにより，電極内の電子抵抗（あるいは有効電子伝導度）とイオン抵抗（あるいは有効イオン伝導度）を一度で分離することが可能となった[2]。正極中の活物質比率の増大によるイオン伝導度の低下と電子伝導度の増加というトレードオフの関係がこの評価法を用いた検討で明らかとなった。さらに，この評価法は電極の曲路率（トートシティ）の算出や，電子・イオンの各活性化エネルギーの取得にも活用されている[1]。

　負極の抵抗成分については負極（未充放電）／SE層／負極（未充放電）の構成の対称セルに

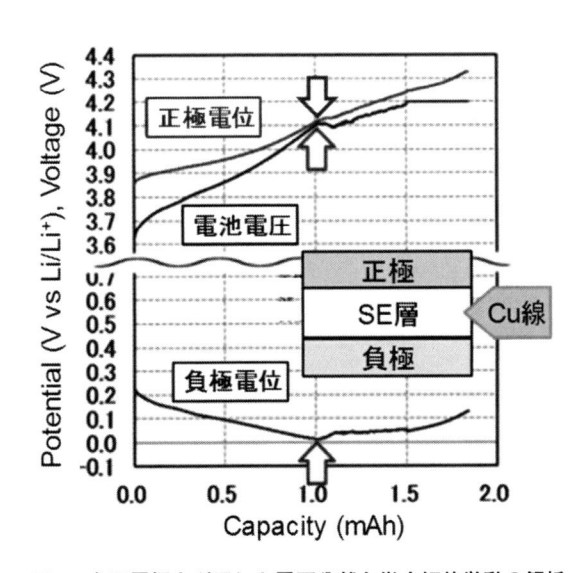

図2　参照電極を利用した電圧分離と微小短絡挙動の解析

ついて交流インピーダンス測定を行い，伝送線モデルで解析して電極内のイオン抵抗（あるいは有効イオン伝導度）を定量的に評価した[3]。図3は，負極中の活物質（黒鉛）比率と有効イオン伝導度の関係を評価した例である。（a）は，活物質比率を変化させた際の負極層の断面SEM像である。活物質比率の増大にともない電極内でのSEの連結性が悪化していく様子がわかる。（b）は，活物質比率と有効イオン伝導度の関係をプロットしたもので，SEM断面の観察結果と同じ傾向が数値的にも確かめられた。すなわち，活物質比率の増大にともない，電極の有効イオン伝導度が2.5×10^{-5} S/cm から 1.2×10^{-6} S/cm に減少している。（c）は，電池内での電子・イオンの主な抵抗（伝導度はその逆数）成分を図解したものである。この図は放電時のものであるが，充電時は単純に矢印を逆向きにすれば良い。活物質比率が高く有効イオン伝導度が低い負極ではLiデンドライトが発生しやすくなり，微小短絡耐性が顕著に低下することが別の評価で確認されている[3]。特に，SE層の分厚い圧粉体成形セルからSE層が薄いシート成形セルにするとこの問題が顕在化する。この対策として，活物質比率を下げると微小短絡の発生は抑制されるが，その代わりにエネルギー密度が犠牲となる。したがって，エネルギー密度と微小短絡の防止の両立には，SEや活物質の粒形，イオン伝導率，弾性率などを最適化させることが有効であ

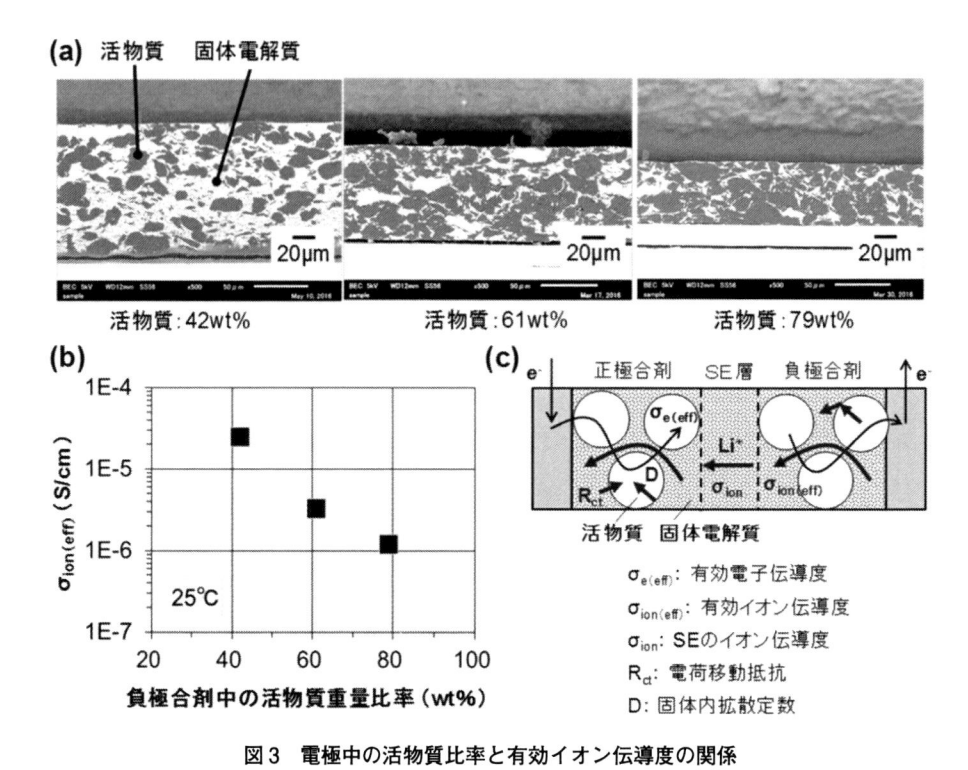

図3　電極中の活物質比率と有効イオン伝導度の関係
（a）電極の断面SEM像，（b）有効イオン伝導度，（c）電池内の主な抵抗成分

る[3]。

　次は充電状態にある全固体 LIB の昇温時の発熱挙動の解析について紹介する。電池の安全性評価には Ah 級のセルが必要とされているが、全固体 LIB でそのような大きなセルを準備するのは現時点では難しい。そこで、構成材料の熱特性を電池の熱挙動・安全性を理解するための有用な指標として利用することを考えて、全固体 LIB に適した熱特性評価技術の構築を試みた。

　対極に LiIn 合金を用いた圧粉体成形セルを用いて、NCM523 正極、黒鉛負極を充電状態にした後、正極と負極をそれぞれ採取して DSC と XRD の測定に供した。SE 層単独（LPS7525G）、負極合剤（黒鉛＋LPS @ 5 mV）、正極合剤（NCM＋LPS @ 4,250 mV）、満充電状態のフルセル（正極／SE／負極@ 4,200 mV）について、それぞれ詳細に解析した結果をまとめたものを図4に示す。SE 層単独、負極合剤、正極合剤の各層のデータを合成したチャートをグラフに追加して比較したところ、フルセルの挙動と各層の合成データの挙動がほぼ一致し、フルセルの発熱挙動を説明することができた。150℃からの発熱は充電状態の NCM による LPS の酸化に対応し、200℃過ぎの発熱は LPS の結晶化に帰属される。また、300℃手前の発熱は充電状態の黒鉛による LPS の還元に対応し、400℃付近の発熱は NCM と LPS の酸素（O）と硫黄（S）の交換反応に対応する。一見、400〜500℃付近のピークのみ発熱量が異なるように見えるが、次のような合理的な説明が可能である。すなわち、フルセルの場合には正極層以外に SE 層や負極層にも LPS が存在するため、図中に示す式中の S/O モル比率が正極単層の場合よりも大きくなり、そのため発熱ピークも大きくなったと考えられる。このようにフルセルの発熱挙動の説明を各層単層から得られた熱特性を使って行えるという汎用性の高い評価法が開発できた[4]。本手法はセル設計の段階で発熱開始温度や発熱量、到達温度などが予測できるため、電池の安全性を評価す

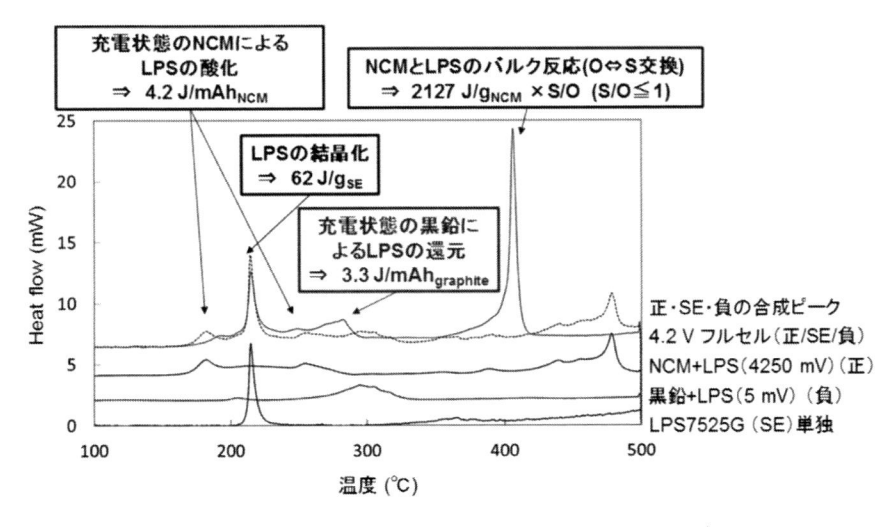

図4　満充電状態にあるフルセルの昇温時の発熱メカニズム

るための知見として非常に有用である。

　固−液界面の反応を利用する液系 LIB と比較して，固−固界面を使う全固体 LIB ではイオン伝導経路の形成が難しく，プレスによる電極の高密度化や拘束冶具の使用による加圧の維持によってイオン伝導経路を確保しているというのが実態である。EV 用のセルでは電池が大面積化するため，拘束圧の低減は不可避である。そこで，シート成形セルの拘束圧による影響を検討するために開発した評価法について紹介する。この検討では，NCM523／黒鉛の電池系で面積容量密度は 2.3 mAh/cm^2 とし，SE にはアルジロダイト結晶系を用いた。シート成形セルの拘束圧は 2,000〜2 kg/cm^2 の範囲で比較した。

　まず，充放電評価では，拘束圧を低くするほどサイクル特性の容量維持率が低下し，分極が増加，充電時には Li デンドライトによる微小短絡挙動の増加が確認された。これは，拘束圧の減少によって固−固界面の接触性が低下し，イオン伝導経路の合計の断面積が減少して抵抗が増加し，細い伝導箇所に電流（＝Li イオン流束）が集中して Li デンドライト成長が促進されたためと考えられる。

　拘束圧と電池容量に相関があることから，電極内の反応分布を測定することで拘束圧によって生じる固−固界面接合の局所的評価が可能と考え，XRD を用いて電極面内の反応分布を評価した[5, 6]。透過光学系で Mo 線源と 2 次元検出器を用いることで厚さ 600 μm のシート成形電池でも短時間測定が可能となり，オペランド測定を実現できた。

　測定には正極が 20 mm 角，SE 層および負極が 25 mm 角サイズのセルを使用し，測定点を電極中心から外側に 4 mm 間隔で移行させながら 4 点（図 5 に示すポイント①〜④）で測定した。200 と 2,000 kg/cm^2 でそれぞれ拘束を行ったセルで面内反応分布を比較したところ，拘束圧によらず電極中央①から正極端③では均一に反応しており，正極がない非対向部④では黒鉛負極中

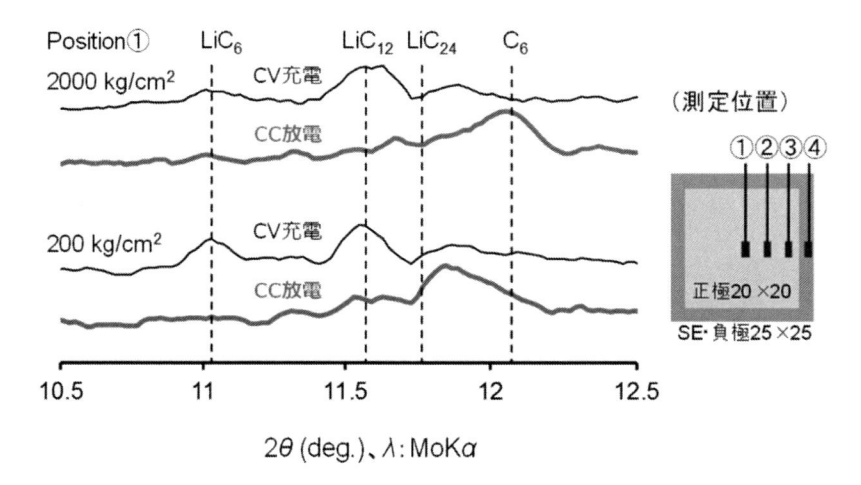

図 5　XRD 測定を用いたサイクル後セルの拘束圧による影響の評価

に取り込まれた Li イオンがほとんど反応に関与せず固定化されている様子が観察された。図 5 にポイント①における黒鉛由来のパターンを比較したものを示す。拘束荷重の減少により，活物質の利用 SOC 範囲が狭くなっており，この傾向はサイクル特性の結果と対応する。

　次に，活物質の体積変化によって生じる固−固界面の接合の変化を充放電中の電池厚みの変化によって評価するために，電池厚みのオペランド測定を試みた。電池の厚み変化を 0.1 μm の分解能で連続測定できるシステムを開発し，単層のシート成形セルに適用した。拘束なしで充放電すると，図 6 に示すように充電時に電池厚みが増加し，続く放電時に電池厚みが減少する。しかし，放電末期に完全に元の厚みに戻ることはなかった。厚さ 600 μm のシート成形電池では，10 サイクルの充放電後に約 7 μm（約 1%）の厚み増加があるが，この増加は徐々に収束する傾向が見られた[5, 6]。これは充放電に伴う活物質の体積変化によって電極内の空隙量が増加したためと推測される。拘束なしの条件から 2,000 kg/cm² の拘束圧に変更するとサイクル特性は大幅に向上した。拘束によって空隙の増加が抑制され，電池内の導電ネットワークが維持されたためと考えられる。液系 LIB に比べて膨張収縮の影響を受けやすい全固体 LIB では，サイクル劣化の解析やその対策を検討するにあたり，今後，このような評価法の重要性が増すであろう。

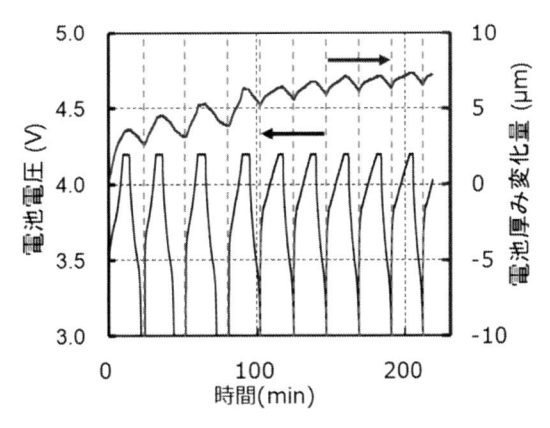

充電　(CC)0.1C、(CV)4.2V-0.01C cut-off
放電　1～3cyc (CC)0.1C、(CV)3.0V-0.01C cut-off
　　　4～cyc (CC)0.1C、3.0V cut-off
温度　25℃

図 6　シート成形セルのオペランド厚み変化測定

4 酸化物系全固体 LIB の評価

酸化物系全固体 LIB 分野で評価例が多い $Li_7La_3Zr_2O_{12}$（LLZ）系について，ハーフセルでの評価を簡便に行う方法を紹介する。LLZ は耐還元性を有しており，金属 Li との接触にも耐えられる。しかし，表面に炭酸リチウム層が生成するなどして LLZ-Li 界面が高抵抗になりやすいという課題がある。良好な界面接合を得るため，Ar 雰囲気中で LLZ 表面を研磨して，真空中でLi 蒸着することなどが行われているが，Li 蒸着装置を導入する必要がある，実験室では大面積化が難しい，などの課題がある。しかし，対極が金属 Li であるハーフセルの場合は，対極 Li とLLZ 層の間に高分子固体電解質層（SPE）を設けることにより，具体的には Li 塩を含有させた分岐ポリエーテルフィルムを貼り付けた電池構造（評価したい正極または負極／LLZ／SPE／金属 Li）にすることで，真空プロセスを用いずに充放電作動する電池を試作・評価することができる。この方法は LLZ 以外にも有効であり，NCM523/LICGC™/SPE/Li 構成で 100 mm 角サイズの電極で充放電作動させることが可能である[7]。

5 おわりに

ポスト液系 LIB の本命と期待される全固体 LIB について，セルの構築プロセスと評価法を中心に概説した。現行の液系 LIB は非常に優れた電池で身の回りにある多くの電子機器で電源として利用されている。その液系 LIB を凌駕するポテンシャルを有する全固体 LIB が EV に搭載されるためには，越えなければならない課題が少なくない。

2018 年度からは NEDO 委託プロジェクト「先進・革新蓄電池材料評価技術開発（第 2 期）」（略称「SOLiD-EV」）がスタートした。LIBTEC を集中研究拠点とし，自動車・二輪，電池，材料の各メーカーなど民間企業 23 社＋公的研究機関 1 法人が結集し，また，サテライトとして大学・公的研究機関が計 15 法人と再委託先 1 社が参画する。「SOLiD-EV」では，次世代を担う全固体 LIB について先行して，材料，設計，製造プロセス，装置などの総合的な技術蓄積を図り，全固体 LIB の技術課題を裏打ちする現象やメカニズム解明など基礎に立ち返ったアプローチを平行して実施することにより大幅な基盤技術の底上げを図る。これには次世代電池の実用化への礎を築くと同時に，日本が世界で優位に立てる基盤技術を確保する，という狙いがある。

本稿では触れなかったが，シミュレーション技術や量産プロセスの開発，規格の標準化，全固体 LIB の実現によりもたらされる社会システムの変革の予測などについても，電池や評価法の開発と並行して進展させることが「SOLiD-EV」で計画されている。より高性能で安全な電池の実現が，豊かな社会につながることが期待される。

謝辞

　本研究は，NEDO プロジェクト「先進・革新蓄電池材料評価技術開発（第 1 期)」および「エネルギー・環境新技術先導プログラム・酸化物系全固体二次電池実現のブレークスルーとなる固固界面制御技術開発」の委託を受けて実施された。また，本稿では LIBTEC の佐藤智洋，平瀬征基，吉田博明，木下郁雄，溝口高央，鰐渕瑞絵の研究員各氏が主に担当して得た研究成果を紹介した。関係各位に深甚な謝意を申し述べる次第である。

文　　　献

1)　佐藤智洋ほか，第 56 回電池討論会要旨集，p.429, 2F04（2015）

2)　Z. Siroma, T. Sato *et al.*, *J. Power Sources*, **316**, 215（2016）

3)　平瀬征基ほか，第 58 回電池討論会要旨集，p.160, 1C29（2017）

4)　吉田博明ほか，第 58 回電池討論会要旨集，p.161, 1C30（2017）

5)　木下郁雄ほか，第 58 回電池討論会要旨集，p.198, 3C09（2017）

6)　溝口高央ほか，第 59 回電池討論会要旨集，p.74, 1B20（2018）

7)　鰐渕瑞絵ほか，第 59 回電池討論会要旨集，p.100, 2B22（2018）

第7章　全固体電池におけるオペランド構造解析

山本健太郎[*1]，内本喜晴[*2]

1　はじめに

　リチウムイオン二次電池は他の二次電池と比べ，高いエネルギー密度と高い電圧を有しているので，高容量向けのノートパソコンやスマートフォンなどのモバイル機器によく使われている。電解質に可燃性の有機液体電解質ではなく，不燃性の無機固体電解質を用いる全固体電池は高いエネルギー密度と優れた安全性が両立可能であると考えられている。また，近年では，有機電解液と同等の特性を有する無機固体電解質材料が開発されており，有機液体電解質においてはリチウムイオンの輸率が低いためにアニオンの濃度分極が発生するのに対し，無機固体電解質ではリチウムイオンの輸率が1であるために高電流密度で充電放電を行っても濃度分極が発生せず，レート特性が現行のリチウムイオン電池を上回ることが可能である[1]。しかし，全固体電池の出力特性が，期待されているものよりも小さな場合が多々存在する。これは現実的な蓄電池の性能は，材料の特性のみならず，次に述べる反応素過程の各因子が複雑に影響しているためである。つまり，全固体電池の実用化を考える上で，分極の因子を定量化することが求められており，全固体電池の分極因子を解明するための各種オペランド解析の開発が必要であると言える。

　全固体電池は，これまでの液系リチウムイオン二次電池と同じく，単セルでは cm のオーダーであり，合剤電極の厚みは数十〜100 µm 程度になると考えられる。一方，活物質の大きさは，数十 nm〜数 µm オーダーであり，電極・電解質界面の反応は，数 nm のオーダーで形成している活物質／固体電解質界面相で進行する。図1は全固体電池合剤電極の反応を構成している現象を示している。全固体電池の正極・負極には固体電解質，正負極活物質，導電材，結着剤からなる合剤が用いられており，複雑な三次元構造を有している。活物質／電解質界面ではリチウムイオンの挿入脱離が進行している。リチウムイオンが活物質に挿入脱離を繰り返すことで反応が進行するが，活物質内ではイオン拡散による格子の再編が生じ，これに伴う相変化が進行する。全固体電池の反応では複数の現象が絡み合っており，なおかつ非平衡状態であるため，従来の蓄電池研究で使用されてきた解体分析では，反応速度の支配因子や劣化機構を明確に把握できないために，解体を伴わないその場測定法，電池作動状態でのオペランド測定法の適用が求められる。放射光X線の強い透過能，高い時間・空間分解能を利用すると，全固体電池の時間的・空

＊1　Kentaro Yamamoto　京都大学　大学院人間・環境学研究科　相関環境学専攻　特定助教
＊2　Yoshiharu Uchimoto　京都大学　大学院人間・環境学研究科　相関環境学専攻　教授

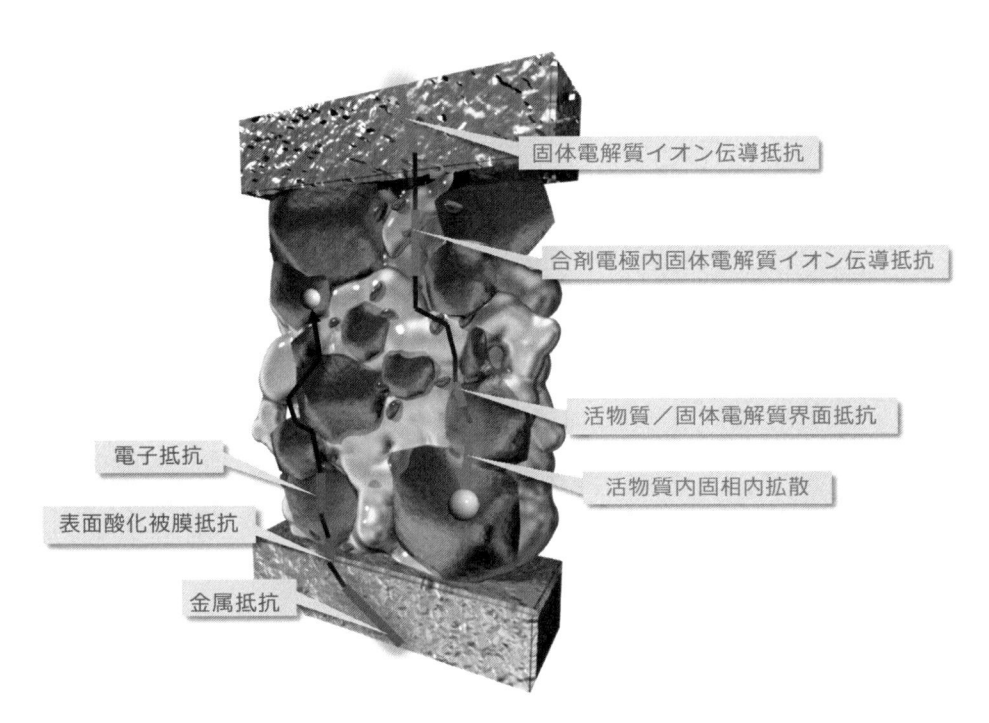

図1　全固体電池合剤電極の反応を構成している現象

間的階層構造を，蓄電池反応進行時でその場測定をすることが可能となる。

　先に述べた反応において，活物質の相変化に関しては，液系リチウムイオン二次電池と同様に考えれば良く，そのレート特性を支配する非平衡相変化挙動は，放射光を用いる時間分解X線回折を用いることにより計測することができる[2,3]。固体電池特有の分極の原因は，活物質／固体電解質界面相における抵抗成分，あるいは，合材内での活物質と固体電解質の分散状態に起因する場合が多い。これらの現象を明らかにするためのオペランド解析技術について以下に紹介する。

　放射光X線を用いて，リチウムイオン二次電池のその場測定をする手法は多く存在する。代表的なものは，X線吸収分光法（X-ray absorption spectroscopy：XAS）あるいはX線吸収微細構造（X-ray absorption fine structure：XAFS）である。これらの手法は，固体電解質の分極原因の解析に有効である。X線を物質に照射し，X線の吸収率や物質から放出されるX線や電子を調べることにより物質内部の情報が得られる。例えば，X線のエネルギーを変えながら物質に照射すると，含まれる元素に応じた特定のエネルギーで，吸収端と呼ばれる急峻なX線の吸収現象が起こる。これは，内殻準位の電子がX線により励起され，フェルミ準位を越えて空いた軌道，エネルギーバンドへ遷移することによる現象で，この吸収端の情報を解析することにより，吸収原子周りの配位構造や吸収原子の電子状態についての知見を得ることができる。この手法が，XAFSである。特に，吸収端近傍のスペクトルはX線吸収端近傍構造（X-ray

全固体リチウム電池の開発動向と応用展望

absorption near-edge structure：XANES），一方，吸収端より 1 keV 程度以内の高エネルギー領域に観測される，干渉による振動を示すスペクトルは広域 X 線吸収微細構造（Extended X-ray absorption fine structure：EXAFS）と，それぞれ呼ばれる。前者からは吸収原子の電子状態についての知見が得られ，後者からは吸収原子周りの配位構造についての情報を引き出すことができる。XAFS の原理や EXAFS の解析理論については優れた成書があるので参照されたい[4,5]。

ここでは主に，高いリチウムイオン導電率を有する硫化物固体電解質系における，①深さ分解 X 線吸収分光法を用いた電極・硫化物固体電解質界面の構造解析，②二次元 X 線吸収分光法を用いた界面反応の合剤電極内反応分布解析について述べる。

2 深さ分解 XAFS 法

2.1 概要

深さ分解 XAFS 測定とは XAFS の蛍光法に，二次元平面上に多数の X 線検出素子を有する検出器を導入することによって，脱出方向の異なる蛍光 X 線を別々に検出するという方法である。薄膜試料のような平滑性・平面性の高い試料に対し，試料面に対する脱出角度の異なる蛍光 X 線を別々に検出することで，電子・局所構造の深さ方向の変化を捉えることが可能である。本手法はリチウムイオン二次電池の正極／電解質界面構造[6]や全固体電池の正極／電解質界面構造[7]の分析に利用されている。ここでは，深さ分解 XAFS 法の原理と全固体電池の正極／硫化物固体電解質界面の構造観察[8]に適用した例について説明する。

2.2 原理

前述したように本測定は二次元検出器（PILATAS）を用いて蛍光 X 線を検出する。PILATAS 検出器は pn ダイオード配列センサーと相補型金属酸化膜半導体（CMOS）読み出し集積回路の組み合わせを二次元平面に配置した，二次元ハイブリッドピクセル型 X 線検出器である。ハイブリッドピクセルは単一光子を検出することができ，プリアンプ（前置増幅器），コンパレーター（波高弁別回路）とカウンター回路で構成されている。プリアンプは入ってきた X 線によってセンサー内で発生した電荷を増幅させる。電荷があらかじめ設定した閾値を越えるとコンパレーターがデジタル信号を発生させる。この仕組みによって，ピクセルごとでの検出された X 線の数のデジタル保存と読み出しが暗電流や読み出しのノイズ無しで得ることができる[9]。本実験で使用する PILATUS 100K は一辺 172 μm の正方形のピクセルを 487×195 個備えており，X 線が検出可能な総面積は 84×34 mm^2 である。ピクセルの特徴は 20 bit カウンターであることから照射 1 回あたり，最大 220 個分の光子を計測することができる[10]。

試料に X 線が照射された時，内殻電子が励起され内殻に電子の空孔が生じる。外殻から電子が空孔に落ちるとき，吸収された X 線量に対応する蛍光 X 線が放出される。その放出される蛍

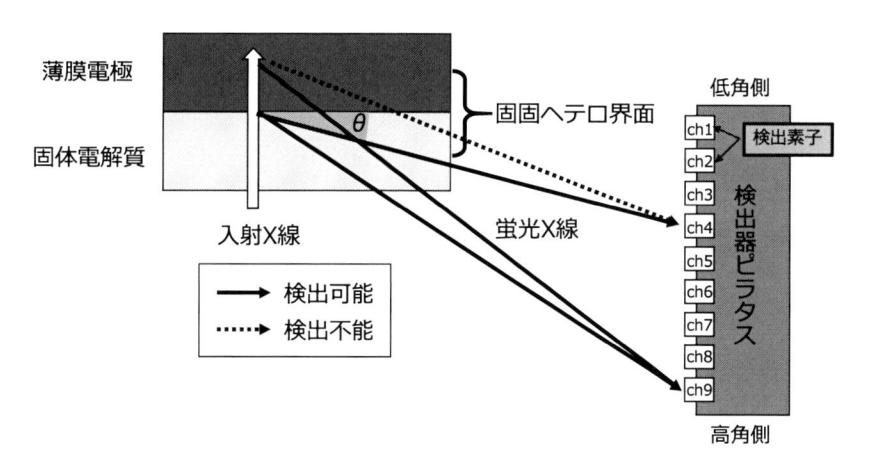

図 2　深さ分解 XAFS の原理

光 X 線は図 2 に示したように，放出される角度によって試料から脱出するまでの距離が異なる。
その距離が大きい場合は，蛍光 X 線が試料によって大きく自己吸収されるため，検出器まで届
かない。図 2 においては，チャンネル番号の小さい PILATUS の検出素子は低角度で放出され
た蛍光 X 線を検知する位置に相当する。試料表面の浅い位置から放出された蛍光 X 線は
PILATUS の低角側のチャンネルまで届くが，試料表面の深い位置から放出された蛍光 X 線は，
試料による自己吸収が大きいため，その検出素子までは届かない。結果として，低角側のチャン
ネルにおいては，試料表面に近い領域で放出された蛍光 X 線のみが検知されることとなる。一
方で，図 2 中のチャンネル番号の大きい PILATUS の検出素子は高角度で出射された蛍光 X 線
を検知する位置に相当する。蛍光 X 線の放出角度が大きい場合は，自己吸収の影響が減少する
ため，試料の深い領域から放出された蛍光 X 線であっても検出することができる。すなわち，
高角側のチャンネルにおいては，試料の表面だけでなくより深い部分までを含んだ情報を検出す
ることになる。つまり，PILATUS のチャンネル番号が大きくなるほど，より深い部分の情報が
加算され，試料表面の情報の割合は減少する。このように，脱出角度の異なる蛍光 X 線を別々
に検出することにより，電子・局所構造の深さ方向の変化の観察を分解能 3～4 nm で可能にし
たのが，深さ分解 XAFS 法である。

2. 3　測定例

　典型的な正極材料である $LiCoO_2$ と硫化物固体電解質である Li_2S-P_2S_5 の固固界面に Li_3PO_4
中間層を導入し，電気化学測定および深さ分解 XAFS 測定によって，固固界面の反応機構を解
明した例を示す[8]。深さ分解 XAFS 測定は SPring-8 の BL37XU で行い，吸収スペクトルは
Co-K 殻の吸収端エネルギーを含む範囲で行った。入射 X 線ビームの大きさは横 1.0 mm × 縦
0.4 mm で，PILATUS 検出器とサンプルの距離は 45 cm となっている。またデータの表記に関
して，サンプルから検出器までの距離は 45 cm であることから，検出した素子のチャンネル番

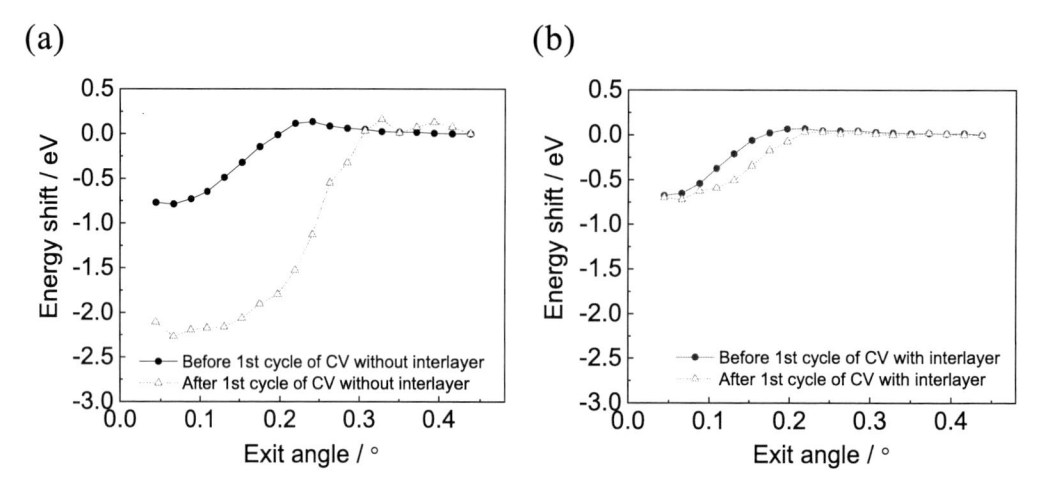

図3 深さ分解 XAFS により得られた LiCoO$_2$ 正極, Li$_2$S-P$_2$S$_5$ 固体電解質系の
サイクル前後における吸収端エネルギー位置の変化
（a）Li$_3$PO$_4$ 中間層を導入していない場合, （b）導入した場合。

号から検出器と薄膜の角度を算出し, 放射 X 線の角度に基づいてデータを記載する。

　図3は, （a）Li$_3$PO$_4$ 中間層を導入していない場合, （b）導入した場合の深さ分解 XAFS により得られた吸収端エネルギー位置（Co の酸化状態に対応）を示している。Li$_3$PO$_4$ 中間層を導入していない場合には, 固体電解質界面において, バルクの LiCoO$_2$ よりもエネルギーが低エネルギー側にシフトしており, Co が還元されていることがわかる。サイクル後ではさらにエネルギーシフトが顕著になり, 反応層の厚さが増大していることを意味している。一方, 界面修飾により, 固体電解質界面における Co の還元が少なくなり, サイクル後でも反応相の成長はほとんど進行していないことがわかる。

3　二次元 XAFS 法

3. 1　概要

　X 線吸収分光は電極活物質中の遷移金属の価数を見積もることが可能であるので, 反応分布解析に適している。光源や検出器を工夫することで高い空間分解能でのイメージングを達成することができる。二次元 X 線吸収分光法（二次元 XAFS）においてはできるだけ広い領域で測定を行うために, 大きなビームをサンプルに照射し, 透過光強度は二次元検出器によって検出する。二次元検出器を導入することによって, 着目した位置に存在する特定元素の電子状態を計測することができ, それぞれの位置での電極反応の進行度をマッピングすることが可能である。ここでは, 合剤中の反応分布の解析手法として, 二次元 XAFS の原理と全固体電池の正極合剤電極中の反応分布について解析した例を説明する[11〜13]。

3. 2　原理

　図 4(a)に二次元 XAFS 法の模式図を示す。測定を受けるサンプルを薄片化して，X 線の光路に設置する。入射 X 線はスリットと I_0 測定用のイオンチャンバーを通過し，サンプルに到達する。サンプルを通り抜けた透過 X 線は二次元方向に多数の X 線検出素子を有する二次元検出器によって検出される。また，二次元検出器の原理を図 4(b)に示す。多数の検出素子が，X 線に照射されたサンプルを微分して，1 つの検出素子，1 つの微小範囲の透過 XAFS スペクトルを記録する。その後，計算により，各検出素子で取った XANES スペクトルの吸収端エネルギー値を抽出する。違う吸収端エネルギーに違う色を対応させ，エネルギーで色分けすることで二次元

（a）

多素子検出器　　　　　サンプル

透過光　　　入射光

X 線進行方向

（b）

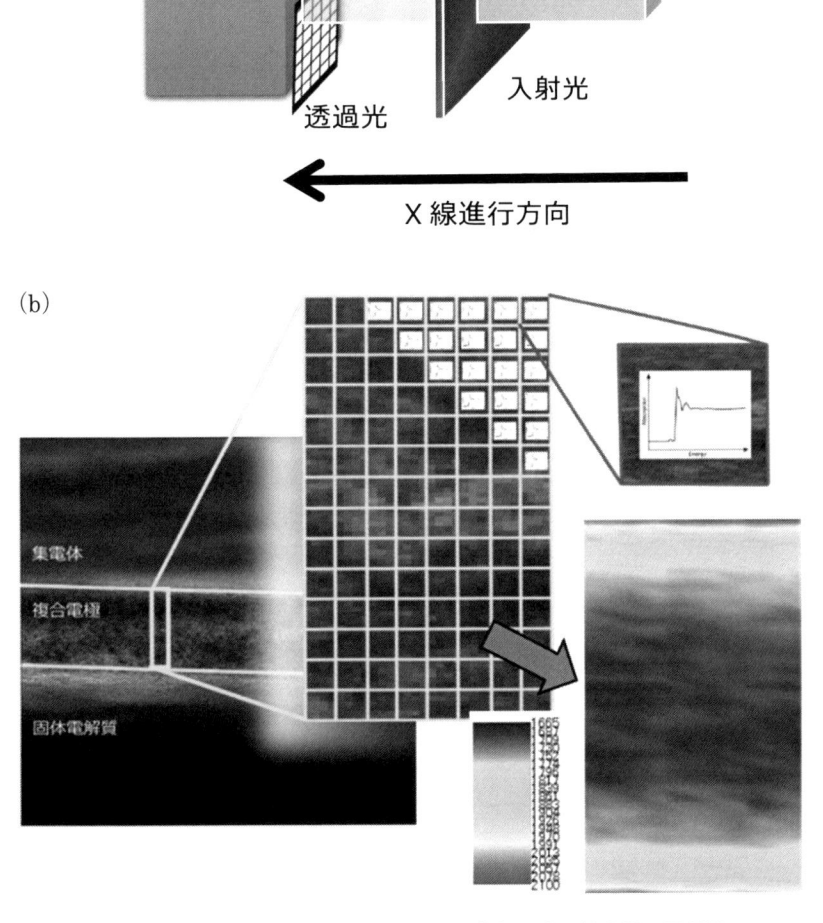

集電体

複合電極

固体電解質

図 4　(a) 二次元 XAFS 測定の模式図，(b) 二次元検出器の原理図

のマップイメージが得られる。二次元検出器はCMOS（complementary metal oxide semiconductor）イメージセンサー，シンチレーター（LuAG：Ce$^+$，厚さ 10 μm），拡大鏡で構成される。シンチレーターにより透過光は可視光に変換される。可視光に変換された光は，拡大鏡で5倍に拡大されイメージセンサーに導かれる。イメージセンサーは2048×2048個のCMOS素子で構成されており，ピクセルサイズは 6.5 μm×6.5 μm である。したがって，視野は最大で 13.312 mm×13.312 mm であり，理想的な場合の解像度は 1.3 μm×1.3 μm となる。

3. 3　測定例

　シート型全固体電池の合剤電極に二次元XAFSを適用した例を取り上げる。シート型全固体電池の合剤電極は液体電解質を用いるリチウムイオン二次電池と同様に活物質・固体電解質・導電助剤・バインダーからなる複雑な三次元構造をとっている。異なるバインダーを使った合剤電極からなる全固体電池に対して二次元XAFSを適用することで，電極の分散状態と反応不均一現象の相関性について議論した例を示す[11]。

　合剤電極は $LiNi_{1/3}Co_{1/3}Mn_{1/3}O_2$（NCM），$75Li_2S \cdot 25P_2S_5$（SE），アセチレンブラック（AB），バインダーを重量比 NCM：SE：AB：binder＝70：30：3：3で混合することで作製した。バインダーには Styrene-butadiene-styrene rubber（SBR）と Styrene-ethylene-butylene-styrene（SEBS）を用い，スラリー調製時の溶媒にはアニソールとヘプタンをそれぞれ用いた。二次元XAFSの測定には図5に示したセルを用いた。図5に示すように，正極／セパレーター（電解質層）間の一部に，リチウムイオン伝導性のないチタン箔を挿入している。このチタン箔に覆われた領域では，電極中のリチウムイオンの動きが電極面内方向（図中の座標軸で xy 面内を指す）のみに制限される。ここではこの領域をイオンブロッキング領域と呼ぶ。また，チタン箔を挿入していない，つまり正極層とセパレーター層が直接対向し，通常の電池として作動する

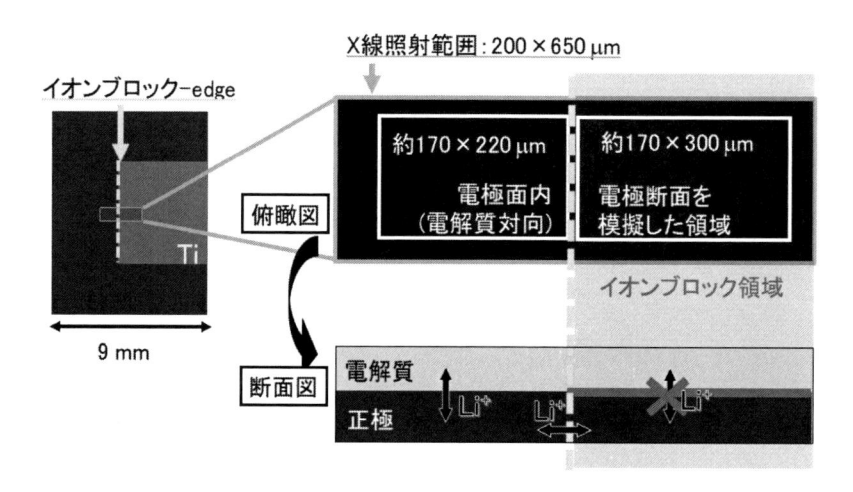

図5　全固体電池用二次元 XAFS 測定用セル

部分をノンブロッキング領域と呼ぶ。イオンブロッキング領域におけるイオンの動きはすべて，隣接するノンブロッキング領域で生じるイオン移動（ポテンシャル勾配）に追従する形となる。例えば充電時においては，イオンブロッキング領域では，ノンブロッキング領域との境界からリチウムイオンの引き抜きが起こり，電極反応が生じる。これにより，イオンブロッキング領域では，電極厚み方向における反応挙動を模擬していると言うことができる。ノンブロッキング領域とイオンブロッキング領域において二次元 XAFS 測定を行うことで電極面内と電極断面の反応分布を観測することができる。二次元 XAFS 測定は NCM 電極の Ni K-edge に対して，二次元検出器（空間分解能 1.3 μm）を用いて行い，20 分毎に 1 スペクトルを得た。測定は 1/40 C レートの充電中に連続して行った。

　SBR および SEBS を用いた合剤電極の面内方向の X 線透過像と充電深度 3〜18% における二次元 XAFS の結果を図 6 に示す。X 線透過像において色が濃い部分は X 線が強く吸収されていることから，活物質である NCM が多く存在していることを示している。SBR よりも SEBS を用いた合剤電極では活物質が不均一に分散していることが確認できた。二次元 XAFS の結果か

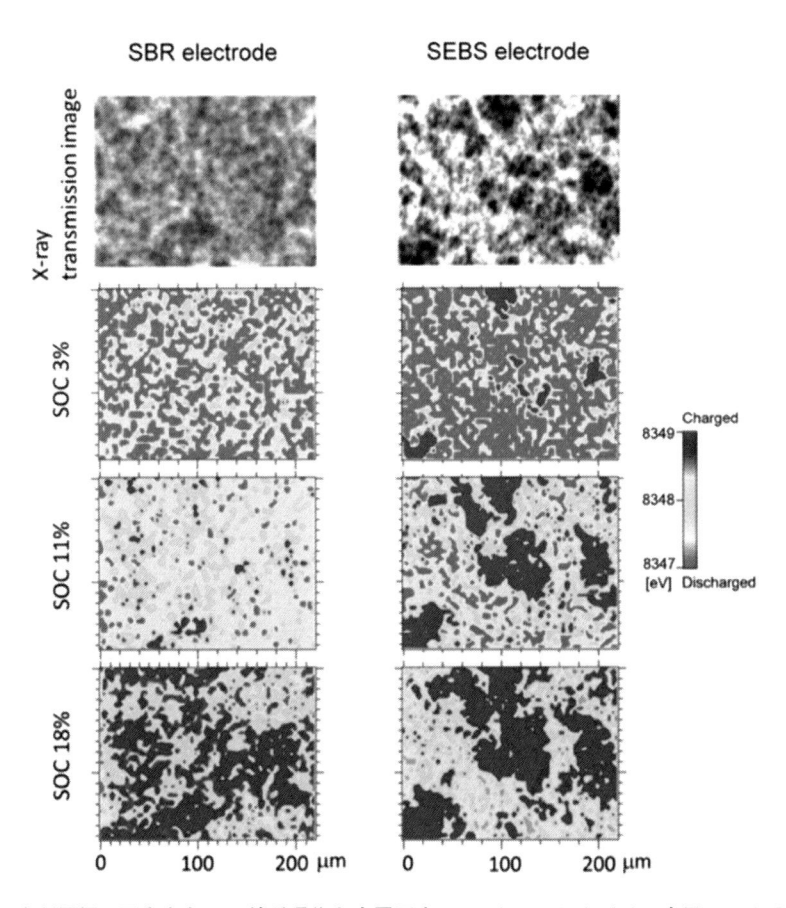

図 6　合剤電極の面内方向の X 線透過像と充電深度 3% から18% における二次元 XAFS の結果

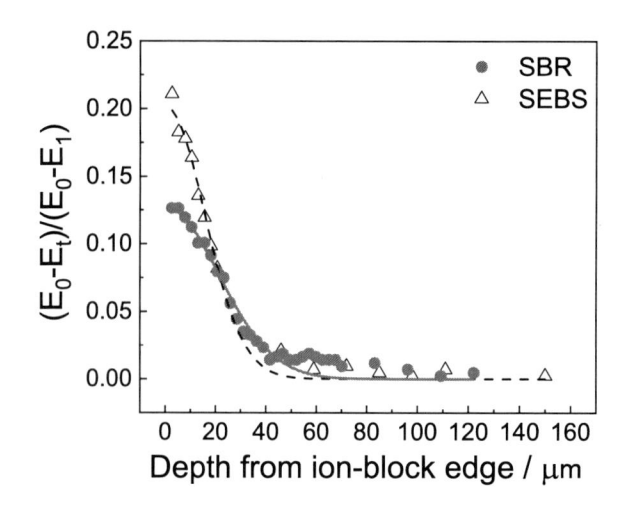

図7　充電深度が 21% になった時の合剤電極の断面方向の反応分布
反応量は XANES のエネルギーシフトから見積もった。

　ら SEBS に比べると，SBR を用いた場合はより均一に反応が進行しており，反応分布が生じにくいことが分かる。断面方向の反応分布を定量的に議論するため，反応量を XANES のエネルギーシフトから見積もり，断面方向の距離に対してプロットした結果を図7に示す。均一構造をもつ SBR セルの方が電極深部まで反応分布が伸びている様子がみられる。合剤電極における拡散係数を求めるため，一次元拡散を描画する拡散方程式でフィッティングを行った。図7中のラインがフィッティング曲線である。見かけの拡散係数の値は SBR セルで $7.5\times10^{-11}/cm^2\ s^{-1}$，SEBS セルで $3.9\times10^{-11}/cm^2\ s^{-1}$ と求められた。また，固体電解質 $75Li_2S$-$25P_2S_5$ ガラスの拡散係数は $7.8\times10^{-10}/cm^2\ s^{-1}$ と報告されている[14]。これらより，固体電解質バルクの拡散係数と比較して，電極のそれは非常に小さい値を示し，また，不均一構造を持つ SEBS 電極の方が SBR 電極よりも小さい値を示した。イオンの移動のしやすさは，イオンパスの形状（屈曲性）に依存する。不均一構造の場合，伝導相が分断され屈曲性が大きいために，電極深部ほどイオン伝導に対する抵抗が大きく，大きなイオンのポテンシャル勾配が生じていることがわかる。

4　波長分散型 X 線回折法

　その他にも，結晶性の正負極材料を用いた場合には，波長分散型 X 線回折法を用いたオペランド解析も有効である。この手法は，入射光と出射光の共焦点を形成することで，微小領域からのみの回折を定点測定する手法である（図8）。入射角と出射角で形成される共焦点を合剤電極中の特定箇所に固定し，角度を固定することで成立するため，従来法の適用はできない。そこで，θ を固定する代わりに λ を走査する波長分散型測定法を開発した[15]。

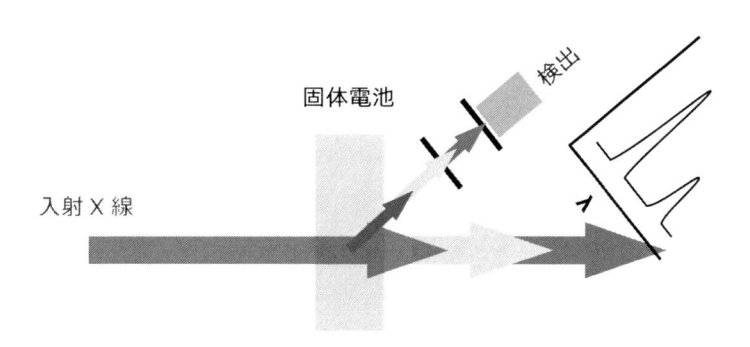

図8　波長分散型 X 線回折法を用いたオペランド解析

5　おわりに

　全固体電池の性能や耐久性の向上を図る上で，使用される各種材料の，作動条件下における化学・物理状態を把握することは重要であり，放射光を用いたその場測定もそのための有用な手法の一つである。本稿では，筆者らがこれまでに行ってきた，全固体電池に関するその場測定を中心に紹介した。全固体電池の場合，電解質が固体であるために，正負極活物質／固体電解質の界面形成や分散に関わる，固体電池ならではの分極要因が発生する。オペランド計測により，要因を解明し，固体電池の本来有している高レート特性などの電池特性を実現することが益々重要になる。

文　　　献

1)　Y. Kato *et al.*, *Nat. Energy*, **1**, 16030（2016）
2)　Y. Orikasa *et al.*, *J. Am. Chem. Soc.*, **135**, 5497（2013）
3)　T. Yoshinari *et al.*, *ACS Appl. Energy Mater.*, **1**, 6736（2018）
4)　太田俊明 編，"X 線吸収分光法―XAFS とその応用―"，アイピーシー（2002）
5)　宇田川康夫，"X 線吸収微細構造―XAFS の測定と解析"，学会出版センター（1995）
6)　D. Takamatsu *et al.*, *J. Phys. Chem. Lett.*, **2**, 2511（2011）
7)　Y. Okumura *et al.*, *J. Mater. Chem.*, **21**, 10051（2011）
8)　K. Chen *et al.*, *Solid State Ionics*, **327**, 150（2018）
9)　Paul Scherrer Institut, SLS Detector Group'website, http://pilatus.web.psi.ch/index.htm
10)　M. Bech *et al.*, *Appl. Radiat. Isot.*, **66**, 474（2008）
11)　K. Chen *et al.*, *J. Phys. Chem. C*, **123**, 3292（2019）
12)　T. Nakamura *et al.*, *Batteries & Supercaps*, **2**, 1（2019）

13）T. Nakamura *et al.*, *J. Phys. Chem. C.*, **121**, 2118（2017）

14）T. Baba & Y. Kawamura, *Front. Energy Res.*, **4**, 22（2016）

15）K. Kitada *et al.*, *J. Power Sources*, **301**, 11（2016）

<プロセス技術>

第8章　硫化物固体電解質の液相合成

松田厚範[*]

はじめに

　高いエネルギー密度を有するリチウムイオン電池は，携帯電子機器から電動車両や定置用電源に用いられる大型電池への応用も拡大している。2018年9月には，新エネルギー・産業技術総合開発機構（NEDO）が，世界各国でモビリティの電動化に向けた動きが活発化する中，高エネルギー密度化と安全性の両立が可能な蓄電池として注目されている全固体リチウムイオン電池を早期実用化するための研究開発プロジェクトの第2期をスタートさせている[1]。リチウムイオン電池の電解質には通常，可燃性の有機電解液が使用されており，液漏れや発火の危険性が懸念されていたが，難燃性の固体電解質を用いた全固体リチウム二次電池は，有機電解液を用いないため従来のリチウム電池に比べ安全性が高い。また，電極層は電極活物質と固体電解質との複合材料であるため，活物質の量を増やすことで，エネルギー容量を増大させることができる[2]。これらの性質を持つ固体電解質には高いリチウムイオン伝導性と電気化学的な安定性が求められるが，Li_2Sを主成分とする硫化物系固体電解質は有機電解液に匹敵する高い導電率を示し，広い電位窓を有するリチウムのシングルイオン伝導体であることが知られている[3]。さらに，硫化物系固体電解質は塑性変形を示すことから，加圧によって固体活物質と良好な接触界面を形成できることも非常に大きな特徴である[4]。これまで硫化物系固体電解質の調製方法は，遊星型ボールミリングの機械的エネルギーによって原材料粒子間の化学反応を進行させるメカニカルミリング（Mechanical Milling：MM）法が主流であるが，処理時間が長く，高エネルギーが必要であり，かつ大量生産に不向きである。近年，前述の課題を解決するための手法として硫化物系固体電解質を液相から合成する試みが非常に精力的になされている[5]。また，我々は，液相から硫化物系電解質を調製する有用な手法として液相加振（Liquid-phase Shaking：LS）法[6]を開発した。本稿では，まずこれまでに報告されている硫化物系固体電解質の液相合成手法について整理する。次に，最近我々が取り組んでいるLS法によるLi_2S-P_2S_5系およびLi_2S-P_2S_5-LiI系固体電解質の作製と特性評価について詳しく述べる。

　＊　Atsunori Matsuda　豊橋技術科学大学　大学院工学研究科　電気・電子情報工学系　教授

1　硫化物系固体電解質の液相合成手法

Li_2S-P_2S_5 系固体電解質の液相合成に関しては，Liu らが，テトラヒドロフラン（THF）を溶媒に用いてナノポーラス β-Li_3PS_4 の合成に成功している[7]。Li_2S と P_2S_5 を THF 中で一晩撹拌して Li_3PS_4・3THF 錯体を調製し，これを乾燥して得られた非晶質 Li_3PS_4 を 140℃で熱処理することによってナノポーラス β-Li_3PS_4 を合成し，室温導電率 $1.6×10^{-4}$ S cm^{-1} が達成されている。また，Ito らは，1,2-ジメトキシエタンを用いて $Li_7P_3S_{11}$ の合成に成功している。得られた電解質の室温導電率は最高で $2.7×10^{-4}$ S cm^{-1} に達する[8]。ごく最近，Calpa らによって $Li_7P_3S_{11}$ 前駆体スラリーがアセトニトリル（ACN）溶媒と超音波照射によってわずか1時間で調製でき，220℃で熱処理した試料が室温で $1.5×10^{-3}$ S cm^{-1} の非常に高い導電率を示すことが報告され注目されている[9,10]。

Li_2S-P_2S_5-LiX（X：ハロゲン）系固体電解質の液相合成に関しては，Rangasamy らが ACN を溶媒として新しい結晶相である $Li_7P_2S_8I$ を液相から合成している[11]。合成プロセスでは，ACN 溶媒中で一旦，Li_3PS_4・2ACN 錯体を調製し，200℃で熱処理して得られる $Li_7P_2S_8I$ は室温で $6.3×10^{-4}$ S cm^{-1} の高い導電率と金属 Li に対して優れた電気化学安定を有している。また，アルジロダイト型 Li_6PS_5X（X＝Cl，Br，I）がエタノール溶液から調製できることを Yubuchi らが報告している[12]。80〜150℃で熱処理して得られる試料は室温で 10^{-5}〜10^{-4} S cm^{-1} の導電率を示している。

2　液相加振（LS）法による Li_3PS_4（LPS）の合成

LS 法は，図1に示すようにエステル系有機溶媒中で Li_2S と P_2S_5 のような硫化物系出発原料とジルコニアボールを振とう処理することで硫化物系固体電解質を調製する方法である[13~16]。例えば，Li_2S と P_2S_5 のモル比が 3：1 になるようにプロピオン酸エチル（EP）に加え，図2のような簡易振とう機を用いて振動・撹拌することによって，前駆体を含むサスペンジョンが得られる。これを遠心分離後，減圧乾燥することによってチオリン酸リチウム（Li_3PS_4：LPS）を作製することができる。また，このサスペンジョンは，活物質を液相で電解質と複合化する際に，非常に有用である。

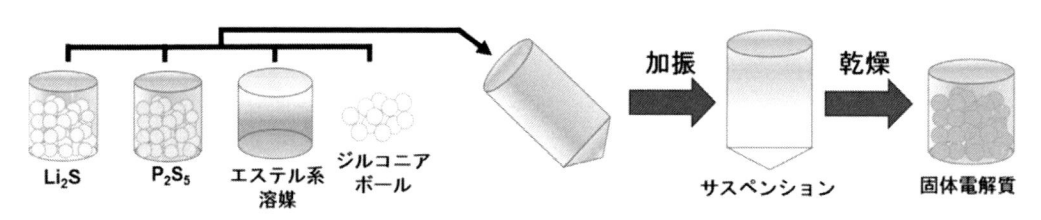

図1　液相加振（LS）法による硫化物系固体電解質の調製手順

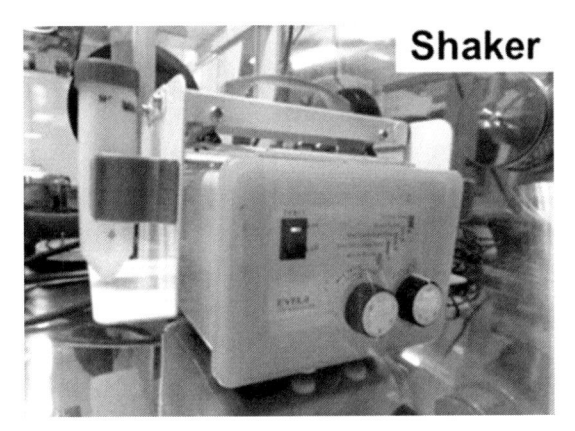

図2　液相加振（LS）法で用いる簡易振とう機

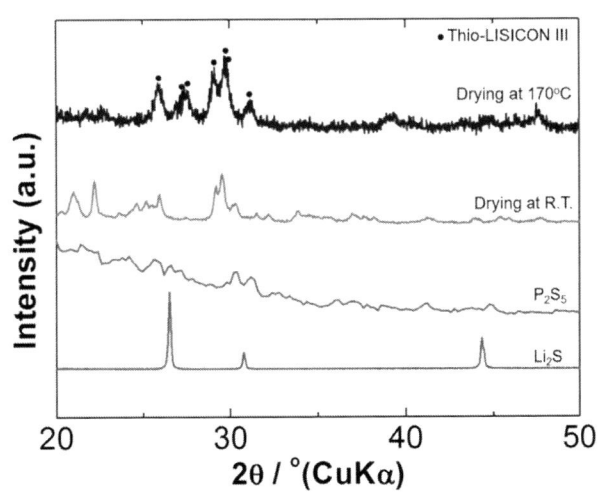

図3　液相加振（LS）法により調製した Li₃PS₄（LPS）の XRD パターン
下から，出発物質の Li_2S，P_2S_5，室温乾燥後の LPS 前駆体，170℃熱処理後の LPS。

　LS 法では，溶媒の選択が重要である。エステル系溶媒が持つエーテル（CH_3-O-C）基はアルキル基よりも誘起効果が高いため，カルボニル（C=O）基の O 周囲の電子密度が高くなる。この O 原子と Li_2S 中の Li 原子間の相互作用が固体電解質前駆体の調製における最初の反応であると考えられる。酸素原子の電子密度が合成プロセスでの重要な役割を持っていることがわかる。固体電解質と溶媒との間の結合は電解質中の Li イオンと溶媒中の C=O 基に由来することから C=O の高い電子密度や溶媒の沸点は乾燥工程における溶媒の除去に重大な影響を与える。

　室温乾燥した試料では LPS の Raman スペクトルから EP 中の C=O 基との結合を形成していることが示唆され，170℃で熱処理した LPS からは PS_4^{3-} に起因するバンドが確認され，熱処理によって EP が完全に除去される。図3の XRD パターンに示すように，固体電解質前駆体であ

るEPとの共結晶体から高リチウムイオン伝導体であるThio-LISICON Ⅲに変化することが確認できる。

　170℃の熱処理後に得られたLPSの走査電子顕微鏡（SEM）像を図4に示す。図から厚さ100 nm程度の鱗片状であることが確認できる。これは，メカニカルミリング（MM）法によって得られるLPSに比べて非常に小さなサイズであり，LS合成条件や乾燥条件によってそのサイズや形態を制御することも可能である。

　熱処理後のLPSの導電率の温度依存性を図5に示す。室温での導電率は2×10^{-4} S cm^{-1}であり，従来のメカニカルミリング（MM）法に匹敵する高いリチウムイオン伝導性を持つことがわかる。

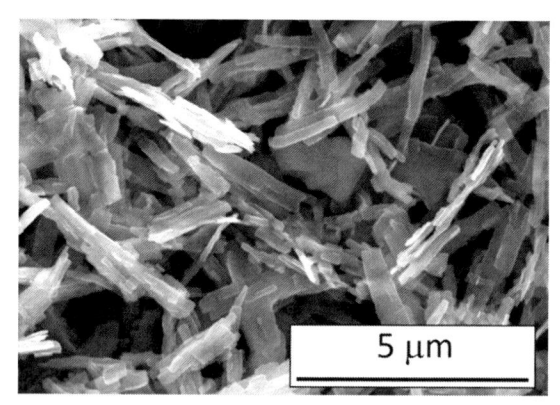

図4　液相加振法により調製した鱗片状LPSのSEM像

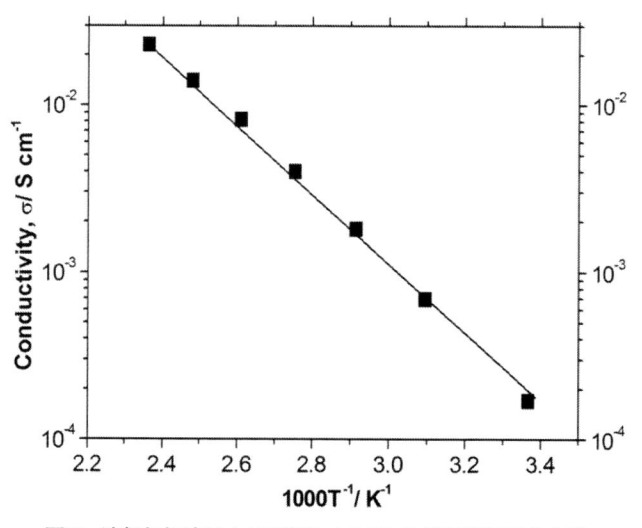

図5　液相加振法により調製したLPSの導電率温度依存性

3　液相加振（LS）法による Li$_7$P$_2$S$_8$I（LPSI）の合成

Li$_2$S-P$_2$S$_5$ 系と同様に出発原料である Li$_2$S，P$_2$S$_5$ および LiI を Li$_3$PS$_4$：LiI が 2：1 になるように秤量して EP 溶媒に加え，ジルコニアボールと共に遠沈管に入れて，加振処理を 0.5～1 h 行うことで，固体電解質前駆体サスペンジョンを得た。その後，遠沈管からジルコニアボールを取り出し，固体電解質前駆体を 170℃ で真空乾燥を行い，固体電解質粉末を得た[17, 18]。加振時間を変化させて得られた試料の XRD パターン測定結果を図 6 に示す。これより，どの加振時間においても，調製した試料の XRD パターンから Li$_7$P$_2$S$_8$I（LPSI）結晶相[11]に起因するピークが現れていることが確認できる。この結果から EP を溶媒として Li$_2$S と P$_2$S$_5$ に LiI を添加することで，出発原料同士が反応するために必要な時間を大幅に短縮させることが可能であることがわかった。また，加振時間が 30 min と 45 min の試料では LPSI 結晶相に起因するピーク以外に導電率が高いとされる不明なピークが観測されている。

得られた LPSI 固体電解質粉末の SEM 観察結果を図 7 に示す。図 4 に示した鱗片状の LPS に比べて，粒状であることが見てとれる。一次粒子のサイズはサブミクロンオーダーであり，固体電解質微粒子として全固体電池の体積エネルギー密度を上げるうえで有利であるといえる。

図 8 には，LPSI 固体電解質の加圧成形試料の導電率温度依存性を示す。再現性を確認するために 3 回測定した結果を示している。LPSI 固体電解質の室温導電率は 3.8～4.6×10^{-4} S cm^{-1} であり，図 5 で示した LPS よりも高い導電率を有することがわかる。一方，先行研究の Rangasamy らの ACN を用いた報告（室温導電率 6.3×10^{-4} S cm^{-1}）[11]よりも少し低い。

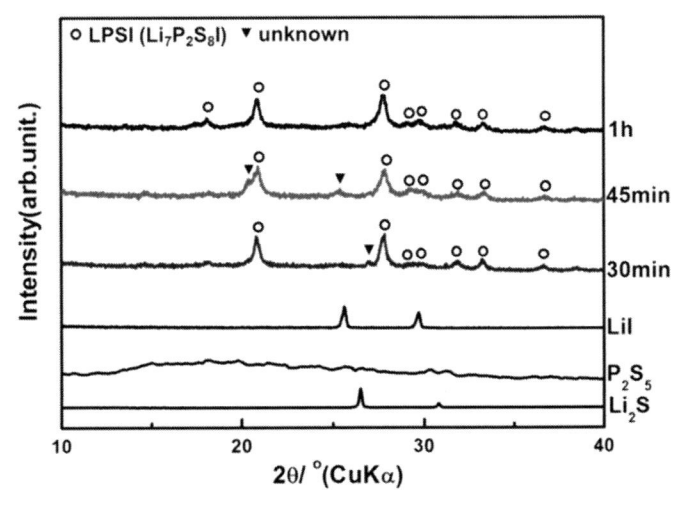

図 6　液相加振（LS）法により調製した Li$_7$P$_2$S$_8$I（LPSI）の XRD パターン
下から，出発物質の Li$_2$S，P$_2$S$_5$，LiI。加振時間 0.5～1 h，170℃ 熱処理後の LPSI。

図7 液相加振法により調製した粒状 LPSI の SEM 像

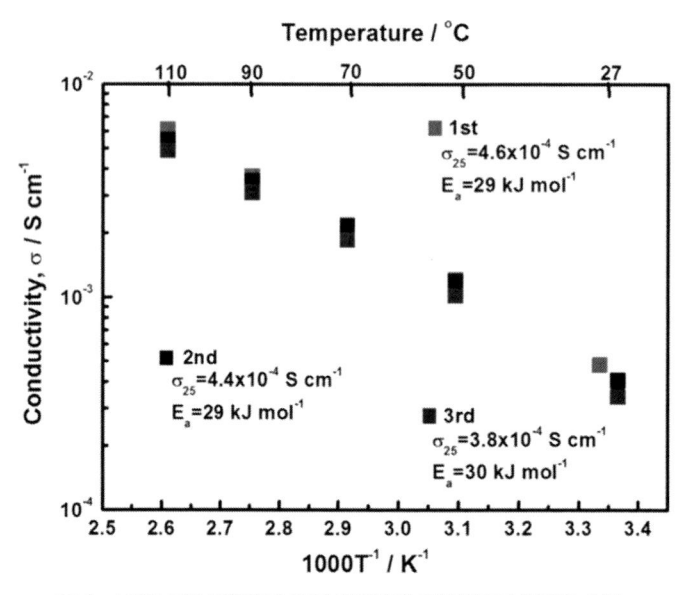

図8 LPSI 固体電解質の加圧成形試料の導電率の温度依存性
再現性を確認するために3回測定した結果。

　図9に LPS と LPSI（LPS：LiI＝2：1）の直流分極試験の結果を比較して示す。試験は圧粉体の両側を金属 Li で挟み，±0.1 mA cm^{-2} で1h 毎に印加電圧を反転させながら行っている。これより，LPSI は LPS よりも小さな電圧で安定して分極を繰り返していることを観測した。したがって，調製した LPSI 固体電解質は特に Li 金属やグラファイトのような低電位材料に対して高い安定性を有すると考えられる。

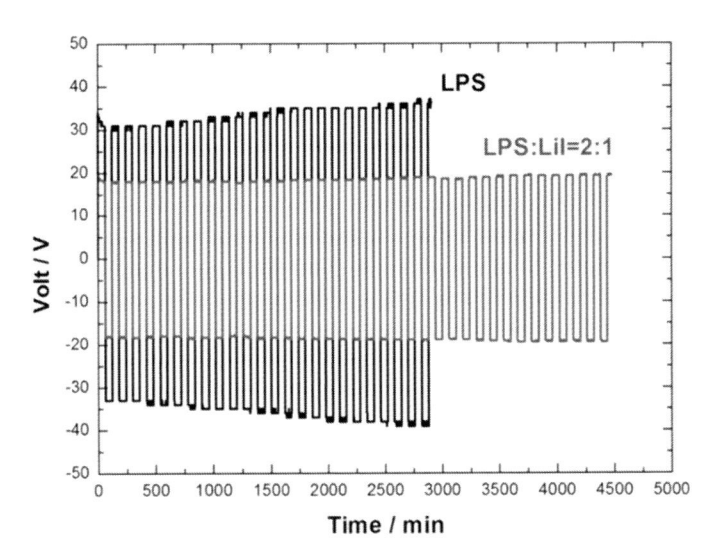

図 9　LPS と LPSI（LPS：LiI＝2：1）の直流分極試験の結果
Li／圧粉体試料／Li，±0.1 mA cm^{-2} で 1 h 毎に印加電圧を反転。

おわりに

　エステル系有機溶媒中で硫化物系固体電解質をワンポットで調製することができる LS 法を用いた LPS と LPSI の合成と特性評価の結果を紹介した。LS 法は，従来のメカニカルミリング法より非常に短時間で固体電解質を調製することができ，硫化物系固体電解質の工業的製造にも適した方法である。得られた LPSI 固体電解質は LPS よりも高い導電率とリチウム金属に対する優れた安定性を有する。LS 法は LPS をベースとする硫化物系電解質をワンポットで大量合成するうえで有用な方法であり，微量成分の添加や多成分化にも有用である。また，加振・乾燥条件によって得られる固体電解質の粒径や形態を制御することも可能である。さらに調製された硫化物系固体電解質前駆体サスペンジョンを用いれば電極活物質との複合化が容易になり，塗工プロセスへの展開も可能になる。

文　　　　献

1)　NEDO，先進・革新蓄電池材料評価技術開発（第 2 期），
　　https://www.nedo.go.jp/activities/ZZJP_100146.html
2)　Y. Seino *et al.*, *Energy Environ. Sci.*, **7**, 627（2014）
3)　Z. Liu *et al.*, *J. Am. Chem. Soc.*, **135**, 975（2013）

4) A. Sakuda *et al.*, *Sci. Rep.*, **3**, 2261 (2013)

5) A. Miura *et al.*, *Nat. Rev. Chem.*, **3**, 189 (2019)

6) 松田厚範ほか，特開 2016-117640 (特願 2015-237907)

7) Z. Liu *et al.*, *J. Am. Chem. Soc.*, **135**, 975 (2013)

8) S. Ito *et al.*, *J. Power Sources*, **271**, 342 (2014)

9) M. Calpa *et al.*, *RSC Adv.*, **7**, 46499 (2017)

10) M. Calpa *et al.*, *Inorg. Chem. Front.*, **5**, 501 (2018)

11) E. Rangasamy *et al.*, *J. Am. Chem. Soc.*, **137**, 1384 (2015)

12) S. Yubuchi *et al.*, *ACS Appl. Energy Mater.*, **1**, 3622 (2018)

13) N. H. H. Phuc *et al.*, *Solid State Ionics*, **288**, 240 (2016)

14) N. H. H. Phuc *et al.*, *Solid State Ionics*, **285**, 2 (2016)

15) A. Matsuda *et al.*, *J. Jpn. Soc. Pow. Pow. Metal.*, **63**, 976 (2016)

16) N. H. H. Phuc *et al.*, *Ionics*, **23**, 2061 (2017)

17) N. H. H. Phuc *et al.*, *J. Power Sources*, **365**, 7 (2017)

18) N. H. H. Phuc *et al.*, *Inorg. Chem. Front.*, **4**, 1660 (2017)

第9章　ドライコーティングによる
活物質と固体電解質の複合化

仲村英也[*1]，綿野　哲[*2]

1　はじめに

　全固体電池では，電極活物質粒子と固体電解質が接触した界面においてリチウムイオンが伝導し，充放電が行われる。したがって，電極層内に活物質と電解質の固固接触界面を構築する必要がある。しかしながら，一般に，活物質粒子および固体電解質粒子はともに粒子径が数 μm 以下の微粒子であり，粉体工学の観点からは付着・凝集性が強い難流動性の粉体材料に分類される[1]。そのため，これらを汎用的な混合・分散プロセスで混合するだけでは，良好な固固接触界面を構築することは容易ではない（図 1a）。加えて，エネルギー高密度化のためには電極層中における活物質粒子の割合をできるだけ増やすことが必要となるが，少量の固体電解質を多量の活

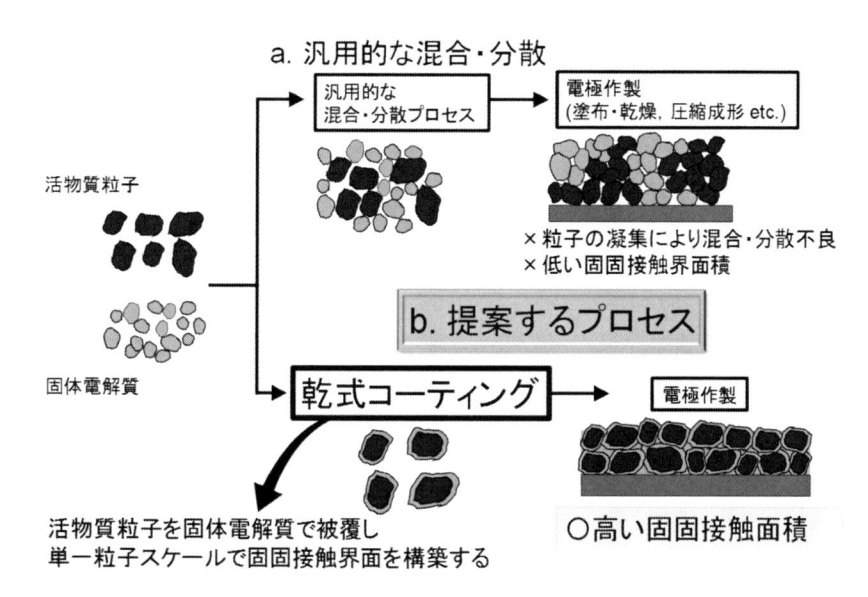

図1　(a) 汎用的な電極作製プロセスの模式図と (b) 提案する乾式コーティングプロセスの概念図

＊1　Hideya Nakamura　大阪府立大学　大学院工学研究科　物質・化学系専攻
　　　　化学工学分野　准教授
＊2　Satoru Watano　大阪府立大学　大学院工学研究科　物質・化学系専攻　化学工学分野
　　　　教授

物質粒子表面に接触させることは，汎用的な粉体混合・分散プロセスだけでは極めて困難となる。この課題を解消するには，電極層を作成する前にあらかじめ活物質粒子表面を固体電解質で被覆することが理想である（図1b）。個々の活物質粒子を固体電解質で被覆することができれば，単一粒子スケールで固固接触界面を構築することができる。そしてこの被覆粒子を用いて電極層を作製すれば，高い固固接触面積を実現することができる。しかしながら，これを実現するための粉体加工技術の開発が大きなボトルネックとなっていた。このような背景のもと，我々は，乾式で電極活物質粒子を固体電解質粒子で被覆する技術（ドライコーティング技術）を開発した。そこで本章では，まず，ドライコーティング技術の基礎的概念を概説する。次に，固体電解質のモデル材料を使用した検討結果を紹介し，開発したドライコーティング技術の効果およびそのメカニズムについて概説する[2,3]。最後に，硫化物固体電解質でドライコーティングを行い，セル性能を評価した結果について紹介する[4~6]。

2　ドライコーティングの基礎

ドライコーティングとは，溶媒などを一切使用せず，装置内で粒子に加えられる機械的エネルギーのみで大粒子の表面を粒子径の小さな粒子で被覆する技術である。ドライコーティングの基礎となるのは，粉体混合技術である。図2に異なる2種の粉体の混合機構を模式的に示す。本図は，混合開始時の標準偏差（分散の正の平方根）σ_0 と，完全混合状態における標準偏差 σ_r を混合時間 t に対して対数プロットしたものである。物性の異なる粒子を混合する場合，混合初期には対流混合と呼ばれる巨視的な粒子群の位置交換が行われる。次に，粒子群内の速度分布に

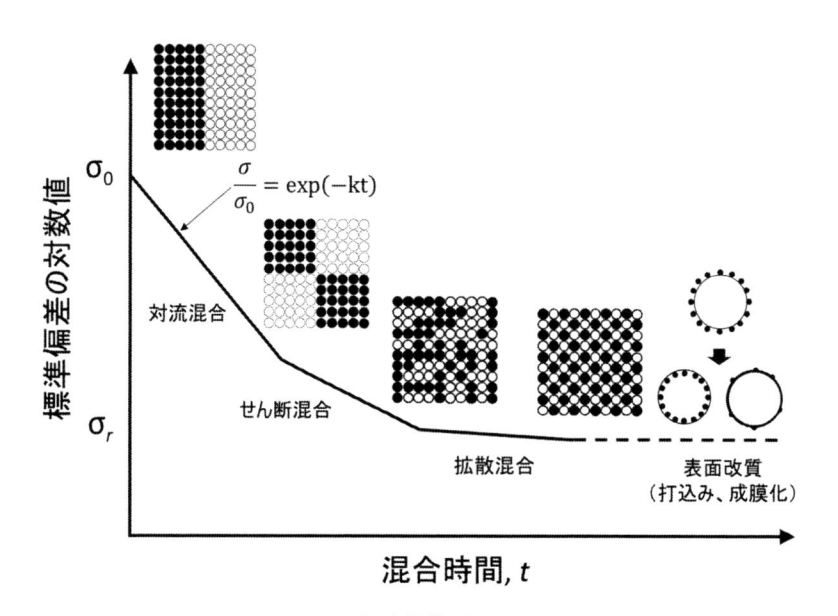

図2　混合機構の概念図

よって生じる粒子相互の滑りや衝突，撹拌羽根と容器壁面間において生じる粒子群の圧縮と伸長などにより，粒子群が次第に解砕され微視的な粒子群の位置交換が行われるせん断混合が進行する。さらに混合操作を進めると，充填状態や大きさの違い，流れ方向のわずかな速度差や粒子の自転運動に起因する粒子間での位置交換によって局所的な混合が生じる（拡散混合）。通常の混合操作では，この状態が混合の最終状態である。しかし，異種の粒子に10倍程度の大きさの違いがある場合，拡散混合物に強力な機械的エネルギーを加え続けると，大粒子の表面を小粒子が被覆する完全混合状態（または，規則混合：Ordered mixtureと呼ぶ）を達成する。さらに機械的エネルギーを加え続けると，大粒子の表面に付着した小粒子は，大粒子表面に打ち込まれたり，小粒子同士が融合して連続的な被膜を形成するなどにより，小粒子は大粒子に固定化される。この操作を乾式の表面改質あるいはドライコーティングと呼ぶ。ドライコーティングを達成するには，強力な機械的エネルギーを粒子に効率良く加えることができる装置設計が必要である。

3 固体電解質モデル材料を用いた基礎検討

図3に本研究で目標とした粒子設計の概念図を示す。正極活物質粒子の表面をあらかじめ酸化物固体電解質（例えば $LiNbO_3$）でコーティングしたものをコア粒子とし，このコア粒子を破壊せずに固体電解質で表面を均一に被覆したコアシェル型の複合粒子の調製を目標とした。

はじめに，ドライコーティングプロセスの実現可能性の探索と最適化を目的とした基礎的検討を行った。正極活物質粒子には $LiNi_{1/3}Co_{1/3}Mn_{1/3}O_2$（NCM，ALAC-SPRING，平均粒子径＝5.4 μm，図4a）を用いた。ここで，実際の硫化物固体電解質は大量入手が容易ではなく，大気非暴露環境で扱う必要があるため，基礎検討を迅速化できず大きなボトルネックとなっていた。そこで本検討では，Na_2SO_4（和光純薬工業）を固体電解質のモデル材料とし，これを正極活物質粒子に複合化する検討を行った。Na_2SO_4 は，硫化物固体電解質と機械的特性が同等であるこ

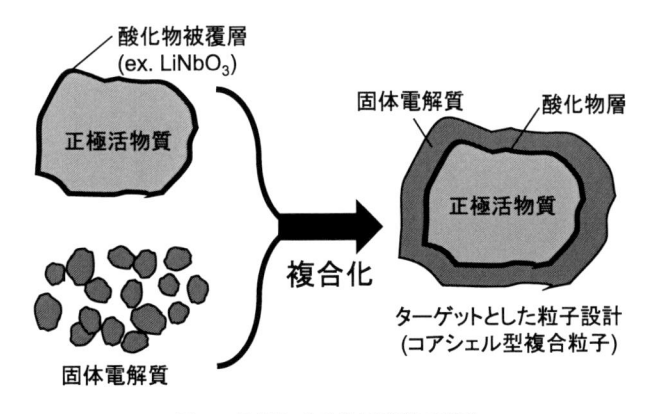

図3 目標とする粒子設計の概念

とを確認できたことから（図 4b），これをモデル材料として選定した。さらに，ドライコーティングでは被覆粒子はコア粒子に比べて十分に小さいことが望ましいため，Na_2SO_4 をあらかじめ湿式粉砕し，平均粒子径を 0.95 µm まで微細化したものを用いた（図 4c）。図 5 に複合化装置として用いた高速気流中衝撃装置の模式図を示す。装置は処理室，高速回転するローター，および

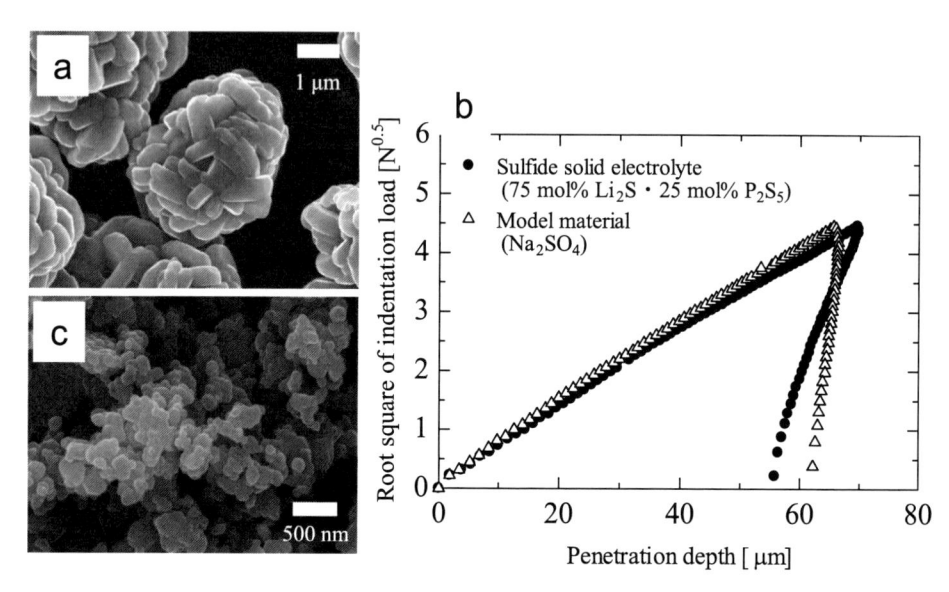

図 4 （a）実験に用いた活物質（$LiNi_{1/3}Co_{1/3}Mn_{1/3}O_2$）の SEM 像，（b）硫化物固体電解質と Na_2OS_4 のインデンテーション試験結果，（c）実験に用いたモデル固体電解質（Na_2SO_4）

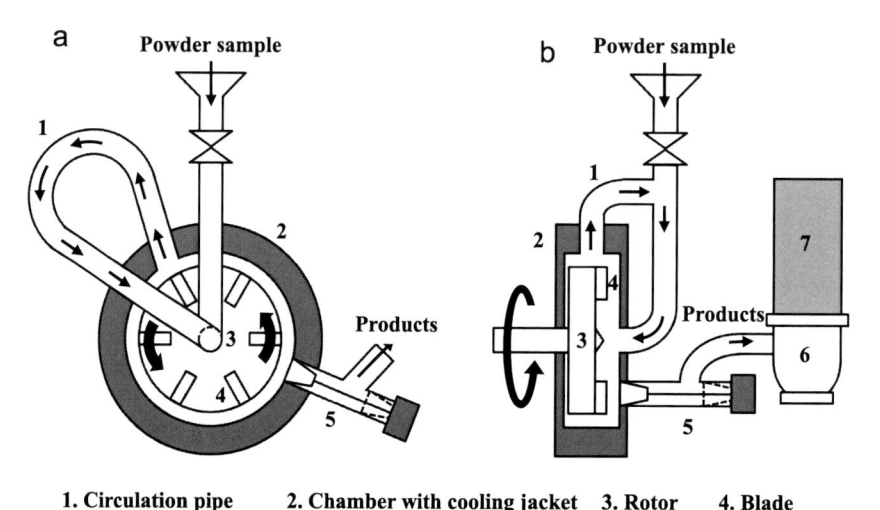

1. Circulation pipe   2. Chamber with cooling jacket   3. Rotor   4. Blade
5. Discharge valve   6. Collection pot   7. Bag filter

図 5 実験に用いた高速気流中衝撃装置の模式図
（a）正面図，（b）側面図。

循環経路により構成されている。装置内に投入された粉体試料は，高速回転するローターによって生じる高速気流により，衝撃力やせん断力などの機械的外力を受け，その結果，複合化が進行する。また，粉体試料は循環経路を通じて装置内を循環する。本検討では比較のために 3 種類の試料 Powder A，B，C を作製した。Powder A は，ボルテックスミキサー（FLX-F60，アズワン）を用いて，活物質と Na_2SO_4 の両試料を 1 分間振動混合することで作製した。Powder B は，両試料を 30 分間乳鉢混合することで作製した。ここで，Powder A，B はともに，先行研究の全固体電池用電極層の作製手順に相当する[7, 8]。Powder C は，両試料を乳鉢で 30 分間混合した後に，高速気流中衝撃装置でドライコーティングを 5 分間行うことで作製した。活物質と Na_2SO_4 の配合割合は，活物質：Na_2SO_4 ＝ 70：30 wt％とした。

　図 6 に Powder A，B，C の SEM 像を示す。Powder A（振動混合品）および Powder B（乳鉢混合品）は，粒径 1 μm 程度のモデル固体電解質が活物質表面に付着しているものの，使用した活物質特有のアスペクト比の大きな矩形状の結晶粒が観察されたことから，活物質表面は部分的にしか被覆されなかった。一方，Powder C（ドライコーティング品）では，活物質表面がほぼ完全にモデル固体電解質で被覆されていた（図 6c）。図 6d に，Powder C（ドライコーティング品）の単一粒子断面の SEM 像および元素マッピング像を示す。図より，活物質はモデル固体電解質の層で被覆されており，この条件では被覆層は約 0.5 μm の厚みであった。ドライコーティング操作中に作用する機械的外力によって活物質の破壊が生じていないかを確認するため，Powder C（ドライコーティング品）に含まれるモデル固体電解質（Na_2SO_4）を脱イオン水で溶

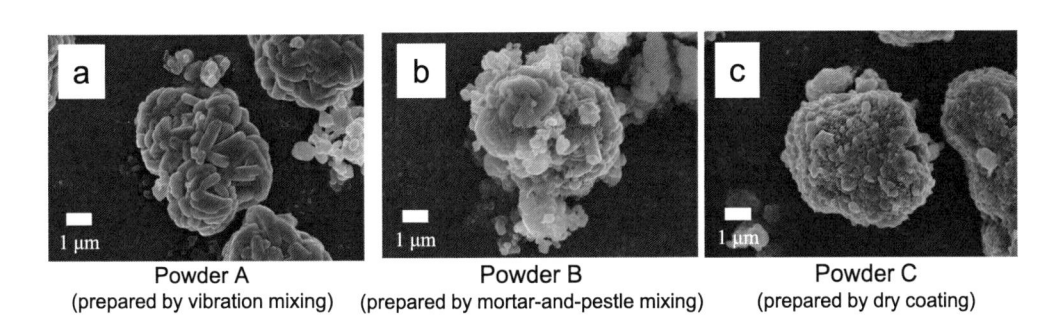

Powder A
(prepared by vibration mixing)
Powder B
(prepared by mortar-and-pestle mixing)
Powder C
(prepared by dry coating)

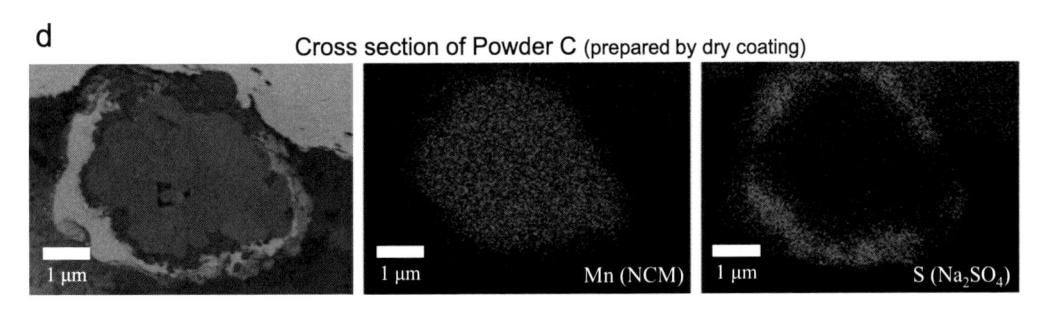

d　　Cross section of Powder C (prepared by dry coating)

Mn (NCM)　　　S (Na_2SO_4)

図6　得られた各試料（NCM と Na_2SO_4 の複合化品）の SEM 像

解・除去し，ドライコーティング後の活物質粒子を評価・観察した（図7）。ドライコーティング後の活物質粒子の粒度分布を測定したところ，ドライコーティング前後で粒子径の変化はほとんど見られなかった。さらに，SEMによる外観観察からは，活物質表面の形態の変化や，摩耗や表面粉砕で生じうる微粒子の存在は確認できなかった。以上の結果より，ドライコーティングにより，正極活物質粒子の磨耗や破壊を起こすことなく，モデル固体電解質で活物質粒子表面全体が均一に被覆された複合粒子を合成可能であることが明らかとなった。

　上記に加えて実施した種々の基礎的検討の結果より，本研究のドライコーティングは図8のメカニズムで進行すると考えられる。すなわち，粉体試料を前混合することによって，正極活物質表面にモデル固体電解質が付着する。次に，ドライコーティング処理を行うことで，粉体試料が強い機械的外力を受け，モデル固体電解質の塑性変形および合一化が生じる。これは，コア粒子である正極活物質（比較的硬く，脆性材料）と被覆粒子であるモデル固体電解質（比較的柔らかく，塑性材料）の機械的特性が大きく異なることに起因する。その後，モデル固体電解質の塑性変形および合一化がさらに進行し，最終的に緻密なモデル固体電解質の被覆層が形成される。

　次に，複合粒子を圧縮成形して電極層を模擬した圧縮成形体を作製した。この圧縮成形体のプレス圧方向の比抵抗を測定して，電極層中の活物質とモデル固体電解質間の固固接触状態を間接的に評価した。用いた活物質粒子は導電体であるが，モデル固体電解質（Na_2SO_4）は導電性に乏しい材料である。そのため，圧縮成形体内部で活物質粒子表面がモデル固体電解質と均一に接触していると，活物質粒子間の接触で形成される導電ネットワークが遮断されるため，圧縮成形体全体の比抵抗が大きくなる。すなわち，圧縮成型体の比抵抗が大きいほど，活物質粒子とモデル固体電解質の接触率が高い理想的な構造であると判断できる。図9aに各粉体試料の圧縮成形体の比抵抗とプレス圧の関係を示す。導電性に乏しいモデル固体電解質（Na_2SO_4）の比抵抗は，導電体である活物質（NCM）よりも非常に大きいため，これらが配合されたPowder A,

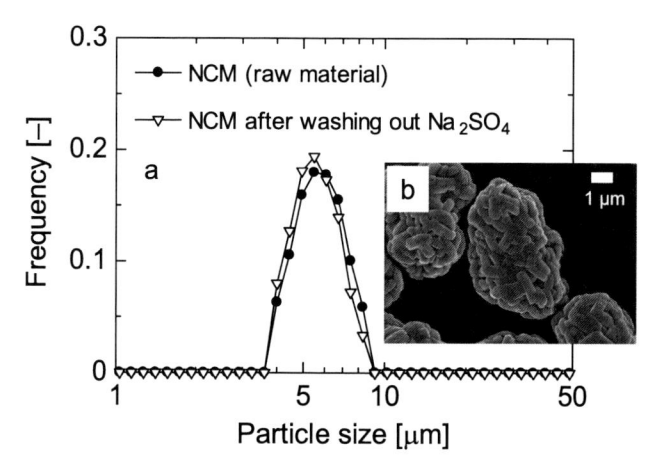

図7　(a) 乾式コーティング前後の活物質の粒度分布，(b) コーティング後の活物質の SEM 像
被覆粒子（Na_2SO_4）は洗浄・除去した。

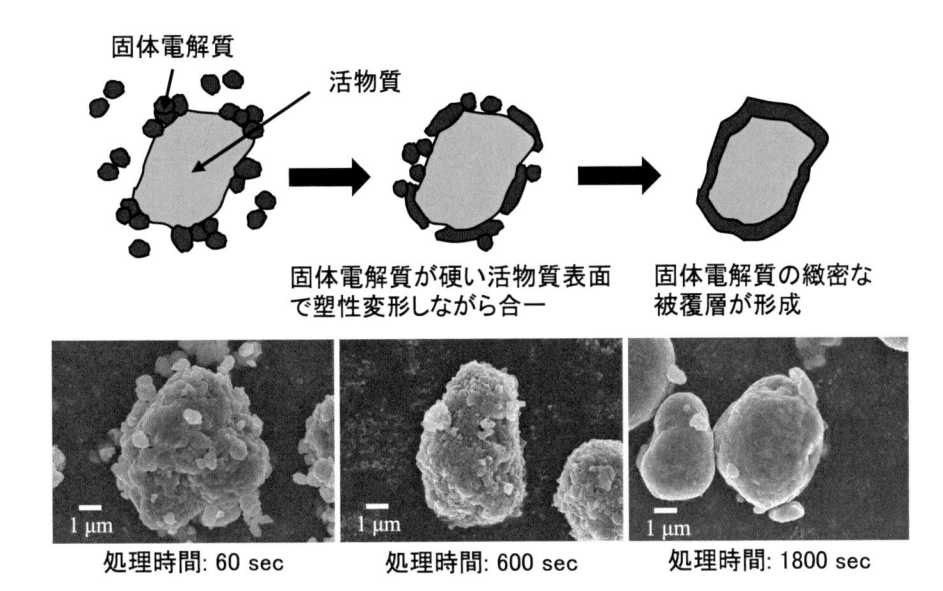

図8　本研究における乾式コーティングのメカニズム

B, C の比抵抗は，両材料の比抵抗の間に位置する。実際に，ドライコーティング粒子（Powder C）圧縮成形体の比抵抗は，振動混合粉体（Powder A）や乳鉢混合粉体（Powder B）に比べて高い値を示した。この結果を詳細に考察するため，圧縮成型体の断面構造を観察した（図9b）。単純混合や乳鉢混合では，圧縮成型体内で活物質粒子（淡灰色）が凝集しており互いに接触していた。これに対して，ドライコーティングでは，個々の活物質粒子がモデル固体電解質（濃灰色）中に良好に分散しており，その結果，活物質とモデル固体電解質の接触率が高い構造となっていた。図9c に，圧縮成型体断面における活物質粒子間の接触数（活物質粒子1個あたり）を，断面 SEM 像を元に定量化した結果を示す。Powder C では，Powder A，B に比べ活物質粒子間の接触数が非常に少なく，約60％の活物質粒子が他の活物質粒子と接触することなく，モデル固体電解質とのみ接触した状態で存在していた。以上の結果より，ドライコーティング粒子を用いて電極層を作製すれば，活物質粒子と固体電解質間の接触率が高い，全固体電池として望ましい電極構造が作れることを明らかとした。

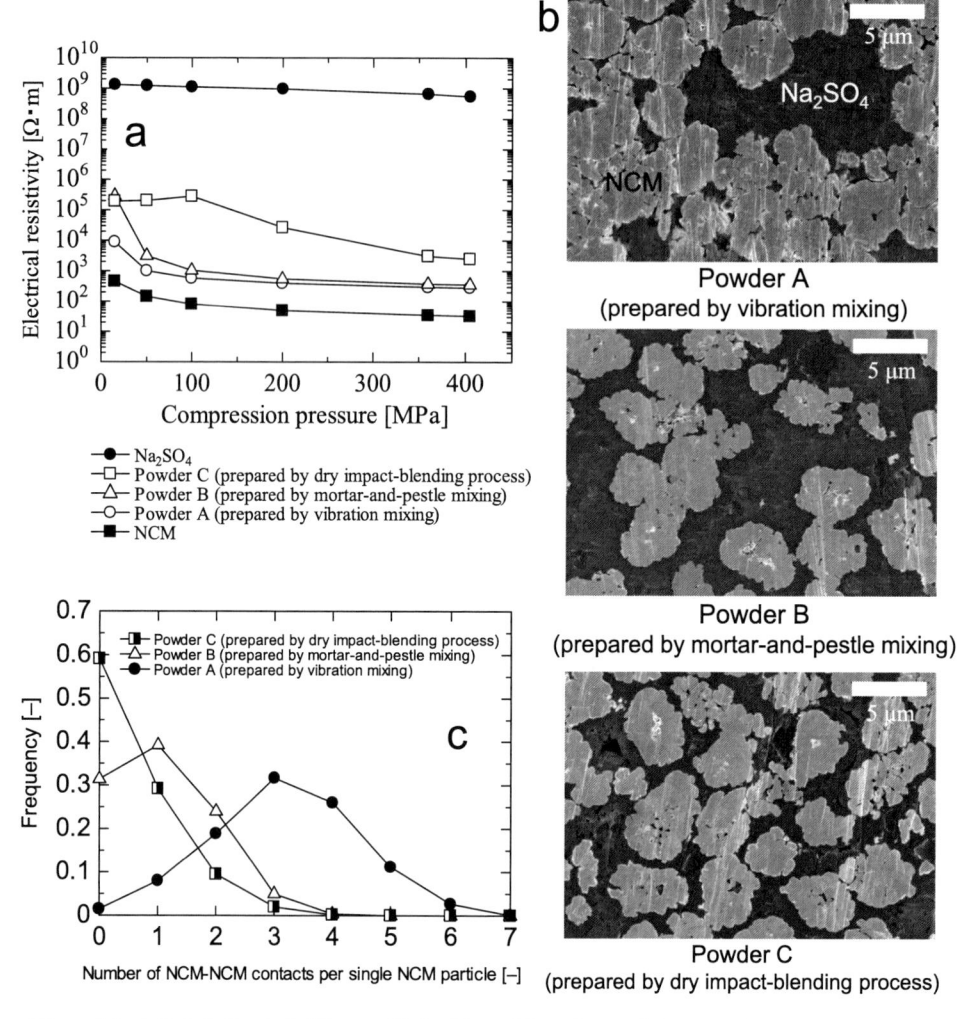

図9 (a) 各複合化品から作製した圧縮成形体の (a) 比抵抗, (b) 断面, (c) NCM–NCM 間の
接触数 (NCM 粒子 1 個あたり)

4 硫化物固体電解質を用いたドライコーティングとセル性能評価

モデル固体電解質を用いて実施した基礎的検討結果から最適な処理条件を決定し, これを元に
硫化物固体電解質を用いたドライコーティングを行った。正極活物質には, $LiNbO_3$ でコーティ
ング さ れ た $LiNi_{1/3}Co_{1/3}Mn_{1/3}O_2$ ($LiNbO_3$-coated NCM, ALAC-SPRING, 平 均 粒 子 径 =
5.4 μm) を採用した。硫化物固体電解質には, 典型的な材料である Li_3PS_4 (ALAC-SPRING)
を用いた。用いた Li_3PS_4 はメカニカルミリングで合成した非晶質の材料である。Li_3PS_4 はあら
かじめ湿式粉砕して, 体積基準平均径 3.5 μm まで微細化したものを用いた。特別仕様のグロー
ブボックス内に高速気流中衝撃装置を設置して, すべての実験を極低水分雰囲気 (露点が約

−80℃）で行った。

　図10a に得られた粒子の SEM 像および元素マッピング像を示す。図より，使用した活物質特有の表面構造（矩形状の結晶粒に起因する凹凸）が一切観察されず，また活物質由来の Mn と固体電解質由来の S のマッピング像の位置が一致していた。これより，正極活物質表面が膜化した固体電解質層で被覆されていることが確認でき，目的とするコーティング粒子が得られたと言える。また，粒子の断面観察および粒子径の変化から，固体電解質層の厚みは 0.5〜1.0 μm

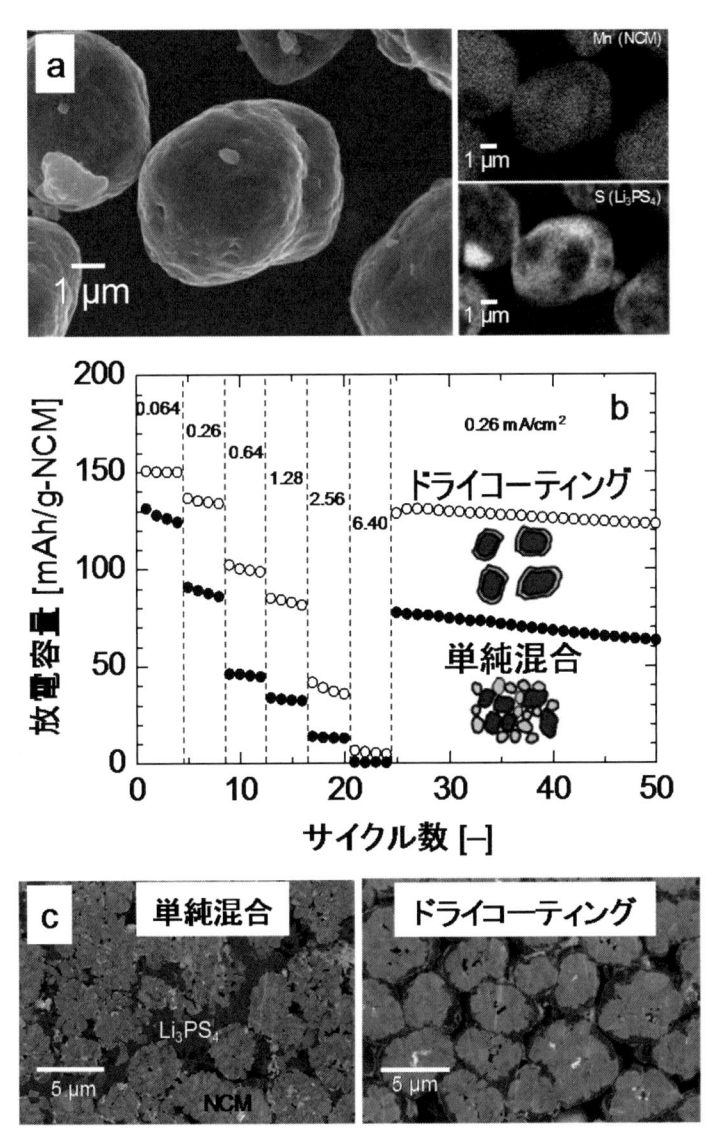

図10　(a)ドライコーティングで得られた複合粒子の SEM 像。NCM を Li₃PS₄ で被覆。ドライコーティングおよび単純混合品から作製した正極ハーフセルの （b） レート特性および （c） 電極断面の SEM 像。

（NCM：Li$_3$PS$_4$＝85：15 wt％の場合）であることも判明した。なお，合成したドライコーティング粒子をエタノールで洗浄し，被覆層の Li$_3$PS$_4$ を除去した後に得られた正極活物質の粒度分布を測定した結果，原料の正極活物質の粒度分布とほぼ一致しており，正極活物質の摩耗や破壊はないことも確認できた。

　ドライコーティング品を用いて圧粉ハーフセル（正極：コーティング粒子／セパレータ：Li$_3$PS$_4$ ペレット／負極：Li-In 合金箔）を作製し充放電試験を行った。比較のため，NCM と Li$_3$PS$_4$ の組成をドライコーティング品と一致させた乳鉢混合品を用いて，同様の圧粉ハーフセルで評価を行った。図 10b にその結果を示す。ドライコーティング粒子は，乳鉢混合品と比較すると容量が顕著に増加した。特に，高電流密度下（0.2 C から 1.0 C）における性能を比較すると，ドライコーティングを行うことで放電容量は約 2 倍まで向上した。図 10c に，乳鉢混合品およびドライコーティング品から作製した正極層断面の SEM 像および元素マッピング像を示す。単純混合物から作製したセルでは，活物質粒子（薄灰色）が凝集により偏在しており，固体電解質（濃灰色）とは部分的にしか接触していなかった。一方，コーティング粒子から作製したセルでは，活物質粒子が凝集することなく，個々の活物質粒子表面が固体電解質で覆われており，活物質と固体電解質の接触面積が飛躍的に大きい電極構造を示した。この結果，活物質の表面利用率が大幅に増加し，セルの容量・出力が顕著に向上したと考えられる。以上より，ドライコーティング技術は実際の硫化物固体電解質にも適用できることを確認した。さらに，ドライコーティング品では固固接触界面が活物質粒子の 1 次粒子スケールで構築されているため，全固体電池の性能が大きく向上することも実証することができた。

5　おわりに

　乾式で電極活物質粒子を固体電解質粒子で被覆する技術（ドライコーティング技術）について概説した。まず，ドライコーティング技術の基礎となる粒子混合の基本概念とドライコーティングのメカニズムを解説した。次に，Na$_2$SO$_4$ を固体電解質のモデル材料として用いた基礎的検討結果を紹介した。ドライコーティングの有効性を間接的に実証するとともに，主要な制御因子やメカニズムを把握した。最後に，硫化物固体電解質（Li$_3$PS$_4$）を用いた検討を行ったところ，正極活物質表面が固体電解質で均一に被覆されたコアシェル型複合粒子の作製に成功した。この粒子を用いて作製した正極ハーフセルの性能を評価したところ，ドライコーティング品では活物質と固体電解質の接触率が大きく増加したため，容量およびレート特性ともに顕著に向上した。

　開発したドライコーティング技術は，処理時間がわずか数分であり，生産性にも優れている。また，装置構造も比較的シンプルであり，スケールアップも容易に行えることから，実用化への速やかな展開が大いに期待される。学術的な観点からは，FIB-SEM などを用いた 3 次元構造分析や，充放電シミュレーション技術などを活用することで，コーティング粒子構造とセル性能の関係を決定づけている本質的な要因をより明確にし，全固体 LIB の理想的な電極構造の決定に

繋がることが期待される。

謝辞

　本研究は JST の ALCA-SPRING の一環として実施した。また，試料の評価・分析では大阪府立大学の辰巳砂昌弘教授，林晃敏教授，作田敦助教，および豊橋技術科学大学の松田厚範教授，武藤浩行教授のご協力を頂いた。記して謝意を表します。

文　　　　　献

1)　D. Geldart., *Powder Tchnol.*, **7**, 285（1973）
2)　T. Kawaguchi *et al.*, *Powder Tchnol.*, **305**, 241（2017）
3)　T. Kawaguchi *et al.*, *Powder Tchnol.*, **323**, 581（2018）
4)　綿野哲，仲村英也，特願 2016-162003 号（2016）
5)　S. Watano & H. Nakamura, PCT/JP2017/29731（2017）
6)　仲村英也ほか，第 59 回電池討論会講演要旨集，p.105（2018）
7)　A. Sakuda *et al.*, *Chem. Mater.*, **22**, 949（2010）
8)　F. Mizuno *et al.*, *J. Power Sources*, **146**, 711（2005）

第10章　貫通多孔シートを用いた電解質層の薄層化技術

櫻井芳昭[*1], 長谷川泰則[*2], 園村浩介[*3],
佐藤和郎[*4], 村上修一[*5]

1 背景

近年, 情報通信機器などが急速に普及し, また, 電気自動車やハイブリッド自動車の開発が積極的に進められる中, その電源として利用されるリチウム電池およびナトリウム電池などの蓄電池の開発が重要視されている。例えば, リチウムイオン電池では, 少なくとも正極, セパレータ, 負極の三層を有し, これらが電解質に覆われた構造に形成されていることが知られている。電解質としては, 可燃性物質である有機系電解液が一般的に用いられるが, 最近では, より安全性の高い電池を開発すべく, 全固体電池が注目されている。全固体電池は, 可燃性の有機電解液が不燃性の無機固体電解質に置き換えられたものであり, 従来よりも安全性の向上が期待できる。また, このような全固体電池では, 電池の性能面に関してもより一層の向上が期待でき, 例えば, 電池の高エネルギー密度化が実現される。

上記全固体電池では, 例えば, 高いイオン伝導性を有する材料についてプレス成型などを行うことで固体電解質層が形成されることが知られている。また, Li, P, およびSなどの元素を含む固体電解質ガラス粒子を成型しシート状に形成させ, これを固体電解質層に適用することも提案されている。

しかしながら, 上述した技術では, 粉末状固体電解質のみからなる薄層シートの形成は難しく, 固体電解質層の大面積および薄層化は困難であった。一方で, 全固体電池における固体電解質層中のリチウムイオン伝導性は, その厚さに依存するため, 電池の内部抵抗を低減し, 優れた出力特性を得るには電解質層の薄層化が望まれてきた。また, 全固体電池のエネルギー密度の向上や低コスト化を図る上で, 固体電解質の量を減らした薄層シートの作製が大きな課題であった（図1）。

＊1　Yoshiaki Sakurai　（地独)大阪産業技術研究所　研究管理監

＊2　Yasunori Hasegawa　（地独)大阪産業技術研究所　応用材料化学研究部　主任研究員

＊3　Hirosuke Sonomura　（地独)大阪産業技術研究所　応用材料化学研究部　研究員

＊4　Kazuo Satoh　（地独)大阪産業技術研究所　電子・機械システム研究部　主幹研究員

＊5　Shuichi Murakami　（地独)大阪産業技術研究所　電子・機械システム研究部
　　　　　　　　　　　　主幹研究員

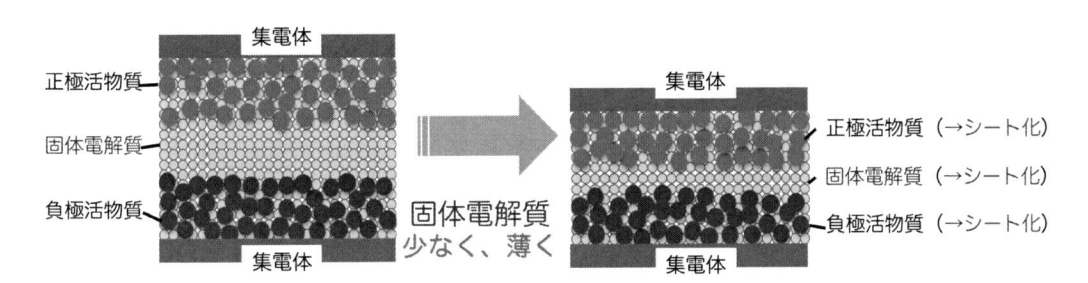

図 1　固体電解質層の薄層化

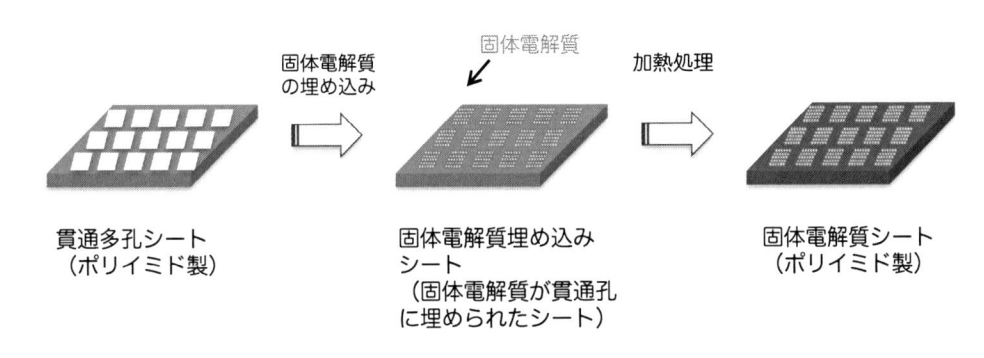

図 2　固体電解質シートの作製方法

　本章で述べる貫通多孔シートを用いた電解質層の薄層化技術は，上記を考慮して実施したものであり，全固体電池に優れたエネルギー密度および出力特性を付与することができる。加えて，連続プロセスにより全固体電池の大量生産を可能とする固体電解質シートの製造方法に関するものである（図 2）。併せて，上記固体電解質シートを備える全固体電池およびその作製方法についても紹介する。

2　実験

2.1　固体電解質の調製

　出発原料として，Li_2S と P_2S_5 を準備し，これらを 75：25 のモル比で調製した混合物 1.5 g と ϕ 4 mm のジルコニア製ボール 90 g とを，45 mL のジルコニア製ポットに入れ，遊星型ボールミル装置を用い，アルゴン雰囲気下，回転数 510 rpm とし，24 時間メカニカルミリング処理を行うことで，平均粒径 10 μm 程度の硫化物ガラス粉末を得た。得られた粉末について，粉末 X 線回折測定によりガラス化が確認され，硫化物ガラス固体電解質が生成されていることがわかった。

　次に，遊星型ボールミルポットに，上記硫化物ガラス固体電解質，脱水ヘプタン，および脱水ブチルエーテルを入れ，ϕ 2 mm のジルコニア製ボールを投入し，250 rpm で 20 時間撹拌し，電解質スラリーを得た。本スラリーを乾燥し，平均粒径が約 1〜5 μm の固体電解質粉末を得た。

得られた固体電解質粉末の室温（25℃）におけるイオン導電率は，2.0×10^{-4} S·cm^{-1} であった。なお，測定は交流インピーダンス法（AC 振幅 10 mV，周波数 10 MHz～100 Hz）により行った。

2. 2 貫通多孔シートの作製

　図3に作製フローを示す。ガラス基板上にポリイミドシートを固定し，その表面にクロム蒸着，続いてフォトレジストを塗布した。その後，所定のパターンが形成されたマスクを用いフォ

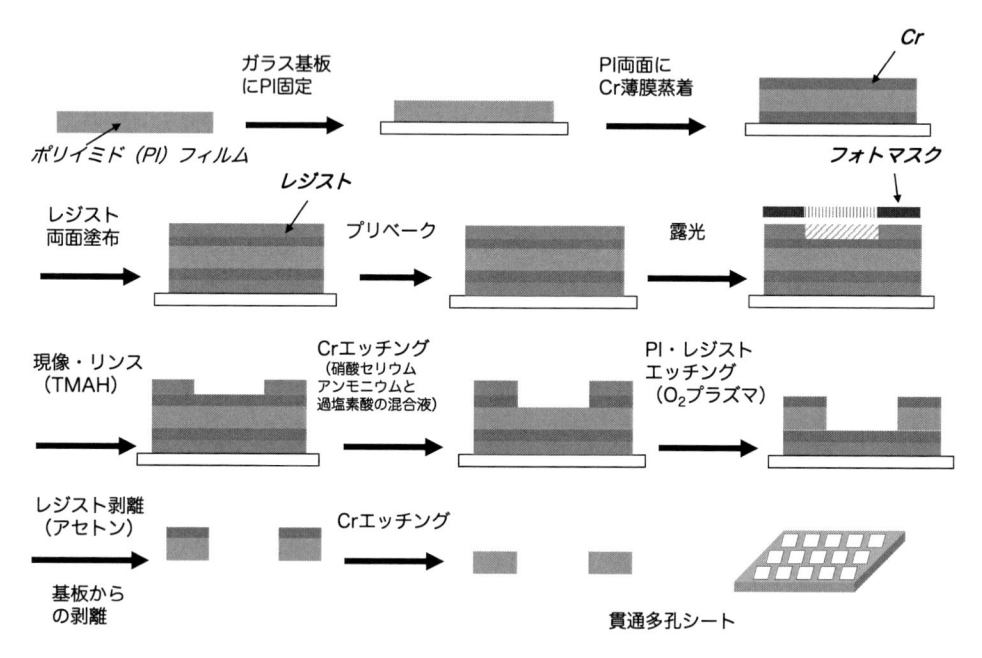

図3　貫通多孔シートの作製フロー

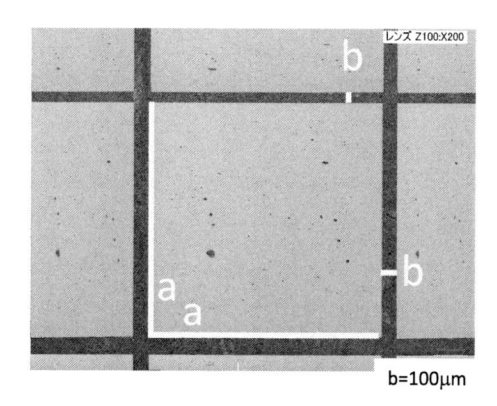

a=800μm, b=50μm
（開口率：88%）

図4　作製した貫通多孔シート

トリソグラフィを行った。ウェットエッチングによりクロムを除去し，さらにドライエッチングでポリイミド部を取り除いた。その後，再びウェットエッチングにより不要なクロムを除去することで，所定の貫通孔を有する貫通多孔シートを得た。図 4 に作製した貫通多孔シートの一例（貫通孔部：800 μm 角，開口率：88%）を示す。

2. 3　固体電解質シートの作製

2. 3. 1　金型プレス法による固体電解質シートの作製

2.2 項の方法により，200 μm 角の貫通孔を持つ多孔体シートを作製した。なお，作製した貫通多孔シートの開口率は 80% であった。

次に，2.1 項の方法で得た固体電解質粉末を貫通孔体シート両面上に載せ，金型プレスにて，360 MPa で 5 分間加圧することで，厚さ 138 μm の固体電解質シートを得た。

2. 3. 2　静電スクリーン印刷法による固体電解質シートの作製

図 5 に静電スクリーン印刷法の仕組みと特徴を，図 6 に本手法による固体電解質シートの作製フローを示す。2.2 項で得られた貫通多孔シート（貫通孔部：800 μm 角，開口率：88%）の両面に，2.1 項で調製した固体電解質粉末を静電スクリーン印刷したアルミニウム箔を貼り合せた後，ホットロールプレスにて加熱，加圧処理を行った。その後，アルミニウム箔を剥がすことで，厚さ 50 μm の固体電解質シートを得た。

次に，固体電解質シートを ϕ 10 mm に打ち抜き，円形シート形状に整えた。得られた固体電解質シートの室温（25℃）でのイオン導電率を交流インピーダンス法（AC 振幅 10 mV，周波数 10 MHz〜100 Hz）により測定したところ，約 10^{-4} S·cm^{-1} であった。本シートは，ピンセットで挟んでも，パンチなどで打ち抜いても，周囲の欠けや貫通孔からの粉末の脱落などがなく，ハンドリング性が良く，移動させることができるほどの強度を持つ自立シートであった。なお，図 7 に静電スクリーン印刷法により得られた固体電解質シートならびにシート表面・断面を拡大した写真［走査イオン顕微鏡（SIM）像］を示す。

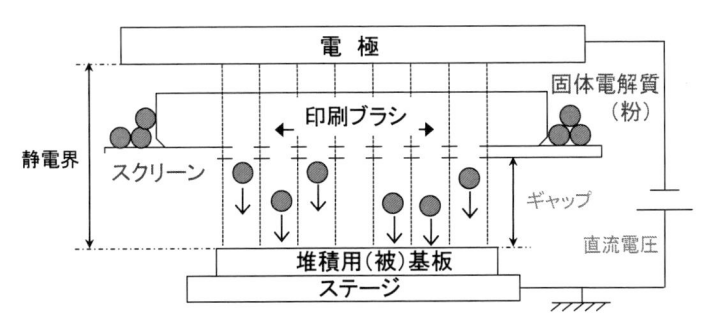

静電スクリーン印刷の特徴：厚みムラが少ない、5〜200 μm の積層、異種粉末の積層が容易、基材の変形なし.

図 5　静電スクリーン印刷法の仕組みと特徴

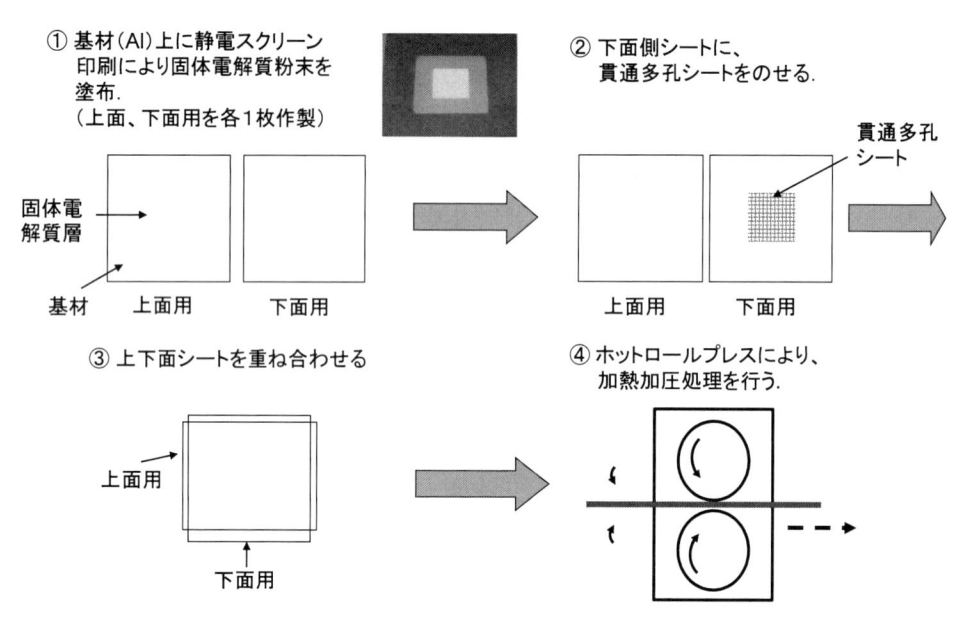

① 基材（Al）上に静電スクリーン
　印刷により固体電解質粉末を
　塗布.
　（上面、下面用を各1枚作製）

固体電
解質層

基材　上面用　下面用

② 下面側シートに、
　貫通多孔シートをのせる.

貫通多孔
シート

上面用　下面用

③ 上下面シートを重ね合わせる

上面用

下面用

④ ホットロールプレスにより、
　加熱加圧処理を行う.

図6　静電スクリーン印刷法による固体電解質シートの作製フロー

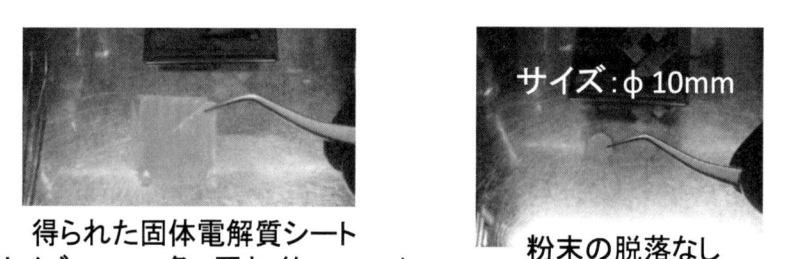

得られた固体電解質シート
（サイズ：25 mm角、厚さ：約50 μm）

サイズ：φ10mm

粉末の脱落なし

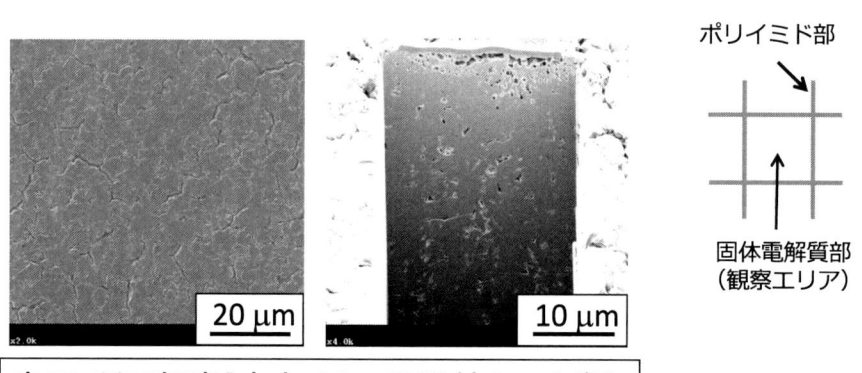

ポリイミド部

固体電解質部
（観察エリア）

20 μm

10 μm

表面・断面観察［走査イオン顕微鏡（SIM）像］

図7　静電スクリーン印刷法により得られた固体電解質シートならびにシート表面・断面を
　　拡大した写真［走査イオン顕微鏡（SIM）像］

2. 4　電極の作製

　正極材として，表面をニオブ酸リチウム（$LiNbO_3$）で被覆したニッケルマンガンコバルト酸リチウム［$LiNi_{1/3}Mn_{1/3}Co_{1/3}O_2$（NMC）］，負極材として厚さ 0.1 mm のインジウム（In）またはグラファイトを用いた。

2. 4. 1　正極シートの作製

　上記 $LiNbO_3$ 被覆 NMC，2.1 項で調製した固体電解質ガラス粉末，導電助剤（アセチレンブラック）およびバインダーを 65.8：28.2：3：3 の重量比で溶媒（脱水ヘプタン）中に分散させた正極合剤スラリーを正極集電箔（アルミニウム箔，厚さ 18 μm）へドクターブレードを用いて塗布し，室温で自然乾燥させることにより正極シートを得た。

2. 4. 2　負極シートの作製

　活物質（グラファイト），2.1 項で調製した固体電解質ガラス粉末，導電材（アセチレンブラック）およびバインダーを 58.2：38.8：1：2 の重量比で溶媒（脱水ヘプタン）中に分散させた負極合剤スラリーを負極集電箔（電解銅箔，厚さ 10 μm）へドクターブレードを用いて塗布し，室温で自然乾燥させることにより負極シートを得た。

2. 5　全固体電池の作製

2. 5. 1　金型プレス法で作製した固体電解質シートを用いた全固体電池の作製

　2.4.1 項で作製した正極シートと 2.3.1 項で作製した固体電解質シートとを重ね合わせ，プレス装置により 360 MPa で加圧後，厚さ 0.1 mm の In を正極シートとは反対側に貼りつけ対極とすることで全固体電池（In 負極／固体電解質シート／NMC 正極シート）を得た。

2. 5. 2　スクリーン印刷法で作製した固体電解質シートを用いた全固体電池の作製

　2.4.2 項で作製した負極シートと 2.4.1 項で作製した正極シートを用い，これらの間に 2.3.2 項で作製した固体電解質シートを挟む形で積層し，プレス装置により 180 MPa で加圧することで厚さ約 160 μm の全固体電池（グラファイト負極シート／固体電解質シート／NMC 正極シート）を得た。

2. 6　作製した全固体電池の充放電評価

　作製した各電池に対し充放電測定を行った。

2. 6. 1　金型プレス法で作製した固体電解質シートを用いた全固体電池

（測定条件）

　測定温度：25℃

　電流密度：20 μA/cm²

　電圧範囲：3.7〜2.5 V

（測定結果）

　初期充電比容量 145 mA h/g（正極活物質重量換算），2nd 放電比容量 88 mA h/g（正極活物

質重量換算）で，2nd 充放電効率は 88％であった。

2. 6. 2 静電スクリーン印刷法で作製した固体電解質シートを用いた全固体電池

（測定条件）

測定温度：25℃

電流密度：60 μA/cm^2

電圧範囲：4.2〜3.0 V

（測定結果）

図 8 に得られた充放電測定結果を示す。

初期充電比容量 68 mA h/g（正極活物質重量換算），2nd 放電比容量 49 mA h/g（正極活物質重量換算）で，2nd 充放電効率は 88％であった。

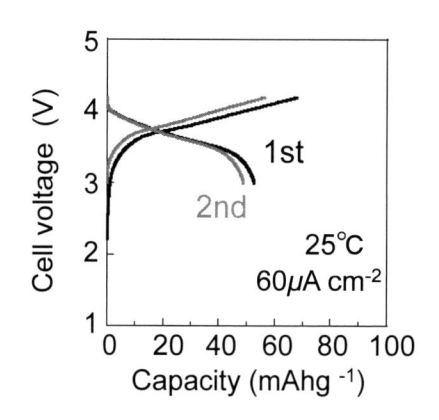

図8　固体電解質シートを用いたシート型全固体電池の充放電測定結果

3　総括

粉末の固体電解質だけからなる薄層シートの作製は難しく，固体電解質層の大面積化および薄層化は困難とされてきた。

例えば，プレス装置を用いて本章で紹介した固体電解質粉末を加圧し，厚さ 200 μm 以下のペレットを作製しようとしても，亀裂の発生やペレットをピンセットで持つと破損が生じるなど，ペレット形状への成形は難しかった。

そのため，鋭意検討を進めた結果，従来の薄層シートに替わるシートとして，貫通多孔シートをシート支持体に用いることで十分な強度とリチウムイオン伝導性を持つ薄層型固体電解質シートを得ることに成功した。

薄層型固体電解質シートは，全固体電池に優れたエネルギー密度および出力特性を付与することができ，しかも，連続プロセスによる全固体電池の大量生産を可能とする。

第11章　エアロゾルデポジション法を用いて
作製した全固体リチウムイオン二次電池

金村聖志*

1　はじめに

　酸化物系固体電解質を用いた全固体電池の作製方法としていくつかのセラミックス技術が検討されてきた。ここでは，エアロゾル析出法を用いた全固体電池用正極層の作製方法とその特性について述べる。エアロゾル析出法は種々のセラミックス粒子を基板上に堆積させる方法として開発されたものである。図1にエアロゾル析出の概念を示す[1]。適度な粒径を有する粉体をエアロゾル化しノズルから噴出することにより，高速の粒子を基板に衝突させ堆積層を形成する手法である。析出時には粒子は大きな速度を有しており，そのエネルギーにより粒子は凝固し基板上に堆積する。これにより比較的高い密度を有するセラミックス層を形成することができる。固体電池を作製する場合には，基板として固体電解質を用いる。固体電解質の反対側にリチウム金属負極を取り付けることで，全固体電池を作製することができる。ここでは，この作製プロセスについて紹介し，作製された固体電池の特性について述べる。

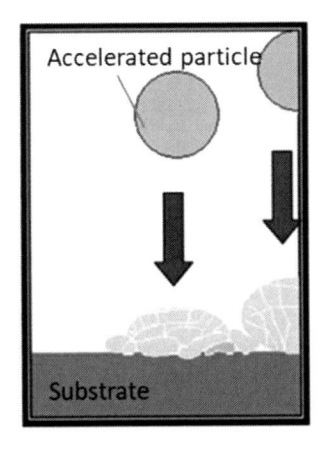

図1　エアロゾル析出法の原理

＊　Kiyoshi Kanamura　首都大学東京　大学院都市環境科学研究科　都市環境科学専攻
環境応用化学域　教授

2 固体電解質

　酸化物系固体電解質には種々の材料がこれまでに提案されてきたが，リチウム金属と接触して
も還元されない酸化物系固体電解質として $Li_7La_3Zr_2O_{12}$（LLZO）が提案されてきた[2]。比較的
高い Li^+ イオン伝導性を有し高い耐還元性を有する材料で，固体電池を作製する上で適切な固体
電解質である。結晶構造はガーネット型であるが正方晶と立方晶があり，立方晶の構造がより高
いイオン伝導性を示す[3]。室温では正方晶が安定であり立方晶を低温まで安定化させるには異種
元素のドープが必要である。これまでに，Al，Nb，Ta などのドーパントが使用されてきた[4]。
ドープにより耐還元性やイオン伝導性が変化する。最も Ta がドーパントとして優れており，高
い耐還元性と高いイオン伝導性を示す。Al も比較的高いイオン伝導性と耐還元性をもたらすドー
パントである。LLZO を用いると Li 金属を負極として用いた電池の作製が可能となる。

　LLZO の焼結体ペレットを用いて電池を作製する場合，焼結密度の高い LLZO ペレットを使

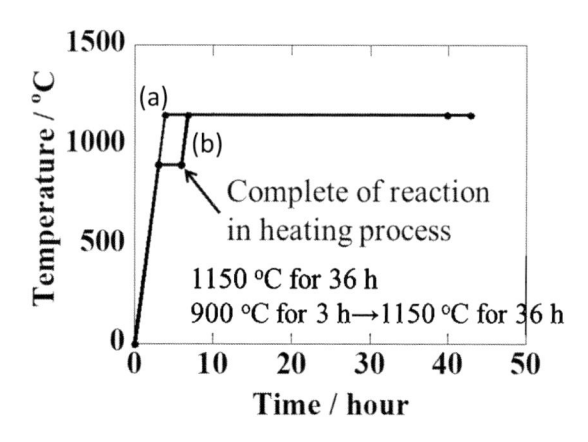

図2　LLZO ペレット焼結時の温度プロファイルの例

1150 °C for 36 h　　　　　900 °C for 3 h→1150 °C for 36 h

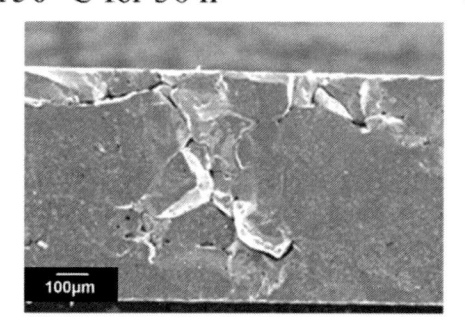

図3　LLZO 焼結ペレットの断面電子顕微鏡写真

用しなければならない。LLZO の焼結は難しく，容易に不純物が生成し焼結を妨げる[5]。不純物の主なものは炭酸塩で，一度炭酸塩を分解してから焼結することで高い密度を有する LLZO ペレットの作製が可能である。図 2 に LLZO 焼結時の温度プロファイルの例を示す。この方法では，900℃で一度炭酸塩を分解した後，焼結温度 1,150℃で保持することで，焼結密度の高い LLZO が得られる[6]。図 3 にこのようにして作製した LLZO の断面写真を示す。緻密に焼結されていることが分かる。気泡の跡が確認され，炭酸塩が多いと気泡跡が多くなり焼結密度が上がらない。

3　AD 法による正極層の形成

緻密な LLZO を基板として，正極層をエアロゾル析出法（AD 法）により作製する。AD 法に用いる粒子は，サイズが重要である。粒子が適切な大きさをしていないと，粒子が基板上に堆積しない。たとえば，粒子が大きすぎると基板を削る現象が生じる。ここで，使用する正極材料はリチウム含有遷移金属酸化物である。$LiCoO_2$ を実際には使用した。$LiCoO_2$ をゾル・ゲル法により粒径を調製しながら合成した。この粒子を用いて AD 法により LLZO 上に $LiCoO_2$ 正極層の堆積を行った。実際に使用した固体電解質は Al をドープした LLZO である。種々の粒径の $LiCoO_2$ 用いて堆積させた結果を図 4 に示す。1〜3 μm 程度の粒径において良好な堆積層が得られている。$LiCoO_2$ のみの堆積では粒子間の接合は強くなく，十分なイオン伝導性を正極層に付与することができないため，ここではイオン伝導性補助剤であり，比較的低温で焼結する物質として Li_3BO_3 を用いた。Li_3BO_3 と $LiCoO_2$ を複合した粒子を作製した。複合粒子を作製する手順を図 5 に示す。この方法により $LiCoO_2$ 粒子の表面に Li_3BO_3 が担持された複合粒子を作製することができる。図 5 には複合粒子の電子顕微鏡写真も示す。この粒子を用いて AD 法により正極層を作製した。AD 法には図 6 に示すような装置を用いた。反応チャンバー内は減圧になって

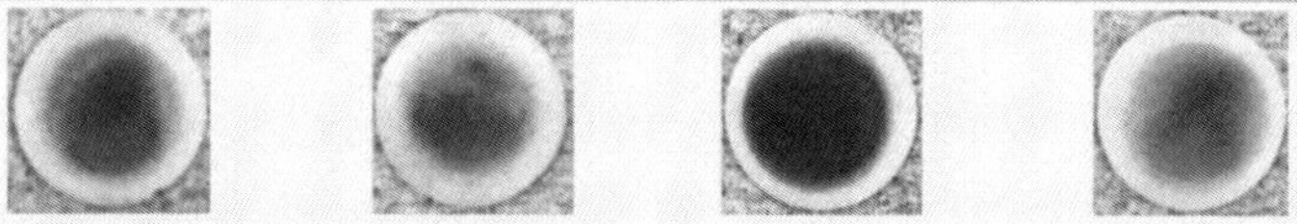

Reaction time for $LiCoO_2$ preparation	5 h	7 h	10 h	13 h
LLZ pellets after 2AD shots				
Appearance	Powder compact and film	Powder compact and film	Film	Etching
Weight change/mg	+0.016	+0.071	+0.22	+0.014
d/ μm	0.446	0.780	5.35	31.1
d'/ μm	0.405	0.745	0.935	1.12

d= Average particle size, d'= Average primary particle size

図 4　種々の粒径を有する $LiCoO_2$ を用いて AD 法により堆積させた正極層の写真

図5　LiCoO$_2$ と Li$_3$BO$_3$ 複合粒子の作製手順と作製された複合粒子の電子顕微鏡写真

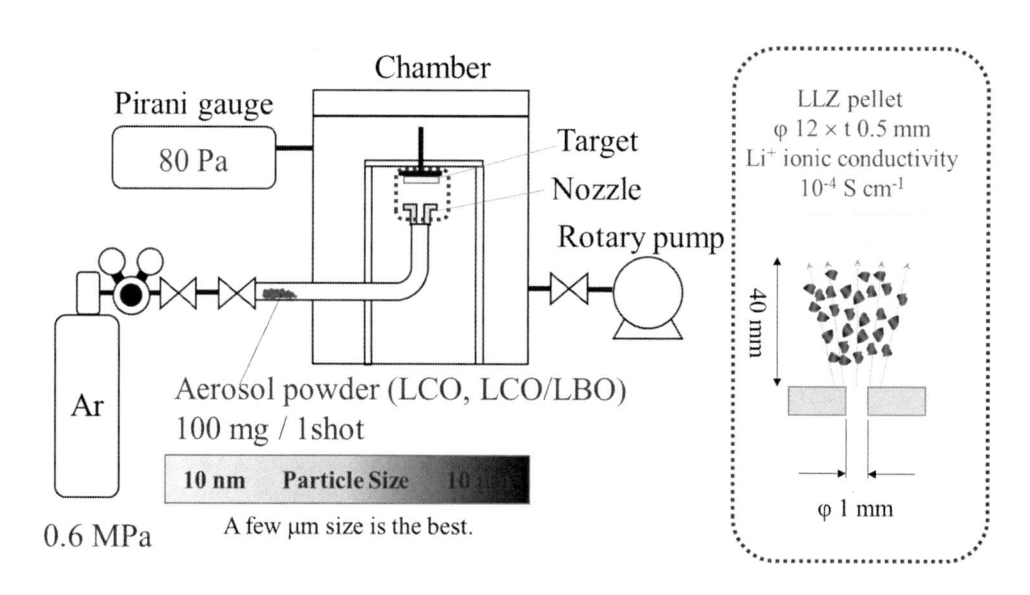

図6　AD 法に用いた装置の概略

おり，アルゴンガスボンベと繋がっている。バルブを開けると，圧力差により粒子が小口径のノ
ズルからゾル状態で噴出され基板上に堆積する。その結果，LiCoO$_2$ と Li$_3$BO$_3$ の複合粉体が基
板上に形成される。図7に堆積層の電子顕微鏡写真を示す。この状態では正極層の密度は高く
なく，空隙が多く正極層内部に残っている。空隙を無くすために熱処理が有効である。Li$_3$BO$_3$
は 700℃ 程度で融解し空隙を埋めるようになり，正極層の厚みも減少する。厚みの減少は正極層

図7　LLZO 焼結ペレット状に堆積した LiCoO$_2$ と Li$_3$BO$_3$ 複合粒子からなる正極層の
　　　断面電子顕微鏡写真

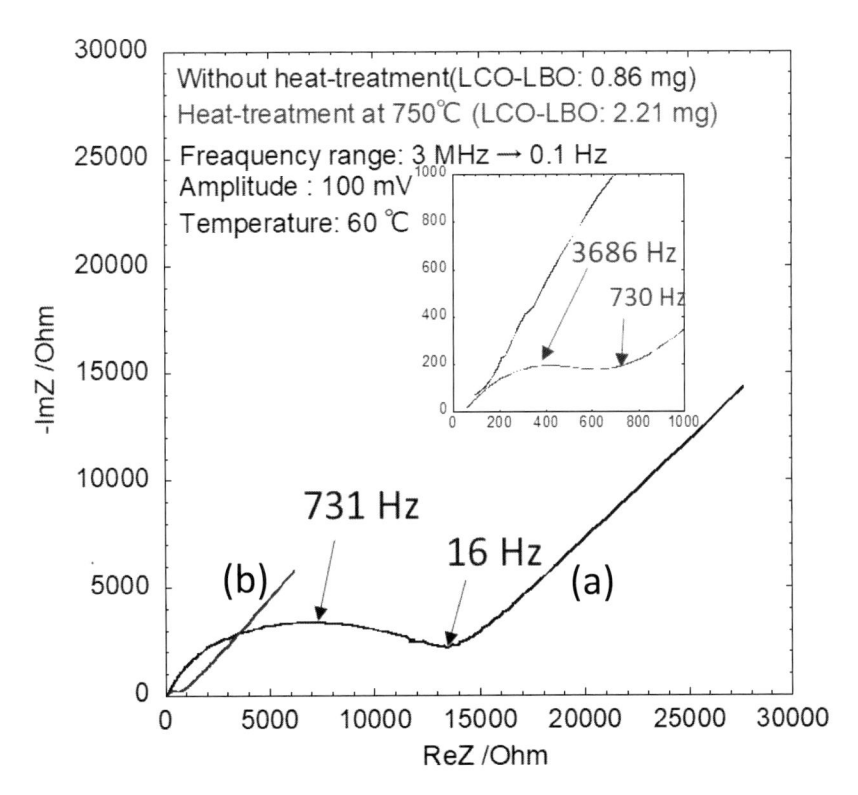

図8　LiCoO$_2$（Li$_3$BO$_3$ コンポジット）/Al ドープ LLZO/Li セルの電気化学インピーダンス，
　　　（a）熱処理前，（b）熱処理後

の密度の向上を意味する。結果として良好な固体間の接続が形成される。図 8 に電気化学イン
ピーダンス測定を行った結果を示す。熱処理の前後において，インピーダンスの大きな現象が観
察された。インピーダンス現象は，固体間の接触の改善による良好なイオン伝導性および電子伝
導性マトリクスの形成を示す。

4　全固体電池の作製

AD 法により抵抗の小さい正極層の作製が可能になった。負極には黒鉛などの負極材料を用い
ることができるが，ここでは Li 金属負極を用いた。正極内部に Li^+ イオンが含有されているの
で，負極に Li 金属は不要であるが，Li 金属はソフトであり，集電体として用いる銅箔のみでは
LLZO 固体電解質との接触が取れないので，銅箔上に圧着された Li 金属を負極として用いた。
Li 金属と LLZO 固体電解質の接触は不十分になる場合が多い。そこで，ここでは Li 金属と合金
反応を起こす金属を数十 nm 程度コーティングしてから LLZO 固体電解質ペレットに Li 金属を
接触させた。合金化反応により，良好な接触が取れる[7]。図 8 のインピーダンスの測定もこの方
法を用いて Li 金属負極を取り付けたセルを使用して測定を行った。実際に作製されたセルの写
真を図 9 に示す。60℃ において充放電試験を行った。定電流による充放電サイクル試験および
電流値を変化させて測定したレート特性試験を実施した。図 10 には 0.1 C レート（$LiCoO_2$ の
理論容量 140 mA h g^{-1} を 10 時間で充電あるいは放電できる電流値）で測定した充放電曲線で
ある。比較のために非水電解液を用いて測定した結果を示す。0.1 C で 30℃ での試験である。両
者の充放電曲線を比較すると，試験温度は異なるもののほとんど同じ充放電曲線を得ることがで
きている。LLZO 固体電解質を用いた固体電池が十分に機能していることを示している。図 11
は充放電の電流値を変えて測定した結果である。1 C で 0.1 C の放電容量の 50% 程度が得られ
ている。固体電池の場合，抵抗は大きく電流値を大きくすると放電容量が減少する。この問題を
解決するには LLZO 電解質の厚みを減少させることが有効である。しかし，LLZO の厚みを薄

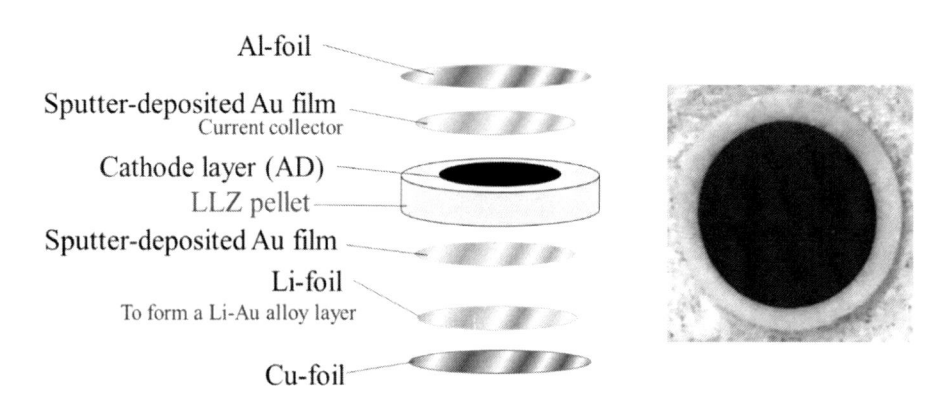

図 9　作製された $LiCoO_2$（Li_3BO_3 コンポジット）/Al ドープ LLZO/Li 全固体電池の写真

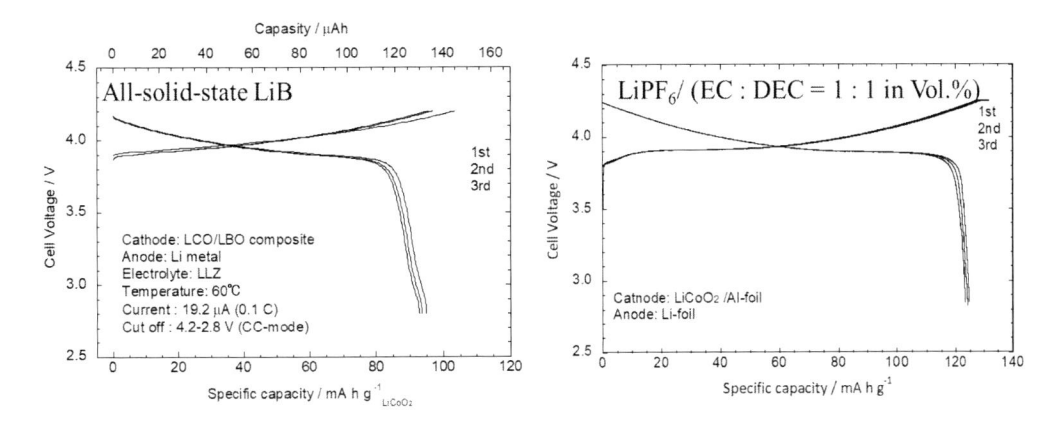

図 10　(a) LiCoO₂（Li₃BO₃ コンポジット）/AI ドープ LLZO/Li 全固体電池の充放電曲線（60℃で 0.1 C），(b) LiCoO₂（Li₃BO₃ コンポジット）/ 有機電解液（エチレンカーボネート＋ジエチルカーボネート /LiPF₆）/Li の充放電曲線（30℃で 0.1 C）

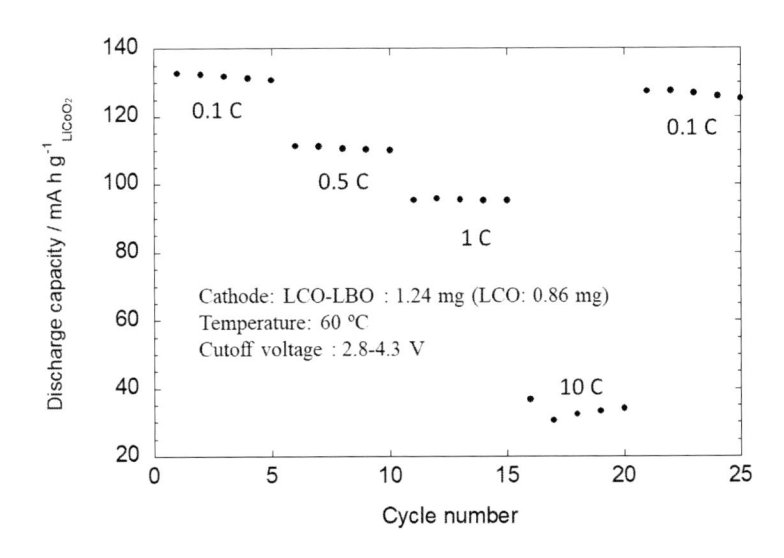

図 11　LiCoO₂（Li₃BO₃ コンポジット）/AI ドープ LLZO/Li 全固体電池のレート特性
　　　　（60℃で 0.1～10 C）

くすればするほど機械的な強度が低下する。今後はこの点を解決する必要がある。10 C までの充放電試験を行った結果，電解質の抵抗を低減できれば，大きな電流でも充放電できる全固体電池の作製は可能になると思われる。図 12 にサイクル特性を示す。安定な充放電サイクル特性を示している。充放電に伴って，正極活物質および Li 金属負極の堆積は変化する。この体積変化は正極層や電解質層に大きな影響を与える。その結果としてイオン伝導性あるいは電子伝導性マ

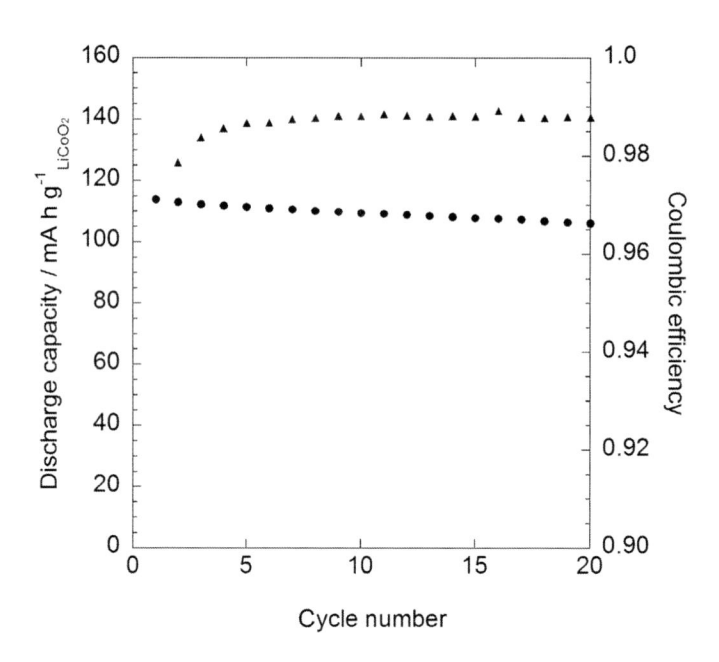

図12 LiCoO₂（Li₃BO₃ コンポジット）/Al ドープ LLZO/Li 全固体電池の充放電サイクル特性
（60℃で 0.1 C）

トリクスの破壊，すなわち固体間の接合低下が予想される。しかし，今回の結果では比較的良好なサイクル特性を得ることができており，その影響は小さかったものと思われる。しかし，より厚い正極を使用して電池の容量を向上させた場合，体積変化の絶対量は大きくなるため，体積変化による全固体電池の劣化は無視できないと考えられる。今後の課題である。

5　高容量正極および高電圧正極の使用

今回は LiCoO₂ 正極を用いて全固体電池の作製を行った。LiCoO₂ は LLZO に対して比較的反応性が小さく，熱処理などを利用した全固体電池の作製を行うことができた。今後，高容量の正極や電解液系では使用が難しい高電圧系の正極の利用が必須となる。LLZO 固体電解質は塩基性の強い材料であり，熱処理によって正極活物質と反応することが考えられる。このため，LiNiₓMnᵧCo_zO₂（x + y + z = 1）（NMC）などの正極を使用する場合，反応性を抑制するための工夫が必要である。たとえば，正極表面に不活性な被覆層を設けるなどである。

6　まとめ

　AD 法を用いて Al ドープ LLZO 固体電解質上に $LiCoO_2$ 正極層を作製した。この際に，添加剤として Li_3BO_3 を使用することと，それに続く熱処理によって優れた固体間の接触を得ることができ，イオン伝導性および電子伝導性マトリクスを構成することができた。固体電池用正極層の形成方法の一つとして AD 法の有用性を示すことができた。一方で，レート特性の改善やより大きな容量を有する固体電池の作製が今後の課題である。また，固体電解質ペレットの薄膜が必要である。同時に機械的な安定性の向上も求められる。これらの課題が解決されれば，非常に大きな体積エネルギー密度を有する蓄電池を作製できる。

文　　　　献

1) 　J. Akedo, *J. Am. Ceram. Soc.*, **89**, 1834（2006）
2) 　R. Murugan *et al., Angew. Chem. Int. Ed.*, **46**, 7778（2007）
3) 　M. Matsui *et al., Dalton Trans.*, **43**, 1019（2014）
4) 　（a）M. Kotobuki *et al., J. Power Sources*, **196**, 7750（2011）；（b）M. Huang *et al., J. Power Sources*, **261**, 206（2014）
5) 　A. Sharafi *et al., J. Mater. Chem. A*, **5**, 13475（2017）
6) 　J. Wakasugi *et al., Solid State Ionics*, **309**, 9（2017）
7) 　J. Wakasugi *et al., J. Electrochem. Soc.*, **164**, A1022（2017）

第12章　通電焼結法を用いた全固体電池の開発

奥村豊旗[*1], 竹内友成[*2]

1　はじめに

　酸化物は一般的に,「燃えず・安定で・無害な」特徴がある。そのため,固体電解質として酸化物を用いた酸化物系全固体電池は,固体電池の中でも極めて安全性に優れた蓄電デバイスと位置付けられている。実際に,電極および固体電解質をそれぞれ気相蒸着した薄膜電池[1]は,すでに小型医療用に向けて実用化されており,また,耐熱性・高信頼性を活かし,小型電子部品の駆動向けに回路実装した用途においても検討されている。さらにその用途を広げ,例えばIoT端末用の電源などに用いる上では,より大きなセル容量（> 10 mA h）の全固体電池を簡便なプロセスで作製する必要がある。そこで,電極活物質と固体電解質の粉体から数十 μm 以上の厚い電極層を備えた全固体電池,いわゆるバルク型全固体電池も現在,研究開発が進んでいる［図1(a)］。

　この酸化物系バルク型全固体電池の課題を,現行リチウムイオン二次電池（LIB）と材料ベースで比較し考えると,まず酸化物固体電解質では,そのイオン伝導率が低いことが挙げられる。しかしながら前編に記載のとおり,これまでの着実な材料開発の進展に伴い,現状ではイオン伝導率が 10^{-3} S cm^{-1} に達する酸化物固体電解質材料が複数,報告されている[2]。そのためこれらの酸化物固体電解質を活かせば,ある程度の出力特性を示す全固体電池は検討できると思われる。しかし実際は,新規高イオン伝導性酸化物固体電解質の創出が必ずしも全固体電池開発と連動していない。

　多くの蓄電池では,電解質に液体（電解液）を用いるため,注入した電解液が電極に浸み込むことで,容易に密接な電極（固体）／電解質（液体）界面が形成される。固体電解質を用いる場合でも,高分子系や硫化物系の材料は,柔軟性や可塑性といったそれぞれの物性により,液体には及ばないものの加圧によって固体電極との界面形成がなされる。また,電力貯蔵システムに用いられるナトリウム・硫黄電池では,固い酸化物固体電解質を用いるが,高温作動条件下では電極に用いるナトリウムや硫黄は溶融しており,密接した電極（液体）／電解質（固体）界面を形

*1　Toyoki Okumura　産業技術総合研究所　エネルギー・環境領域　電池技術研究部門　主任研究員

*2　Tomonari Takeuchi　産業技術総合研究所　エネルギー・環境領域　電池技術研究部門　主任研究員

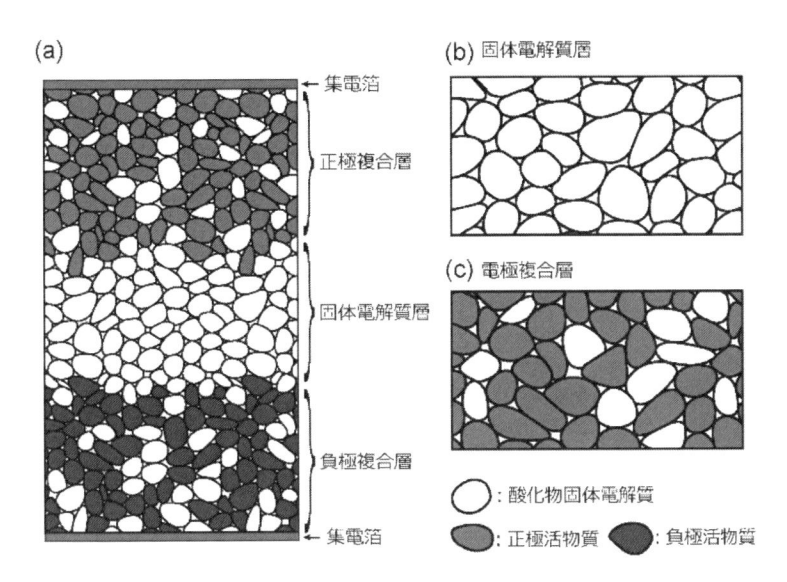

図1　(a) 酸化物系バルク型全固体電池の模式図，本章で取り上げる　(b) 酸化物固体電解質粉体間，(c) 電極活物質／固体電解質界面の拡大図

成している。一方で上記の LIB を発展させ，酸化物固体電解質と（固体）電極から全固体電池を製造する上では，酸化物固体電解質粉体間［図1(b)］と電極活物質／固体電解質界面［図1(c)］それぞれを材料粉体から焼結し接合することが難しくなる。本章では，酸化物固体電解質粉体からの酸化物系バルク型全固体電池を作製する焼結プロセスの一つとして，通電焼結法の特色について紹介する。

2　通電焼結法の特色

　通電焼結装置の基本的な構成を図2に示す。本装置では，粉体試料を充填した焼結冶具を上下より一軸加圧しながら，パルス状の大電流を連続的に印加する機構を有する。そのため，熱的・機械的・電磁気的エネルギーを駆動力とし，粉体間での自己発熱を利用して焼結すると考えられており，従来の焼結法に比べていくつかの特色をもつ[3]。難焼結性粉体の焼結や，低温焼結，迅速焼結，反応焼結において効果を発揮することが知られている。焼結冶具にはカーボン材料が用いられ，真空もしくは不活性ガス雰囲気の環境で，数十 MPa 程度の一軸加圧を加えながら焼結することが一般的である。ただこの焼結冶具も，材質を超硬や SiC などに変更できるため，それぞれ高加圧下や大気下での焼結も可能である。さらに，磁場印加下や加圧力変調下，高周波誘導加熱，マイクロ波加熱などと組み合わせた焼結，上下・左右多軸で加圧ないし電流印加を変化させた焼結などのさまざまな応用が可能であり，焼結過程で熱的・機械的・電磁気的エネルギーの強度・方向・時間をそれぞれ比較的自在にコントロールできる。この通電焼結にはいく

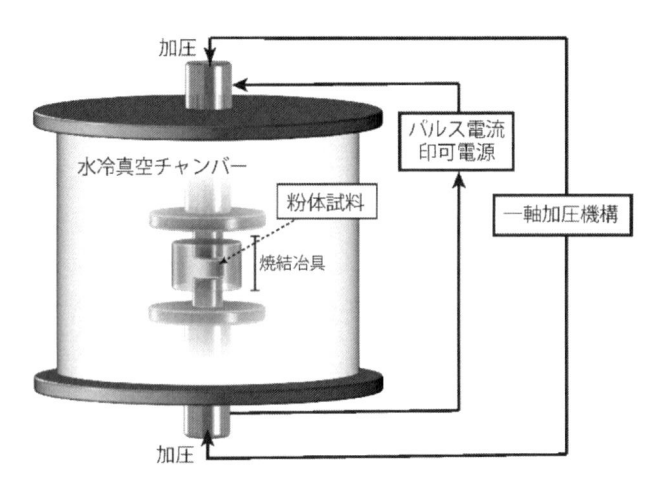

図2 通電焼結（SPS）装置の概略図

つかの異なる呼称がある。放電プラズマ焼結（Spark Plasma Sintering：SPS）やパルス通電加熱（Pulse Electronic Current pressure assisted Sintering：PECS），プラズマ活性化焼結（Plasma Activated Sintering：PAS）などは，いずれも上記の通電焼結装置を用いた手法を指し，利用者がどのような駆動力に着目するかによって呼び方が異なっていると思われる。

　まず，この通電焼結法によって特徴づけられる焼結体の固体物性を見るために，具体的に誘電体の焼結について2つの例をとりあげた。

　A）強誘電体セラミック（例えばBaTiO$_3$）では，高密度な焼結体を得る必要があるため，従来の焼結法では高温で長時間の熱処理により気孔除去や粒界の移動を経て粒成長した組織を有する。一方で通電焼結法を用いると，パルス大電流により加圧された粉体間で短時間に局所的なジュール熱が発生し，迅速な界面接合がなされ，低温（1,300℃ → 1,100℃）かつ短時間（2時間→5分間）で緻密焼結体が得られる[4,5]。そのため，焼結後の組織を微細化できる［図3(a)］。そして，粒成長を抑制した通電焼結体では，従来の高温焼結体に比べ誘電率が高く，組織制御によってドメイン壁が増大していることが想像できる。

　B）BaTiO$_3$の誘電率はキュリー温度近傍では高いが，温度によって急峻に変化する。そのため実用上は異種イオン置換し，キュリー温度を移行したり［シフター（Pb^{2+}, Sr^{2+}, Ca^{2+}）］，急峻な変化を抑制したり［デプレッサー（Mg^{2+}, Zr^{4+}）］することで，高誘電率かつ温度依存性を小さくするように組成制御がなされる。一方で，通電焼結法を用いて，例えばBaTiO$_3$とSrTiO$_3$の粉体を混合・焼結すると，焼結過程が低温かつ短時間であるために，2相での相互拡散をコントロールし，組成傾斜を生むことが可能である[6]。そのため，このような方法でも，広い温度域において高誘電率を示す焼結体を作製できる［図3(b)］。

　つまり通電焼結法を用いると組織制御が可能となること，すなわち，A）焼結過程で粒径制御できることや，B）焼結過程での異なる2相の界面における相互拡散を制御できること，が特徴

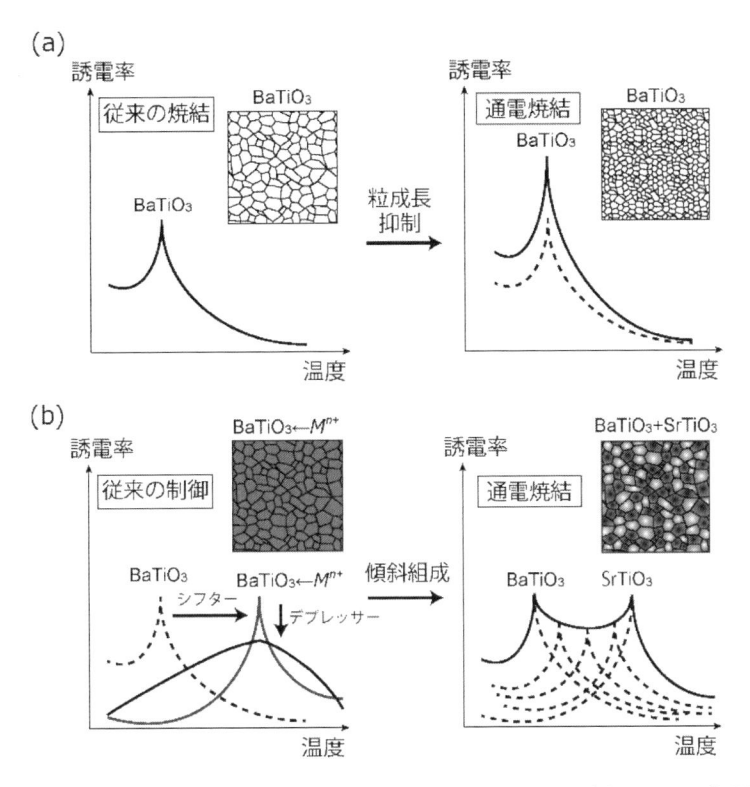

図 3　誘電体での通電焼結法の効果の実例，（a）組織制御による効果，（b）異なる 2 相間界面での相互拡散制御による効果

として挙げられ，特に固固界面形成が物性に大きく関わる機能性セラミックスにおいて効果をもたらすことが期待できる。そこで次節より固固界面接合に課題をもつ酸化物系バルク型固体電池の作製における通電焼結法の特徴を見てみる。

3　通電焼結による酸化物固体電解質粉体間の接合

　新たな固体電解質の開発においては，格子内でのイオン伝導率（バルクイオン伝導率）に焦点をあて，その改善に力が注がれる。しかし，酸化物固体電解質の多結晶焼結体を取り扱う場合においては，さらに電解質同士の固固界面での抵抗，つまり粒界抵抗にも気を使う必要がある。例えば，West らは LISICON 型酸化物固体電解質焼結体において，粒界抵抗はバルク抵抗に対し，0.2～8 倍程度と無視できないほど大きいことを報告している[7]。酸化物系バルク型固体電池を作動する上では，固体電解質層において，また電極複合層においても，この電解質粉体間での粒界抵抗が出力特性に大きく関わるため，焼結体における粒界抵抗低減の指針を示す必要がある。

　図 4 には，LISICON 型酸化物固体電解質の粉末を，一般的な電気炉で焼結したペレット

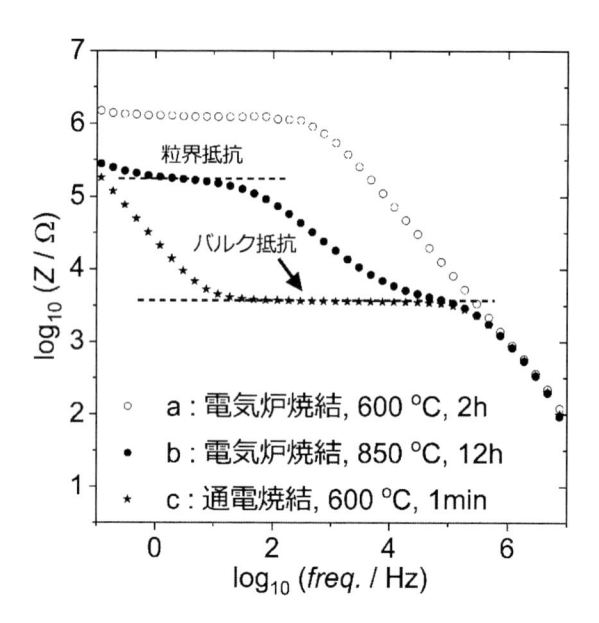

図4 いくつかの条件で焼結したLISICON型酸化物固体電解質の25℃でのボードプロット

（a，b）もしくは通電焼結したペレット（c）の交流インピーダンス測定結果を示した[8]。850℃で12時間電気炉焼結した（b）では典型的な2段の抵抗成分のプラトーが認められ，高周波数側はバルク抵抗に，低周波数側は粒界抵抗にそれぞれ対応する。焼結密度は90％を超えており，粉体同士のイオンパスは繋がっていると考えられるが，酸化物固体電解質焼結体の多くでこのように粒界抵抗が確認されてしまう。一方で，通電焼結体（c）では，低温（600℃）かつ短時間（1分間）において，すでに焼結密度が90％を超えており，また粒界抵抗成分がまったく見られない。また，同じ600℃（2時間）で電気炉焼結した（a）では，焼結密度は79％程度までしか上がらず，全抵抗が増大してしまうことから，明らかに焼結が不十分であることがわかる。図5には，それぞれの焼結体のSEM像を示した[8]。600℃で電気炉焼結した（a）では多くの空隙が見られており，850℃で電気炉焼結した（b）のように気孔除去や粒界の移動などを経て十分に粒成長した組織を持たないとバルクイオン伝導率を十分に引き出せないことがわかる。一方で，通電焼結体（c）では低温・短時間においても固固界面は接合しており，十分なイオンパスが形成できていると考えられる。そして，粒界抵抗は大幅に減少する。

　では，なぜ十分に緻密化した電気炉焼結体（a）と通電焼結体（c）との間で，粒界抵抗に違いがあるのだろうか。粒成長が抑制された通電焼結体では，イオン伝導の際に粒界をまたぐ回数が増えるため，十分に粒成長した電気炉焼結体よりも粒界抵抗が小さくなることは，一見奇異に感じる。そこで電気炉焼結体（a）での粒界抵抗発現の要因を調べるために，その表面をSEM-EDXで分析した[8]。すると，粒界部において液相焼結に由来する偏在相を形成していることが明らかになった。つまり，焼結・放冷後に残存した偏在相によって粒界抵抗が増大したものと考

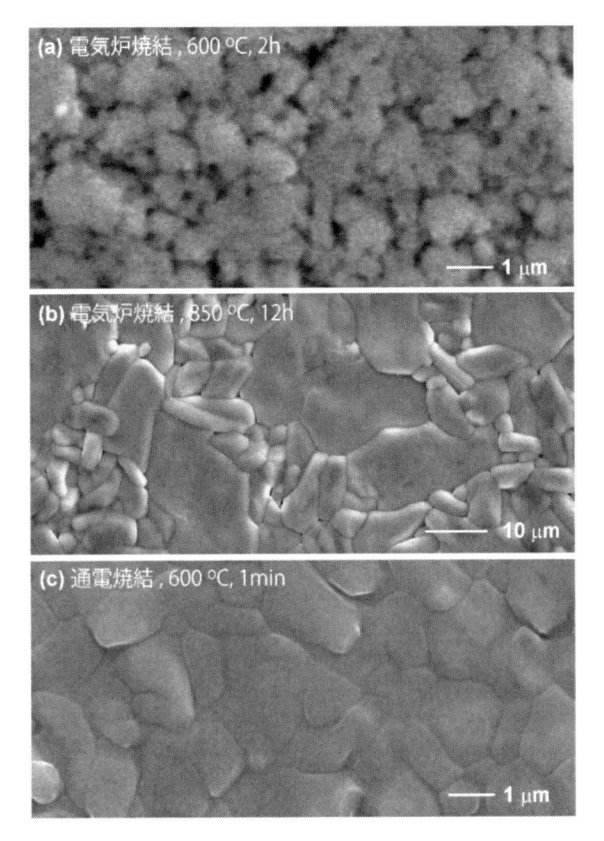

図 5　いくつかの条件で焼結した LISICON 型酸化物固体電解質の SEM 像
（注：b のみ観察倍率が異なる）

えられる。一方で通電焼結体（c）では，加圧・パルス電流加熱によって速い昇温速度で界面に局所的なジュール熱を発生させるといった特色から，界面接合過程での粒界部における偏在相の成長を抑制でき，粒界抵抗低減に繋がったと考えられる。ただこのように，液相を介して焼結することは必ずしもすべての酸化物固体電解質において一般的ではない。例えばペロブスカイト型酸化物では，その SEM 像[9]や TEM 像[10]から固相焼結によって多結晶体を形成することが推察される。実際に，高温焼結において粒子径を粗大化させた際に，粒界抵抗が小さいことが報告されている[9]。ただ，固体電池を作製する上では，電極活物質／固体電解質界面も接合する必要があり，次節に述べるような酸化物固体電解質の低温焼結が求められると現段階では考えている。そのため，酸化物固体電解質には低温焼結可能な材料を選択するか，もしくは難焼結性材料の場合は焼結助剤を添加し液相焼結を促すことが求められる。つまり，粉体焼結からバルク型全固体電池を作製することを念頭に据えると，粒界部での偏在相形成を抑制する上で，液相焼結過程の組織をコントロールする必要があり，通電焼結法のような低温・迅速焼結が有用な手段の一つである。

4 通電焼結による電極活物質／固体電解質界面の接合

バルク型全固体電池において現行 LIB に匹敵するセル容量の確保を見込むには，電気化学反応場である電極活物質／固体電解質ヘテロ界面を増やす必要があり，一般的には材料粉体を混合した複合電極層の利用が想定されている。この複合電極層内において，電極活物質／酸化物固体電解質界面を共焼結によって副反応相の形成なく接合する必要がある。前述の通り，通電焼結法は，焼結過程での異なる 2 相の界面における相互拡散を制御できることから，副反応相形成を抑制する上で有望な手段であるように思える。しかし，高イオン伝導性酸化物として知られる Ti ベースの NASICON 型酸化物やペロブスカイト型酸化物，また最近注目されているガーネット型酸化物は，通常，焼結温度が 1,000℃ 以上と高く，低温・短時間での焼結においてもその制御が極めて難しい。実際に Ti ベースの NASICON 型固体電解質では，通電焼結法を用いて非常に短時間（1 分間）で焼結した際にも，層状酸化物 $LiCoO_2$（正極活物質）との界面に分厚い異相が簡単に形成されてしまう[11]。つまり，焼結から副反応相なくイオン輸送を妨げない電極活物質／酸化物固体電解質界面を形成するには大きな課題を孕んでいる。

そこで，これまで筆者らは現行 LIB の電極活物質との共焼結時に副反応相を生じない酸化物固体電解質の探索にも取り組んできた。そして，これまで検討した限りでは，Li_2CO_3-Li_3BO_3 系固体電解質や LISICON 型固体電解質のような比較的低温で焼結できる酸化物では，層状酸化物正極活物質と共焼結した際に分解反応は認められないことがわかった。そのため，これらの酸化物固体電解質を用いれば，通電焼結法を用いずとも，一般的な電気炉で，層状酸化物正極活物質と合わせて固体電池を作製することができる[12, 13]。ただ，全固体電池の作製においては，正極活物質と共に，負極活物質とも共焼結する必要がある。図 6 には，LISICON 型固体電解質を，層状酸化物 $LiCoO_2$（正極活物質）もしくは $Li_4Ti_5O_{12}$（負極活物質）と共焼結した後の XRD 測定結果を示している。$LiCoO_2$ は通電焼結体に限らず，電気炉焼結体においても，副反応相の形成は認められない [図 6(a, b)]。一方で，$Li_4Ti_5O_{12}$ は電気炉焼結では，LISICON 相と反応してしまうため，電池作製が難しくなる [図 6(c)]。そこで，通電焼結法のような低温・迅速焼結によって相互拡散をコントロールすることが，副反応相形成を抑制する上で必要となる [図 6(d)]。

つまり，バルク型全固体電池を作製するためには，低温焼結可能な固体電解質を選択し，電極活物質との熱的な反応性を抑えることが，まず重要となると考えている。実際に現在でも，焼結時に互いに反応しない電極活物質と酸化物固体電解質の組み合わせをうまく探し出し，バルク型全固体電池を作製した例が複数，紹介されている。ただ，さらなる高エネルギー密度化を目指し，現行 LIB に用いる電極活物質をそのまま検討したい場合は，プロセスの観点から，通電焼結により 2 相間での相互拡散を抑えることも，有望な手段となりうる。

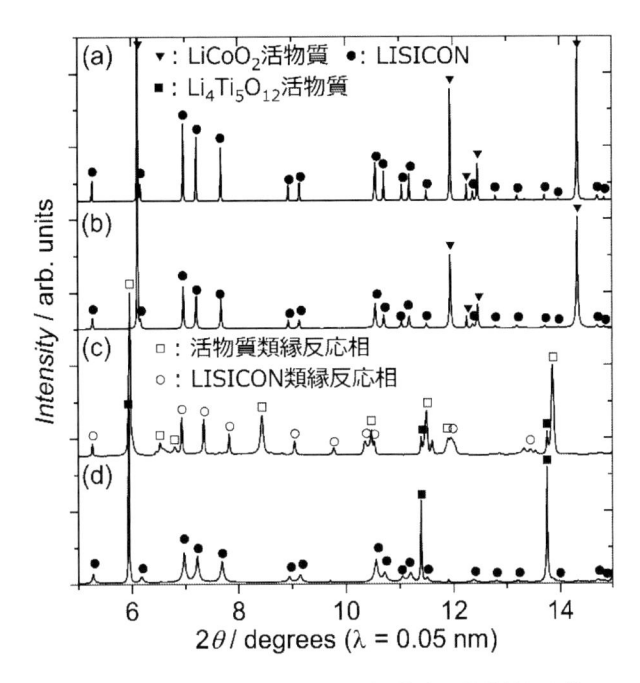

図 6　電極活物質と LISICON 型酸化物固体電解質を複合・共焼結した後の XRD パターン
（a）$LiCoO_2$ と電気炉焼結，（b）$LiCoO_2$ と通電焼結，（c）$Li_4Ti_5O_{12}$ と電気炉焼結，（d）$Li_4Ti_5O_{12}$ と通電焼結。

5　通電焼結で作製したバルク型固体電池の特徴

　前述までのとおり，酸化物固体電解質粉体間や電極活物質／固体電解質界面での良好な接合がなされる条件が定まれば，通電焼結法からバルク型全固体電池を作製することができる。図 7には，実際に通電焼結法より作製した電池試験用半電池の充放電測定結果を示した。$LiCoO_2$（正極活物質）や $Li_4Ti_5O_{12}$（負極活物質）を用いた半電池において可逆的な充放電反応を示すことがわかった。詳しい半電池の作製方法や，通電（加圧）焼結において緻密な固固界面が形成できること，については既報[13, 14]を参照いただきたい。

　ここでは，酸化物同士を焼結すること以外で，電池製造に関わる通電焼結法の特徴を述べる。まず，通電焼結では金属／酸化物界面をわりと容易に接合できる。そのため，金属集電箔を合わせた全固体電池の一括焼結が可能である［図 1(a)］。前述の通り固体電解質に低温で焼結可能な酸化物を選択すると，作製温度はおのずと低温となり，必ずしもあらゆる金属を接合できるわけではない。ただ，少なくともアルミニウムや銅のような現行 LIB に用いられている金属集電箔は簡単に接合できる。そのため，単セルを直列に重ねた，いわゆるバイポーラ型の蓄電池も一括で焼結できる見込みがある。一方，通電焼結装置を用いると，蓄電池をバッチ型で生産することになるため，現行 LIB 製造ラインとは体制が異なる。そのため，蓄電池の量産化には課題がある。ただ異分野では，ϕ 数百 mm の大形焼結体の作製例や，ベルトコンベア方式での製造ライン

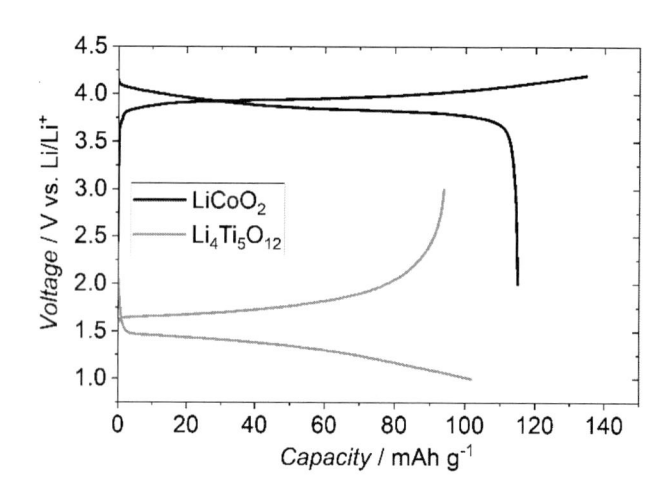

図7　LiCoO₂ 正極活物質や Li₄Ti₅O₁₂ 負極活物質を用いた通電焼結固体半電池の充放電特性 (60℃)

での実証例も示されている[3]。そのため，回路実装用のチップ型電池を製造する上では，製造ラインから取り出した大形焼結体を切り分けることで，相当数の生産が見込める。実際には大形焼結体の作製は単純ではなく，相応の技術開発は必要となると思われる。ただ，産業界に向けた通電焼結装置の開発は，現在も着実な発展を遂げており，蓄電池製造プロセスとしても固有の進展が見込まれる。

6　おわりに

　本章では，酸化物固体電解質を用いたバルク型全固体電池の開発を念頭に，通電焼結法の特徴について紹介した。通電焼結法の役割は，①基礎的な焼結挙動の理解と②製造プロセスとしての展開，の二つの側面があると考えられる。3，4節で示したように，通電焼結法が低温・迅速焼結であることを活かせば，固体電池の固固界面形成における焼結反応過程を制御できる。そのため，従来の簡便な焼結プロセスへ展開する上で，両プロセスの比較によって焼結反応制御に関わり必要となる知見や解決すべき点をあらかじめ詳細に検討することができる。また，2，5節で示したように，通電焼結プロセスでは（例えば，傾斜組成制御のような）他にない多様な特色を有していることから，蓄電池製造プロセスとしても独自の寄与を提示できることも期待している。

文　　　献

1)　J. B. Bates *et al.*, *Solid State Ionics*, **13**, 533（2000）

2)　例えば，Y. Inaguma *et al.*, *Solid State Commun.*, **86**, 689（1993）

3)　鵜田正雄，セラミックス，**53**, 586（2018）

4)　T. Takeuchi *et al.*, *J. Am. Ceram. Soc.*, **82**, 939（1999）

5)　T. Takeuchi *et al.*, *J. Mater. Sci.*, **34**, 917（1999）

6)　T. Takeuchi and H. Kageyama, *J. Mater. Res.*, **18**, 1809（2003）

7)　P. G. Bruce and A. R. West, *J. Electrochem. Soc.*, **130**, 662（1983）

8)　T. Okumura *et al.*, *ACS Appl. Energy Mater.*, **1**, 6303（2018）

9)　Y. Inaguma and M. Nakashima, *J. Power Sources*, **228**, 250（2013）

10)　C. Ma *et al.*, *Energy Environ. Sci.*, **7**, 1638（2014）

11)　Y. Kobayashi *et al.*, *J. Power Sources*, **81‒82**, 853（1999）

12)　T. Okumura *et al.*, *Solid State Ionics*, **288**, 248（2016）

13)　S. Taminato *et al.*, *Solid State Ionics*, **326**, 52（2018）

14)　T. Okumura *et al.*, *J. Ceram. Soc. Jpn.*, **125**, 276（2017）

第13章 全結晶型リチウムイオン二次電池の開発

是津信行[*1]，手嶋勝弥[*2]

　エネルギーを利用するさまざまな機器やシステムには，固体，液体あるいは気体といった異なる状態や異なる物質が互いに接する境界（相界面）が数多く存在し，そこで生じる力学的，化学的あるいは電磁気学的な現象を利用している。エネルギー技術の限界性能の実現を阻む損失の多くは，この相界面で生じていると言われている。これら相界面問題への対応策として，電子やイオンの伝導経路を設計・形成・制御する技術が求められている。そこで，固体特有の高出力性を最大限に引き出す手段の一つとして，フラックス法（溶融塩を溶媒とする単結晶粒子育成方法）を基本技術として，0.1 nm から 100 mm 範囲の空間・空隙をシームレスにつなぐ階層構造の形成による全結晶型リチウムイオン二次電池に着想した。本章では，①結晶形状制御育成（育成する），②結晶面配向制御（そろえる），③異相界面の精密接合（つなぐ），④パターン形成による結晶層の空間制御（転写する）に関するそれぞれの要素技術から構成される，結晶相界面デザインによる全結晶型リチウムイオン二次電池開発の成果の一部を概説する（図1）。

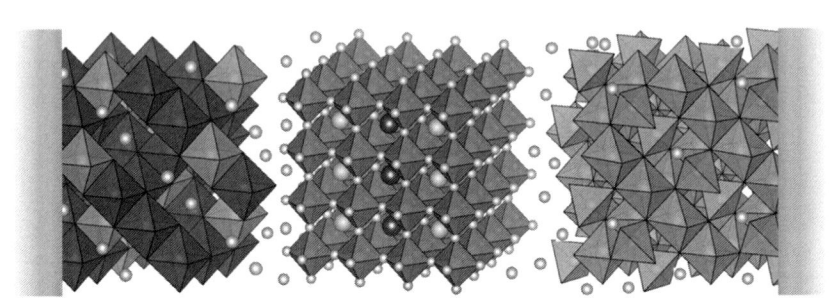

設計する	育成する	そろえる	つなぐ	転写する
(格子：~Å)	(結晶：~nm)		(結晶間：~100nm)	(集合体：~10μm)

図1　全結晶型リチウムイオン電池の概念図

＊1　Nobuyuki Zettsu　信州大学　先鋭領域融合研究群　環境・エネルギー材料科学研究所
　　　　　　　　　　　／工学部　物質化学科　教授
＊2　Katsuya Teshima　信州大学　先鋭領域融合研究群　環境・エネルギー材料科学研究所
　　　　　　　　　　　／工学部　物質化学科　教授

1　そろえる：晶相・晶癖発達面制御

1. 1　LiCoO$_2$ 結晶層の {104} 面発達制御と反応抵抗解析

　フラックス法では，溶媒と溶質間の溶解度，溶解速度の関係性に加え，分子間相互作用や HASB 則などにより，結晶の晶癖・晶相発達面（自形：外形）や粒径の制御はもとより，最表面（終端層）の原子配列を制御できる可能性を秘める。

　フラックスコーティング法により，Pt 基板表面に LiCoO$_2$ 結晶層を作製した。硝酸コバルト，水酸化コバルト一水和物および硝酸リチウムの各粉末試薬を乾式混合し，そこに Pt 基板を挿入することで，Pt 基板表面で鱗片状 LiCoO$_2$ 結晶が垂直方向に <001> 方位で直接成長した結晶層が得られる[1]。垂直方向から観察した結晶層の表面には {101} 面と {104} 面，側面には {001} 面が表出する。任意の温度でポストアニーリングすることにより，{101} 面と {104} 面の発達が促進され，<001> 方位に成長した板状結晶に変形した。つまり，アニーリング処理により LiCoO$_2$ 結晶の晶癖を制御できることがわかった。晶癖制御した結晶層電極を正極としたハーフセルを作製し，電気化学インピーダンス測定から計測した電荷移動抵抗に及ぼす晶癖発達面の影響を調べた。FE-SEM で計測した {101} 面と {104} 面の面幅に対する被膜抵抗（R_{sf}）および電荷移動抵抗（R_{ct}）の変化を図 2（a-c）に示す。図からも明らかなように，{101} 面と {104} 面が発達しても被膜抵抗はほとんど変化せず，電荷移動抵抗のみが低下することがわかった[2]。

1. 2　{104} 面が発達した LiCoO$_2$ 単結晶粒子の超高出力特性評価

　上記結晶層で得られた知見を，単結晶粒子を搭載した合剤電極で実証するために，{104} 面が広く発達した多面体形状 LiCoO$_2$ 単結晶粒子を育成した。フラックスに NaCl を用いることで，平均粒形はおよそ 1 µm の多面体形状の LiCoO$_2$ 結晶が得られる（図 2（e-f））[3]。多面体 LiCoO$_2$ 単結晶粒子を正極活物質とする合剤電極を作製し，0.5 C で CCCV 充電，10 C で CC 放電をそれぞれ 100 回繰り返し，サイクル数に対する放電容量維持率変化を調べた（図 2（d））。ここで，セルメーカより入手した LiCoO$_2$ 粒子と比較しても，初期特性に大きな差はみられなかった。しかし，5 回以上の充放電サイクルにて，市販品の粒子の容量は顕著に劣化した。100 サイクル後のセルを解体して取り出した板状粒子を FE-SEM 観察すると，{001} 面に平行した亀裂の形成が認められた。一方，フラックス育成した多面体形状単結晶粒子では，100 サイクル後も 80% 以上の高い容量維持を示し，FE-SEM 観察でも粒子の破砕などは検出できなかった。活物質粒子の破砕は，電極内活物質の不均化反応を示唆する。具体的には，粒子ごとに SOC が異なり，一部の粒子表面のみで，高速に Li$^+$ が挿入された局所的格子収縮に基づく。この結果，フラックス育成による LiCoO$_2$ の単結晶化や小粒径化に加え，{104} 面発達の影響を明らかにできた。同様のコンセプトを LiNi$_{1/3}$Co$_{1/3}$Mn$_{1/3}$O$_2$，LiNi$_{0.5}$Co$_{0.2}$Mn$_{0.3}$O$_2$，LiNi$_{0.82}$Co$_{0.15}$Al$_{0.03}$O$_2$，LiMn$_2$O$_4$，LiNi$_{0.5}$Mn$_{1.5}$O$_4$，Li$_4$Ti$_5$O$_{12}$ などの他の活物質にも展開し，出力特性およびサイクル特性に対する有効性を明らかにしている[4~9]。

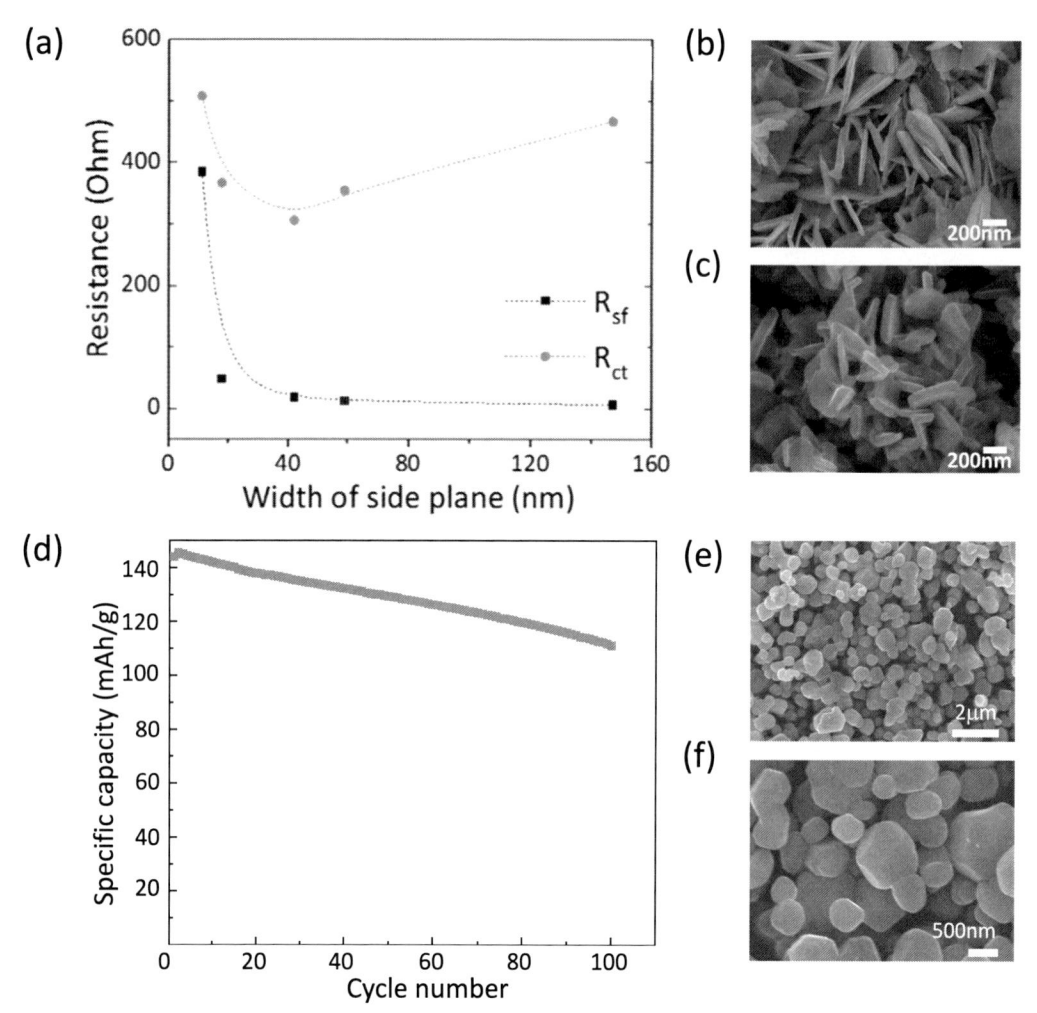

図2 （a）晶癖制御した LiCoO$_2$ 結晶層の被膜抵抗（R_{sf}）と電荷移動抵抗（R_{ct}），ポストアニーリング後の LiCoO$_2$ 結晶層の表面 FE-SEM 像：（b）600℃，（c）700℃。（d）フラックス育成した多面体 LiCoO$_2$ 結晶を搭載した液系リチウムイオン電池（LiPF$_6$，EC-DMC）の 10 C レートサイクル試験における放電容量維持率変化，（e, f）多面体 LiCoO$_2$ 結晶の FE-SEM 像

1. 3 Li$_7$La$_3$Zr$_2$O$_{12}$ 単結晶粒子の面発達制御育成[10~13]

リチウムイオン伝導度や電位窓の観点から，Li$_7$La$_3$Zr$_2$O$_{12}$ を基本組成とするガーネット型酸化物固体電解質に着目している。図3(a)には，LiOH フラックスから育成した立方晶 Li$_7$La$_3$Zr$_2$O$_{12}$ 単結晶の FE-SEM 像を示す。前駆体に La$_2$Zr$_2$O$_7$ を用いることで，Li$_7$La$_3$Zr$_2$O$_{12}$ 結晶の生成温度を 500℃ まで低温化することができる。主として偏方多面体を形成していることがわかる。図3(b, c)に示す STEM-BF 像と MD 計算から予測した原子配列パターン解析が一致したことから，菱形形状に大きく発達した面が {110} 面，その他の面が {211} 面であることがわかった。Li$_7$La$_3$Zr$_2$O$_{12}$ 結晶は電子線耐性が弱く，加速電圧を 80 kV まで抑えることにより，ようやく

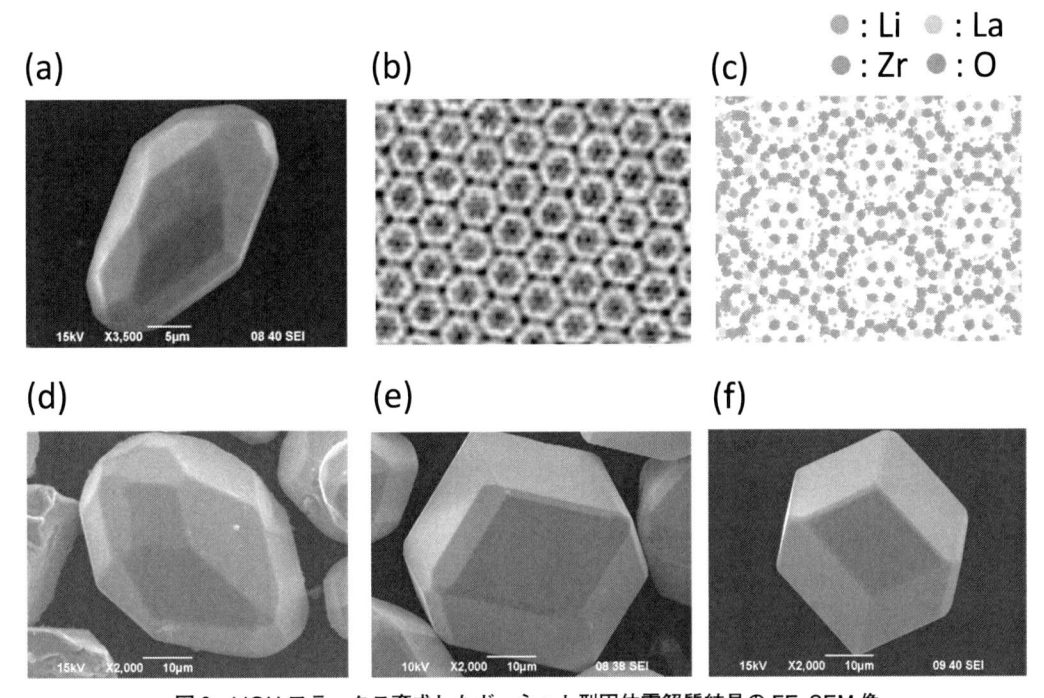

● : Li　● : La
● : Zr　● : O

図3　LiOH フラックス育成したガーネット型固体電解質結晶の FE-SEM 像

(a) $Li_7La_3Zr_2O_{12}$, (d) $Li_{6.75}La_3Zr_{1.75}Nb_{0.25}O_{12}$, (e) $Li_5La_3Nb_2O_{12}$, (f) $Li_5La_3Ta_2O_{12}$。(b), (c) は, (a) の {110} 面の STEM-BF 像と MD 計算から解析した原子配列モデル。

STEM-BF 像を観察できたことを付記しておく。図3(d-e)には, $Li_7La_3Zr_2O_{12}$ の派生化合物である $Li_{6.75}La_3Zr_{1.75}Nb_{0.25}O_{12}$, $Li_5La_3Nb_2O_{12}$, $Li_5La_3Ta_2O_{12}$ 結晶の FE-SEM 像を示した。単結晶はすべて LiOH フラックスから育成していることから, 化学組成によって, 結晶外形は菱形十二面体または偏方多面体を形成することが明らかになった。さらに, $Li_5La_3Nb_2O_{12}$ と $Li_5La_3Ta_2O_{12}$ では, {211} 面の発達面積が異なるのがわかる。これらの結果は, Zr サイトの元素置換により, 表出する {211} 面の表面エネルギーが顕著に影響を受けることを示唆している。その他, {110} 面と {211} 面で覆われた $Li_{6.75}La_3Zr_{1.75}Nb_{0.25}O_{12}$ 結晶と不定形粒子をそれぞれ Li_2S-P_2S_5 固体電解質と体積分率 20 : 80 vol%になるよう混合し, 結晶面の発達が異相界面抵抗に及ぼす影響を調査した。電気化学インピーダンス法により測定したナイキスト線図を緩和時間分布法と非線形最小二乗フィッティングを組み合わせて解析した結果, マイナス温度領域では, 面発達した結晶は不定形粒子と比べ, 界面抵抗が一桁近く小さくなることがわかった。異相界面におけるリチウムイオンの拡散抵抗を下げる手法として, 結晶面の発達が有効に作用することが示唆された。

1. 4 　$Li_7La_3Zr_2O_{12}$ 粒界モデルと粒界 Li^+ 伝導解析[14]

　DFT 計算の発展と汎用化により，最近では，固体電解質のバルク伝導挙動解析が多数報告されている。これらの解析結果と実験結果は，伝導度の観点からは二桁程度の乖離があり，完全に再現できているとは言えない。このような実験結果と計算結果の差異は，粒界領域の伝導解析にあると考え，粒界モデル構築と粒界伝導解析に着手した。

　DL POLY シミュレーション・パッケージを用いた MD 計算により，傾角粒界における Li^+ 伝導挙動を解析した。700〜1,700 K の温度域で，100 ps の定温・定圧（NPT）アンサンブルの後，500 ps の定温・定積（NVT）アンサンブル MD 計算にて伝導度を算出した。温度と圧力の制御には Nosé-Hoover 法を使用した。粒界モデル中の Li^+ 伝導度をバルク領域と粒界領域で区別するために，全抵抗 R_{total} をバルク抵抗 R_{bulk} と粒界抵抗 R_{GB} を用いて以下のように表した。

$$lR_{total} = aR_{GB} + (l-a)\ R_{bulk} \tag{1}$$

　温度と圧力の l は粒界間距離であり，a は粒界領域の厚みである。また，全抵抗に対する粒界抵抗の寄与率 x を以下の式で算出した。

$$x = \frac{aR_{GB}}{aR_{GB} + (l-a)R_{bulk}} \tag{2}$$

　古典力場パラメータには，$L_7La_3Zr_2O_{12}$（LLZ）用にフィッティングした Buckingham ポテンシャルパラメータを使用した。量論組成を保ち，粒界を形成する 9 種類の対称性をもつ傾角粒界モデルを構築し，バルクおよび各粒界モデルの全領域，さらには粒界領域の a，b，c 軸方向の Li^+ 伝導挙動を解析した。

　一例として，（2-1-1）＝（1-21）粒界モデルと粒界におけるリチウムイオンの拡散軌跡を抽出した結果を図 4(a, b)に示した。粒界においては，リチウム以外の元素の拡散は見られない。粒

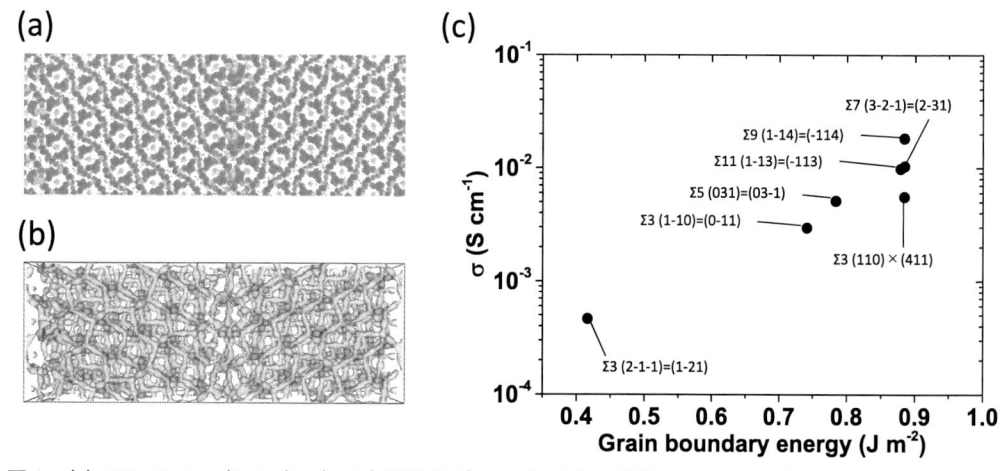

図 4 　（a）$Li_7La_3Zr_2O_{12}$（2-1-1）＝（1-21）粒界モデル，および（b）粒界におけるリチウムイオンの拡散軌跡，
　　　（c）各種傾角粒界の粒界生成エネルギーと粒界領域の粒界横断方向のみ抽出した Li^+ 伝導度の相関性

界を横切る方向（c軸）におけるリチウムイオンの拡散は，傾角粒界の対称性に依存することなく，バルク領域よりも低くなった。さらに，粒界領域の伝導度の減衰は，粒界領域の Li 組成および Li 空格子点の数に強く依存することがわかった。さらに，傾角粒界によっては，対称性と関連して，粒界領域の厚みや密度が変化することがわかった。また，これらの変化が，バルク領域を含む全体の Li^+ 伝導度に影響をもたらす重要な制御因子であることが判明した。

　図 4(c)には，各種傾角粒界の粒界生成エネルギーと粒界領域の c 軸方向のみ抽出した Li^+ 伝導度の相関性を示した。$\Sigma3(2\text{-}1\text{-}1)=(1\text{-}21)$ のように，熱力学的に安定な傾角粒界の Li^+ 伝導度は低く，生成エネルギーが大きいほど，または熱力学的に不安定なほど，伝導度が高くなることがわかった。$\Sigma3(2\text{-}1\text{-}1)=(1\text{-}21)$ と $\Sigma9(1\text{-}14)$ では，伝導度に 100 倍以上の差異があった。つまり，$L_7La_3Zr_2O_{12}$ 粒界粒界に関しては，焼結のように熱平衡に近いプロセスで形成される粒界は，$\Sigma3(2\text{-}1\text{-}1)=(1\text{-}21)$ またはそれに準ずる粒界であり，その伝導度は低く，内部抵抗を支配するキラー抵抗要因になる可能性が示唆された[13]。

2　つなぐ：異相界面接合

2. 1　$LiCoO_2$ 焼結体表面での $Li_5La_3Nb_2O_{12}$ 稠密結晶層の直接成長[15]

　酸化物固体電解質の Li^+ 伝導度は，硫化物電解質と比べて二〜三桁低いため，固体電解質セパレータの薄膜化が課題となる。一般的な冷間等方圧（CIP）成型やテープ成形と焼結を組み合わせた方法では，薄膜化と相対密度の高度化を同時に達成することは難しい。そこで，正極表面での稠密固体電解質層の直接積層を検討した。$LiCoO_2$ 焼結体の表面に Nb をスパッタ成膜し，それと La_2O_3 と $LiOH \cdot H_2O$ の混合粉末，ならびに LiOH フラックスを反応させ，$LiCoO_2$ 焼結体表面に $Li_5La_3Nb_2O_{12}$ 稠密結晶層を直接形成することを試みた。その結果，焼結体表面は面発達した結晶粒で緻密に覆われた。各単結晶粒同士の界面や焼結体との異相界面には空隙や副相は存在せず，稠密な結晶層が得られた（図 5）。時間分解 FE-SEM 観察および XRD 測定の結果，中間層の擬ペロブスカイト型 $LiLa_2NbO_6$ 相の生成が反応律速になっていること，さらに Nb_2O_5 層

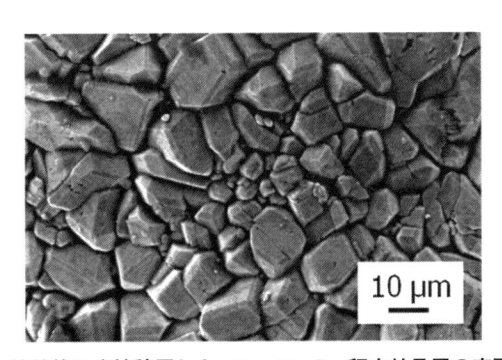

10 μm

図 5　$LiCoO_2$ 焼結体に直接積層した $Li_5La_3Nb_2O_{12}$ 稠密結晶層の表面 FE-SEM 像

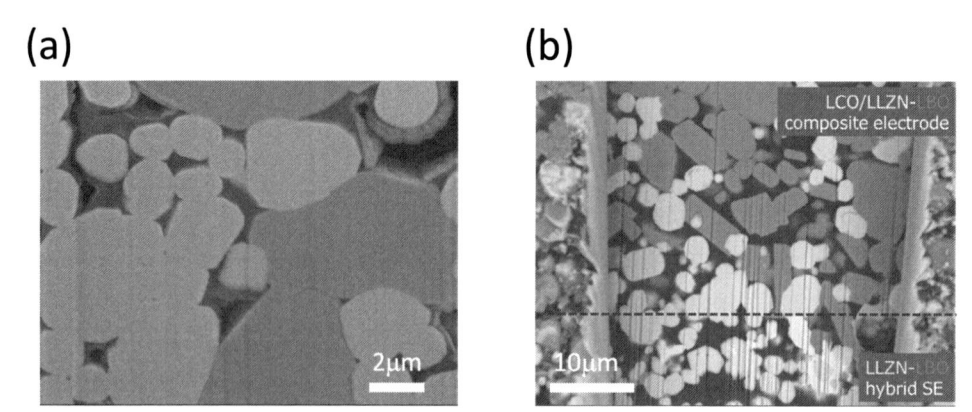

図6 （a）$Li_{6.75}La_3Zr_{1.75}Nb_{0.25}O_{12}$-$Li_3BO_3$ 混合固体電解質と $LiCoO_2$ 結晶からなる合剤電極層の断面 FE-SEM 像，（b）$Li_{6.75}La_3Zr_{1.75}Nb_{0.25}O_{12}$-$Li_3BO_3$ 混合固体電解質セパレータ層｜ $Li_{6.75}La_3Zr_{1.75}Nb_{0.25}O_{12}$-$Li_3BO_3$ 混合固体電解質-$LiCoO_2$ 合剤電極層積層体の断面 FE-SEM 像

の生成膜厚によって稠密結晶層の膜厚が決まることがわかった。また，Nb 薄膜がガーネット型 $Li_5La_3Nb_2O_{12}$ 相に変換された後も過剰に高温度域で反応すると，界面に複相が生成し，稠密結晶層に亀裂や空隙といった崩壊が始まったことから，Nb 薄膜の酸化による Nb_2O_5 が異相生成反応の保護層となっていることがわかった。制限視野電子線回折測定から，観察領域では三次元的に結晶方位が揃っていることが明らかになった。その結晶方位は［210］方向に概ね一致したことから，主として Σ3(2-1-1)=(1-21) 傾角粒界からなる双晶面が形成される可能性が高い。

2. 2　$LiCoO_2$/$Li_{6.75}La_3Zr_{1.75}Nb_{0.25}O_{12}$-$Li_3BO_3$ 合剤電極の一括形成

一般的に，$LiCoO_2$/$Li_{6.75}La_3Zr_{1.75}Nb_{0.25}O_{12}$ 界面の接合には 800℃ 以上の高温を要し，Co^{3+} の拡散により，界面に異相が生成する。ところが，$Li_{6.75}La_3Zr_{1.75}Nb_{0.25}O_{12}$ 結晶の表面を Li_3BO_3 ガラスで被覆したコアシェル型混合電解質では，1,000℃ 以上の温度で $LiCoO_2$ と混合加熱しても界面に異相を生成しないことがわかった。これは，Li_3BO_3 層が保護層として作用する可能性を示唆している。そこで，$Li_{6.75}La_3Zr_{1.75}Nb_{0.25}O_{12}$-$Li_3BO_3$ 混合固体電解質セパレータ，$Li_{6.75}La_3Zr_{1.75}Nb_{0.25}O_{12}$-$Li_3BO_3$ 混合固体電解質と $LiCoO_2$ 結晶からなる合剤電極の積層体の一括形成を試みた。セパレータ層，および合剤電極層それぞれの原料粉末を積層し，CIP 成型した後，1,000℃ で 30 分間加熱した。FIB 加工した断面の FE-SEM 像を図 6 に示す。二次電子像，SEM-EDS 分析，XRD などの各種分析からは，界面などに副相の生成は見られなかった。電極層とセパレータ層の加熱後の体積収縮率を実験的に見積もり，収縮率をそろえた組み合わせで積層することにより，焼結後も平滑な形状を維持することができ，電極層，セパレータ層ともに設計値通りの伝導度が得られることを確認した。また，テープ成形を用いることで全厚合剤正極層の膜厚を 100 μm 程度まで薄型化することで，室温動作する全固体電池が得られた。

3　転写する：パターン化電極

3.1　金属アレイのフラックス変換によるパターン化稠密結晶層電極形成[16,17]

　現在のリチウムイオン電池は，アルミニウム集電箔，正極，セパレータ，負極，銅集電箔を積層した構造から成る。そのため，正・負極間の距離は，電極層の膜厚で変化する。さらに，電極内でも，集電側付近とセパレータ側では距離（リチウムイオンの拡散距離）が異なる。電極密度や膜厚はエネルギー密度に直結するため，エネルギー密度を高めることと出力特性を上げることは二律背反になる可能性を秘める。この物理的制限から脱却するアプローチの一つとして，くし型電極配置によるセルデザインが考えられる。そこで，ドライフィルムと電気めっきプロセスを組み合わせた量産化を見据えた複合プロセスで金属パターンを作製し，それを犠牲テンプレートとして用い，フラックス中での化学反応による電極材料への変換を検討した（図7）。

　集電箔から直接成長するフラックスコーティング法により，パターン化電極の作製に取り組んだ。ドライフィルムと電気めっきプロセスで作製した金属 Mn パターンを $LiNO_3$-KCl 混合フラックス中で変換することにより，最小で 7 μm 径のドットパターンや 7 μm/5 μm の Line/Space パターンの $LiMn_2O_4$ 稠密結晶アレイを作製することができた（図8）。パターン化 $LiMn_2O_4$ 稠密結晶アレイを正極とするハーフセルを作製し，定電流充放電試験した結果，$LiMn_2O_4$ に典型的な充放電プロファイルが得られたため，原料の前駆体を完全に変換でき，集電箔との副反応による異相の生成なども認められなかった。同様に，Co めっきパターンの $LiCoO_2$ 稠密結晶アレイへの変換，さらに，Ni/Co/Mn 積層めっきの層状岩塩型 $LiNi_{0.5}Co_{0.2}Mn_{0.3}O_2$ 稠密結晶アレイへの変換にも成功し，これらの結晶アレイが繰り返し充放電可能なリチウムイオン電池正極として動作することを確認した。

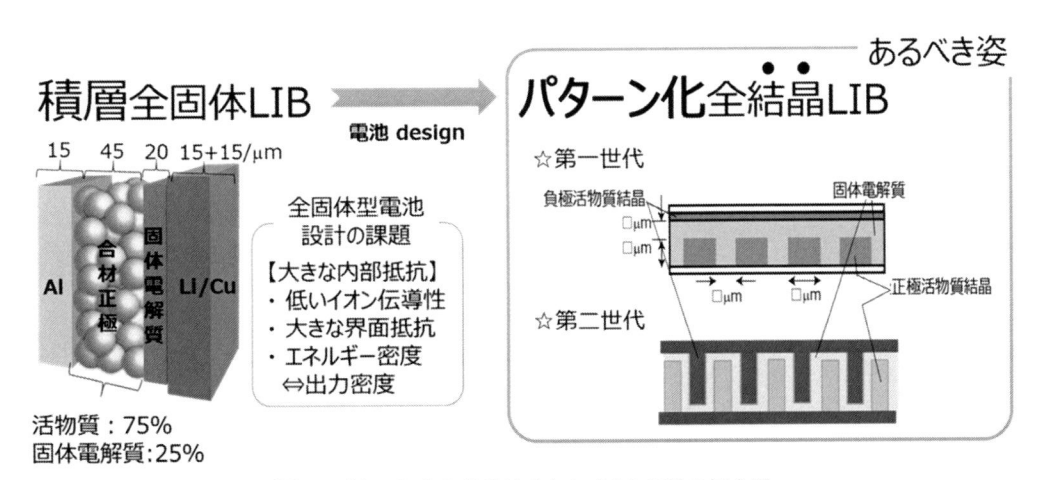

図7　パターン化全結晶リチウムイオン電池の概念図

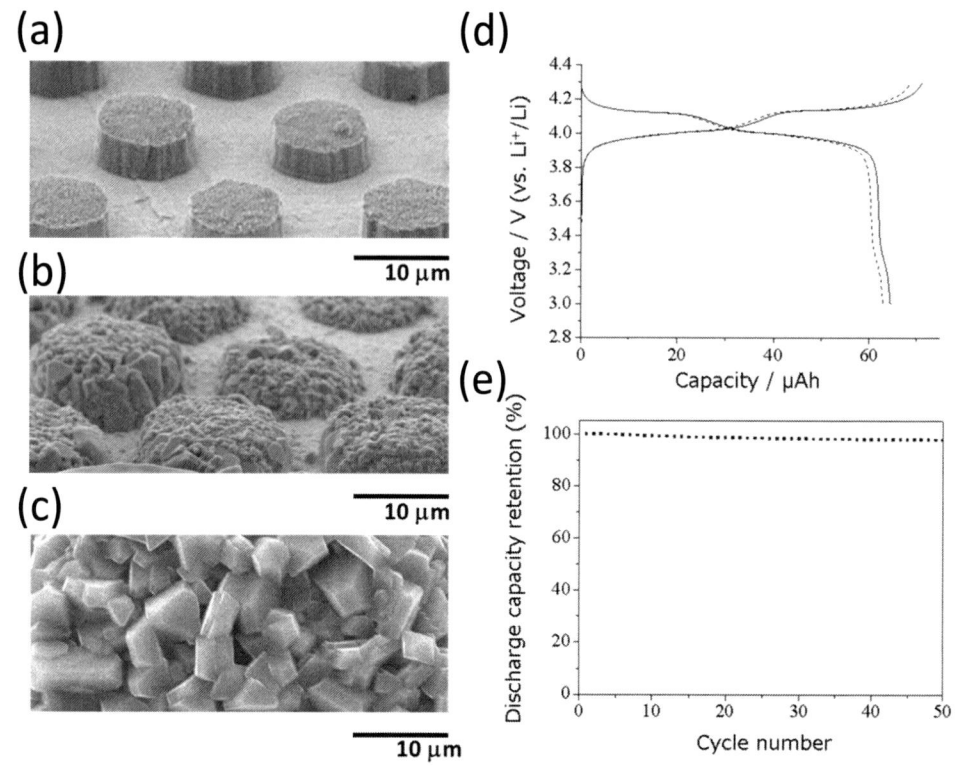

図8 (a) Mn ドットパターン, (b, c) ドットパターン化した $LiMn_2O_4$ 稠密結晶層電極の表面 SEM 像, (d) パターン化 $LiMn_2O_4$ 稠密結晶層電極を搭載したリチウムイオン電池の定電流充放電曲線, (e) 充放電サイクルに伴う放電容量維持率変化

4 まとめ

　高品位な電極活物質結晶（層）の育成とスムーズな電池電極界面の形成を同時に実現するフラックス技術を基盤とし，全結晶型リチウムイオン二次電池の研究開発に取り組んだ。特に，フラックスサイエンス＆テクノロジーをコア・コンピタンスとし，古くてニッチな結晶育成技術と先鋭的研究アプローチ（計算科学や超高精細分析・解析）を高度融合させて，イノベーションギャップへの最適解の導出を目指した。紙面が限られているため本書では割愛したが，実験と計算科学的手法を組み合わせ，結晶成長方位や晶相・晶癖発達面を制御する因子を明らかにし，結晶外形を含む状態図を作成している。この成果を活かした晶癖制御結晶にて，優れたリチウムイオン伝導の発現を見出した。さらに，結晶格子内のカチオンとアニオン空間を同時制御し，リチウムイオン伝導を高効率化することにより，異相界面において高効率にリチウムイオンを輸送できることを見出している[18,19]。現段階において，全結晶型リチウムイオン電池は，従来のリチウ

ムイオン電池に相当するレベルの動作に至っていないが，結晶構造制御を研究舞台とした学術的超空間制御はもとより，デザイン電極の形成や超精密に接合した活物質／固体電解質複合体の一括形成などは，最終目標としたデザイン化全固体電池動作の道筋をつける技術を開発できたと言える。

謝辞

　本研究の一部は，JST-CREST（JPMJCR1322, Japan），科学研究費補助金基盤研究（A）17H01322，および科学研究費補助金新学術領域研究（複合アニオン）17H05479 の援助のもと実施した。ここに謝意を表す。

文　　献

1) Y. Mizuno *et al.*, *Cryst. Grow. Des.*, **14**, 1882（2014）
2) D. Kim *et al.*, *J. Phys. Chem. C*, **120**, 1896（2016）
3) K. Teshima *et al.*, *Cryst. Grow. Des.*, **10**, 4471（2010）
4) N. Zettsu *et al.*, *J. Mater. Chem. A*, **3**, 17016（2015）
5) T. Kimijima *et al.*, *Cryst. Grow. Des.*, **16**, 2618（2016）
6) T. Kimijima *et al.*, *J. Mater. Chem. A*, **4**, 7289（2016）
7) Y. Mizuno *et al.*, *CrystEngComm*, **16**, 1157（2014）
8) N. Zettsu *et al.*, *Sci. Rep.*, **6**, 3199（2016）
9) N. Zettsu *et al.*, *Cryst. Grow. Des.*, **14**, 5634（2014）
10) Y. Mizuno *et al.*, *Cryst. Grow. Des.*, **13**, 479（2013）
11) T. Kimijima *et al.*, *CrystEngComm*, **17**, 3487（2015）
12) X. Xiao *et al.*, *Cryst. Grow. Des.*, **15**, 4863（2015）
13) 是津信行，手嶋勝弥，*J. Flux Growth*, **11**, 27（2016）
14) H. Shiiba *et al.*, *J. Phys. Chem. C*, **122**, 21755（2018）
15) N. Zettsu *et al.*, *Sci. Rep.*, **8**, 96（2018）
16) T. Yoda *et al.*, *RSC Adv.*, **5**, 96002（2015）
17) N. Zettsu *et al.*, *CrystEngComm*, **18**, 2105（2016）
18) D. Kim *et al.*, *NPG Asia Mater.*, **9**, e398（2017）
19) H. Shiiba *et al.*, *J. Mater. Chem. A*, **6**, 22749（2018）

第14章　NASICON型酸化物を用いた 単相型全固体電池

猪石　篤[*1]，岡田重人[*2]

はじめに

酸化物系固体電解質は，大気中で安定に使用できる上に，広い電位窓を有しており，固体電池として利用する際に理想的な材料と考えられている。しかし，室温での加圧成形により高い緻密性が得られ，良好な固－固界面を得やすい硫化物系とは異なり，高い焼成温度での接合が必要となる。この際，界面における電極活物質との副反応を抑制しつつ，充分な焼結を得ることは難しく，現実には両者の妥協点を最適焼成条件とせざるを得ない。その結果，電解質抵抗と比較して界面抵抗が大きくなることが避けられないのが現状である。

電極を良好に接合するための手段として，低融点のイオン伝導性材料（Li_3BO_3 など）をフラックスとして電極合剤中へ混合し，より低温で接合する手法[1,2]が提案されているが，筆者らは，低抵抗な界面を得ることを目的に，NASICON（Na Super Ionic CONductor）型の結晶構造を有する材料のみで構成されるオールNASICON型の全固体電池を提案してきた。NASICON構造は，固体電解質のみならず，負極，正極いずれの材料も存在する数少ない結晶構造であるため，具体的にはリチウム系では，$Li_3V_2(PO_4)_3$ 負極 /$Li_{1.5}Al_{0.5}Ge_{1.5}(PO_4)_3$/$Li_3V_2(PO_4)_3$ 正極[3]，ナトリウム系では $Na_3V_2(PO_4)_3$ 負極 /$Na_3Zr_2Si_2PO_{12}$/$Na_3V_2(PO_4)_3$ 正極[4]のオールNASICON構成の組み合わせが可能で，最適な温度でホットプレスによって接合することで，室温で動作することを確認している。しかし，同じNASICON構造とはいえ，固体電解質と正負極活物質間では化学組成が異なるため，800℃以上の焼成をかけてしまうと界面での異相生成が避けられないことがXRDで確認されている。

副反応による界面での異相生成を気にすることなく，充分な高温焼成を可能にする究極の方法として，固体電解質と正負極活物質間を同構造，同組成にすることが考えられる。単一材料からなる電池（以下，単相型全固体電池）の実現には，固体電解質としての高いイオン伝導度と正極および負極として異なる電位でのレドックス機能を同時に具備することが必要となる。ただし，単相型電池では，同一物質内で正極～固体電解質～負極が直列結合した構造になるため，その電子伝導度は充分低く，電池としての内部短絡が低減できなくてはならない。幸い，3次元骨格を

＊1　Atsushi Inoishi　九州大学　先導物質化学研究所　助教

＊2　Shigeto Okada　九州大学　先導物質化学研究所　教授

有し，ゲストイオンの拡散のボトルネックが大きな NASICON 化合物はその名の由来通り，イオン伝導性が高いことで知られており，レドックス対として機能可能な V，Ti，Cr などさまざまな遷移金属を中心金属として導入可能である。また，キャリアとして，Na^+ のみならず Li^+ や Ag^+，さらには Sc^{3+} といったさまざまな価数の荷電イオンが利用でき，材料の探索範囲は多岐にわたる。本章では，これまで筆者らが検討した NASICON 単相型全固体電池[5~9]の開発状況を紹介する。

1　バナジウム系単相型全固体電池（$Na_3V_2(PO_4)_3$）[6]

　バナジウムは 2～5 価という広い範囲の価数変化が可能で，3 価以下と 3 価以上のレドックス電位差が大きなために 1 種類で正極負極兼用できる点が，単相型電池材料として大きな魅力である。$Na_3V_2(PO_4)_3$ では，Na イオン電池の正極および負極として機能し，Na 挿入によって V^{3+}/V^{2+} のレドックス（1.6 V 対 Na 金属），Na 脱離によって V^{3+}/V^{4+} のレドックス（3.4 V 対 Na 金属）を起こす。したがって，$Na_3V_2(PO_4)_3$ が高い Na イオン伝導度と低い電子伝導度を有していれば，単相型全固体 Na イオン電池として機能することが期待される。まずは，$Na_3V_2(PO_4)_3$ の電気伝導度を交流法で測定し，固体電解質としての可能性を検討した。図 1(a) の模式図で示すように，固相法で合成した $Na_3V_2(PO_4)_3$ のペレットの両面に，スパッタによって白金を取り付けて評価を行った。その電気伝導度は，室温で 10^{-7} S cm^{-1} オーダー，100℃ で 10^{-5} S cm^{-1} オーダーであった。図 1(a) で示した形のセルは，通常の固体電解質であればイオンブロッキング型のセルであり，直流を印加しても電池にはならないが，単相型電池においては，白金集電体を通して電子の授受が行える範囲であれば，電極が自己生成して電池動作可能である。実際に，100℃ にて，充放電を行うと，想定通り，V^{3+}/V^{4+} と V^{3+}/V^{2+} のレドックス電位差であ

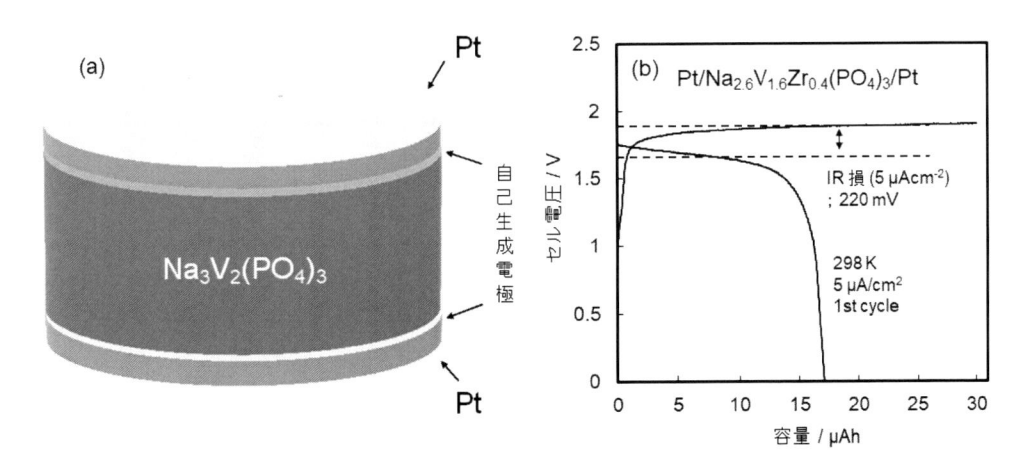

図 1　単相型全固体電池（Pt／$Na_3V_2(PO_4)_3$／Pt）の（a）模式図と（b）初回充放電曲線

る約 1.7 V の動作電圧が得られ，充放電のクーロン効率として約 13％が得られた。今後，本章にて紹介する単相型電池は全て図 1(a)の模式図で示したような形態をとる。

いわゆる Na 超イオン伝導体として有名な $Na_{1+a}Zr_2(SiO_4)_a(PO_4)_{3-a}$（$0 \leq a \leq 3$）に対し，$Na_3V_2(PO_4)_3$ 組成では Na イオン伝導度があまりに低く，IR ドロップが大きすぎるため，V サイトへの Zr 置換ドープを試みたところ，$Na_{3-x}V_{2-x}Zr_x(PO_4)_3$ に関して，$x = 0.4$ の組成で 4.9×10^{-6} S cm^{-1} の比較的高い電気伝導度が観測された。$Na_{2.6}V_{1.6}Zr_{0.4}(PO_4)_3$（$x = 0.4$）を用いた室温での充放電試験の結果，5 μA cm^{-2} にて充放電できることが確認された（図 1(b)）。この材料のバルク電気伝導度から計算される電池の IR 損は 110 mV であり，実際の電池の充放電過電圧の 220 mV（＝ 110 mV × 2）とよく一致したことから，電極と電解質間の界面抵抗が極めて小さいことが確認された。

2　$Li_{1.5}Cr_{0.5}Ti_{1.5}(PO_4)_3$ [7] および $Li_{1.5}Cr_{0.5}Ti_{1.5}(PO_4)_3 + Li_3BO_3$ [8]

上記で紹介した $Na_3V_2(PO_4)_3$ は，バナジウムの多段レドックスを利用するため，容量が大きいというメリットがあるものの，たとえ界面抵抗が解消できたとしても，一般的な固体電解質と比べ，バルクイオン伝導度が 1％程度しかなく，電池の高速作動の障害となっていた。界面抵抗と同時に IR ドロップを低減するため，NASICON 型イオン伝導体の中でも特に高いイオン伝導度（＞ 10^{-4} S cm^{-1}）を示す $LiTi_2(PO_4)_3$ 系材料を検討した。$LiTi_2(PO_4)_3$ を利用した理由としては，Ti のレドックスにより自己生成負極としても使えるからである。たとえば，入山らは Al 置換体の $Li_{1+x+y}Al_yTi_{2-y}Si_xP_{3-x}O_{12}$ を固体電解質兼負極（自己生成負極）として利用可能であることを報告している[10]。ここでさらに，正極としてのレドックス源が加われば，単相型全固体電池として機能できるはずである。我々は $LiTi_2(PO_4)_3$ の Ti の一部に対し Cr の置換を行った。$Li_{1.5}Cr_{0.5}Ti_{1.5}(PO_4)_3$ は高いイオン伝導度を発現した報告例[11]があるとともに，$Li_3Cr_2(PO_4)_3$ が Cr^{3+}/Cr^{4+} のレドックスによって，リチウム対極で 4.8 V という非常に高い電位を示し，正極として魅力的なためである[12]。

先行研究にて，$LiTi_2(PO_4)_3$ への Cr の固溶限界が 0.5 であることがわかっているため[11]，正極容量の観点から $Li_{1.5}Cr_{0.5}Ti_{1.5}(PO_4)_3$ を単相型電池としての最適組成とした。単相型全固体電池では異相生成の懸念がないため，1,100℃ という充分高温で焼結して得られたペレットは XRD にて単相の NASICON 構造であることが確認された。電気伝導度のアレニウスプロットを図 2(a)に示す。室温で 2×10^{-4} S cm^{-1}，氷点下 −40℃ においても 10^{-5} S cm^{-1} 近いバルク電気伝導度を有しており，$Na_3V_2(PO_4)_3$ の場合と比べ，大幅な電気伝導度の向上が確認された。

ペレットの両面に白金電極を取り付けた単相型全固体電池（$Pt/Li_{1.5}Cr_{0.5}Ti_{1.5}(PO_4)_3/Pt$）の室温における充放電曲線（電流密度 0.1 mA cm^{-2}）を図 2(b)に示す。Cr^{3+}/Cr^{4+} のレドックスによる 4.75 V での正極反応[12]，ならびに Ti^{4+}/Ti^{3+} のレドックスによる 2.55 V の負極反応[13]から想定される約 2.2 V のプラトーが観測され，XPS 測定からも，この電極反応が確認された。ま

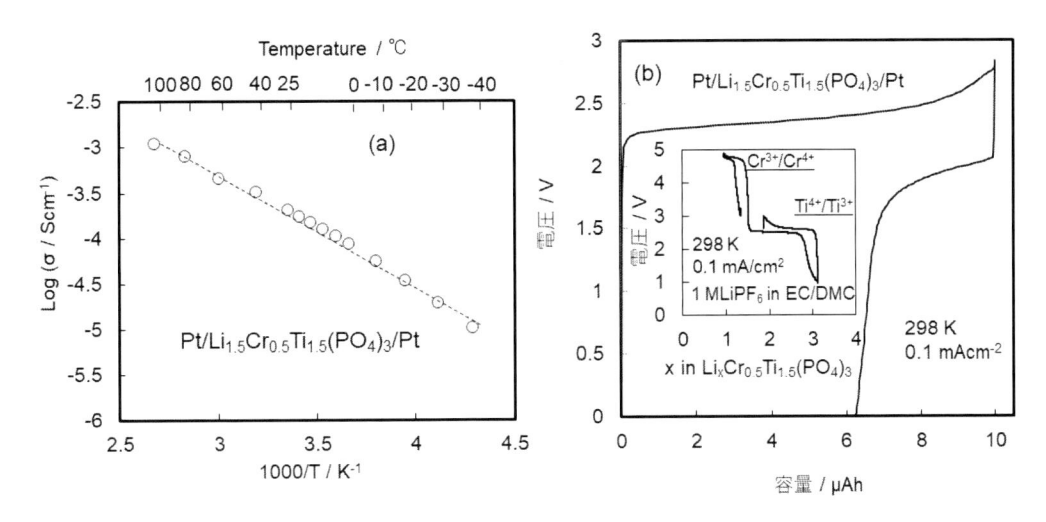

図2　$Li_{1.5}Cr_{0.5}Ti_{1.5}(PO_4)_3$ の（a）電気伝導度と（b）初回充放電曲線（インセット；電解液を使用したハーフセルの初回充放電曲線）

た，$Li_{1.5}Cr_{0.5}Ti_{1.5}(PO_4)_3$ を用いた単相型電池は，氷点下 −40℃ においても電池作動することを確認した。一般的に，低温では，固体電池界面で大きな抵抗が生じるはずであるが，にもかかわらずこの単相型全固体電池は充分，充放電可能であることが実証された。

　単相型全固体電池では，白金集電体から沖合に向かって活物質が自己生成すると考えられるが，充電容量の 10 μA h を白金集電体からの距離に換算すると，約 600 nm である。これ以上充電を行うと電圧の上昇が起こるため，自己生成電極として正極か負極がフル充電の状態であると考えられる。入山らは，NASICON 型固体電解質を Ti^{4+}/Ti^{3+} の自己生成負極として利用した際，表面から約 700 nm 深さまで利用されると報告しており[10]，本研究の自己生成負極とほぼ同等の値である。このことから，$Li_{1.5}Cr_{0.5}Ti_{1.5}(PO_4)_3$ の単相型電池としての容量を決定しているのは負極であることが示唆される。レドックス対として Cr に比べて Ti の方が系に 3 倍含有されているにも関わらず，このような逆転が起こるということは，自己生成電極（負極は Ti が 3 価の状態，正極は Cr が 4 価の状態）の電子伝導度が，沖合への成長に影響を及ぼしていることを示唆する。

　$Li_{1.5}Cr_{0.5}Ti_{1.5}(PO_4)_3$ は比較的高い電気伝導度（2×10^{-4} S cm^{-1}）が得られるが，その相対密度が 83％ と低いことが欠点である。リチウム金属負極を使用していないため粒界を通した短絡が起こる可能性は低いが，イオン伝導の観点からは，より緻密な焼結体の利用が望ましい。筆者らはこの課題克服を目指し，低融点のリチウムイオン伝導体である Li_3BO_3 の添加を試みた。図 3（a）および（b）の SEM 画像に，Li_3BO_3 添加の有無によるペレットの形状の相違を示す（焼結温度 1,000℃）。Li_3BO_3 添加により粒界による空隙が減少していることが確認できる。交流法で電気伝導度を測定したところ，Li_3BO_3 の添加によって電気伝導度の向上が認められた。白金集電

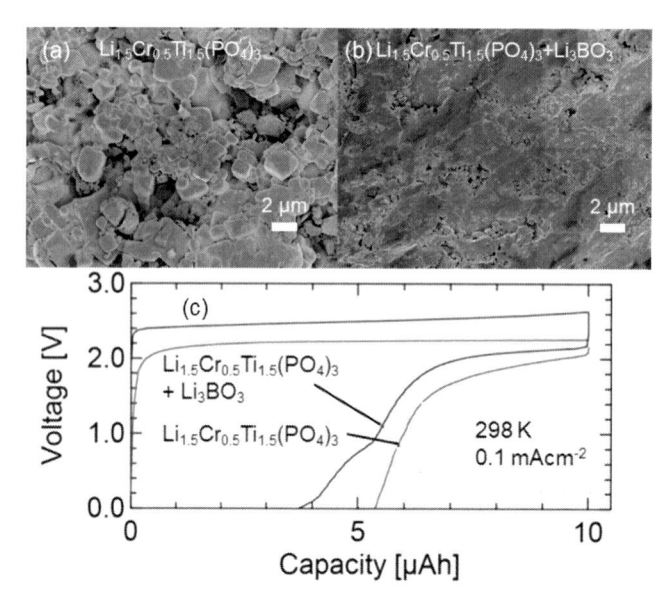

図3　(a) $Li_{1.5}Cr_{0.5}Ti_{1.5}(PO_4)_3$ と　(b) $Li_{1.5}Cr_{0.5}Ti_{1.5}(PO_4)_3$ ＋ Li_3BO_3 コンポジットの SEM 画像
および (c) 初回充放電曲線

体を取り付けて自己生成電極による充放電を行うと，Li_3BO_3 を添加することによって初回可逆
容量増大と，作動電圧の上昇が確認された（図3(c)）。このことから，内部短絡の抑制を示唆し
ており，純粋なリチウムイオン伝導体である Li_3BO_3 添加によってリチウムイオン伝導度が増大
するとともに，電子伝導度が低減したと考えられる。実際，充電後のセルの開回路電圧をモニ
ターすると，Li_3BO_3 を添加した方が大幅に自己放電による電圧低下が小さいことからも，リチ
ウムイオン伝導度が増加し，電子伝導が低下したことが示唆された。Pt/Li_3BO_3 添加
$Li_{1.5}Cr_{0.5}Ti_{1.5}(PO_4)_3$/Pt は，繰り返しによって可逆容量は向上し，4サイクル目以降は80％以上
のクーロン効率であった。

3　$Ag_{1.5}Cr_{0.5}Ti_{1.5}(PO_4)_3$ [9]

NASICON 型の材料として，リチウムやナトリウムとともに，銀イオン伝導体は古くから報
告[14]されている。銀は原子量が大きく，酸化還元電位も高い上に，高価であるため，安価大容量
高電圧の電池材料としては不向きであるが，ヨウ化銀の例[14]からも明らかなように，銀イオンは
非常に高速で固相伝導することが古くから知られており，固体電池の高速作動を実現する上では
魅力的である。著者らは，$Li_{1.5}Cr_{0.5}Ti_{1.5}(PO_4)_3$ のリチウムを銀に置き換えた $Ag_{1.5}Cr_{0.5}Ti_{1.5}$
$(PO_4)_3$ を検討した。この材料の電気伝導度は，25℃で 5×10^{-5} S cm^{-1} と，$Li_{1.5}Cr_{0.5}Ti_{1.5}(PO_4)_3$
に比べると低い値であった。白金集電体を取り付けた単相型全固体電池として充放電を行うと，
約0.8 V の放電プラトーが観測され（図4(a)），$Li_{1.5}Cr_{0.5}Ti_{1.5}(PO_4)_3$ の場合と同様，室温での0.1

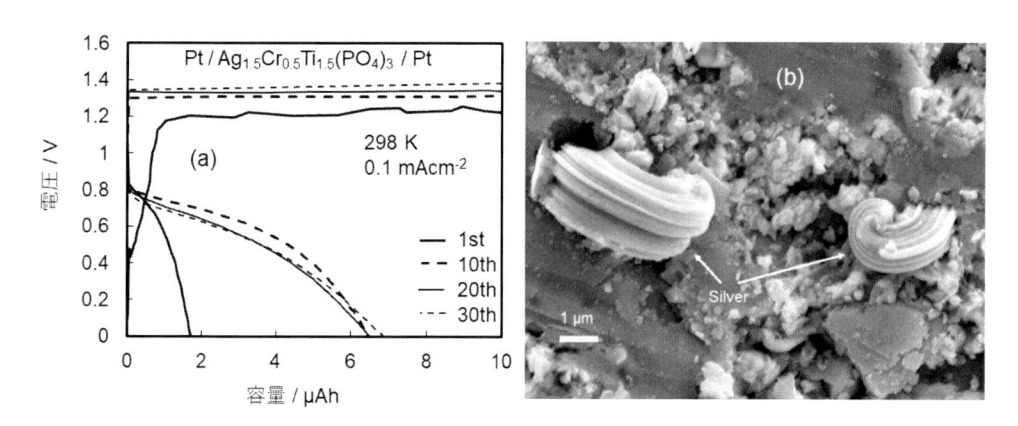

図 4　(a) Pt / Ag₁.₅Cr₀.₅Ti₁.₅(PO₄)₃ / Pt の充放電曲線と　(b) 充電後の負極表面の SEM 画像

mA cm⁻² での高速作動と氷点下 − 40℃での可逆作動が実証された。XRD や XPS の測定から，負極反応は銀の溶解析出，正極反応は Cr^{3+}/Cr^{4+} であることが確認された。銀の電析形態は必ずしも良好というわけではなく，図 4(b) の SEM 画像から明らかなように，局所的 Ag 析出は免れなかったが，銀の良好な伝導性にも助けられ，サイクル可逆性に関しては，$Li_{1.5}Cr_{0.5}Ti_{1.5}(PO_4)_3$ よりも安定であった。

　一方で，$Li_{1.5}Cr_{0.5}Ti_{1.5}(PO_4)_3$ を正負極に用い，α-AgI を固体電解質として電池を組んだ場合，充電で α-AgI の電気分解が進行し，電池として作動できなかった。このことから，α-AgI に比べると単相型電池の方が高い電圧での作動に適していることが示された。

おわりに

　今回は，酸化物系全固体電池の一つであるオール NASICON 型電池の究極の形として，電極と電解質が同一組成である「単相型電池」について紹介した。NASICON は，イオン伝導度とともに輸率が高く，単相型電池として動作する。特に，$Li_{1.5}Cr_{0.5}Ti_{1.5}(PO_4)_3$ や $Ag_{1.5}Cr_{0.5}Ti_{1.5}(PO_4)_3$ の系は高いイオン伝導度を有しているため，室温で 0.1 mA cm⁻² もの高速充放電が可能である。可逆容量やサイクル安定性への影響として，混合伝導や電極反応の種類が大きく影響することがわかっており，今後も自己生成電極に最適な材料の開発が望まれる。

文　　献

1) K. Park *et al.*, *Chem. Mater.*, **28**, 8051 (2016)
2) S. Ohta *et al.*, *J. Power Sources*, **238**, 53 (2013)
3) E. Kobayashi *et al.*, *J. Power Sources*, **244**, 312 (2013)
4) Y. Noguchi *et al.*, *Electrochim. Acta*, **101**, 59 (2013)
5) A. Inoishi *et al.*, *Chemistryselect*, **2**, 7925 (2017)
6) A. Inoishi *et al.*, *Adv. Mater. Interfaces*, **4**, 1600942 (2017)
7) A. Inoishi *et al.*, *Chem. Commun.*, **54**, 3178 (2018)
8) A. Nishio *et al.*, *J. Ceram. Soc. Jpn.*, **127**, 18 (2019)
9) A. Inoishi *et al.*, *Chemistryselect*, **3**, 9965 (2018)
10) K. Yamamoto *et al.*, *Electrochem. Commun.*, **20**, 113 (2012)
11) H. Aono & E. Sugimoto, *J. Electrochem. Soc.*, **137**, 1023 (1990)
12) M, Herklotz *et al.*, *Electrochim. Acta*, **139**, 356 (2014)
13) J. Luo *et al.*, *J. Power Sources*, **194**, 1075 (2009)
14) C. Tubandt & E. Z. Lorenz, *Phys. Chem.*, **24**, 513 (1914)

第15章　一括焼成により得られる積層型酸化物系全固体電池

伊藤大悟[*1]，川村知栄[*2]

1　はじめに

リチウムイオン二次電池は，体積あたりのエネルギー密度が高く，軽量なため，スマートフォンやタブレットPCなどの小型機器だけでなく，HEV，EVの駆動源など，幅広く使われている。しかし，現在，その容量・エネルギー密度はすでに限界に近づいているとも言われており，発火事故も相次いでいることから，次世代電池への期待が高まっている。中でも全固体電池は，近年，従来の有機電解液に勝るリチウムイオン伝導性を示す固体電解質の開発により，安全性と性能を両立できるものとして活発に研究開発が行われている。

高イオン伝導性を示す固体電解質としては，硫化物系固体電解質が知られている[1]が，大気中に暴露されると，空気中の水分と反応し有毒な硫化水素が発生する。一方で，酸化物系固体電解質は熱にも強く大気中でも比較的安定であるが，導電率は $10^{-6} \sim 10^{-3}$ S/cm 程度と，硫化物系に比べると低い[2]。また，固体電解質と電極活物質との界面形成の点でも，酸化物系では高温での焼結を必要とするため，材料同士の反応を抑制する必要があるなど困難な問題を抱えている。

ところで，近年，電子機器の小型化，高性能化は益々進展している。当社の主力製品である，積層セラミックコンデンサ（MLCC）も小型化，高容量化が要求されている。図1に，MLCCの断面構造を示した。MLCCの誘電体セラミックス層の1層の厚みは，1 μm 以下まで薄層化が進んでいる[3]。サブミクロン厚みの薄いセラミックスの層と薄いニッケル金属の層を交互に精密に積層し，一括焼成する技術を極限まで高めることで，小型・高容量のMLCCを実現してきた。

式(1)の通り，リチウムイオンの移動のしにくさを R とすると，固体電解質層を薄くする，すなわち電極間距離（d）を短くしてイオンの伝導距離を短くする，さらには積層数を増やし実効面積（S）を増大させることで，R の値を低減することができる。したがって，図1のように，MLCCと同様の構造とすることで，酸化物系固体電解質を用いても，その低いイオン伝導性は十分にカバーでき，容量密度も向上できる見込みがある。

$$R = \rho \times \frac{d}{S} = \frac{1}{\sigma} \times \frac{d}{S} \tag{1}$$

＊1　Daigo Ito　太陽誘電㈱　開発研究所　材料開発部

＊2　Chie Kawamura　太陽誘電㈱　開発研究所　材料開発部　主任研究員

R：Li^+ イオンの移動しにくさ

ρ：抵抗率

σ：導電率

d：電極間距離

S：電極実効面積

　今後，IoT 社会の浸透によるセンサーデバイス，ウエアラブル機器の数量増大などにより，さらに小型で，かつ安全性が高く，過酷環境での使用が可能な電池への要求も高まると予想される。そこで，我々は「薄膜電池の応答性」と「バルク電池の容量密度」を兼ね備えた超小型〜小型サイズの全固体電池を目指し，開発を進めている。MLCC 技術を活用した酸化物系固体電解質材料の微粒子合成，薄層・多積層化，一括焼成について検討した内容について紹介する。

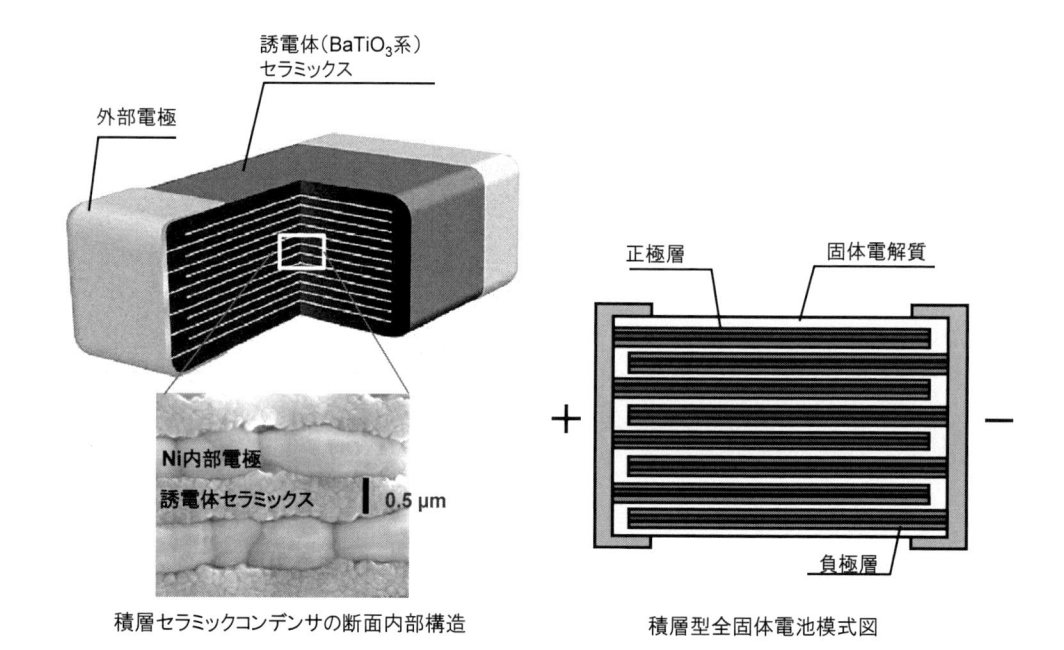

積層セラミックコンデンサの断面内部構造

積層型全固体電池模式図

図 1　積層セラミックコンデンサの断面内部構造と，積層型全固体電池の内部構造模式図

2　固体電解質・活物質材料の選定と，一括焼成技術

　酸化物系固体電解質のなかでは，ペロブスカイト型の $La_{0.51}Li_{0.34}TiO_{2.94}$ など（LLTO），ガーネット型 $Li_7La_3Zr_2O_{12}$（LLZO），NASICON 型 $Li_{1+x}Al_xTi_{2-x}(PO_4)_3$（LATP）は，室温で 10^{-4} 〜 10^{-3} S/cm と高い導電率を示すことが知られている[2]。ただし，Ti を含む LLTO や LATP は，低電位側で容易に還元されてしまうことや，LLZO は二酸化炭素や水分に弱いという難点もある。そこで，我々は大気中でも安定で Ti を含まない中では比較的導電率の高い，NASICON 型

$Li_{1+x}Al_xGe_{2-x}(PO_4)_3$（LAGP）を固体電解質として選択した。活物質には，一括で焼成することを考慮し，正極には同じくリンを含む化合物として5V近い高電位で動作するオリビン型$LiCoPO_4$（LCP），負極には固体電解質でもある NASICON 型 LATP を選択した。

　一般的に，酸化物系固体電解質と活物質の界面抵抗は高いことが知られている[4]。界面抵抗を下げるには，固体電解質と活物質の同時焼成によりセラミックスを緻密に焼結させることで界面での接合面積を増大させる必要がある。ところが，NASICON 型化合物とオリビン LCP との一括焼成において，Nagata ら[5]は，LATP の多重シート上に数 μm の LCP シートを圧着し，一括焼成しているが，900℃焼成で Co が拡散する，という結果を報告している。さらに，Xie ら[6]は，LATSP 焼結体上に，LCP を約 1 μm の厚みでスパッタ形成したものを熱処理しているが，700℃以上で反応が起こることを報告している。高温での焼結緻密化は，界面において異種材料間での元素拡散による異相形成など，本材料系においても望まぬ反応を引き起こしてしまう。

　そこで，我々は，界面での反応を抑制するために，固体電解質側の組成を種々に検討した。図2には，オリビン型 $LiMnPO_4$（LMP）と LATP の一括焼成の実験結果を示した。活物質に含まれる遷移元素の Mn を，あらかじめ微量に固体電解質へ添加することで，850℃で焼成しても，ADF-STEM 像の通り Mn，Ti が相互拡散することなく，濃度分布が急峻で良好な界面を形成できることが確認できた[7]。活物質の遷移元素が Mn 以外（Co や Ni など）でも，同様に界面の制御が可能であり，良好な界面が形成できることが確認できている。

　電池の電極層では，活物質と電子伝導を担保する導電助剤とイオン伝導を担保するイオン導電助剤の3種のコンポジット化が重要となる。図3には，LMP-LATP-Pd 複合正極を一括焼成したサンプルの断面の SEM-EDS 像を示した。反応抑制が可能になると，図3のように，コンポジットとして焼成することが可能となる。

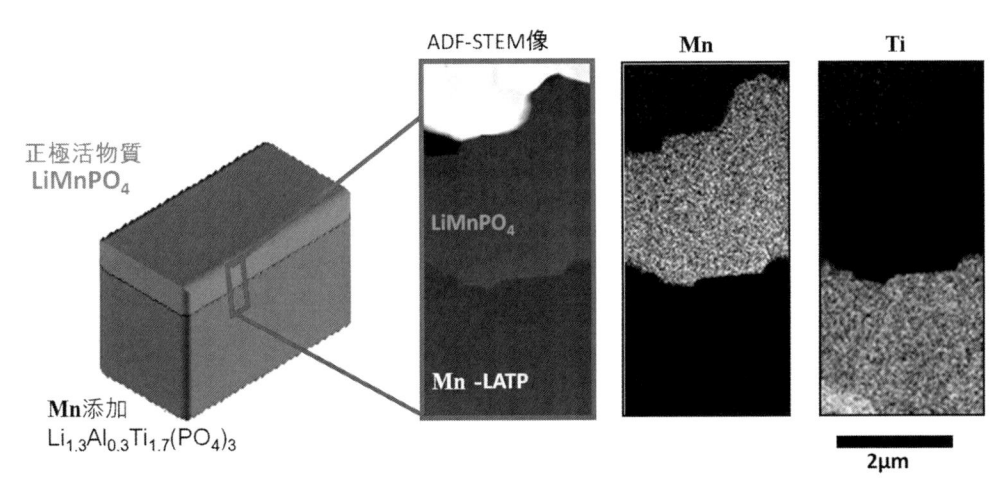

図2　オリビン正極活物質 $LiMnPO_4$ と，Mn 添加 $Li_{1.3}Al_{0.3}Ti_{1.7}(PO_4)_3$ の850℃一括焼成後の断面 SETM 像

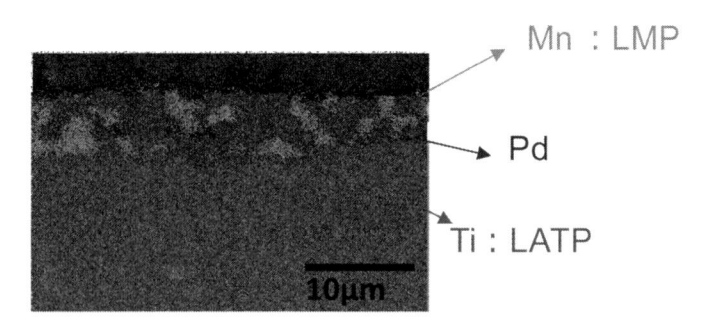

図3　3種コンポジット（LiMnPO₄-Mn 添加 Li₁.₃Al₀.₃Ti₁.₇(PO₄)₃-Pd）焼結体の
断面 SEM-EDS 測定結果

3　固体電解質材料合成と薄層シート作製

　MLCC では，誘電体セラミックスの 1 層厚みが 1 μm 以下と，非常に薄層なセラミックスシートが実現できている。薄層化を達成するためには，粒度分布がシャープな，200 nm 以下の誘電体セラミックス粉末（BaTiO₃）が求められる。BaTiO₃ の合成方法には，固相法や，液相法の水熱法，ゾルゲル法，蓚酸塩法などがある。一般的には，粒度分布がシャープな微粒子を得るには液相法が有利といわれており，固相法は安価なプロセスで大量生産には向いているが，その合成温度の高さから微粒子を得るには不利といわれていた。しかし，当社では，固相法の反応メカニズムに基づき合成技術を発展させ[8]，固相合成法で微細な BaTiO₃ 材料を量産している。

　積層型全固体電池においても，電極間距離を極力短くするためには，固体電解質層を薄層化する必要があり，その材料である Co 添加 LAGP（Co-LAGP）においても，微粒かつ粒度分布がシャープであることが求められる。BaTiO₃ の固相合成技術を，Co-LAGP の合成にも応用した。図 4 に示すように，平均粒径が 200 nm 以下の微細な Co-LAGP の合成が固相法にて可能となった。この材料を用いて，グリーンシートを作製したところ，図 4 の通り，空隙の少ない緻密かつ平滑なグリーンシートが作製できた。

4　積層型全固体電池の作製

　積層型全固体電池は，ほぼ MLCC と同様のプロセスで製造可能である。図 5 には，積層型全固体電池のプロセスフローを示した。粉末材料を有機溶剤，バインダなどを加えてスラリー化→グリーンシートを塗工→グリーンシート上に電極を印刷→所定の積層数まで積層→プレス成型→個片にカット→脱脂・焼成→外部電極を形成，というプロセスである。

　このプロセスにて，積層型全固体電池の試作を行った。セルの構成としては，固体電解質 Co-LAGP 層の両側に，Pd／LCP／Co-LATP コンポジット電極層を配置し，最外層には集電体と

合成プロセス改善前Co-LAGP　　　　　　合成プロセス改善後Co-LAGP

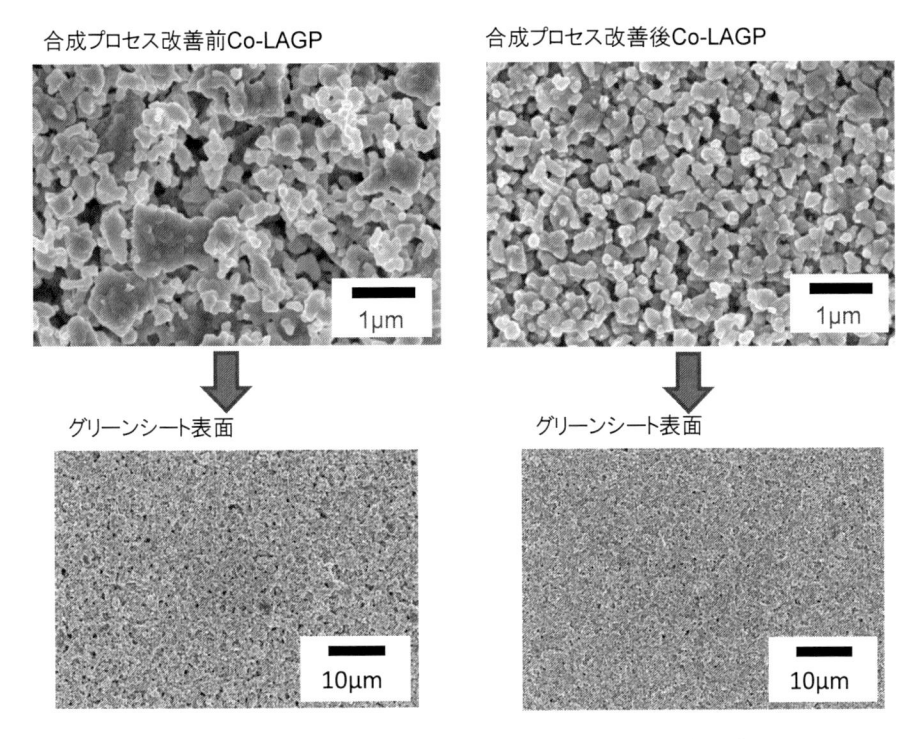

グリーンシート表面　　　　　　　　　グリーンシート表面

図4　固相法にて合成した Co 添加 LAGP 粉末の SEM 像（上段）と，
グリーンシート表面 SEM 像（下段）

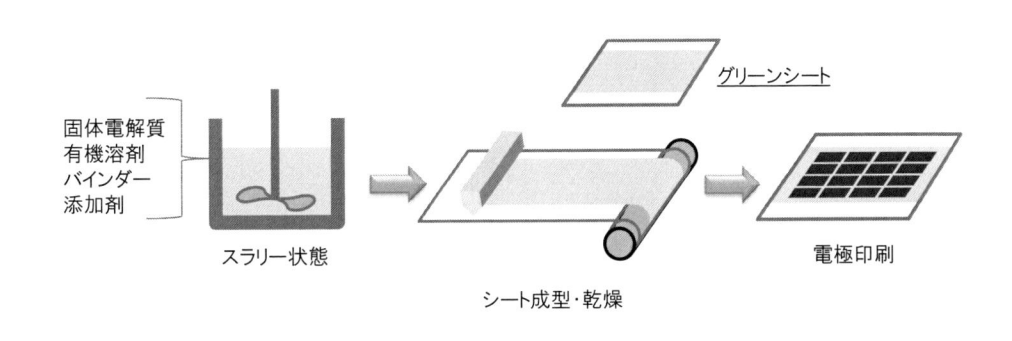

固体電解質
有機溶剤
バインダー
添加剤

スラリー状態　　　　　シート成型・乾燥　　　　電極印刷

グリーンシート

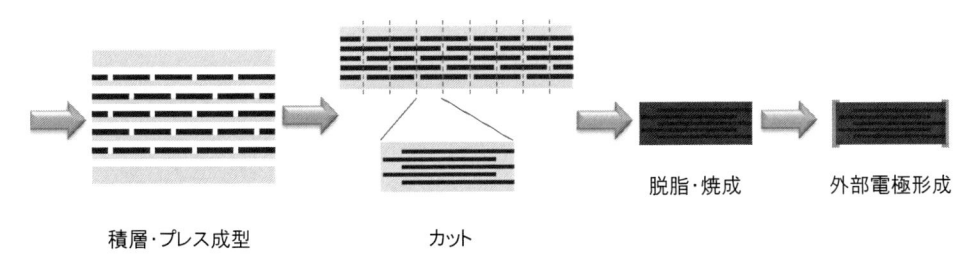

積層・プレス成型　　　　カット　　　　脱脂・焼成　　外部電極形成

図5　積層型全固体電池の製造フロー

して Pd 層を配置した。Pd／LCP／Co-LATP コンポジット電極層は，Pd が導電助剤として働き，正極では LCP が活物質として，Co-LATP は電極層内での固体電解質として働く。一方，負極側では LCP は動作せず Co-LATP が活物質として動作する。図 6 には，2 積層（単セル）の断面構造の模式図を示した。この積層型全固体電池は 0 V まで放電しても壊れず，図 7 のサ

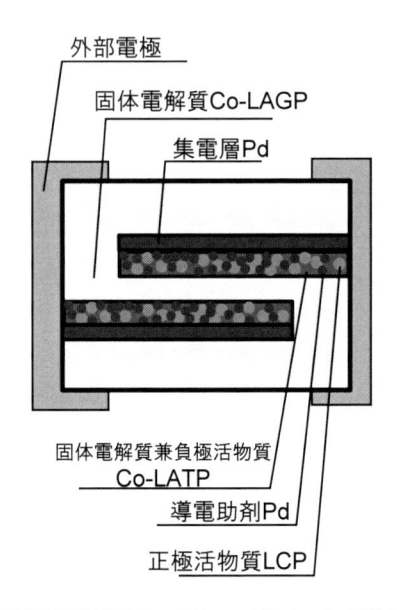

図 6　積層型全固体電池の 2 層セル（単セル）構造断面模式図

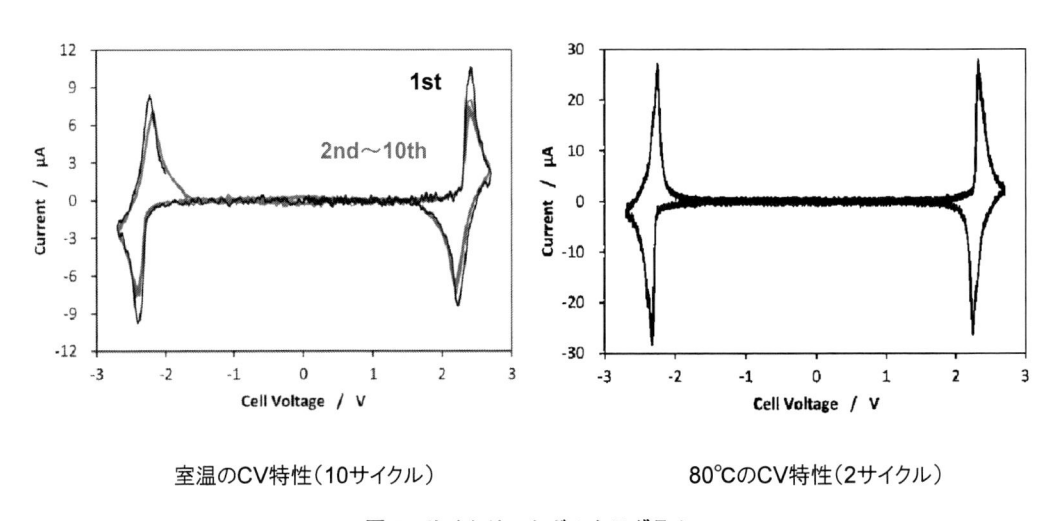

図 7　サイクリックボルタモグラム
測定範囲：－2.7 V〜＋2.7 V，掃引速度：0.1 mV/sec

イクリックボルタモグラムの通り，室温，80℃でも動作し，逆側（マイナス側の電位）での充放電も可能である。正極と負極を同じ構成としているため，SMD タイプの基板実装が可能な小型部品を想定すると，正負極の区別の必要がないことはメリットとなると考えられる。図8には，サイクル試験の結果を示した。1,000 回充放電を繰り返しても，初期容量に対し 90％以上，さらに 5,000 回でも 80％以上の容量維持率を示すことがわかり，安定した電池動作が確認された。

　図9には，種々のサイズで試作した積層型全固体電池の外観写真を示した。1 mm×0.5 mm（1005 形状）と二次電池としては従来にない超小型サイズから，35 mm×25 mm とセラミックの一括焼成プロセスとしては比較的大きめのサイズまで作製が可能である。図10には，多積層電池の断面図，図11には，引出し電極部分を拡大した SEM 写真を示した。欠陥なく多積層の構造が実現できており，引出し部分は片方の極だけ外部に接続され，全並列接続構造（MLCCと同構造）となっている。図12には，積層数（セル数）の増加に伴って，放電容量が増大している様子を示した。これは，今後，固体電解質厚みの薄層化・積層数（セル数）増加により，さらなる容量密度の向上が期待できる結果である。

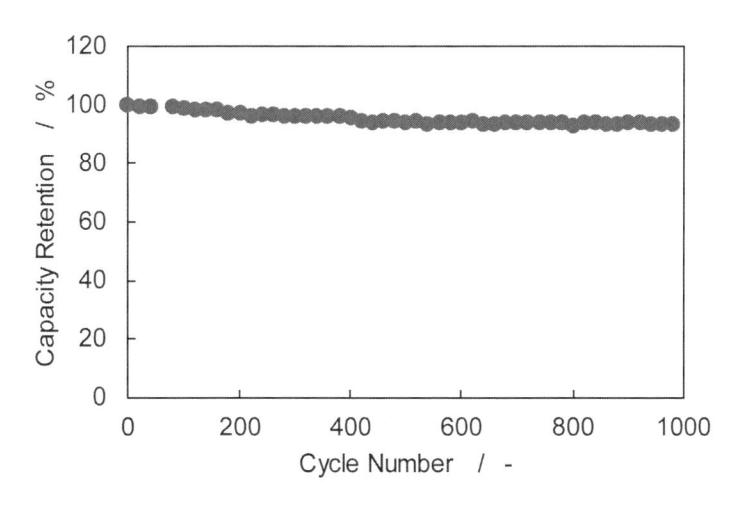

図8　80℃10C レートでの充放電サイクル特性

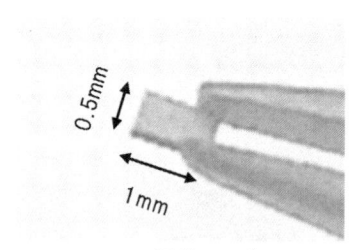

1005形状チップ

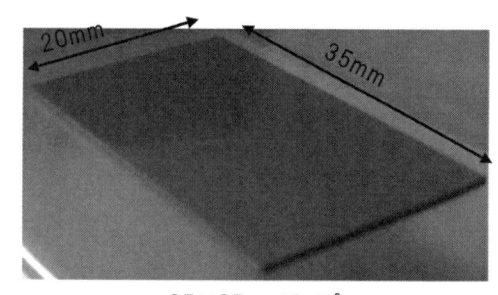

35×25mmチップ

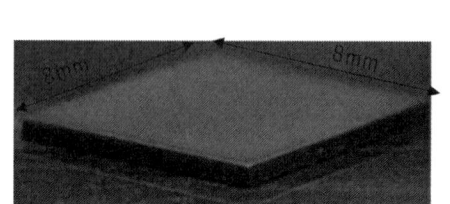

□8mmチップ

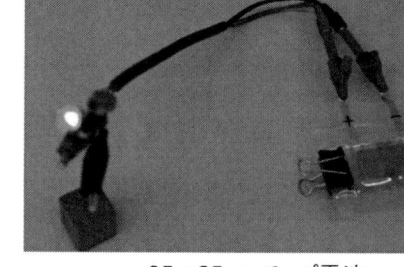

35×25mmチップ電池
室温でのLED点灯の様子

コイン型電池

図9　種々のサイズ，形状の積層型全固体電池

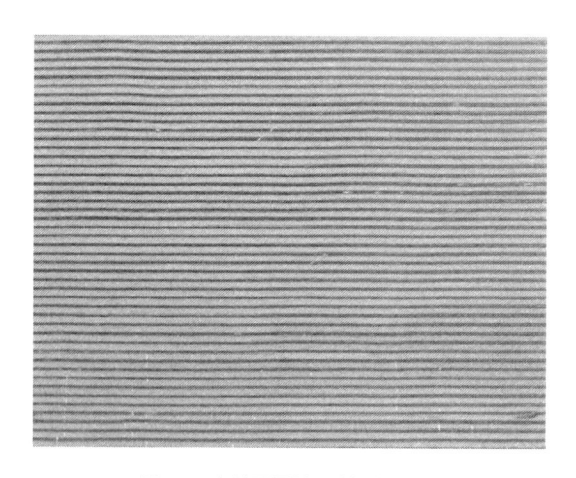

図10　多積層電池の断面拡大図

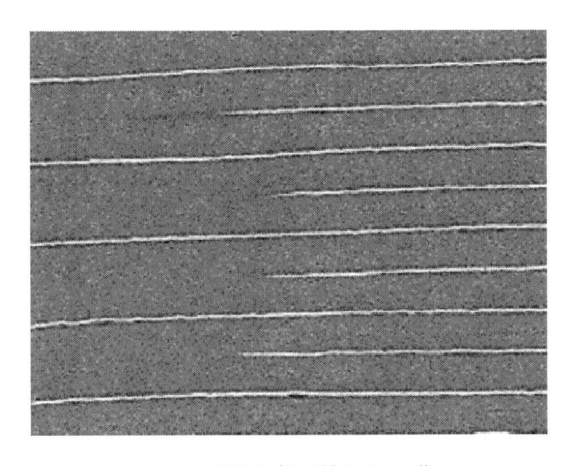

図 11　引出し部の断面 SEM 像

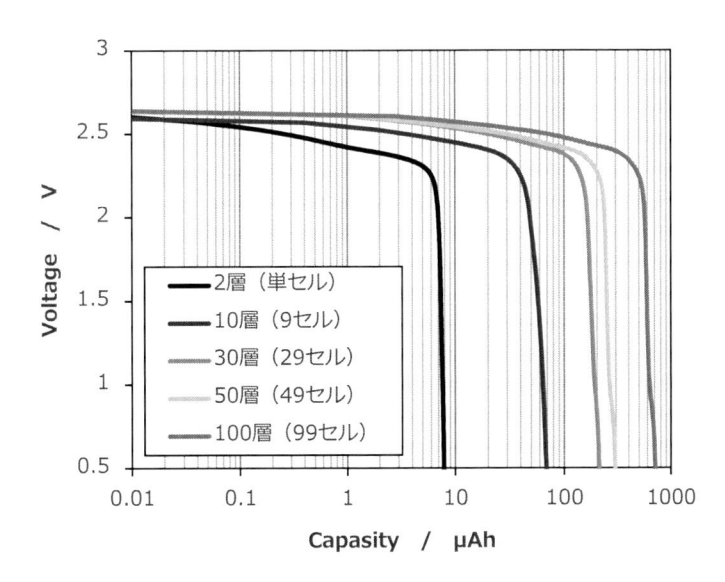

図 12　積層数（セル数）増大に伴う放電容量変化

5　おわりに

　NASICON 型酸化物系固体電解質を用いた，一括焼成にて得られる積層型全固体二次電池を紹介した。安定した電池動作を確認できたが，現状，容量密度は既存の電解液系リチウムイオン二次電池には及ばない。引き続き，固体電解質層の薄層化，電極構造の最適化や，より精密な焼成時の異種材料界面での反応制御により，容量密度，応答性の向上を目指していく。セラミック電池特有の高い安全性や，高温動作可能な耐環境性に加え，MLCC の製造プロセスを展開する

ことで，電解液系のリチウムイオン二次電池では実現が困難な，超小型サイズの二次電池も製造可能となる。本製品の開発の進展が，将来の新たな電子デバイス出現の一助となれば幸いである。

文　　献

1) Y. Kato *et al.*, *Nat. Energy*, **1** (4), 16030 (2016)
2) 辰巳砂昌弘，林晃敏，化学，**67** (7), 19 (2012)
3) 岸弘志，第 33 回強誘電体応用会議予稿集，26-S-03 (2016)
4) 高田和典，セラミックス，**45** (3), 163 (2010)
5) K. Nagata *et al.*, *J. Power Sources*, **174**, 832 (2007)
6) J. Xie *et al.*, *J. Power Sources*, **192**, 689 (2009)
7) 伊藤大悟ほか，第 54 回電池討論会講演要旨集，3E02 (2013)
8) 川村知栄，*Ceramic Data Book*, **46**, 69 (2018)

第16章　単結晶電解質部材の開発

秋本順二[*1], 片岡邦光[*2]

1　はじめに

　全固体電池の実現が期待されている。現行のリチウム二次電池（LIB）で使われている可燃性の有機系電解液を使用せず, 固体の材料のみで電池を構成することにより, 高い安全性が可能となる。また, 現行のリチウム二次電池では, 動作温度範囲は−20℃から40℃に限定されているが, 無機のセラミックス材料のみを構成材料とすることで, より高温での動作も可能となることが期待され, 新たな二次電池用途の拡大も可能となる。

　全固体電池実現のためのキーマテリアルは, 電解質材料である。近年の研究開発で, 高いリチウムイオン伝導性を有する新規材料が次々と発見され, 実用化への可能性が高まっている。無機材料の中でも, 硫化物系の電解質材料については, ガラス系材料[1], 結晶質材料[2]のブレークスルーが10年ほど前にあり, 全固体電池の研究開発が加速度的に進展した。特に最近では, 10^{-2} S/cm を超える導電率が可能となる材料系[3]が見出されており, これは現行の LIB における有機系電解液を超える高い特性である。一方, 酸化物系材料は, 硫化物系に比べると導電率は1桁以上低く, さらに材料自体の可塑性に乏しいことから, 良好な界面の構築には課題が多い。表1にこれまで検討されてきた代表的な酸化物系電解質材料の化学組成, 結晶構造, 室温にお

表1　代表的な酸化物系電解質材料

化学組成式	略称	結晶構造	室温での導電率（S/cm）
$La_{0.57}Li_{0.29}TiO_3$	LLT	ペロブスカイト	5×10^{-4}
$Li_{1.3}Al_{0.3}Ti_{1.7}(PO_4)_3$	LATP	NASICON	7×10^{-4}
Al-doped $Li_7La_3Zr_2O_{12}$	LLZ	ガーネット	4×10^{-4}
$Li_{6.5}La_3Zr_{1.5}Ta_{0.5}O_{12}$	LLZT	ガーネット	8×10^{-4}
$Li_{2.9}PO_{3.3}N_{0.46}$	LiPON	ガラス	3.3×10^{-6}
$Li_{1.07}Al_{0.69}Ti_{1.46}(PO_4)_3$	LATP	結晶化ガラス	1.3×10^{-3}
$Li_{1.5}Al_{0.5}Ge_{1.5}(PO_4)_3$	LAGP	結晶化ガラス	4×10^{-4}
$50Li_4SiO_4 \cdot 50Li_3BO_3$	—	ガラス	4×10^{-6}

＊1　Junji Akimoto　産業技術総合研究所　先進コーティング技術研究センター
　　　　　エネルギー応用材料研究チーム　研究チーム長
＊2　Kunimitsu Kataoka　産業技術総合研究所　先進コーティング技術研究センター
　　　　　エネルギー応用材料研究チーム　主任研究員

ける導電率についてまとめた。

NASICON 型の LATP や LAGP，ペロブスカイト型の $La_{0.57}Li_{0.29}TiO_3$ などは，いずれも室温で 10^{-3} S/cm 程度のバルクの導電率を有することから，酸化物系の中でも導電率が高い材料として知られており，電解質部材としての研究開発が最も多く取り組まれてきた。しかしながら，これらの材料は，金属リチウムに対する耐還元性が乏しいことが課題としてあった。これに対して，2003 年にドイツのキール大学の Prof. Weppner らは，ガーネット型構造を基本構造とする新しいリチウムイオン伝導体を発見し，注目されている[4]。最初に見出された $Li_5La_3Nb_2O_{12}$ は，室温で 10^{-6} S/cm 程度であったが，その後，2007 年に $Li_7La_3Zr_2O_{12}$ に代表される LLZ 系が見出され[5]，その特性は，$4×10^{-4}$ S/cm 程度であること，金属リチウムに対する耐還元性も良好であること，などの理由により，多くの研究者に注目され，材料組成の最適化，電解質部材への応用，全固体電池の研究開発が展開された。

中でも $Li_{6.5}La_3Zr_{1.5}Ta_{0.5}O_{12}$（LLZT）組成は，室温における導電率が $8×10^{-4}$ S/cm と高いことから多くの取り組みがなされている。我々のグループでも，この LLZT について，アルミナるつぼなどからのアルミニウムの含有のない条件での合成を行い，Ta 置換量に依存した結晶構造と導電率の変化を調べ，Ta 置換量が 0.5 近辺で導電率が最大となることを明らかにするとともに，電解質部材としての評価を進めてきた[6,7]。

2 電解質部材の課題

LLZT は，金属リチウムに対する耐還元性に優れ，導電率も比較的高いという特徴を有する希有な材料であることから，金属リチウムを電極とした評価についても検討がされてきた。特性の評価には，焼結密度が高い焼結体が必要であり，セラミックスの焼結技術として一般的なホットプレス，HIP，SPS などの方法で，透光性がある焼結体の合成も可能であることが明らかとなった。ところが，金属リチウムを電極として直流試験を実施した際に，0.5 mA/cm² 程度の定電流においても，1,000 秒程度の時間で，電圧がふらついたり，低下してしまったりする現象が明らかとなった。詳細の評価・解析の結果，この原因は，金属リチウムのデンドライト成長に起因した内部短絡が起こっていることが明らかとなった。この現象については，三重大学の武田先生のグループが最初に報告したものであるが[8,9]，その後，多くの研究機関において，焼結性の改善を行ったり，金属リチウムとガーネット材料の間に平滑な界面層を形成したりする取り組みがなされ，一定の改善傾向は見られたが，根本的な解決策は，見出されていなかった。デンドライト成長を引き起こすメカニズムについての解明も検討されており，これまでにいくつかの説が報告されているが，本質的な現象については，未解明な状況である。しかしながら，金属リチウムが焼結体のどの部分に成長するのか，という観点では，多くの文献でセラミックスの粒界を貫通していることが報告されており，固体においてもデンドライト成長の問題が，液系電池と同様に存在することは明白となっている[10~12]。デンドライト成長の問題は，ガーネット材料において詳

しく調べられているが，硫化物をはじめとする他の材料系においても問題となる可能性は否定できない。この課題解決策が見出されない限り，全固体電池の実現は困難となる最重要課題と考えている。

　このような状況で，課題解決策として，粒界がないセラミックスを電解質部材とすることで，根本的な解決が可能となるのではないか，と我々は考え，粒界がないセラミックス，すなわち単結晶の形態を有する電解質部材が必要ではないか，という観点から，研究開発を進めてきた。本章では，ガーネット系材料の単結晶育成の試みと育成された単結晶の性能について概説する。

3　単結晶育成技術

　無機機能材料酸化物の単結晶製造方法は，さまざまな方法が知られているが，特に構成元素としてリチウムなどのアルカリ元素を含有する場合は，高温での揮発が顕著であることから，より低い温度での単結晶合成が必要と考えられた。融点よりも低い温度での単結晶育成技術としては，化学輸送法などの気相成長，水熱合成，フラックス合成などの溶液成長などが挙げられる。このうち，電解質部材として使用することを想定すると，ある程度の大きさの単結晶が育成できる必要があるため，まず，フラックス合成法について検討した。我々のグループでは，これまでにリチウム電池材料酸化物の単結晶合成として，フラックス法を適用し，正極材料活物質であるリチウムコバルト酸化物（$LiCoO_2$）[13]，リチウムマンガン酸化物（$LiMn_2O_4$）[14]，負極材料活物質であるリチウムチタン酸化物（$Li_4Ti_5O_{12}$）[15] などの材料の単結晶合成に成功してきた。いずれも結晶サイズは，1 mm 以下の微小なサイズしか合成できていないが，各酸化物の結晶構造，物性，リチウム脱離反応に伴う構造・物性変化について，詳細な解析に成功してきた。すなわち，リチウム含有の複合酸化物の単結晶育成には，フラックス法が有意であると言える。そこで，ガーネット系材料の単結晶育成については，最初にフラックス法を適用した。

4　フラックス法による単結晶合成

　フラックス材として，炭酸リチウムを過剰に仕込むことで，構成成分がフラックス（融剤）の役割も担うことができ，粒成長に伴う単結晶化が可能であることが明らかとなった。この方法で，正方晶系（図 1）と立方晶系の $Li_7La_3Zr_2O_{12}$ の単結晶を世界で初めて合成することに成功した[16, 17]。しかしながら，合成された単結晶のサイズは 0.1 mm 以下であり，炭酸リチウムフラックスでは，さらなる大型化は困難であった。そこで，次に，各種リチウム塩をフラックス材として立方晶 $Li_7La_3Zr_2O_{12}$ の単結晶合成条件を検討した。フラックス材として，塩化リチウム，水酸化リチウム，硝酸リチウム，炭酸リチウムを比較した結果，硝酸リチウムを使用し，最高温度 1,150℃ からの徐冷によって，0.15 mm 程度の結晶外形面がよく発達した自形の単結晶が合成することができた[18]。

その後，硝酸リチウムをフラックスとする合成条件をさらに検討し，最高温度 1,100℃，アルミナるつぼを使用したフラックス法で，0.2 mm 程度のサイズの Al を含有した立方晶系 $Li_7La_3Zr_2O_{12}$ の単結晶合成が可能であることが判明した（図2）。しかしながら，フラックス法では，これ以上のサイズの単結晶合成は，困難であった。

　一方，フラックス法で結晶合成を行った場合，フラックス材を除去するために，水洗する必要があるが，その後の研究で，水洗することで，表面からリチウムが分解して，プロトン交換してしまうことが明らかとなった。さらに，このプロトン交換反応は表面のみの問題ではなく，単結晶全体まで反応が進行してしまうこと，最終的にはほぼすべてのリチウムがプロトン交換してしまうことが明らかとなっている。したがって，本材料系の単結晶育成方法として，そもそも水洗などの洗浄工程が必要となるフラックス法は適していないことが判明した。

図1　フラックス法で合成された正方晶系 $Li_7La_3Zr_2O_{12}$（LLZ）単結晶の SEM 写真

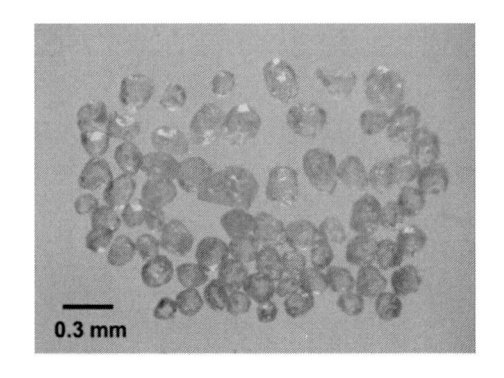

図2　フラックス法で合成された立方晶系 Al 含有 $Li_7La_3Zr_2O_{12}$（LLZ）単結晶の実体顕微鏡写真

5　浮遊帯域溶融法による単結晶育成

　工業的な単結晶育成技術として，今日，多くの単結晶材料に適用されている方法は，融液からの結晶成長法である。単結晶を電解質部材とすることを考慮すると，最も工業化に近い方法と言うことができる。しかしながら，LLZTのようなリチウムを主要構成元素として含有している酸化物の場合，融液からの酸化リチウムの揮発が激しいことが予測され，単結晶育成は困難と思われた。実際，予備実験として粉末を融解させる実験を行うと，白煙を上げて融解（分解）する状況を確認した。このため，融液（溶融体）のサイズが小さく，るつぼを使用しないため，るつぼとの反応を考慮する必要がない，浮遊帯域溶融法（Floating zone melting）を適用した単結晶育成を検討した。本育成方法の詳細については，単結晶育成に関する文献を参考にされたい[19]。

　LLZTの単結晶育成について，結晶成長（移動）速度，回転数，雰囲気ガスの種類と流量を最適化することで，安定して結晶成長できる条件があることを見出し，図3に示すような棒状（直径 6 mm，長さ 80 mm）の無色透明の単結晶を育成することに成功した[20]。切断，研磨した単結晶の表面形態の SEM 像を図4に示す。研磨痕が見られるのみで，クラックや粒界のない均質なバルク体であることが確認された。

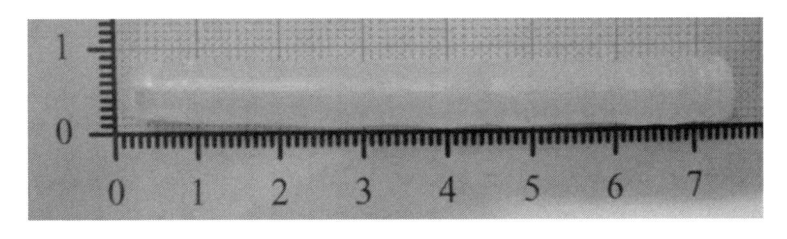

図3　FZ 法で育成された $Li_{6.5}La_3Zr_{1.5}Ta_{0.5}O_{12}$（LLZT）の大型単結晶

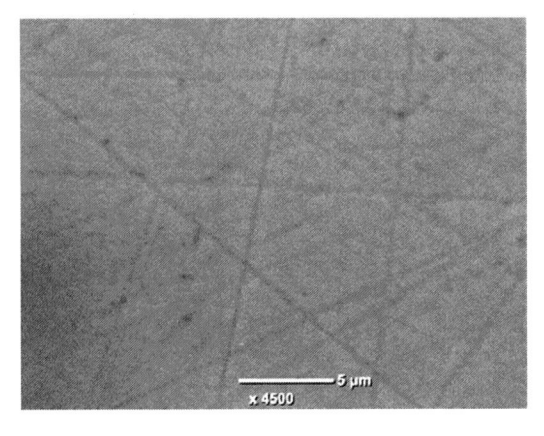

図4　$Li_{6.5}La_3Zr_{1.5}Ta_{0.5}O_{12}$（LLZT）単結晶表面の SEM 写真

6　単結晶電解質部材の評価・解析

　大型の単結晶試料を用いて，LLZT の基礎物性の評価・解析を進めている。単結晶 X 線回折，単結晶中性子回折データを用いた結晶構造解析を行い，リチウムイオン伝導を左右する詳細なリチウムの配列様式を解明した[20, 21]。さらに，NMR 測定によるリチウムの拡散係数の導出，電気化学測定による導電率評価などの基礎物性を明らかにした[22]。導電率については，単結晶バルクの導電率として，室温で 1.7×10^{-3} S/cm であることを確認した（図5）。焼結体の導電率と比較すると，粒界がないことによる単結晶の導電特性上のメリットは明らかである。

　単結晶を電解質部材とした評価として，金属リチウム電極を用いた直流分極試験を実施し，10 mA/cm^2 以上の電流密度においても内部短絡は起こらないことを確認した[23]。多結晶体を用いた評価では，現状 1 mA/cm^2 が限界であることから，単結晶を部材とする優位性を確認することができた。今後は，金属リチウムの電極形成方法を最適化することで，より低抵抗の溶解・析出反応が可能と考えている。

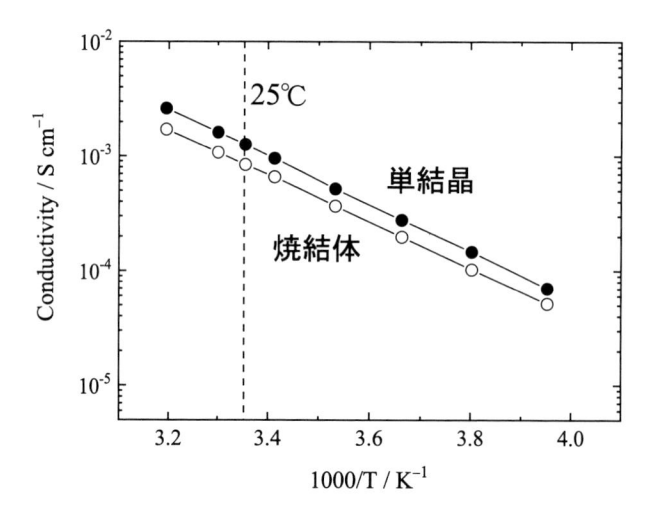

図5　Li$_{6.5}$La$_3$Zr$_{1.5}$Ta$_{0.5}$O$_{12}$（LLZT）単結晶部材と焼結体の導電率の比較

7　単結晶電解質部材の今後の課題

　本章では，酸化物系全固体電池の実現のため，新たに単結晶を電解質部材とする研究開発について紹介した。単結晶であることから，材料の物性をそのまま反映させた低抵抗の電解質の部材化が可能であること，全固体電池の重要な課題である金属リチウムのデンドライト成長を原理的に抑制可能であること，などのメリットが期待される。また，単結晶を電解質部材とする全固体電池の試作も進めており，エアロゾルデポジション法による常温成膜による電極形成により電池

性能の向上を目指している[24]。

　電解質部材は，現行の LIB におけるセパレータの役割を担うので，薄膜化できれば，エネルギー密度の点でも有利となる。今回の材料と類似した組成を有する SAW デバイス用単結晶 LiTaO$_3$ については，厚さ 10〜20 μm 程度までの加工が可能であることから，今回の単結晶電解質部材の薄膜化も可能と考えられる。今後は，より生産性，量産性がある単結晶育成技術への展開を進める必要がある。

文　　献

1)　A. Hayashi *et al.*, *J. Non-Cryst. Solids*, **356**, 2670（2010）

2)　N. Kamaya *et al.*, *Nat. Mater.*, **10**, 682（2011）

3)　Y. Kato *et al.*, *Nat. Energy*, **1**, 16030（2016）

4)　V. Thangadurai *et al.*, *J. Am. Ceram. Soc.*, **86**, 437（2003）

5)　R. Murugan *et al.*, *Angew. Chem. Int. Ed.*, **46**, 7778（2007）

6)　N. Hamao *et al.*, *J. Ceram. Soc. Jpn.*, **124**, 678（2016）

7)　N. Hamao *et al.*, *J. Ceram. Soc. Jpn.*, **125**, 272（2017）

8)　R. Sudo *et al.*, *Solid State Ionics*, **262**, 151（2014）

9)　Y. Takeda *et al.*, *Electrochemistry*, **84**, 210（2016）

10)　A. Sharafi *et al.*, *J. Power Sources*, **302**, 135（2016）

11)　L. Porz *et al.*, *Adv. Energy Mater.*, **7**, 1701003（2017）

12)　F. Han *et al.*, *Nat. Energy*, **4**, 187（2019）

13)　J. Akimoto *et al.*, *J. Solid State Chem.*, **141**, 298（1998）

14)　J. Akimoto *et al.*, *Chem. Mater.*, **12**, 3246（2000）

15)　K. Kataoka *et al.*, *Solid State Ionics*, **180**, 631（2009）

16)　J. Awaka *et al.*, *J. Solid State Chem.*, **182**, 2046（2009）

17)　J. Awaka *et al.*, *Chem. Lett.*, **40**, 60（2011）

18)　J. Awaka *et al.*, *Key Eng. Mater.*, **485**, 99（2011）

19)　日本結晶成長学会「結晶成長ハンドブック」編集委員会編，結晶成長ハンドブック，p.276，共立出版（1995）

20)　K. Kataoka & J. Akimoto, *ChemElectroChem*, **5**, 2551（2018）

21)　K. Kataoka *et al.*, *Sci. Rep.*, **8**, 9965（2018）

22)　A. Doray *et al.*, *Solid State Ionics*, **327**, 18（2018）

23)　片岡邦光，浜尾尚樹，石崎晴朗，秋本順二，第 58 回電池討論会講演要旨集，講演番号 2C20（2017）

24)　J. Akimoto, T. Akao, H. Nagata, K. Kataoka, J. Akedo, In: Abstract book of "The 35th Intl. Korea-Japan Seminar on Ceramics", p.114（2018）

第17章 全固体電池における低抵抗固体界面の実現

西尾和記[*1]，一杉太郎[*2]

1 はじめに

次世代型蓄電デバイスとして全固体 Li 電池が本命視され，活発な研究が展開されている。この電池の利点として高速な充電が挙げられ，「大電流を流すことが可能」な電池の開発が重要である。これは電池の高出力化にもつながり，液系 Li イオン電池との差別化において，最重要の要素である。そのために，高イオン伝導性を有する固体電解質を利用することに加え，「大電流や高電圧に対してロバストな界面」の実現が不可欠である。前者について，Li イオン伝導度が 10^{-3} S·cm^{-1} を超える酸化物系や硫化物系固体電解質が開発されている[1~4]。しかし，いかに高いイオン伝導性を有する固体電解質を利用しても，固体電解質／電極界面抵抗が高くては全固体 Li 電池本来の性能を発揮することができない。そこで本稿では，固体電解質／電極界面抵抗の低減について，筆者らの最新の研究を紹介する。

固体電解質／正極界面における抵抗の起源には，空間電荷層[5~7]や界面反応層形成[8~10]によるものなど，さまざまなメカニズムが提案されている。筆者らは現在，界面反応層の生成，あるいは界面での構造の乱れが抵抗発生の主要因だと考えている。実用化に向けては，正極活物質に金属酸化物を修飾することにより界面抵抗を低減することが報告されているが[5, 11~13]，そのメカニズムはいまだ解明されていない。電池のさらなる高性能化には，界面における抵抗発生メカニズムを明らかにし，低抵抗化に向けた界面制御技術を確立することが非常に重要である。特に酸化物固体電解質はその機械的な硬さから電極との良好な接触を得ることが困難と考えられるため，固体電解質／電極界面制御がますます重要になっている。

このような背景のもと，電池材料のエピタキシャル薄膜作製技術を活用し，結晶方位と表面構造を規定したモデル電極を作製するアプローチから，界面抵抗起源の解明に向けた研究が重要となる。そのようなモデル電極を作製し，さまざまな材料間において界面抵抗を定量的に計測し，高速充電に向けた低抵抗界面構造の設計指針を得ることが肝要である。

バルク型電池研究と界面構造が規定されたモデル電池研究の違いを整理する。バルク型全固体 Li 電池の場合，界面の接触面積や電極活物質の結晶方位，表面構造が複雑なため，界面の情報を抽出するには適した系とは言い難い（図 1(a)）。これに対し，薄膜技術を活用すると固体電解

＊1　Kazunori Nishio　東京工業大学　物質理工学院　特任助教

＊2　Taro Hitosugi　東京工業大学　物質理工学院　教授

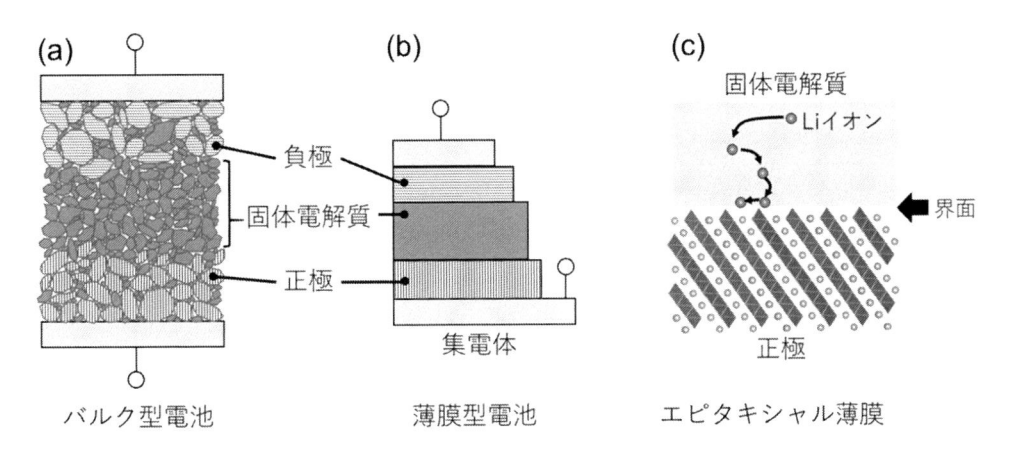

図 1　全固体電池

（a）バルク型電極，（b）薄膜型電池。（c）エピタキシャル薄膜作製技術の活用により結晶方位，界面構造を原子レベルで規定したモデル電極の作製が可能となる。

質／電極界面において界面面積が規定でき（図 1(b)），平坦な界面が実現することから各種計測技術を適用することも可能となる。さらに，正極活物質作製にエピタキシャル薄膜作製技術を活用すると，結晶方位や表面構造[14]を原子レベルで制御でき，Li イオン伝導経路が規定される理想的なモデル電極を作製することができる（図 1(c)）。このように，モデル電極を利用して界面抵抗を定量的に評価し，界面抵抗起源探索を行うことが可能である。

2　研究のアプローチ：全真空プロセスによる清浄界面を形成した薄膜 Li 電池の作製と電池特性評価

理想的なモデル電池を作製する際に，不純物を極力減らした清浄な界面を形成することが，界面の本質を明らかにする上で非常に重要である。薄膜試料を一度も大気に曝露せずに作製する（全真空プロセス）ことにより，電極表面を汚染せずに清浄界面を形成することができる[15]。モデル電池の作製と電池特性を評価するシステムの模式図を図 2 に示す。集電体に Au などの金属薄膜を利用する際は DC マグネトロンスパッタリング法により薄膜作製し，導電性酸化物の集電体の場合は KrF エキシマレーザー（波長 248 nm）を用いたパルスレーザー堆積（PLD）法により薄膜作製を行っている。正極材料についても PLD 法を用い，エピタキシャル薄膜（結晶の方位が揃った薄膜）を作製する場合は単結晶基板の上に成膜する。固体電解質は ArF エキシマレーザー（波長 193 nm）を利用した PLD 法により薄膜作製し，負極には Li 金属薄膜を抵抗加熱蒸着法により堆積した。作製した試料は測定プローブチャンバーへ真空搬送し，電池特性を評価する仕様になっている。

この全真空プロセスを利用して作製した $Li_3PO_{4-x}N_x$ 固体電解質／$LiCoO_2$ 電極界面を有する

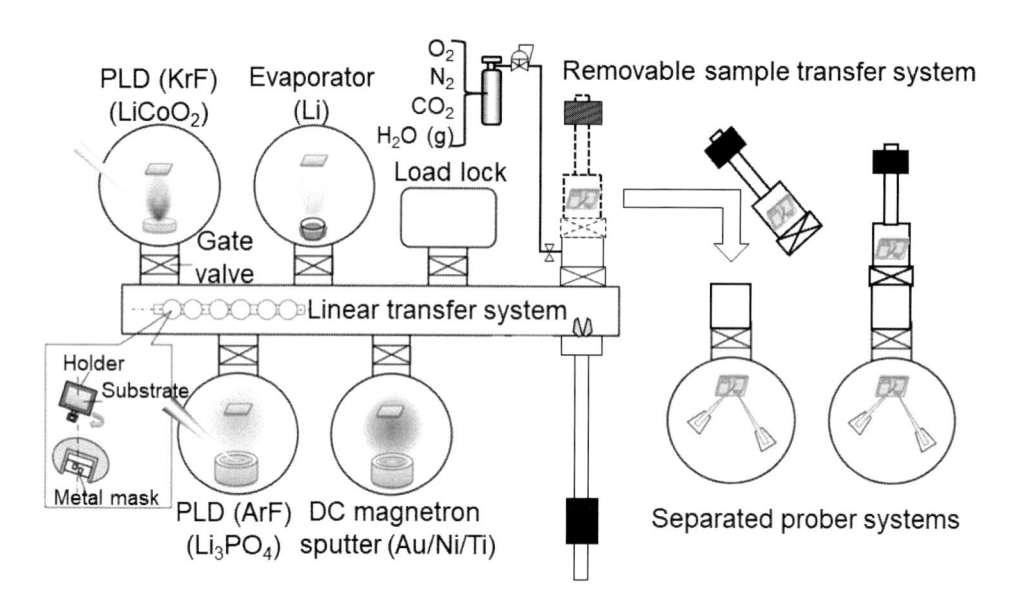

図2　全真空プロセスシステムの模式図

薄膜 Li 電池作製から電池特性評価まで試料を大気曝露せず行うことが可能である。試料搬送チャンバーを利用して薄膜電池試料をプローブシステムチャンバーに搬送し電池特性評価を行う。試料搬送チャンバーには，意図的にさまざまなガスを導入し，電極表面を特定のガス種により "汚染" させることも可能にしている。

モデル電池において，この界面が極めて低い界面抵抗（8.6 Ω・cm²）を示すことを実証した[16]。この値はこれまでに報告されている全固体 Li 電池の界面抵抗値の約 1/40 であり，さらに，有機溶媒系電解質／電極界面抵抗の約 1/5 と極めて低い値であった。以上から，清浄な界面を形成することにより，極めて低い界面抵抗有する固体電解質／電極界面を形成できることが明らかになった。

　本稿においては，この全真空プロセスを活用し，代表的な活物質である LiCoO₂ からさまざまな正極活物質（LiNi₁/₃Mn₁/₃Co₁/₃O₂ や LiNi₀.₈Co₀.₂O₂）へ展開した固体電解質／電極モデル界面における最近の研究を紹介する。さらに，高エネルギー密度化を可能とする起電力の高い 5 V 級正極のスピネル型 LiNi₀.₅Mn₁.₅O₄ エピタキシャル薄膜モデル電極を利用した固体電解質との界面研究に関しても紹介する。

3　LiNi₁/₃Mn₁/₃Co₁/₃O₂ 薄膜を利用した固体電解質／電極界面抵抗の研究

　LiNi₁/₃Mn₁/₃Co₁/₃O₂（NMC）は有機溶媒系電解質を利用した Li イオン二次電池用電極材料としてすでに実用化されており，代表的な正極活物質である LiCoO₂ に含まれる Co を安価な遷移金属に置換した正極活物質である。NMC は LiCoO₂ と比較して，高容量，高エネルギー密度化が可能である[17]。このように液系電解質を利用した Li イオン 2 次電池で実績がある材料に対

し，固体電解質／電極界面抵抗の定量評価を行った。

　モデル電池作製上の難しさは薄膜作製時における遷移金属の価数制御である。NMC における各遷移金属の形式酸化数は Ni，Mn，Co でそれぞれ +2，+4，+3 価である。これら遷移金属のうち，Ni^{2+}/Ni^{4+}（Li イオン脱離量 $\leq 2/3$）と，Co^{3+}/Co^{4+}（Li イオン脱離量 $\geq 2/3$）の酸化還元反応が電池の充放電に寄与し，Mn は電気化学反応に寄与せず，NMC の構造安定化に寄与していると考えられている[18]。このように，NMC 内の各遷移金属の酸化状態が電気化学反応や構造安定性に関わるため，NMC 薄膜を PLD 法で作製する際，遷移金属の組成と酸化状態を制御することが重要になる。しかし，薄膜作製においては一般に，酸化数の調整は難しい。PLD 法は物理蒸着プロセスであり，真空チャンバー内で成膜が進む。したがって，遷移金属は還元されやすい環境に晒され，特に複数の金属を含む薄膜の場合，金属の価数を独立に調整することは難しい。そのため，製膜時における基板温度（T_s）と酸素圧力（P_{O2}）の制御が酸化状態制御に重要となる。

　NMC 薄膜を PLD 法により 2 条件で作製した例を示す。条件①（$T_s = 600℃$，$P_{O2} = 100\,mTorr$）と条件②（$T_s = 700℃$，$P_{O2} = 10\,mTorr$）で作製した薄膜の面直 X 線回折パターンを図 3(a) に示す。いずれの薄膜においても NMC 003n 反射を示していることから（001）配向成長した NMC エピタキシャル薄膜が得られた。

　しかし，ピーク強度比とピーク位置から，薄膜内に欠陥が存在していることが分かった。NMC 003 と NMC 006 ピークの X 線反射強度比の値は，層状構造が乱れていること，つまり，Li イオンと遷移金属（Ni，Mn，Co）イオンが置換していることを反映している[19]。酸化雰囲気（条件①）で作製した NMC 薄膜のピーク強度比（003/006）が 17.6 であるが，還元雰囲気（条件②）で作製した NMC 薄膜のそれは 3.7 と低い値を示した。この強度比が大きいほど層状

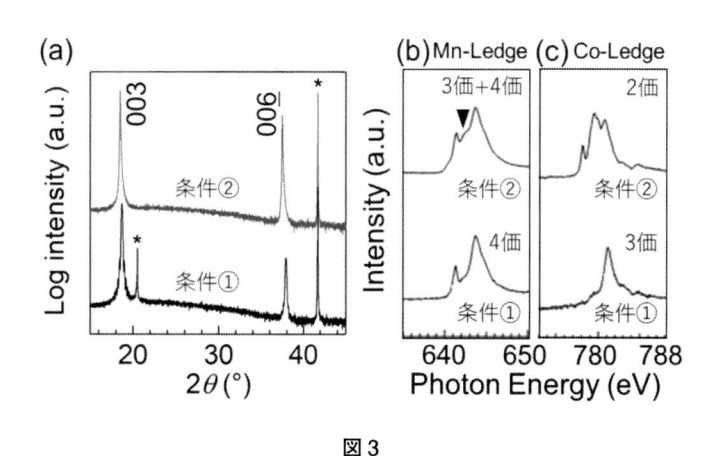

図 3

（a）Al_2O_3（0001）単結晶基板上に作製した $LiNi_{1/3}Mn_{1/3}Co_{1/3}O_2$（NMC）薄膜の面直 XRD 回折パターン。NMC 薄膜の製膜条件①：基板温度（T_s）600℃，酸素圧力（P_{O2}）100 mTorr，条件②：$T_s = 700℃$，$P_{O2} = 10\,mTorr$。X 線吸収スペクトル法による酸化状態評価：(b) Mn-L 吸収端のスペクトル，(c) Co-L 吸収端のスペクトル。

構造が発達していて良質な NMC であることから，酸化雰囲気が適していることが分かる。さらに，X 線回折のピーク位置から求まる格子定数は 14.24 Å（条件①），14.41 Å（条件②）であった。バルク体の格子定数は 14.233〜14.247 Å[17, 20)]であり，酸化雰囲気で製膜すると NMC 薄膜の格子膨張は抑制された。したがって，還元雰囲気においては酸素欠損が導入されるが，酸化雰囲気で製膜すると酸素欠損を含まない NMC 薄膜が得られると理解できる。

図 3(b)，(c) に NMC 薄膜内における Mn と Co に対する X 線吸収分光（XAS）スペクトルを示す。還元雰囲気（条件②）で作製された NMC 薄膜において Mn と Co がともに一部還元（Mn^{3+}，Co^{2+}）したが，酸化雰囲気（条件①）で作製した薄膜は Mn と Co がそれぞれ 4＋と 3＋の理想的な酸化状態を示した。以上から PLD 法における NMC 薄膜合成においては薄膜成長時に酸化条件下で高品質な単相エピタキシャル NMC 薄膜が得られることが明らかになった。得られた単相薄膜に対して組成分析（ラザフォード後方散乱分析（RBS）と，粒子励起 X 線分析法（PIXE））を行ったところ，NMC 薄膜（製膜条件①）における遷移金属の組成比は Ni：Mn：Co＝1.0：1.0：1.0（±0.15）であり，狙い通りの薄膜が得られていることが分かった。

XAS による測定においては NMC 薄膜の表面敏感な検出法（TEY 法）とバルク敏感な検出法（XEOL 法）でそれぞれ薄膜内，および表面の遷移金属における酸化状態を切り分けて調べることが可能である[16)]。NMC 薄膜（製膜条件：T_s＝600℃，P_{O_2}＝100 mTorr）の表面と薄膜内の XAS スペクトルの結果を図 4(a) に示す。表面においては Mn と Co の一部が還元していることが明らかになった。これは NMC 薄膜試料作製後に，XAS 測定のため試料搬送の過程で大気曝露されており，その曝露後に NMC 薄膜表面が還元反応していることを示唆している。

これをもとに，全真空プロセスにより清浄な Li_3PO_4 固体電解質／NMC 界面を形成して電池素子を作製した場合と，NMC 薄膜作製後に大気曝露して表面を汚染したあとに電池素子を作製

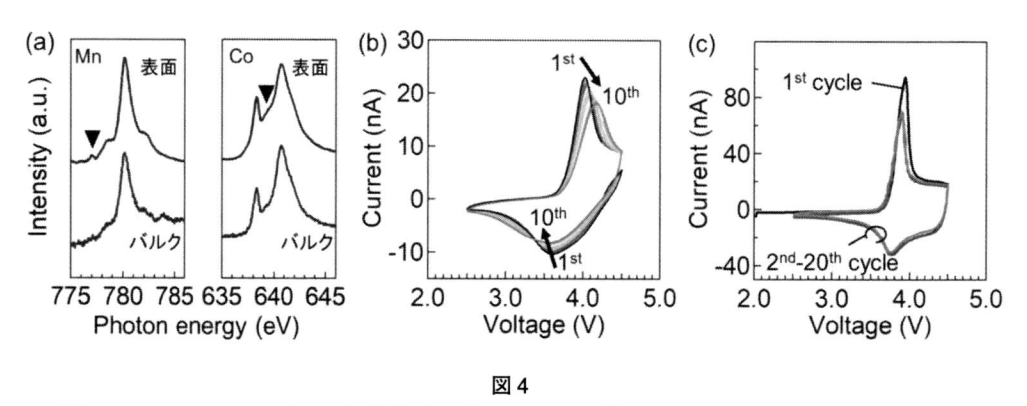

図 4

（a）$LiNi_{1/3}Mn_{1/3}Co_{1/3}O_2$（NMC）薄膜（600℃，100 mTorr）の X 線吸収スペクトル。上のスペクトルは全電子収量（試料電流）検出による表面の酸化状態を示している。下のスペクトルは XEOL 検出によるバルク情報を示す。左：Mn-L 端のスペクトル。右：Co-L 端のスペクトル。▼は Mn, Co どちらも還元種に由来している。（b）NMC 薄膜を大気曝露した薄膜電池素子と，（c）全真空プロセスにより作製した薄膜電池素子のサイクリックボルタンメトリー。

した場合について，電池動作を検証した。図 4(b)，(c) にサイクリックボルタンメトリーの結果を示す。全真空プロセスにおいては初期サイクルを除いて安定なサイクル特性が得られた。しかし，NMC 薄膜表面を大気曝露した試料においてはサイクル毎に過電圧が上昇し，電池特性が劣化する傾向が得られた。インピーダンススペクトルから，Li_3PO_4/NMC 界面抵抗を評価したところ，全真空プロセスにおいて極めて低い界面抵抗（$\sim 10 \ \Omega \cdot cm^2$）であったのに対し，NMC 大気曝露試料においては界面抵抗が大幅に増大した（$\sim 800 \ \Omega \cdot cm^2$）。このように大気曝露後によって界面抵抗が大幅に上昇することが明らかになった。有機溶媒電解質や水に 4 V 級正極材料表面が晒されると，遷移金属の還元や表面近傍において構造変化やそれに伴う遷移金属の還元などが報告されている[21, 22]。よって，この大気曝露の影響による表面変質を明らかにすることは実電池の高性能化に重要な課題となる。

　以上より NMC 薄膜においても，全真空プロセスによって清浄な界面を形成すると全固体電池において極めて低い界面抵抗を達成できることが明らかとなった。さらに，NMC 表面を大気曝露すると表面変質が起きて界面抵抗が増大することも分かった。界面抵抗増大の起源を明らかにし，低抵抗界面に向けた界面制御技術の確立が重要である。

4　集電体フリーの $LiNi_{0.8}Co_{0.2}O_2$ エピタキシャル薄膜 Li 電池の作製と電池特性評価

　全固体電池に関わる固体イオニクスの学理の構築に向け，より急峻な界面について電池動作の本質を解明したい。そのために，正極表面の平坦性を向上することが望まれる。

　前述の NMC や過去の筆者らの $LiCoO_2$ の研究では，基板上に集電体を薄膜形成し，その上に正極材料を堆積していた。この場合，正極表面の平坦性は集電体の表面粗さに依存し，平坦性をさらに向上するには集電体を使わない電極によるモデル電池作製が望まれる。高い電気伝導性を有している正極材料を利用すれば集電体は不要になるため，単結晶基板上に高品質エピタキシャル薄膜を直接形成し，モデル電極として活用することを考えた。

　高い電気伝導性を有する正極材料として層状岩塩型構造を有する $LiCoO_2$–$LiNiO_2$ 固溶体に着目した。その中でも高い電気伝導を有し（室温で約 $0.3 \ S \cdot cm^{-1}$ [23]）かつ構造安定性に優れる $LiNi_{0.8}Co_{0.2}O_2$（LNC）を選択し（図 5(a)[24]），LNC エピタキシャル薄膜は Al_2O_3（0001）単結晶基板上に作製した（PLD 法，KrF エキシマレーザー）。

　作製した LNC エピタキシャル薄膜の面直 X 線回折パターンを図 5(b) に示す。LNC 由来の 003n 反射が 5 次まで観察され，（001）配向 LNC エピタキシャル薄膜が得られた。LNC 薄膜作製条件（基板温度，酸素圧力，レーザーエネルギー密度など）を最適化すると，LNC 003 反射のロッキングカーブ測定における半値幅が 0.0961° を示す高品質エピタキシャル薄膜が得られた。非対称軸 X 線回折パターンにおける ϕ スキャンから，面内で 60° 回転した二つのドメインを有する薄膜であることが分かった（図 5(c)）。同様の面内回転ドメインは $LiCoO_2$ エピタキ

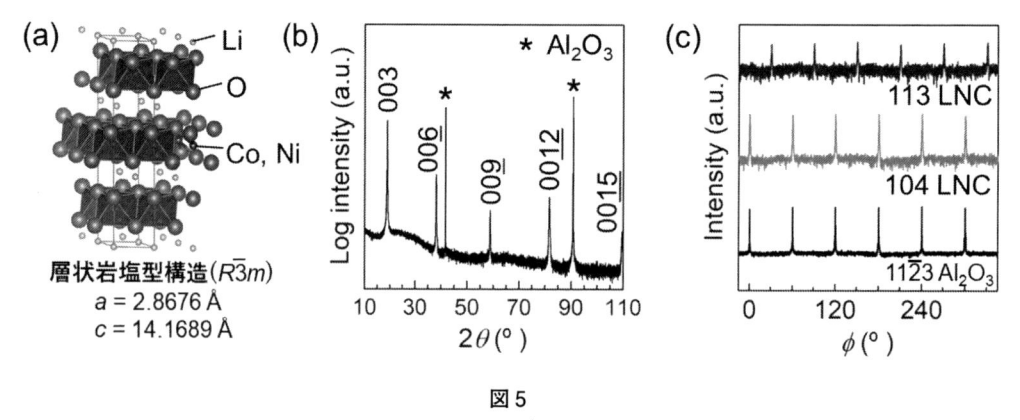

図5

（a）$LiNi_{0.8}Co_{0.2}O_2$（LNC）の結晶構造と格子定数[24]。（b）Al_2O_3（0001）単結晶基板上の LNC 薄膜（膜厚 50 nm）の面直 X 線回折パターン。＊は Al_2O_3（0001）基板由来の反射を示す。（c）非対称軸 X 線回折 ϕ スキャン測定。上から，113 LNC，104 LNC，11$\bar{2}$3 Al_2O_3 反射。

シャル薄膜でも報告されており[25, 26]，Al_2O_3（0001）単結晶基板のステップ＆テラス表面構造を反映したドメインが形成されている。作製した LNC エピタキシャル薄膜（膜厚 40 nm）の電気伝導率は 4 端子法による評価で 0.67 S・cm^{-1} であり，報告されているバルクの値（約 0.3 S・cm^{-1} [16]）と同様に高い電気伝導性を示した。

この（001）配向 LNC エピタキシャル薄膜を利用した全固体 Li 薄膜電池素子を図6(a)，(b)に示す。サイクリックボルタンメトリー測定より，安定に動作する電池であることが分かった（図6(c)）。また，この薄膜電池素子における Li_3PO_4/LNC 界面抵抗をインピーダンス測定から評価したところ，充電状態においても固体電解質由来の半円弧のみが観測された（図6(e)）。これは界面抵抗が極めて低いために（＜ 7 Ω・cm^2），Li_3PO_4 固体電解質のインピーダンス成分に界面抵抗が埋もれているものと考えられる[27]。

この薄膜モデル電池のイオン伝導経路について検討する。LNC は（Ni, Co）O_2 層が積層した層状構造となっている。この層を垂直に Li が通り抜けて伝導することは難しいと考えられるため，層間を Li がイオン伝導すると考えられる。したがって，（001）配向した LNC エピタキシャル薄膜では，薄膜結晶内部における Li イオンの伝導方向は Al_2O_3 単結晶基板面と平行になる。この場合，Li_3PO_4 から伝導してきたイオンは層をまたぐことができないため薄膜内部に Li イオンが拡散することは難しいと考えられ，電池動作しないと予想できる。それにも関わらず，作製した試料は低い界面抵抗と安定な電池動作を示した。これは LNC 薄膜がドメイン形成（ドメインの結晶方位はすべて揃っている）しているためにドメイン粒界を介してイオン伝導しているものと考えられる（図6(d)）。

以上，LNC の高い電気伝導性を利用して，集電体を使わないモデル電池において安定な電池動作に成功した。表面平均粗さは従来の 20.2 nm から 0.44 nm となり，固体電解質／電極界面がより平坦な電池を実現することができた[27]。そして，極めて低い界面抵抗であることを示す結

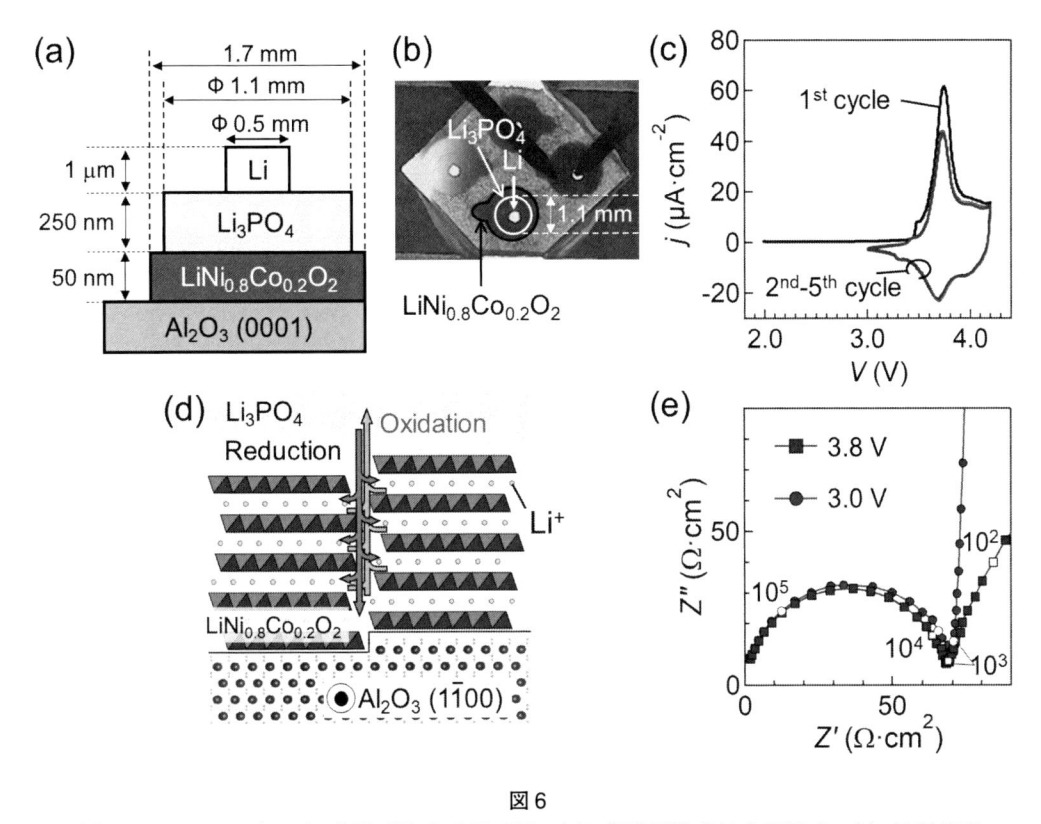

図6

(a) $LiNi_{0.8}Co_{0.2}O_2$（LNC）薄膜電池素子断面図。(b) 薄膜電池素子上面写真。(c) 掃引速度 1 mV/s で測定したサイクリックボルタモグラム。(d) LNC ドメイン粒界を Li イオンが拡散している模式図。(e) 充・放電時におけるインピーダンススペクトル。

果が得られた。このように，結晶方位および表面構造が規定された高品質エピタキシャル薄膜モデル電極は，電池動作を行いながら界面における変化を観測するオペランド測定への応用に活用できると期待される。例えば界面構造を評価できる X 線 CTR 散乱[28]をオペランド測定することにより，Li イオンが固体電解質／電極界面をまたぐ充放電反応時において，界面構造変化を捉えることが可能になると期待される。

5　5 V 級正極 $LiNi_{0.5}Mn_{1.5}O_4$ モデル電極における界面抵抗

現在普及している電池では 4 V 級の正極活物質が一般的に利用されている。より起電力が高い正極活物質を利用できればエネルギー密度向上が可能となる。5 V 級の正極活物質は多数報告されているが，電位窓の広い電解質材料が限られることもあり固体電解質／電極界面抵抗における研究例は非常に乏しい。ここでは 5 V 級正極材料として $LiNi_{0.5}Mn_{1.5}O_4$ に着目し，薄膜型全固体電池を利用した $Li_3PO_4/LiNi_{0.5}Mn_{1.5}O_4$ 界面抵抗の定量評価に関して紹介する。

薄膜電池素子はエピタキシャル薄膜を利用して作製した。この際，Li_3PO_4 固体電解質を $LiNi_{0.5}Mn_{1.5}O_4$ エピタキシャル薄膜上に堆積をした後に特徴的な構造変化が現れた。図7に Nb ドープ（0.5 wt%）$SrTiO_3$（100）単結晶基板上の $LiNi_{0.5}Mn_{1.5}O_4$ エピタキシャル薄膜の面直 XRD パターンを示す。Li_3PO_4 固体電解質を堆積する前は，単相の（100）配向したスピネル型構造の $LiNi_{0.5}Mn_{1.5}O_4$ 薄膜であった。しかし，Li_3PO_4 薄膜堆積後にはスピネル型類似のアタカマイト型構造[29~31]に由来する反射が確認された。このアタカマイトの組成は $Li_2Ni_{0.5}Mn_{1.5}O_4$ であり，スピネル型の $LiNi_{0.5}Mn_{1.5}O_4$ の組成と比較すると Li 量が増えたことを意味している。すなわち，Li_3PO_4 固体電解質から $LiNi_{0.5}Mn_{1.5}O_4$ へ Li イオンが自発的に移動したことになる。

$Li_2Ni_{0.5}Mn_{1.5}O_4$ は電気化学特性からも確認された。図8に $LiNi_{0.5}Mn_{1.5}O_4$ 薄膜電池におけるサイクリックボルタンメトリーの結果を示す。初期状態①で，薄膜電池素子の開放端電位は 2.8 V を示した。電圧掃引していくと，2.9 V で急峻な酸化ピークが現れた。これは $Li_2Ni_{0.5}Mn_{1.5}O_4$ か

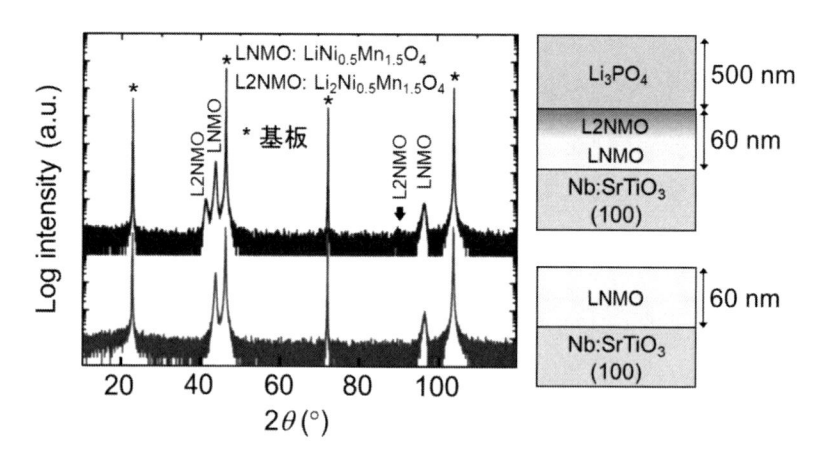

図7　$LiNi_{0.5}Mn_{1.5}O_4$ 薄膜試料の面直 XRD パターン
右図は各 XRD パターンにおける薄膜試料の模式図。

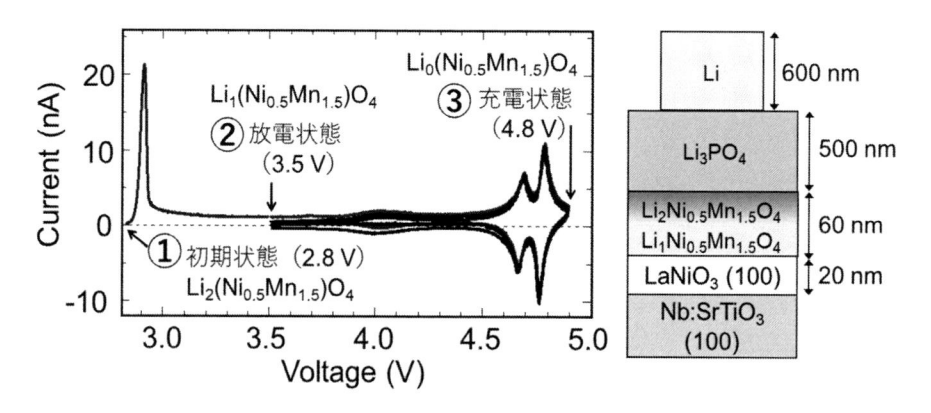

図8　$LiNi_{0.5}Mn_{1.5}O_4$ 薄膜電池素子のサイクリックボルタンメトリー（掃引速度 1 mV/s）

ら $Li_1Ni_{0.5}Mn_{1.5}O_4$ の変化を示している。その後，4.65 V と 4.75 V においてスピネル型 $Li_1Ni_{0.5}Mn_{1.5}O_4$ における Ni の 2 価／3 価と 3 価／4 価の酸化・還元ピークが可逆的に確認された。放電状態② (3.5 V) から充電状態③ (4.8 V) まで電圧掃引すると $Li_0Ni_{0.5}Mn_{1.5}O_4$ まで Li イオンが脱離している。

　次に界面抵抗の定量評価を示す。図 9 に放電状態と充電状態の交流インピーダンススペクトル測定の結果を示す。充電状態において，$10^2 \sim 10^3$ Hz の中周波数域と 10^2 Hz 以下の低周波数域に放電状態では確認されない二つの新たな円弧成分が観測された。この二つの成分のうち，Li_3PO_4 固体電解質／$LiNi_{0.5}Mn_{1.5}O_4$ 界面抵抗由来の成分を特定するために Li イオン伝導しない MgO 薄膜で $LiNi_{0.5}Mn_{1.5}O_4$ 表面を 50% 被覆した。これにより $10^2 \sim 10^3$ Hz の中周波数域のインピーダンススペクトルにおける半円弧成分が界面抵抗由来であることが分かった。以上より，5 V 正極材料の $LiNi_{0.5}Mn_{1.5}O_4$ においても，清浄な界面を形成すれば固体電解質間との界面抵抗は 7.6 $\Omega \cdot cm^2$ と極めて低い値となることを実証した[32]。

　このように，Li_3PO_4 固体電解質薄膜堆積後に自発的に Li イオンが $LiNi_{0.5}Mn_{1.5}O_4$ へ移動していることが構造評価や電気化学特性評価から示唆された。しかし，自発的な Li イオンの移動の起源は何であろうか。$LiNi_{0.5}Mn_{1.5}O_4$ は 5 V 級正極材料であることから，固体電解質との Li イオンに対するケミカルポテンシャル差に伴う空間電荷層形成の可能性が考えられる。また，PLD プロセスにおいて Li 量が多い Li_3PO_4 ターゲットを用いているので，余剰な Li が移動したのかもしれない。今後は，このような自発的な移動の起源解明および自発的なイオン移動を抑制するような界面制御技術がさらなる全固体 Li 電池の実用化に向けて重要な知見となってくるだろう。

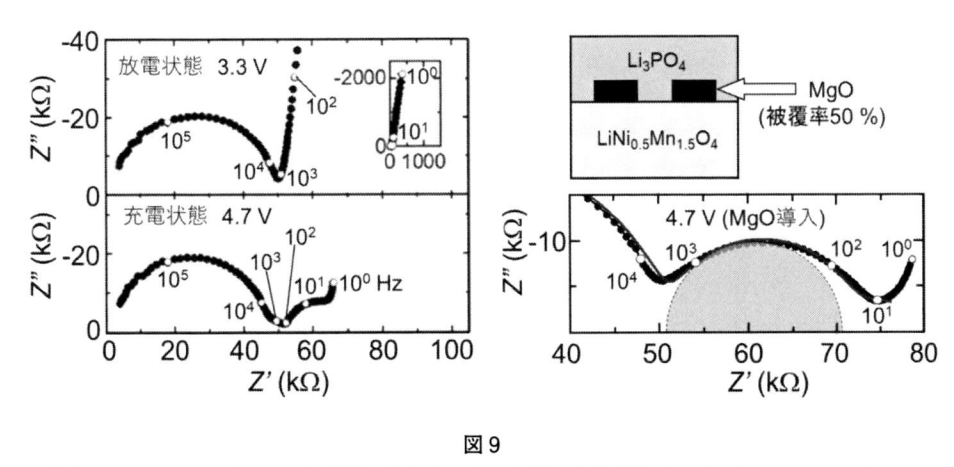

図 9

（左）$LiNi_{0.5}Mn_{1.5}O_4$（LNMO）薄膜電池素子における電気化学交流インピーダンススペクトル。
（右）LNMO 薄膜上に MgO 薄膜を被覆率 50% で堆積した薄膜電池素子のインピーダンススペクトル。

6 おわりに：まとめと展望

本稿では，全真空プロセスによって清浄なLi_3PO_4固体電解質／電極界面を形成することにより，さまざまな正極材料において極めて低い界面抵抗が実現できることを紹介した。ここではすべてを述べることができなかったが，一連の界面研究を通して，界面にできる異相，あるいは構造の乱れが界面抵抗の増大につながっていると結論している。つまり，Li 濃度が変化した領域（空間電荷層）が界面近傍に存在するだろうが，それは界面抵抗の上昇にそれほど寄与しないと考えている。固体電解質の Li 濃度は液体系に比べても多く，その濃度変調が何桁も電気抵抗を変化させるとは考えづらいという立場である。個人的には濃度よりもそれによって誘起される電場や界面におけるイオン移動が，Li イオンの易動度を低下させていることが最大の要因であると考えている。

本稿で紹介したアプローチは，正極材料のさまざまな特徴を活かした研究に展開できると考えている。本アプローチの最大の特徴は，低抵抗界面を起点とした研究が可能であるという点である。つまり，モデル電極を利用して最も界面抵抗を小さくした界面について，要素を一つ一つ足していき，抵抗や構造，電子状態がどう変化するのかを検証することができる。このアプローチでは抵抗増大の要因が定量的に把握でき，従来のアプローチとは一線を画すものである。従来のアプローチでは，極めて高い界面抵抗の試料を基点とし，何か処理を施すと界面抵抗がどう減少するのかを調べていた。したがって，本稿のアプローチは制御された環境に対して要素を導入して定量的に研究を行うという点で旧来のアプローチとは対照的である。

具体的に将来的に取り組まなければならない課題として三つ挙げられる。

① 前述のように Al_2O_3 や ZrO_2 などを導入すると界面抵抗が下がる例が報告されている。しかし，それらは通常，イオン伝導しないはずである。電池特性が向上する理由を明らかにするため，界面抵抗が最も低い状態のモデル界面にそれら物質を挿入し，界面抵抗変化を調べる必要がある。プレリミナリーな実験では，界面抵抗は大きくなるという結果が得られている。これは，界面バッファー層導入で実現できる界面抵抗は，モデル界面ほどは小さくならないということを示唆している。もちろん，極めて効果的なバッファー層が存在するかもしれない。それを探索しなければならない。

② 硫化物固体電解質と酸化物正極が形成する界面の抵抗も定量的に調べる必要がある。硫化物薄膜作製技術と酸化物エピタキシャル薄膜作技術を組み合わせることに対する技術的な障害はない。実用化に近いとされる硫化物固体電解質／電極界面抵抗の起源を探ることが重要である。

③ 集電体／正極界面抵抗に対する対策が今後必要になるだろう。全固体電池セル全体の界面抵抗を下げることが重要である。集電体は金属，そして，正極は仕事関数が大きい材料であるため，集電体／正極界面にショットキー接合ができることが考えられる。そのため，界面抵抗が大きくなることが予想できる。この界面についても抵抗低減の方策を考えなければな

　らないだろう。インピーダンス測定では集電体／正極と固体電解質／電極界面の抵抗を切り
　分けることが難しいため，今までこの集電体／正極界面抵抗は見過ごされてきた。

　これら研究を進めるにあたり，界面の解析技術と第一原理計算の進歩が後押ししてくれるだろ
う。前者については，平坦な界面において構造と電子状態の解明が期待される。X 線 Crystal
Truncation Rod（CTR）法やミュオンスピン回転法は非破壊で界面構造やイオン濃度，拡散係
数について調べることができる。また，電子状態については X 線吸収分光や光電子分光，また
さまざまな派生技術を活用して界面現象に迫りたい。キーワードはオペランド測定であるのは間
違いない。界面抵抗の定量評価と併せて電池動作時における界面構造や電子状態の変化を捉える
ことにより，界面をまたぐ Li イオン伝導現象を明らかにしていくことが全固体 Li 電池の実用化
に向けた界面構造設計の指針を得る基礎学理構築として非常に重要である。

文　　献

1) H. Aono *et al., J. Electrochem. Soc.,* **136**, 590（1998）
2) R. Merchier *et al., Solid State Ion.,* **5**, 663（1981）
3) H. Kawai and J. Kuwano, *J. Electrochem. Soc.,* **141**, L78（1994）
4) N. Kamaya *et al., Nat. Mater.,* **10**, 682（2011）
5) N. Ohta *et al., Adv. Mater.,* **18**, 2226（2006）
6) K. Takada, *Acta Mater.,* **61**, 759（2013）
7) J. Haruyama *et al., Chem. Mater.,* **26**, 4248（2014）
8) T. Okumura *et al., J. Mater. Chem.,* **21**, 10051,（2011）
9) A. Sakuda *et al., Chem. Mater.,* **22**, 949（2010）
10) T. Kato *et al., J. Power Sources,* **260**, 292（2014）
11) N. Ohta *et al., Electrochm. Commun.,* **9**, 1486（2007）
12) XX. Xu *et al., Chem. Mater.,* **23**, 3798（2011）
13) XX. Xu *et al., Energy Environ. Sci.,* **4**, 3509（2011）
14) K. Iwaya *et al., Sci. Technol. Adv. Mater.,* **19**, 283（2018）
15) M. Haruta *et al., Solid State Ion.,* **285**, 118（2016）
16) M. Haruta *et al., Nano Lett.,* **15**, 1498（2015）
17) N, Yabuuchi and T. Ohzuku, *J. Power Sources,* **119-121**, 171（2003）
18) N. Yabuuchi *et al., J. Electrochem. Soc.,* **152**, A1434（2005）
19) K. Sakamoto *et al., Phys. Chem. Chem. Phys.,* **12**, 3815（2010）
20) Y. W. Tsai *et al., Chem. Mater.,* **17**, 3191（2005）
21) D. Takamatsu *et al., Angew. Chem. Int. Ed.,* **51**, 11597（2012）
22) G. Cherkashinin and W. Jaegermann, *J. Chem. Phys.,* **144**, 184706（2016）
23) J. Molenda *et al., Solid State Ion.,* **119**, 19（1999）

24) A. Rougier *et al., Solid State Ion.,* **90**, 83 (1996)

25) T. Tsuruhama *et al., Appl. Phys. Express,* **2**, 085502 (2009)

26) S. J. Zheng *et al., Acta Mater.,* **61**, 7671 (2013)

27) K. Nishio *et al., J. Power Sources,* **416**, 56 (2019)

28) S. Shiraki *et al., ACS Appl. Mater. Interfaces,* **10**, 41732 (2018)

29) K.-F. Chiu *et al., ECS Transactions,* **16**, 1 (2009)

30) I. J. Davidson *et al., J. Power Sources,* **54**, 205 (1995)

31) J. M. Tarascon and D. Guyomard, *J. Electrochem. Soc.,* **138**, 2864 (1991)

32) H. Kawasoko *et al., ACS Appl. Mater. Interfaces,* **10**, 27498 (2018)

第18章　全固体薄膜リチウム二次電池の量産製造技術

佐々木俊介[*]

はじめに

　現在実用化されている二次電池のうち，リチウムイオン二次電池は他の電池に比べエネルギー密度が高く，充放電による劣化が少ないことにより，情報携帯端末を主流に拡大し，今では幅広い電子・電気機器へと応用が拡大されている。近年では HEV，EV，PHEV などの車載へ向けて実用化開発が進んでおり，精力的に研究開発が行われている。液体電解質，電極活物質，セパレータに起因する液漏れ・発火の問題は近年飛躍的に改善されたが，安全性に対する問題は残っており，リチウムイオン二次電池のリコールや発火事故が後を絶たない。この問題点の原因としては正極，負極のショートによる発熱と揮発性の高い電解液の反応である。この問題点に対しての解決策の一つとして，不燃性である固体電解質を用いた全固体型が提案，開発されている[1~4]。

　全固体薄膜リチウム二次電池は全固体型の中でも薄膜堆積技術を用いて形成するものであり，全固体リチウム二次電池に「薄膜」という形状ファクタが加わる。全固体型であるため本質的に安全であるだけでなく，薄型，軽量，フレキシブル，長寿命という特長を活かして，IoT（Internet of Things）に活用されるワイヤレスセンサ，ウェアラブルデバイスなどの小型電子機器，また，生体医療機器への適用，近い将来には環境発電デバイス（エナジーハーベスタ）と融合させた持続的電源応用に期待されている。

　本稿では，上記のような特徴を有する全固体薄膜リチウム二次電池の構成部材・製造技術に加えて，試作電池の特性を紹介する。

1　全固体薄膜リチウム二次電池の構造と構成部材

1.1　全固体薄膜リチウム二次電池の構造

　全固体薄膜リチウム二次電池は各種薄膜の積層構造となっており，ベースとなる基板材料の上に，正極活物質層および負極活物質層，集電層，固体電解質層，封止層の五つの層により構成されている（図1参照）。標準的なリチウムイオン二次電池と構造を比較すると，正極，負極を構成する材料は共通であるが，液体電解質とセパレータが固体電解質に置き換えられた形となり，

　＊　Shunsuke Sasaki　㈱アルバック　半導体電子技術研究所　第2研究部　第1研究室主事

全固体リチウム電池の開発動向と応用展望

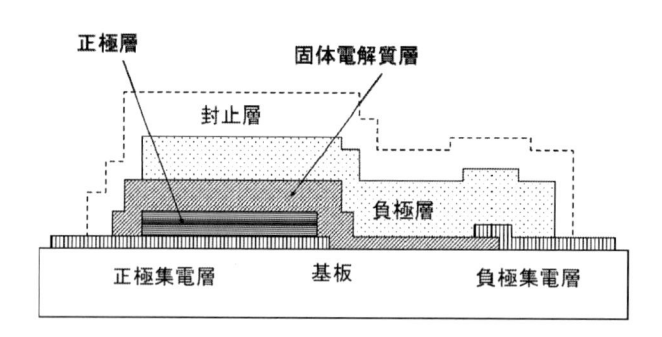

図1　全固体薄膜リチウム二次電池の構造

構成材料が全て固体となる。また全てを薄膜で作製しているため，全体の厚みが数十 μm 以下の電池が作製できることが特徴である。また，電解質に粒界のないアモルファス型の固体電解質を採用することによって，一般的に液体電解質では難しいとされる金属リチウム負極を用いてもデンドライト（樹枝状結晶）の形成が抑制されるため，負極に金属リチウムが採用できる。

1. 2　構成部材

　上記の電池構造を形成するための構成部材としては，まず，基板材料として，マイカ（雲母），ガラス，金属シートなどがある。我々の試作ではガラスを主に用いている。正極集電層には白金（Pt）とチタン（Ti），正極にはコバルト酸リチウム（LiCoO$_2$：LCO），固体電解質には窒化リン酸リチウム（LiPON），負極には金属リチウムが一般的に用いられており，また，我々も採用している。上記に述べた LiPON は米国のオークリッジ国立研究所で J. B. Bates らにより開発された材料[5]で，イオン伝導度は 10^{-6} S/cm 台と低いものの，電位窓の広さ，リチウムイオン輸率の高さ，金属リチウムに対する耐還元性，漏れ電流の低さなどの非常に優れた特性をもつ材料である。また薄膜にすることで実効的な電池の内部抵抗を下げることができる。一方，負極に金属リチウムを用いる場合，大気との反応を防ぐ必要があるため，負極全体を覆う封止が必要である。封止方法は種々提案されており，無機材料シートの貼合せ，薄膜封止，セラミックパッケージなどが用いられている。

2　全固体薄膜リチウム二次電池の製造技術

2. 1　全固体薄膜リチウム二次電池用の製造装置

　我々は過去 10 年以上にわたり全固体薄膜リチウム二次電池用の製造装置を開発してきた。今までの開発成果を基に実験，小規模生産用のパイロットラインおよび年間 70 万セルの生産を可能にする第一世代の量産装置を販売している。パイロットラインは，枚葉式スパッタ装置 SME-200J，および，真空蒸着装置 ei-5，枚葉式蒸着重合装置 PME-200 の組み合わせである。第一

世代量産装置の構成は枚葉式スパッタ装置 SME-200LDM（図 2 参照）と枚葉式蒸着重合装置 PME-200LE，真空蒸着装置 ei-5 である。

　SME-200LDM は同電池の生産性を考慮したマルチチャンバー装置をリニューアルしたもので，8 角形搬送室を採用し，成膜装置としての構成の選択肢を拡大している。従来装置からの技術を転用し生産効率アップを図っており，例えば，LCO，LiPON 用の 2 台構成でタクトバランスを合わせることにより，ラインとしては 10 分タクトを実現する。また，これらの成膜室をプラテンスパッタ室（サイドデポ）化しパーティクル対策を行っている。一方，PME-200LE も同電池用封止膜の成膜を効率良く行えるようマルチチャンバー装置をリニューアルしている。6 角形搬送室を採用し，複数種の膜による積層封止膜の成膜を可能としている。SME-200LDM と同様に従来装置からの技術を転用し生産効率アップを図っており，多種積層膜の成膜時間バランスを合わせた装置構成が可能となっている。

　またすでに第二世代の量産機開発も行っている。フラットパネルディスプレイ製造装置を基に 1 回で作製できる基板サイズの拡大化を行っており，一度に大量の全固体薄膜リチウム二次電池が作製可能である。それに伴い，大型かつ高効率のターゲット開発も行っており，大規模生産まで見越して開発を行っている。

　主要となる正極および固体電解質層の成膜においては，プレーナ型マグネトロンスパッタを採用し，ターゲットは LCO，Li_3PO_4（LPO）でサイズ ϕ 300 mm である。正極 LCO は求められる膜厚が厚いため高速成膜を必要とされており，高品質ターゲットおよび RF + DC 重畳スパッタとの両立によって 150 nm/min を超える高成膜レートを達成している。一方，固体電解質 LiPON は LPO ターゲットと N_2 の反応性 RF スパッタにより形成している。作製した LiPON のイオン伝導率は全ての場所において 1×10^{-6} S/cm 以上であることを確認している。

　金属リチウムの真空蒸着はバッチ処理となっており，原則ドライルーム内で取り扱う。複数基

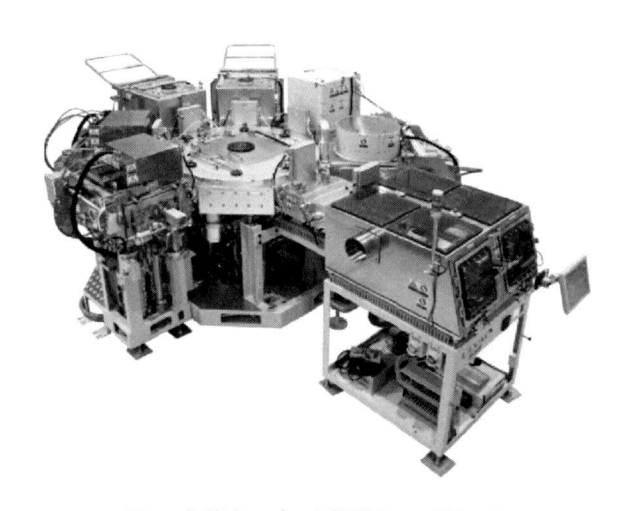

図 2　枚葉式スパッタ装置 SME-200LDM

板処理を可能とした蒸発源，基板ホルダにより，処理の効率化を図っている。また金属リチウムを真空蒸着で作製することでLiPON上に付き回りよく接触が取れることや表面被膜のないピュアなリチウムが電解質と接触できることで非常に良好な固体電解質との界面が得られる。

また，封止層には有機，無機膜の交互多層膜の形成を行っている。水分透過率を有機，無機膜3ペアの計6層で評価しているが（4ペア以上では測定限界以下のため評価困難），平均して1×10^{-3} g/m^2/day以下であり，大気換算で3年以上の封止性能を持つことを確認している。

2. 2　スパッタリングターゲット

全固体薄膜リチウム二次電池の量産技術では，負極である金属リチウム薄膜を蒸着で形成する以外は，スパッタリング成膜技術を利用して形成している。特に，LPOターゲットをN$_2$雰囲気下で反応性スパッタリングすることにより形成されるLiPONと，LCOターゲットをRF + DC重畳スパッタリングすることにより形成されるLCOは電池性能を左右する膜であり，その成膜技術は特に重要である。

リチウムイオン二次電池の代表的な正極活物質材料であるLCO粉末は多数供給されているのに対し，スパッタリングターゲットとしてはまだ生産規模は小さく，継続的に品質向上のための改良が行われている。よく知られているように，LCOは層状構造の酸化物で，層状酸化物は強度的な異方性が生じやすい。スパッタリングターゲットにはバッキングプレートとの接合に起因する残留応力，成膜時のパワー負荷に起因する熱応力が重畳するため，LCOのように異方性を有する酸化物ターゲットでは成膜時に割れが生じやすいが，相対密度の増大化・均質組織化・微細組織化を達成することにより，ϕ300 mmのターゲットに対して最大（RF + DC）パワー4.0 kWの投入が可能となっている。

アモルファス型ガラス系固体電解質膜LiPONは薄膜でのみ形成可能で，LPOターゲットを用いる。LPOターゲットの作製時に水分の除去が不十分な場合には焼成バルク内に水分の蒸発に起因する球形欠陥が導入されやすい。

原材料粉末に適切な仮焼処理を施すことにより，緻密化・均質化・微細組織化が達成され，相対密度95%以上のターゲットの提供が可能となっている。同品質のϕ300 mmのターゲットに対して最大RFパワー4 kWの投入が可能となっている。

上記，LPOターゲット，LCOターゲットともにϕ300 mmを標準サイズとして供給しており（図3参照），現在，ターゲットのさらなる高密度化と大型化を進めている。

3　全固体薄膜リチウム二次電池の特性

パイロットラインを用いて全固体薄膜リチウム二次電池の試作と評価を行い，製造装置やターゲットの開発に活用している。試作している電池はいくつかのバリエーションがあるが，標準的なセルは，有効エリア（正極LCO面積）1.44 cm^2（1.2 cm角）である。正極LCOおよび固体

図 3　LCO ターゲット（φ 300 mm）

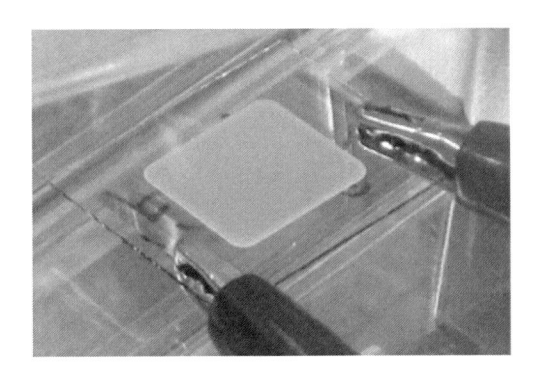

図 4　試作した全固体薄膜リチウム二次電池

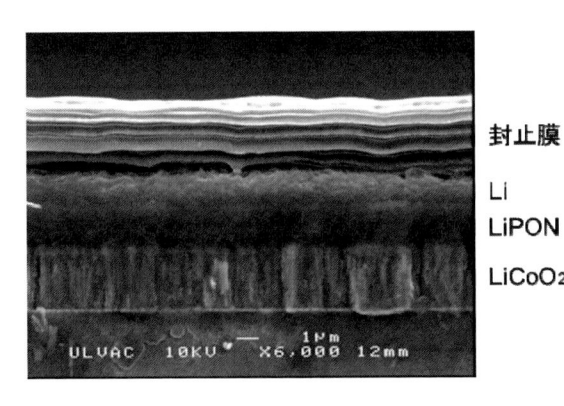

図 5　全固体薄膜リチウム二次電池の断面 SEM 画像

電解質 LiPON の膜厚はそれぞれ 3.0 μm と 2.0 μm としている。また，正負極の集電層として Pt および Ni を用いている（図 4 参照）。

　図 5 に作製した電池の断面 SEM 写真を示す。柱状構造を有する LCO，非晶質の LiPON，金属 Li や，最上層に多層構造をなす封止層が確認できる。それぞれが互いに明確な界面を形成し

ており，相互反応などなく，積層薄膜形成が良好に行われていることを示している。

　図6に試作した電池の典型的な充放電プロファイルを示す。測定時の動作範囲は3.0〜4.2 V とした。またこれらの充放電は全て室温で行われた。充電条件はCC/CV充電で4.2 Vまでは 0.3 mAで充電し，その後4.2 Vに維持したまま，電流値が0.03 mAになるまで保持した。放電 条件はCC放電で3.0 V以下になるまで0.3 mAで放電した。典型的なLCOの充放電プロファ イルを示すことがわかる。充電，放電ともに3.8〜4.0 VにLCOの特徴的なプラトーが確認され た。また材料の安定性，LiPONのLi輸率の高さから，充放電効率は非常に高く99.9%以上で ある。

　充放電条件は図6と同様の条件で，充放電サイクル特性を評価した結果（図7参照），1,000 サイクル後でも放電特性はほとんど変わりなく，容量は初期の約95%であり，一般的なリチウ ムイオン電池と比べても全固体薄膜リチウム二次電池が非常に良好なサイクル特性を有している ことが確認された。またこの時の充放電深度（Depth of Discharge）は100%とした。

　図8に作製した充電状態の電池をホチキスで強制的に短絡させたときの様子を示す。全てが 固体の無機物で作製されているため，電解液のように発火は発生せず，短絡部での著しい電流集 中が発生しないためか非常に反応は緩やかである。短絡による金属リチウムの色調変化観察から も，数時間かけて反応していく様子が見られた。一般的な電解液は短絡後発熱と分解を繰り返し て，熱暴走に至る[6]が，この結果からも固体電解質LiPONは急速な分解反応は発生しないこと がわかり，全固体薄膜リチウム二次電池は非常に安全な電池であることが示された。

　また基板および封止材料にフレキシブル性を備えたマイカ基板上に全固体薄膜リチウム二次電 池を作製することで，折り曲げながらの充放電動作が可能である（図9参照）。この試験では R15 mmの円筒に全固体薄膜リチウム二次電池を折り曲げて固定したまま，液晶ディスプレイ を動作させている。フレキシブル性については基材，封止材によって決定されるため，今後さら にフレキシブル性を持つ基材に電池が作製できればフレキシブル性を向上させることも可能であ る。

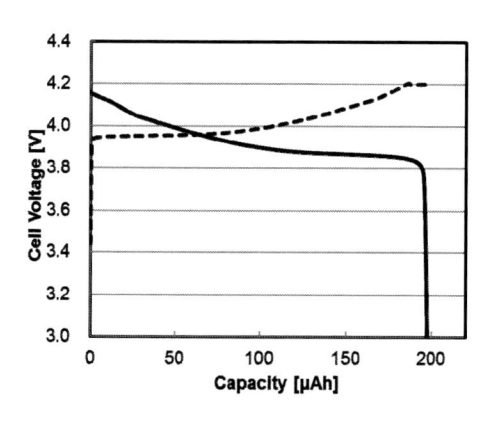

図6　全固体薄膜リチウム二次電池の典型的な充放電プロファイル

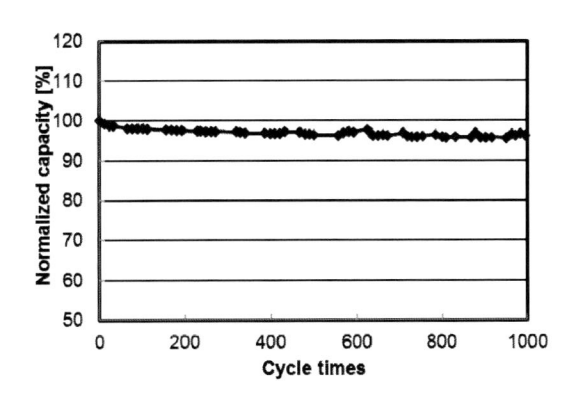

図 7　充放電サイクルでの放電容量維持率

図 8　全固体薄膜リチウム二次電池強制短絡試験

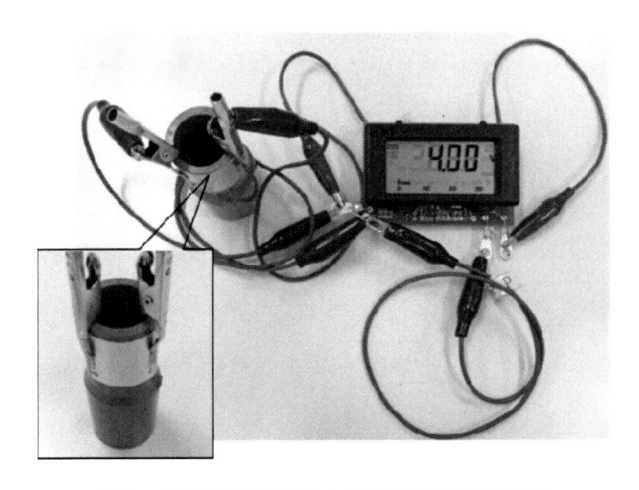

図 9　全固体薄膜リチウム二次電池折り曲げ試験

おわりに

　全固体薄膜リチウム二次電池はそれ自体の容量は低いものの，アモルファス型固体電解質の非常に優れた特性からサイクル特性，安全性，フレキシブル性，長寿命など今後必要とされる要素を備えた未来の電池である。低い容量についても大規模量産化をすることで，電池自体の価格を下げることができれば，今までのバルク型電池に代わる可能性も秘めている。我々は量産製造技術開発を継続して行うことで，全固体薄膜リチウム二次電池が広く社会に使われるよう努めていく。

文　　　献

1）　小谷幸成，トヨタの環境技術開発と革新型蓄電池への期待と挑戦，電気化学会，電気化学セミナー1，最先端電池技術—2013（2013）
2）　金村聖志，セラミックス全固体電池，JST 説明会（2012）
3）　国立研究開発法人物質・材料研究機構ウェブサイト，http://www.nims.go.jp/softionics/jpn/topics-jpn.html
4）　東京工業大学プレスリリース，世界最高のリチウムイオン伝導率を示す超イオン伝導体の開発（2011）
5）　J. B. Bates *et al.*, *J. Power Sources*, **43-44**, 103（1993）
6）　電気化学会 電池技術委員会，電池ハンドブック，オーム社（2010）

全固体リチウム電池の開発動向と応用展望

2019 年 6 月 28 日　　第 1 刷発行

監　　修	辰巳砂昌弘，林　晃敏	（T1115）
発 行 者	辻　賢司	
発 行 所	株式会社シーエムシー出版	
	東京都千代田区神田錦町 1 - 17 - 1	
	電話 03（3293）7066	
	大阪市中央区内平野町 1 - 3 - 12	
	電話 06（4794）8234	
	http://www.cmcbooks.co.jp/	
編集担当	渡邊　翔／町田　博	

〔印刷　日本ハイコム株式会社〕　　© M. Tatsumisago, A. Hayashi, 2019

ISBN978-4-7813-1419-8　C3054　¥65000E